中国石油科技进展丛书（2006—2015 年）

# 带压作业技术与装备

主　编：王　峰

副主编：王毓才　黎政权　张　平

石油工业出版社

## 内 容 提 要

本书系统介绍了中国石油在2006—2015年带压作业技术的新进展，主要内容包括带压作业装备、油管压力控制工具、带压作业施工技术、气井带压作业技术、带压作业设计与风险控制、带压作业效果评价方法、带压作业技术培训等。此外，对带压作业技术发展进行了展望。

本书可供从事带压作业技术领域的工程技术人员和科研院所的研究人员使用。

**图书在版编目（CIP）数据**

带压作业技术与装备 / 王峰主编 . —北京：石油工业出版社，2019.5

（中国石油科技进展丛书 . 2006—2015年）

ISBN 978-7-5183-3240-3

Ⅰ . ①带… Ⅱ . ①王… Ⅲ . ①堵漏 – 研究Ⅳ . ① TB42

中国版本图书馆 CIP 数据核字（2019）第046462号

出版发行：石油工业出版社

（北京安定门外安华里2区1号 100011）

网 址：www. petropub. com

编辑部：（010）64523687 图书营销中心：（010）64523633

经 销：全国新华书店

印 刷：北京中石油彩色印刷有限责任公司

2019年5月第1版 2021年1月第2次印刷

787×1092毫米 开本：1/16 印张：15.5

字数：380千字

定价：120.00元

## 《中国石油科技进展丛书（2006—2015年）》

## 编　委　会



## 专　家　组

# 《带压作业技术与装备》编写组

**主　　编：**王　峰

**副 主 编：**王毓才　黎政权　张　平

**编写人员：**

王大彪　陈　宁　许建国　强会彬　李兴科　李　庆

周　健　刘成双　李广军　许　轲　刘青山　卿　玉

王留洋

# 序

习近平总书记指出，创新是引领发展的第一动力，是建设现代化经济体系的战略支撑，要瞄准世界科技前沿，拓展实施国家重大科技项目，突出关键共性技术、前沿引领技术、现代工程技术、颠覆性技术创新，建立以企业为主体、市场为导向、产学研深度融合的技术创新体系，加快建设创新型国家。

中国石油认真学习贯彻习近平总书记关于科技创新的一系列重要论述，把创新作为高质量发展的第一驱动力，围绕建设世界一流综合性国际能源公司的战略目标，坚持国家“自主创新、重点跨越、支撑发展、引领未来”的科技工作指导方针，贯彻公司“业务主导、自主创新、强化激励、开放共享”的科技发展理念，全力实施“优势领域持续保持领先、赶超领域跨越式提升、储备领域占领技术制高点”的科技创新三大工程。

“十一五”以来，尤其是“十二五”期间，中国石油坚持“主营业务战略驱动、发展目标导向、顶层设计”的科技工作思路，以国家科技重大专项为龙头、公司重大科技专项为抓手，取得一大批标志性成果，一批新技术实现规模化应用，一批超前储备技术获重要进展，创新能力大幅提升。为了全面系统总结这一时期中国石油在国家和公司层面形成的重大科研创新成果，强化成果的传承、宣传和推广，我们组织编写了《中国石油科技进展丛书（2006—2015年）》（以下简称《丛书》）。

《丛书》是中国石油重大科技成果的集中展示。近些年来，世界能源市场特别是油气市场供需格局发生了深刻变革，企业间围绕资源、市场、技术的竞争日趋激烈。油气资源勘探开发领域不断向低渗透、深层、海洋、非常规扩展，炼油加工资源劣质化、多元化趋势明显，化工新材料、新产品需求持续增长。国际社会更加关注气候变化，各国对生态环境保护、节能减排等方面的监管日益严格，对能源生产和消费的绿色清洁要求不断提高。面对新形势新挑战，能源企业必须将科技创新作为发展战略支点，持续提升自主创新能力，加快构筑竞争新优势。“十一五”以来，中国石油突破了一批制约主营业务发展的关键技术，多项重要技术与产品填补空白，多项重大装备与软件满足国内外生产急需。截至2015年底，共获得国家科技奖励30项、获得授权专利17813项。《丛书》全面系统地梳理了中国石油“十一五”“十二五”期间各专业领域基础研究、技术开发、技术应用中取得的主要创新性成果，总结了中国石油科技创新的成功经验。

《丛书》是中国石油科技发展辉煌历史的高度凝练。中国石油的发展史，就是一部创业创新的历史。建国初期，我国石油工业基础十分薄弱，20世纪50年代以来，随着陆相生油理论和勘探技术的突破，成功发现和开发建设了大庆油田，使我国一举甩掉贫油的帽子；此后随着海相碳酸盐岩、岩性地层理论的创新发展和开发技术的进步，又陆续发现和建成了一批大中型油气田。在炼油化工方面，“五朵金花”炼化技术的开发成功打破了国外技术封锁，相继建成了一个又一个炼化企业，实现了炼化业务的不断发展壮大。重组改制后特别是“十二五”以来，我们将“创新”纳入公司总体发展战略，着力强化创新引领，这是中国石油在深入贯彻落实中央精神、系统总结“十二五”发展经验基础上、根据形势变化和公司发展需要作出的重要战略决策，意义重大而深远。《丛书》从石油地质、物探、测井、钻完井、采油、油气藏工程、提高采收率、地面工程、井下作业、油气储运、石油炼制、石油化工、安全环保、海外油气勘探开发和非常规油气勘探开发等15个方面，记述了中国石油艰难曲折的理论创新、科技进步、推广应用的历史。它的出版真实反映了一个时期中国石油科技工作者百折不挠、顽强拼搏、敢于创新的科学精神，弘扬了中国石油科技人员秉承“我为祖国献石油”的核心价值观和“三老四严”的工作作风。

《丛书》是广大科技工作者的交流平台。创新驱动的实质是人才驱动，人才是创新的第一资源。中国石油拥有21名院士、3万多名科研人员和1.6万名信息技术人员，星光璀璨，人文荟萃、成果斐然。这是我们宝贵的人才资源。我们始终致力于抓好人才培养、引进、使用三个关键环节，打造一支数量充足、结构合理、素质优良的创新型人才队伍。《丛书》的出版搭建了一个展示交流的有形化平台，丰富了中国石油科技知识共享体系，对于科技管理人员系统掌握科技发展情况，做出科学规划和决策具有重要参考价值。同时，便于科研工作者全面把握本领域技术进展现状，准确了解学科前沿技术，明确学科发展方向，更好地指导生产与科研工作，对于提高中国石油科技创新的整体水平，加强科技成果宣传和推广，也具有十分重要的意义。

掩卷沉思，深感创新艰难、良作难得。《丛书》的编写出版是一项规模宏大的科技创新历史编纂工程，参与编写的单位有 60 多家，参加编写的科技人员有 1000 多人，参加审稿的专家学者有 200 多人次。自编写工作启动以来，中国石油党组对这项浩大的出版工程始终非常重视和关注。我高兴地看到，两年来，在各编写单位的精心组织下，在广大科研人员的辛勤付出下，《丛书》得以高质量出版。在此，我真诚地感谢所有参与《丛书》组织、研究、编写、出版工作的广大科技工作者和参编人员，真切地希望这套《丛书》能成为广大科技管理人员和科研工作者的案头必备图书，为中国石油整体科技创新水平的提升发挥应有的作用。我们要以习近平新时代中国特色社会主义思想为指引，认真贯彻落实党中央、国务院的决策部署，坚定信心、改革攻坚，以奋发有为的精神状态、卓有成效的创新成果，不断开创中国石油稳健发展新局面，高质量建设世界一流综合性国际能源公司，为国家推动能源革命和全面建成小康社会作出新贡献。

王宜林

2018 年 12 月

# 丛书前言

石油工业的发展史，就是一部科技创新史。“十一五”以来尤其是“十二五”期间，中国石油进一步加大理论创新和各类新技术、新材料的研发与应用，科技贡献率进一步提高，引领和推动了可持续跨越发展。

十余年来，中国石油以国家科技发展规划为统领，坚持国家“自主创新、重点跨越、支撑发展、引领未来”的科技工作指导方针，贯彻公司“主营业务战略驱动、发展目标导向、顶层设计”的科技工作思路，实施“优势领域持续保持领先、赶超领域跨越式提升、储备领域占领技术制高点”科技创新三大工程；以国家重大专项为龙头，以公司重大科技专项为核心，以重大现场试验为抓手，按照“超前储备、技术攻关、试验配套与推广”三个层次，紧紧围绕建设世界一流综合性国际能源公司目标，组织开展了50个重大科技项目，取得一批重大成果和重要突破。

形成40项标志性成果。（1）勘探开发领域：创新发展了深层古老碳酸盐岩、冲断带深层天然气、高原咸化湖盆等地质理论与勘探配套技术，特高含水油田提高采收率技术，低渗透/特低渗透油气田勘探开发理论与配套技术，稠油/超稠油蒸汽驱开采等核心技术，全球资源评价、被动裂谷盆地石油地质理论及勘探、大型碳酸盐岩油气田开发等核心技术。（2）炼油化工领域：创新发展了清洁汽柴油生产、劣质重油加工和环烷基稠油深加工、炼化主体系列催化剂、高附加值聚烯烃和橡胶新产品等技术，千万吨级炼厂、百万吨级乙烯、大氮肥等成套技术。（3）油气储运领域：研发了高钢级大口径天然气管道建设和管网集中调控运行技术、大功率电驱和燃驱压缩机组等16大类国产化管道装备，大型天然气液化工艺和20万立方米低温储罐建设技术。（4）工程技术与装备领域：研发了G3i大型地震仪等核心装备，“两宽一高”地震勘探技术，快速与成像测井装备、大型复杂储层测井处理解释一体化软件等，8000米超深井钻机及9000米四单根立柱钻机等重大装备。（5）安全环保与节能节水领域：

研发了 $CO_2$ 驱油与埋存、钻井液不落地、炼化能量系统优化、烟气脱硫脱硝、挥发性有机物综合管控等核心技术。（6）非常规油气与新能源领域：创新发展了致密油气成藏地质理论，致密气田规模效益开发模式，中低煤阶煤层气勘探理论和开采技术，页岩气勘探开发关键工艺与工具等。

取得 15 项重要进展。（1）上游领域：连续型油气聚集理论和含油气盆地全过程模拟技术创新发展，非常规资源评价与有效动用配套技术初步成型，纳米智能驱油二氧化硅载体制备方法研发形成，稠油火驱技术攻关和试验获得重大突破，井下油水分离同井注采技术系统可靠性、稳定性进一步提高；（2）下游领域：自主研发的新一代炼化催化材料及绿色制备技术、苯甲醇烷基化和甲醇制烯烃芳烃等碳一化工新技术等。

这些创新成果，有力支撑了中国石油的生产经营和各项业务快速发展。为了全面系统反映中国石油 2006—2015 年科技发展和创新成果，总结成功经验，提高整体水平，加强科技成果宣传推广、传承和传播，中国石油决定组织编写《中国石油科技进展丛书（2006—2015 年）》（以下简称《丛书》）。

《丛书》编写工作在编委会统一组织下实施。中国石油集团董事长王宜林担任编委会主任。参与编写的单位有 60 多家，参加编写的科技人员 1000 多人，参加审稿的专家学者 200 多人次。《丛书》各分册编写由相关行政单位牵头，集合学术带头人、知名专家和有学术影响的技术人员组成编写团队。《丛书》编写始终坚持：一是突出站位高度，从石油工业战略发展出发，体现中国石油的最新成果；二是突出组织领导，各单位高度重视，每个分册成立编写组，确保组织架构落实有效；三是突出编写水平，集中一大批高水平专家，基本代表各个专业领域的最高水平；四是突出《丛书》质量，各分册完成初稿后，由编写单位和科技管理部共同推荐审稿专家对稿件审查把关，确保书稿质量。

《丛书》全面系统反映中国石油 2006—2015 年取得的标志性重大科技创新成果，重点突出“十二五”，兼顾“十一五”，以科技计划为基础，以重大研究项目和攻关项目为重点内容。丛书各分册既有重点成果，又形成相对完整的知识体系，具有以下显著特点：一是继承性。《丛书》是《中国石油“十五”科技进展丛书》的延续和发展，凸显中国石油一以贯之的科技发展脉络。二是完整性。《丛书》涵盖中国石油所有科技领域进展，全面反映科技创新成果。三是标志性。《丛书》在综合记述各领域科技发展成果基础上，突出中国石油领先、高端、前沿的标志性重大科技成果，是核心竞争力的集中展示。四是创新性。《丛书》全面梳理中国石油自主创新科技成果，总结成功经验，有助于提高科技创新整体水平。五是前瞻性。《丛书》设置专门章节对世界石油科技中长期发展做出基本预测，有助于石油工业管理者和科技工作者全面了解产业前沿、把握发展机遇。

《丛书》将中国石油技术体系按15个领域进行成果梳理、凝练提升、系统总结，以领域进展和重点专著两个层次的组合模式组织出版，形成专有技术集成和知识共享体系。其中，领域进展图书，综述各领域的科技进展与展望，对技术领域进行全覆盖，包括石油地质、物探、测井、钻完井、采油、油气藏工程、提高采收率、地面工程、井下作业、油气储运、石油炼制、石油化工、安全环保节能、海外油气勘探开发和非常规油气勘探开发等15个领域。31部重点专著图书反映了各领域的重大标志性成果，突出专业深度和学术水平。

《丛书》的组织编写和出版工作任务量浩大，自2016年启动以来，得到了中国石油天然气集团公司党组的高度重视。王宜林董事长对《丛书》出版做了重要批示。在两年多的时间里，编委会组织各分册编写人员，在科研和生产任务十分紧张的情况下，高质量高标准完成了《丛书》的编写工作。在集团公司科技管理部的统一安排下，各分册编写组在完成分册稿件的编写后，进行了多轮次的内部和外部专家审稿，最终达到出版要求。石油工业出版社组织一流的编辑出版力量，将《丛书》打造成精品图书。值此《丛书》出版之际，对所有参与这项工作的院士、专家、科研人员、科技管理人员及出版工作者的辛勤工作表示衷心感谢。

人类总是在不断地创新、总结和进步。这套丛书是对中国石油2006—2015年主要科技创新活动的集中总结和凝练。也由于时间、人力和能力等方面原因，还有许多进展和成果不可能充分全面地吸收到《丛书》中来。我们期盼有更多的科技创新成果不断地出版发行，期望《丛书》对石油行业的同行们起到借鉴学习作用，希望广大科技工作者多提宝贵意见，使中国石油今后的科技创新工作得到更好的总结提升。

2018年12月

# 前言

带压作业技术是近年来发展起来的一项革命性修井作业技术，具有保持地层能量、储层免受伤害、改善开发效果的巨大优势。带压作业可广泛用于欠平衡钻井、侧钻、完井、射孔、试油、测试、酸化、压裂和修井作业中，具有不压井、不放喷、不泄压的特点，有利于节能减排，实现绿色健康、可持续发展，是转变经济发展方式、稳定和提高单井产量的重要抓手。

中国石油"十二五"期间大力推广带压作业技术，先后开展了"油水井带压作业技术与装备现场试验""气井带压作业技术与装备现场试验"和"带压作业技术推广"等项目研究，通过技术攻关与应用取得了多项成果，助推了中国石油带压作业技术的快速发展，促进了带压作业装备国产化的进一步发展，已形成辅助式带压作业机、独立式带压作业机、车载集成式带压作业机、辅助式带压大修作业机、辅助式热采井带压作业机、辅助式可控不压井作业机和气井带压作业机等多种型号的带压作业机，环空静密封控制压力由14MPa到70MPa。带压作业技术已成为中国石油井下作业技术发展中的新亮点，是低渗透油藏实现高效开发的重要保障技术之一。

本书是《中国石油科技进展丛书（2006—2015年）》的一个分册，系统介绍了中国石油"十一五"期间，尤其是"十二五"期间在带压作业技术方面的技术进展、主要成果及应用案例，主要内容包括带压作业装备、油管压力控制工具、带压作业施工技术、气井带压作业技术、带压作业设计与风险控制、带压作业效果评价方法等，同时介绍了带压作业技术培训及给出了带压作业技术展望等。本书是首次将国内带压作业技术与装备进行系统总结，可作为带压作业设计人员、现场技术人员、安全监督管理人员、带压作业操作人员学习参考用书。

本书编写由中国石油吉林油田公司具体负责，中国石油川庆钻探工程有限公司参与部分章节编写。本书主要编写人员包括王大彪、陈宁、许建国、强会彬、李兴科、李庆、周健、刘成双、李广军、许轲、刘青山、卿玉、王留洋等，全书由王峰、王毓才、黎政权、张平审核及统稿，最后由吴奇、李文阳、张守良、孙玉玺、胡守林和谢正凯审查定稿。同时，在本书编写过程中，还得到了中国石油科技管理部撒利明，中国石油吉林油田公司牟维海、韩永恒等人员的大力支持与帮助，在此表示感谢。

由于编写人员水平有限，作业经验不够丰富，同时国内可参考的相关文献甚少，书中难免有诸多缺点和不足之处，恳请读者批评指正。

# 目录

# 第一章 绪 论

带压作业技术指在油气水井井口带压状态下，利用专业设备和工具在井筒内进行的作业。具有不压井、不放喷、不泄压的特点，并且具有可避免油气层伤害、保持地层能量、缩短作业周期、环保作业等优点，广泛应用于油气水井的钻井、井下作业与增产措施等。带压作业针对注水开发油田尤为重要，注水开发油田多具有低孔、低渗、低压的特点，注水难，泄压难，注采平衡难以调控，采用带压作业技术进行修井作业，可以保持地层能量，保持注采平衡，减少排放水量，稳定单井产量，经济和社会效益显著。“十二五”期间，中国石油为快速提升国内带压作业技术水平，先后开展了“油水井带压作业技术与装备现场试验”“气井带压作业技术与装备现场试验”和“带压作业技术推广”3个项目立项研究，通过技术攻关与应用取得了多项成果，助推了中国石油带压作业技术的快速发展。

## 第一节 带压作业技术概念及发展历程

### 一、带压作业技术概念

带压作业应用范围通常包括修井、完井、射孔、压裂酸化、抢险及其他特殊作业等，国外通常将带压作业称之为不压井作业（Snubbing Operation）或液压修井（Hydraulic Workover，HWO），以下称不压井作业为带压作业，不压井作业机称为带压作业机[1]。

1. 带压作业关键技术

带压作业关键技术是控制油管内和油套环形空间的压力，以及克服管柱的上顶力，即双封一顶。通过堵塞器等工具，控制油管内压力；通过防喷器组，控制油管与套管环空的压力；通过液缸及卡瓦组对管柱施加外力，克服井内流体对管柱的上顶力，实现管柱带压起下安全作业。

2. 带压作业作业方式

在油水井作业过程中，根据井口压力不同，可以采用不同的作业方式，以便提高作业效率。例如，当井口压力小于7MPa时，可以采用环形防喷器直接过接箍的方式起下，其他闸板防喷器均处于打开状态；当井口压力大于7MPa时，采用闸板防喷器倒出接箍的方式。起升管柱时，下闸板防喷器处于关闭状态，接箍至下防喷器时，上闸板防喷器迅速关闭，这时上平衡阀关闭，下平衡阀打开，使上下闸板防喷器之间充满高压液流，当下闸板防喷器的上下腔液体压力达到平衡后，防喷器的控制液缸驱动下闸板防喷器打开，接着下平衡阀关闭，当管柱接箍顺利通过下闸板防喷器后，迅速关闭下闸板防喷器，上平衡阀开启，使上下闸板防喷器之间高压液流迅速泄压，当上闸板防喷器的上下腔液体压力达到平衡后，防喷器的控制液缸驱动上闸板防喷器打开，接着上平衡阀关闭，管柱接箍顺利通过上闸板防喷器，完成一根油管在密封状态下从注水井中起升。

## 二、带压作业技术优势

带压作业技术与传统的压井作业或泄压作业技术相比，具有明显的技术优势。

（1）保护产层，提高油气采收率。带压作业技术的最大优点在于它不需要压井，没有压井液伤害地层，可以保护和维持地层的原始产能，避免修井液对储层的伤害，为油气田的长期开发和稳定生产提供良好的基础，提高综合经济效益。

（2）保持地层能量，改善开发效果。注水井带压作业不需要停注放压、压井等，可直接完成修井作业，即可大大缩短施工周期，又可保持地层压力，进而保持采油井单井产量，延长油气井的生产周期，改善开发效果。而常规修井通常采用放压作业，放压时间长，影响周边采油井甚至整个区块压力平衡，放完后还存在处理污水，解决污染等问题。

（3）减少作业投资，降低综合作业成本。对于注水井带压作业，减少了压井作业压井液的投入，返排液的处理等费用，减少了污水排放、拉运及处理费用。对于天然气井带压作业，减少了压井液的费用，减少了排液投入成本及返排液处理费用。带压作业仅一次性投入，降低综合作业成本。

（4）无需泄压及压井，缩短作业周期。注水井泄压作业周期长，特别是低渗透油田开发，泄压周期一般为 2 个月至半年，泄压期间无法作业，对应井组产量降低，连通水井停注，产量恢复缓慢，甚至无法恢复。而带压作业无须泄压或压井作业，可缩短作业周期，稳定区块产量。

（5）安全环保，绿色作业。很多油田的油水井临近江河、村屯、自然保护区等，不允许泄压放水，造成油水井长期带病生产，无法作业。天然气井的压井作业极易井喷，造成井控事故。而采用不压井可以保护地层，避免井控事故发生，符合 HSE 的要求，具有良好的环保效益。

（6）隐患治理，安全生产。带压作业是油气水井隐患治理的重要手段。长期以来，部分老井、报废井在封井过程中往往造成桥塞、水泥塞下部圈闭压力无法释放，通过常规作业手段无法解决井控安全问题，而带压作业可能很好地避免这些井控安全问题。

（7）带压完井，保障非常规气藏有效开发。页岩气、页岩油、致密油气、煤层气等非常规气大规模体积压裂后、气井分支井完井、欠平衡完井、储气库完井等工艺多采用带压作业下入完井管柱。

## 三、带压作业技术发展历程

### 1. 国外带压作业技术发展历程[1-3]

带压作业（不压井作业）这一思想是 1929 年由美国的 Herbert C.Otis 提出的，他是通过利用动静两组反向卡瓦组来支撑管柱，再通过钢丝绳和绞车等辅助设备的控制来实现管柱的升降，即为首部钢丝绳式不压井装置。该装置可到达的最大下压力为 1.56kN，可以通过的管柱最大通径为 193.7mm。在此之后，又出现通过链条加压方式的不压井作业装置。虽然此类早期设备从结构上来说非常简单，而且通常都是需要与钻机配合使用，设备的安全性能和施工人员的人身安全无法得到充分保证，所以这种早期设备已经被淘汰。

1960年，第一台液压式带压作业设备诞生，用于接入或甩出油管，并产生了第一台独立的不压井作业机。自此，不压井作业的安全性、速度、效率都大大提高了，它在油气井领域应用也越来越广泛；1980年，第一台车载液压式带压作业设备在北美出厂，由于这种设备具有机动性强，吊装快速等优点，被带压作业技术的油公司所青睐，迅速占领加拿大及美国的市场。20世纪90年代后，出现了模块化的橇装设备，以适应海上作业；2000年后，钻、修、带压作业一体机出现，功能齐全，效率更高。

2. 国内带压作业技术发展历程[1]

国内在20世纪50年代至20世纪60年代，曾研制过钢丝绳式带压作业装置，它利用常规通井机起下管柱，靠自封封井器密封油套环空。之后，大庆油田研制了1台橇装液压式不压井作业装置，由于存在操作程序复杂、劳动强度大、安全性能差等缺点而未得到推广应用。20世纪70年代至20世纪80年代，吉林油田研制出可用于井口压力4MPa以下的橇装式不压井作业装置，但工作效率低，占井周期长；2001年，原华北二机厂与辽河油田研制了第一台具有自主知识产权的全液压带压装置，后来发展为具有上下操作平台的辅助式带压作业装置；2004年，吉林油田研制出车载集成式带压作业机，提高了机动性能和安装速度；2010年，华北荣盛公司成功研制出国内首台独立式带压作业装置，提高了作业效率，降低了作业成本。

国内的带压作业装备主要历经了4个阶段。

（1）2001—2003年：初期阶段。

由于油田对油水井带压作业的认识不足和投入不够，制造的带压作业装置存在很高的作业风险。当时的带压作业装置主机的配置简单，密封压力等级在9MPa左右，油缸行程约2000mm，装置的总体高度4m，动力源及操作箱均放在原有作业车上。该装置真正用于带压作业的设备只有筒状环形防喷器和两个卡瓦。而当井压高于9MPa（9～12MPa之间）时，下部本应只作为安全保护的闸板防喷器（全封、半封、卡瓦不用于带压作业）也被用于带压作业，利用其中的半封与上部筒状环形防喷器导出工具和接箍。这样操作风险很大，如果下部安全半封胶件失效，井口压力即无法控制，易造成井喷事故。

（2）2003—2006年：改进阶段。

下部的2FZ18-21双闸板防喷器改为3FZ18-35的三闸板防喷器，下腔装全封闸板、中腔装半封闸板、上腔装卡瓦闸板，作为安全防喷器系统，不参与带压作业，只在紧急情况下、上部失控时、上部检修时或空井时使用；下横梁座在采油大四通上方，不再卡在生产套管上，防止损坏套管；筒状环形防喷器改为FH186-35球形胶芯环形防喷器，以承受高压。为防止用一般单闸板防喷器在密封条件下封油管、导接箍造成前密封胶件快速磨损，设计了专用特种单闸板防喷器。闸板为$\phi$200mm圆形，以增大前密封胶件的厚度；并加装耐磨瓦片提高其耐磨性，减少胶件更换次数；把油缸放在防喷器两侧，更换胶件快速，减少漏油环节。将非锥度卡瓦改为自紧式锥度卡瓦，承重及防顶力得到显著提高，可达60t。在带压作业主机外部增设四柱框架，将二者连为一体，使整体结构稳固可靠。同时在框架底部增设可调的千斤顶支撑，使主机轴线与井口轴线同轴，改善作业机的晃动和对中性。此外，将油路和管线内藏于框架空间内，减少拆装磕碰。

（3）2006—2010年：全面应用阶段。

各大油气田逐渐认识到了带压作业的技术优势，加快研发或引进带压作业技术，呈现全面应用态势。在中国石油的推动下，各大油气田及厂商加快带压作业机国产化和自主化的步伐，逐渐实现带压作业元器件到整机的国产化。众多厂商参与到带压作业机研发生产中，出现了适合国情的多样化带压作业机，如低矮型辅助式带压作业机、标准型辅助式带压作业机、独立式带压作业机、集成式带压作业机等，又如抽油杆带压作业机、电泵井带压作业机、热采井带压作业机等。带压作业范围从低压作业到中压作业、高压作业，从小修作业到大修作业，从普通井作业到深井等复杂井作业，从油水井作业到气井作业等。

（4）2010—2016 年：规模应用阶段。

2010 年 3 月 20 日，中国石油召开了带压作业工作部署会，并将 2010 年作为带压作业推广年，极大地促进了带压作业技术整体发展。同时，中国石油天然气集团有限公司科技管理部先后开展了“油水井带压作业技术与装备现场试验”（项目周期为 2010 年 10 月—2013 年 10 月）、“气井带压作业技术与装备现场试验”（项目周期为 2010 年 10 月—2013 年 10 月）和“带压作业技术推广”（项目周期为 2015 年 1 月—2017 年 12 月）3 个项目立项研究。通过项目开展，进一步提升了油气田企业的研发能力，提高了带压作业技术水平，扩展带压作业应用领域。带压作业工作量由 2010 年的 1621 井次增加至 2016 年的 5161 井次，工作量提高 3 倍以上。

## 第二节　国内外带压作业技术应用现状

### 一、国外带压作业技术应用现状[1-3]

带压作业技术在国外经历了 80 多年的发展和改进，目前已广泛应用于陆地油气井和海上平台，装备功能齐全、作业能力强、作业范围广。据统计，国外制造带压作业机、提供带压服务的公司超过 50 个。主要生产带压作业设备的厂家有美国 Hydra Rig、Halliburton 以及加拿大 High Arctic、Snubbertech 等公司，主要提供带压作业技术服务的公司有 CUDD、PLS、Crosco、Integrated Drilling & Well Services Co.Ltd、Boots & Coots、Live Well Service、ISS 等公司。

目前全球带压作业机总共约 800 余套，主要分布在北美（约 400 套）和中国（约 200 套），欧洲、南美、非洲、东南亚等地有少量带压作业机在应用，带压作业装备利用率达 90% 以上。带压作业工艺主要以美国、加拿大应用最为广泛和最为成熟，北美地区气井普遍采用带压作业技术，其应用范围包括：带压下套管、尾管、单油管或双油管等完井作业，带压辅助分层压裂、酸化连续施工作业，带压下入、回收封隔器、桥塞及其他井下工具，带压冲砂、打捞、磨铣、清蜡等修井作业，带压欠平衡钻井、侧钻、射孔以及应急抢险等。最高施工压力为 106.8MPa，最高 $H_2S$ 施工含量 45%，最高作业深度 8189m。每年各种带压作业技术服务产值数亿美元，为油公司和重大油气产区均带来了巨大的社会和经济效益，已成为提高油气田采收率和保护油气藏的重要生产手段。

### 二、国内带压作业技术应用现状[1，4-6]

国内开展带压作业机自主研发工作起步较晚，发展较为缓慢。“十二五”以来，带压作业技术受到中国石油的高度重视，发展突飞猛进。目前，国内比较成熟的带压作业装备制造公司有宝石机械、渤海装备、华北荣盛、任丘铁虎、江汉四机厂、盐城大冈、烟台杰瑞等。“十二五”以来，中国石油提出了大力推广带压作业技术，极大地带动了带压作业装备和技术的进步，促进了带压作业装备国产化的进一步发展。目前已形成辅助式带压作业机、独立式带压作业机、车载集成式带压作业机、辅助式带压大修作业机、辅助式热采井带压作业机、辅助式可控不压井作业机和气井带压作业机等多种型号的带压作业机，环空静密封控制压力为14～70MPa。

目前，中国石油拥有带压作业机150余部，作业队伍140余支，年施工能力达5000井次以上。带压作业技术应用领域逐步扩展，涵盖钻井、井下作业与增产措施等不同领域：带压欠平衡钻井，带压下完井管柱、带压射孔、带压起下管柱、带压冲砂、带压打捞、带压钻磨铣及带压分层压裂和酸化等。国内带压作业主要是以油水井为主，气井带压作业技术只有少数单位具有一定的施工经验和能力，气井带压作业占带压作业总数4%。最高井口施工压力为塔里木油田乌参1井，井口施工压力达86MPa。随着技术的发展与完善，2009—2017年，中国石油累计实施带压作业31000多口，累计减少污水排放超过$1600\times10^4m^3$，在稳定单井产量、节能减排、减轻环境污染等方面取得了非常好的效果。

## 第三节 中国石油“十二五”带压作业技术主要成果及应用

“十二五”期间，中国石油带压作业技术快速发展，特别是在“油水井带压作业技术与装备现场试验”“气井带压作业技术与装备现场试验”和“带压作业技术推广”等项目支持下，带压作业技术在装备、工具工艺、标准及培训等方面取得了一系列成果，提高了带压作业的技术水平，扩展了带压作业的应用领域，提高了带压作业的应用规模，减排稳油的效果突出。

### 一、带压作业技术成果

1. 带压作业装备的试验定型

（1）车载集成式带压作业机。车载集成式带压作业机具有结构一体化、动力一体化、操作一体化的优点。带压作业装置、修井机、修井工操作模块、司钻操作模块等部分有机组装在一台车上，在结构上实现一体化；修井机和带压作业装置共用一台发动机和一套传动系统，在动力上实现一体化；修井机的操作与带压作业装置的操作都集中在一个操作室内，由一名司钻完成全部操作，实现操作上的一体化。车载集成式带压作业机优点是高效率、低成本、工人劳动强度低，一次性投资较低，节省了维修保养费用和燃料消耗费用。通过本项目的开展，提升车载集成式带压作业机技术指标和作业能力，车载集成式带压作业机的防喷器组耐压等级达到35/21MPa，防喷装置通径达到186mm，液缸举升速度达到0.5～0.7m/s，防喷器闸板开关速度不大于5s，举升液缸行程达到3.5m，液缸举升力达750kN，液缸下压力达到450kN。

（2）辅助式带压作业机。辅助式带压作业机的修井机、带压作业装置是相对独立的，防喷装置和修井机都有独立的动力系统，作业过程中由2个人配合操作。辅助式带压作业机的优点是带压作业装置与修井机相互独立，可以灵活组合；防喷器组及附件，可根据需要进行针对性组装。通过本项目的开展，对辅助式带压作业机进行模块化改造，提高了安装速度。防喷器组耐压等级达到35/21MPa，液控系统实现差动控制，液缸举升速度达到0.7m/s，液缸举升力达到600kN，液缸下压力达到450kN。

（3）自平衡静密封带压作业机。研制高效可靠、性能稳定的滑套密封装置，并对整体带压作业装置的结构稳定性进行校核，将油管与环形胶芯之间的相对滑动密封改为相对静止密封，提高密封压力等级，延长密封件使用寿命。通过本项目的开展，试制成功了一台可施工井口压力21MPa的自平衡静密封带压作业机，并成功开展了现场试验。

（4）独立式带压作业机。独立式带压作业机省去了修井机配合作业，可以独立完成带压情况下的井下管柱起下操作。具有结构紧凑、作业效率高、节约能耗、搬迁快捷的特点。通过本项目的开展，试制成功了一台可施工井口压力21MPa的独立式带压作业机，并成功开展了现场试验。

（5）辅助式热采井带压作业机。成功试制了耐温220℃、施工压力14MPa热采井带压作业机并成功开展了现场试验。其特点是防喷器密封材料采用耐高温全氟橡胶，壳体设计了冷却循环通道，利用循环水进行冷却降温，做到了耐温和降温功能有机结合。

（6）抽油机井带压作业配套设备。试验形成了带压拆防喷盒、带压起下抽油杆、带压起下油管、带压下完井管柱等系列抽油机井带压作业配套技术。可以满足低压（5MPa以下）、中压（5～14MPa）、中高压（14～21MPa）等不同压力级别带压作业需求。

（7）辅助式带压大修作业机。试制了带压大修专用顶驱，配套旋转卡瓦（或被动转盘）输出扭矩实现钻磨铣等大修工序；试制了带压大修井口防喷装置并配套修井机；配套建立了井口压力监测及修井液循环控制系统，实现在密闭循环系统中对井口压力、修井液密度及流量进行监测，并对修井液进行净化和调配。通过本项目的实施，成功试制1台带压大修作业机，可以对井口压力14MPa以下的油水井实施带压大修。

（8）定型了1套21/35MPa气井带压作业机。针对气井带压作业机，通过优选材料配方，反复试验，最终确定了最佳动密封耐磨材料，解决了环空动密封使用寿命低的技术难题，即制约带压作业发展的瓶颈问题。作业压力由7MPa提升至21MPa。在21MPa压力工况，实现了单件连续起下管柱长度1773m，大大提高了密封材料的使用寿命。研制了支撑稳定装置，解决了带压作业机晃动失稳问题，提升作业安全性。针对作业过程出现突发情况紧急处置，研制了远程气控系统，作业人员能在主操作台集中操作，大大提高了操作人员施工的安全性。配套了悬重指示系统和扭矩监控动力钳，实现管串悬重实时监控，防止卡阻导致的管串损坏；实现定扭矩、卸扣和扭矩监测及控制，防止扭矩过大螺纹损坏或扭矩过小导致油套串漏等问题。

2. 系列油管堵塞工具的形成

（1）形成不同封堵位置的系列油管堵塞工具。

① 形成捞矛堵塞器和鱼顶堵塞器2种封堵鱼顶堵塞工具，工具耐压21MPa，耐温120℃，采用油管方式投送，实现井筒内无法封堵井的带压作业。

② 形成液力式堵塞器、智能式堵塞器、高温油管桥塞、钢丝作业桥塞、电缆作业桥塞、气井钢丝桥塞和气井电缆桥塞7种配件上油管堵塞工具，实现油井、气井、水井不同井况的封堵需求。

③ 形成偏心配水器堵塞器和堵隔器堵塞器 2 种封堵井下配件堵塞工具，工具耐压 21MPa，耐温 120℃，采用钢丝作业投送，实现井下配件的封堵需求。

④ 形成小直径堵塞器和大变径堵塞器 2 种过配件堵塞工具，工具耐压 21MPa，耐温 120℃，采用钢丝作业投送，实现配件下油管的封堵需求。

（2）形成系列完井预置堵塞工具。

① 形成 CQ 完井预置工作筒、JL 完井预置工作筒、DG 完井预置工作筒、LH 完井预置工作筒及气井预置工作筒 5 种完井预置工具，实现完井及再次带压作业时油管压力的控制。

② 形成循环压控底阀、循环压控底阀、井下预置开关和预置式防喷阀 4 种注水井完井预置工具。通过阀芯的不同位置，实现防喷和注水功能，满足带压作业需求。

③ 形成泵下定压滑套、可控泵底阀、循环防喷阀、活门封泵器、井下开关阀和洗井开关器 6 种采油井完井预置工具，实现采油井带压完井及修井作业油管压力的控制。

④ 形成完井底堵和破裂盘 2 种气井完井预置堵塞工具，实现天然气井带压完井油管压力的控制。

3. 带压作业配套工艺技术的完善

（1）油水井带压作业工艺技术。

① 带压起下管柱：在不压井、不泄压的情况下，采用带压作业装备进行生产管柱的起下，控制油管及油套环空压力，控制油管起下速度，由起下光管柱升级至起下复杂管柱。

② 带压冲砂：成功研制了反循环冲砂和带压正冲砂 2 种带压冲砂工艺技术，2 种工艺经现场试验都取得了成功，并得到了推广应用。

③ 带压大修：采用辅助式带压作业机配合无级变速顶驱技术，实现带压打捞、扫塞、刮削及磨铣等带压大修作业，解决疑难井修井难题。

④ 带压射孔：成功试验带压电缆射孔和带压油管传输射孔 2 种带压射孔工艺，两种工艺经现场试验都取得了成功，并得到了推广应用。

⑤ 带压酸化解堵：利用带压作业机将原井管柱起出，进行带压通井、刮削套管、下解堵管柱、解堵施工、最后带压下完井管柱。

⑥ 带压更换井口：利用带压作业技术配合高压桥塞封堵，解决高压水井更换井口的作业难题。

（2）气井带压作业工艺技术。

① 气井带压起下管串工艺技术。形成了包括带起下光油管、不规则特殊管串等气井带压起下管串工艺技术，解决了特殊管串堵塞、变径段尾管机械堵塞和大直径工具密封等技术问题，具备了 21MPa 作业能力。

② 带压钻、磨、铣工艺技术。采用带压装置配套螺杆钻具、磨铣工具进行的欠平衡钻磨桥塞及水泥塞等，有效防止了钻塞后及钻塞期间高压气体突然释放导致飞出管柱和井喷事故，避免压井钻塞作业对储层造成的伤害。

③ 凝胶暂堵工艺技术。针对腐蚀穿孔管串起下堵塞密封难题，研发了封堵凝胶体系；针对射孔筛管研制了孔眼暂堵剂，承压能力分别为 5MPa/100m 和 10MPa/100m。

④ 带压更换井口配套技术。针对带压修井作业井口闸阀腐蚀泄漏或无法打开等情况，

形成了带压钻孔和冷冻暂堵更换井口等气井带压作业配套技术，为老井隐患消除、带压更换井口提供了技术支撑。

4. 带压作业标准与规范的完善与修订

通过对目前在用的带压作业标准与规范的梳理与研究，保留 SY/T 6731—2014《石油天然气工业　油气田用带压作业机》1 项行业标准，修订 SY/T 6989—2014《油水井带压作业方法》为 SY/T 6989—2018《带压作业技术规范》，整合 Q/SY 1625《油气水井带压作业技术规程》为：

（1）《油水井带压作业技术规范》。

（2）《油气水井带压作业技术规范　第 1 部分：设计》。

（3）《油气水井带压作业技术规范　第 2 部分：设备配备、使用与维护》。

（4）《油气水井带压作业技术规范　第 3 部分：工艺技术》。

（5）《油气水井带压作业技术规范　第 4 部分：安全操作》。

（6）《油气水井带压作业技术规范　第 5 部分：效果评价》。

5. 带压作业装备试验检测基地和操作人员培训基地的建立

（1）带压作业装置检测及试验基地。带压作业装置检测装置基本建成，可以进行带压作业装置及井下工具性能检测评价，为带压作业技术的推广应用提供安全保障及智力支持。该检测装置主要对带压作业装置进行整体及分体的压力和力学检测，评估带压作业装置的综合性能指标。

（2）带压作业模拟试验井。辽河油田建立 4 口模拟实验井，分别为直井、水平井和热采井 3 种不同井型和井别。在模拟井井口安装有压力传感器和监控装置，通过电缆将压力传感器和监控装置的信号传送到计算机控制室内，进行自动计算和控制试验参数，以模拟不同工况下的带压作业井施工。

（3）带压作业计算机仿真模拟培训系统。吉林油田建立了带压作业计算机仿真操作模拟培训系统，采用环幕和全三维立体虚拟现实模拟技术展现带压作业的各项工艺、设备原理及操作过程。本系统设计了 11 项带压作业工艺训练软件和 8 个特色工艺动画，配套实物化的操作台等硬件，可为带压作业技术人员及操作人员进行技术演示、操作培训。

（4）中国石油在四川石油培训中心建立了国内第一个带压作业培训基地，编制了《带压作业工艺》与《带压作业机》两本教材，成立了一支带压作业兼职培训教师，也建立了从业人员资格评估体系，已完成 6 期近 300 名主操作手的取证培训。培训方式采用理论教学和模拟培训的方式。

## 二、带压作业应用效果

“十二五”期间，中国石油带压作业技术水平有了长足的进展，在装备数量、设备的工作压力、作业效率、单机作业能力及作业规模方面，都有了显著的提高。

（1）作业装备和队伍不断增加。

“十二五”期间，中国石油高度重视，在科技管理部主持的科研项目的推动下，在集团公司投入资金的支持下，带压作业装备和作业队伍不断增加，目前带压作业装备 159 部，带压作业队伍 141 支，实现年施工能力达 5000 井次以上，见表 1–1。

表 1-1　中国石油带压作业施工能力统计表（2017 年 12 月）

| 序号 | 公司 | 设备，部 | 队伍，支 | 年施工能力，口 |
|---|---|---|---|---|
| 1 | 吉林油田 | 25 | 24 | 1000 |
| 2 | 大庆油田 | 33 | 30 | 900 |
| 3 | 辽河油田 | 10 | 9 | 300 |
| 4 | 大港油田 | 11 | 6 | 350 |
| 5 | 华北油田 | 9 | 3 | 150 |
| 6 | 冀东油田 | 5 | 5 | 100 |
| 7 | 长庆油田 | — | — | — |
| 8 | 新疆油田 | 17 | 14 | 850 |
| 9 | 吐哈油田 | 7 | 7 | 250 |
| 10 | 西南油田 | 2 | 2 | 45（气井） |
| 11 | 长城钻探 | 30 | 28 | 900 |
| 12 | 川庆钻探 | 7 | 7 | 200（气井） |
| 13 | 渤海钻探 | 3 | 6 | 70 |
| 14 | 合计 | 159 | 141 | 5115 |

带压作业工作量也不断增加，2017 年年工作量 5500 井次，是 2009 年工作量 720 井次的 7.64 倍，如图 1-1 所示。

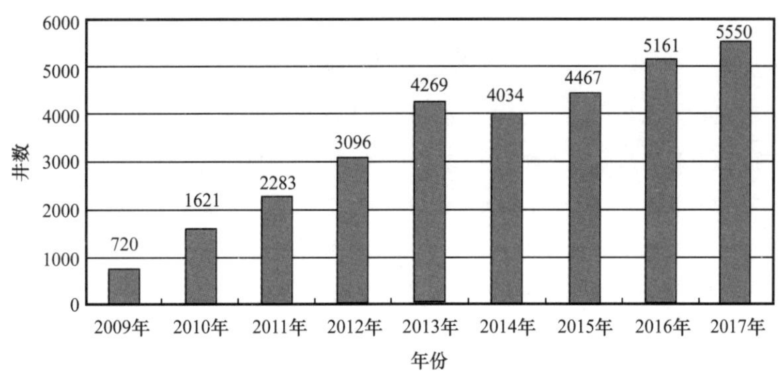


图 1-1　中国石油带压作业工作量统计柱状图

（2）单机作业能力快速提高。

随着研究的深入及现场的作业需求，带压作业装备的各项性能指标不断完善提高。带压作业装备的工作压力由 7/14MPa 提高至 21/35MPa，最高可达 70MPa；油缸的起下速度由 0.1～0.2m/s 提高至 0.5～0.6m/s；油缸行程由 2～2.8m 提高至 3.3～3.5m；最大上提力由 25tf 提高至 60tf；作业井深由 1000m 扩展至 5000m 以上。单机作业能力大幅提升，每部作业机每年可多施工 5～10 井次，单井作业能力提升 20%～30%。

（3）带压作业效率大幅提升。

随着带压作业装备的完善、现场操作人员的熟练以及操作规程的逐渐完善，带压作业效率大幅提升，施工周期明显缩短。例如，吉林油田注水井作业周期由原来的15天缩短至目前的10天，作业效率提高33%；吉林油田扶余地区采油井带压作业周期由原来7天缩短至5天，作业效率提高28%；大庆油田注水井带压作业周期由9.7天缩短至7.2天，提高作业效率25%；辽河油田注水井带压作业周期由15天缩短至12天，提高作业效率20%；长庆油田注水井作业周期由13.1天缩短至10.5天，提高作业效率18%；长城钻探注水井作业周期由13天缩短至10天，提高作业效率23%等。

（4）带压作业应用效果显著。

通过带压作业，可以实现节能减排、环保作业、保持地层能量和注采平衡，稳定油井产量，缩减综合作业周期和作业成本等。据资料统计2009—2017年中国石油累计实施带压作业31000多口，累计减少污水排放超过$1600\times10^4m^3$。通过“带压作业技术推广”项目，对注水井、采油井及天然气井带压作业效果进行系统分析与统计。例如，2015—2017年，吉林油田、大庆油田、辽河油田、大港油田、长庆油田、吐哈油田、长城钻探等7家单位累计完成注水井带压作业8747井次，累计减少污水排放超过$1000\times10^4m^3$，提前恢复注水超过$1500\times10^4m^3$，少影响油量$110\times10^4t$，累计创经济效益23亿元；吉林油田、大庆油田、辽河油田、大港油田、新疆油田和吐哈油田6家单位累计完成采油井带压作业2709井次，累计减少污水排放超过$40\times10^4m^3$，少影响油量$6\times10^4t$，累计创经济效益1.3亿元；川庆、吐哈2家单位累计完成气井带压作业439井次，累计少影响产气量近$600\times10^4m^3$，累计创效1.5亿元。

同时，带压作业技术水平的提高，助推非常规油气藏的有效开发。例如，气井带压作业技术水平的提高，助推了长庆区域致密气、川渝地区页岩气规模化开发；热采井带压作业技术的成功研制，解决了火驱、SAGD井作业难题，助推了稠油热采井的有效开发。

## 参考文献

[1]胡守林，等.带压作业工艺[M].北京：石油工业出版社，2018.

[2]陈蔚茜，穆延旭.国外不压井作业机[J].石油机械，2005，33(1)：63-65.

[3]王勋弟.不压井作业装备[J].国外石油机械，1997，5(2)：22-26.

[4]胡守林，等.带压作业机[M].北京：石油工业出版社，2018.

[5]黄小兵，刘清友，王德玉.浅析我国不压井装备的现状及发展趋势[J].石油矿场机械，2004，33(增刊)：19-21.

[6]柴辛，李云鹏，刘锁建.国内带压作业技术及应用状况[J].石油矿场机械，2005，34(5)：30-33.

# 第二章　带压作业装备

带压作业装备包括带压作业机及井口防喷装置，主要用于密封油套环空压力和控制管柱的起下速度来实现安全受控作业。中国石油在“十二五”期间，通过开展“油水井带压作业技术与装备现场试验”“气井带压作业技术与装备现场试验”和“带压作业技术推广”等项目的研究，给予较大资金支持，研发并推广了多种类型的带压作业机，作业压力由原来的7/14MPa普遍提升至21/35MPa，实现带压作业工作量的大幅攀升，有力凸显了带压作业技术在油田开发中的重要作用。本章主要介绍6种成熟的油水井带压作业机，以及井口防喷装置及作业机主机等内容[1]。

## 第一节　带压作业机

带压作业机型号编制方法可以参照SY/T 6731—2014《石油天然气工业　油气田用带压作业机》型号编制方法[2]，如图2-1所示，额定举（提）升载荷用圆整后值（kN）的1/10表示，额定工作压力以7MPa，14MPa，21MPa，35MPa，70MPa，105MPa，140MPa压力等级表示。示例：额定提升载荷800kN，额定工作压力21MPa，辅助式结构带压作业机，型号表示为：DYJ80/21F。

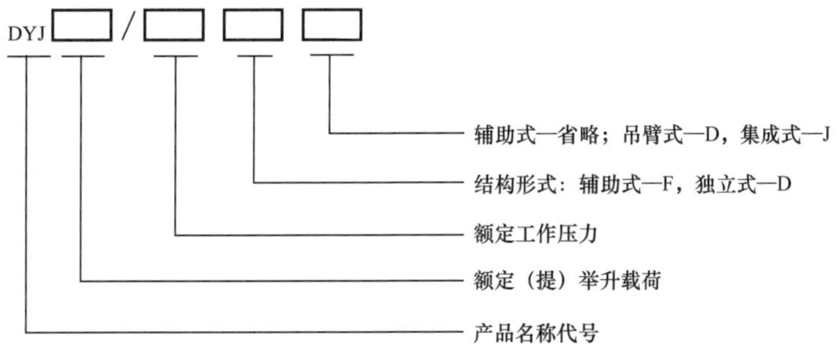


图2-1　作业机型号编制方法

按照SY/T 6731—2014，国内带压作业机主要型号见表2-1，其中最大下压速度和最大举（提）升速度均为空载速度，额定工作压力为设计确定的带压作业机工作时允许承受的最大动密封压力。

按照SY/T 6731—2014，国内带压作业装备按结构进行划分，分为辅助式和独立式，独立式又分吊臂式和集成式2种。而集成式分别为井口装置直接挂在车辆尾部的集成式和井口装置单独运输的共用修井机动力源的集成式。带压作业机结构上一般由井口防喷装置、动力系统、液控系统、提升系统及操作系统等组成。“十二五”期间，带压作业机进一步完善与定型。目前，中国石油在用的油水井带压作业机主要有6种类型，即：辅助式带压作业机、独立式带压作业机、车载集成式带压作业机、辅助式带压大修作业机、辅助式热采井带压作业机及辅助式可控不压井作业机。

表 2-1　国内带压作业机参数

| 参数 | 型号 | | | | | | | |
|---|---|---|---|---|---|---|---|---|
| | DYJ40 | DYJ60 | DYJ80 | DYJ100 | DYJ120 | DYJ160 | DYJ200 | DYJ260 |
| 额定举升载荷，kN | 400 | 600 | 800 | 1000 | 1200 | 1600 | 2000 | 2600 |
| 额定下压载荷，kN | ≥180 | ≥280 | ≥360 | ≥480 | ≥560 | ≥720 | ≥980 | ≥1250 |
| 额定工作压力，MPa | 7，14，21，35，70，105，140 | | | | | | | |
| 最大下压速度 $v_d$，m/s | $0.3 \leqslant v_d \leqslant 1$ | | | | | | | |
| 最大举升速度 $v_u$，m/s | $0.2 \leqslant v_u \leqslant 1$ | | | | | | | |

## 一、辅助式带压作业机[1, 2]

辅助式带压作业机起源于 2001 年，由吉林油田提出，并与辽河油田共同研制。主要是针对井比较深，井口上提载荷比较大，需要利用修井机配合井口带压作业装备进行起下作业。最初，成功研制一部简易分体式带压作业机，并在现场进行了试验。后期，逐渐完善，于 2010 年左右形成比较成熟的辅助式带压作业机，并进行大规模推广应用。目前，辅助式带压作业机是现场应用最多的机型，占比 70% 以上。辅助式带压作业机分为普通辅助式带压作业机和共液压源辅助式带压作业机。

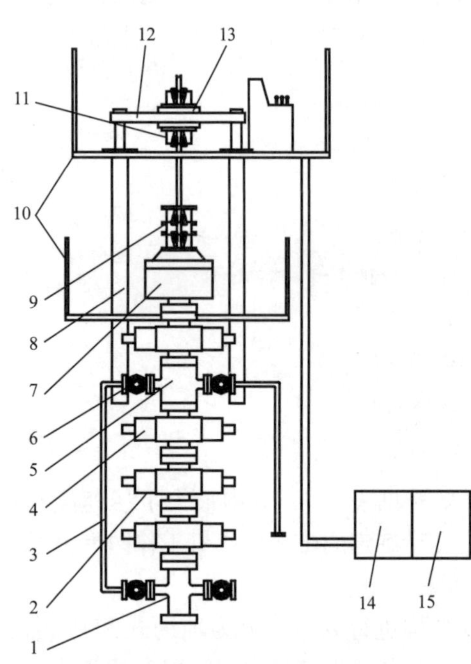

图 2-2　普通辅助式带压作业机示意图

1—井口；2—安全防喷器组；3—阀连接管线；4—闸板防喷器；5—四通；6—阀；7—环形防喷器；8—举升液缸；9—固定卡瓦组；10—平台及附件；11—游动卡瓦组；12—举升液缸连接件；13—旋转系统；14—控制系统；15—动力系统

1. 结构

普通辅助式装备是需要借助修井机（或钻机）配合作业的带压作业装备，通常该装备由动力装置和井口装置组成。作业过程中由 2 人配合操作。动力装置独立成橇，安装有动力系统、液压站及远程控制台；井口装置设计一体，为方便运输，独立成橇，其结构组成包括管柱密封系统、管柱举（提）升 / 下压液缸、卡紧系统、平衡泄压系统、工作平台、司钻控制台及扶梯、逃生滑道、支腿等附件，如图 2-2 所示。

共液压源辅助式装备与普通辅助式装备一样，都是需要借助修井机（或钻机）配合作业的带压作业装备。不同的是：共液压源辅助式装备的井口装置的液压系统动力由液压系统整合后的修井机提供。因此，该装备的液压控制台可与修井机的司钻控制台集成为一个控制台，并安装在修井机上（或安装在井口工作平台上）。井口装置与普通辅助式的一样，也是设计一体，为方便运输独立成橇，其结构组成包括管柱密封系统、管柱举（提）升 / 下压液缸、卡紧系统、平衡泄压系统、工作平台、司钻控制台及扶梯、逃生滑道、支腿等附件，如图 2-3 所示。

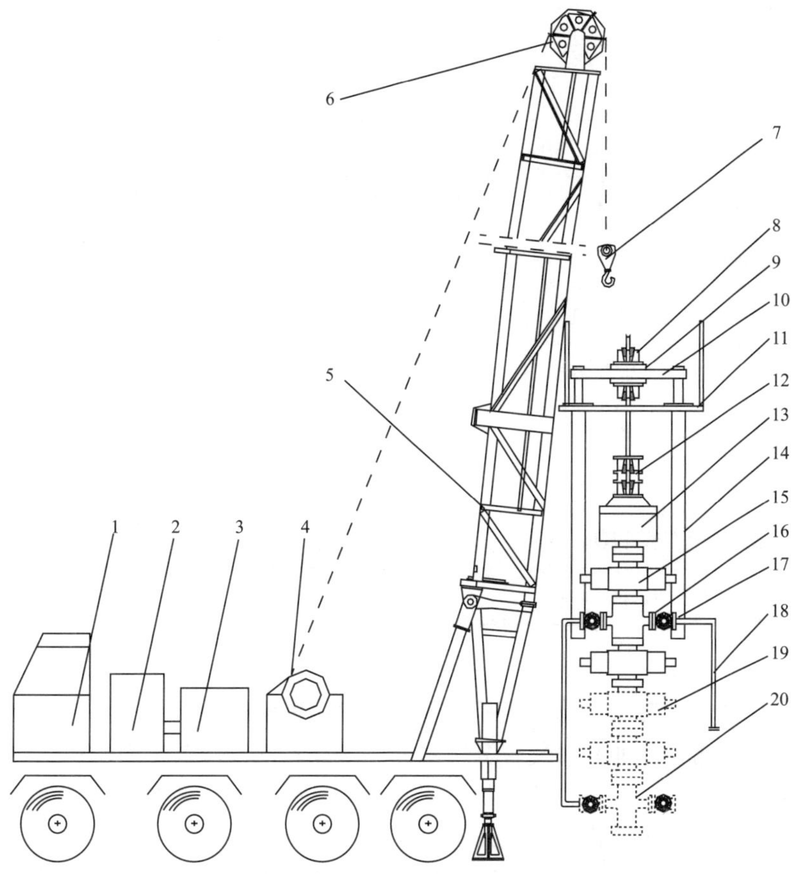


图 2-3　共液压源辅助式带压作业机示意图

1—底盘车系统；2—动力系统；3—控制系统；4—绞车系统；5—井架；6—天车；7—大钩及连接件；8—游动卡瓦组；9—旋转系统；10—举升液缸连接件；11—平台及附件；12—固定卡瓦组；13—环形防喷器；14—举升液缸；15—闸板防喷器；16—四通；17—阀；18—阀连接管线；19—安全防喷器组；20—井口

2. 技术原理

带压作业装置由拖车运至井场，并配合吊车将带压作业装置安装在井口。用环形防喷器或闸板防喷器密封油管和套管环空的压力，始终借助修井机辅助控制工具串。在井筒内压力作用下，当井筒压力对管柱的上顶力大于管柱的自重时，使用防顶卡瓦（或万能卡瓦）卡紧管柱，配合升降液缸进行起下管柱作业或起下井下工具作业；当井筒压力对管柱的上顶力小于管柱的自重时，使用防掉卡瓦（或万能卡瓦）卡紧管柱，配合修井机的大钩进行起下管柱作业或起下井下工具作业。当作业井的井压较高时（通常井压＞10MPa），为避免环形防喷器胶芯的快速磨损以及确保施工安全，只能利用上下单闸板防喷器、卡瓦系统、举升压缸和平衡泄压系统 4 者相互配合倒出油管接箍或尺寸变化的井下工具等；当井压较低时（井压＜10MPa，压力根据胶芯性能决定），可直接采用修井机大钩配合卡瓦系统强行起下管柱，由环形防喷器密封油管接箍等直径有变化的结构。

3. 技术指标

辅助式带压作业机技术参数见表 2-2。

表 2-2 辅助式带压作业机技术参数

| 项目 | 参数 |
| --- | --- |
| 防喷器组最高静密封压力，MPa | 35 |
| 防喷器组最高动密封压力，MPa | 21 |
| 防喷装置通径，mm | 186 |
| 举升液缸行程，mm | 3300 |
| 举升液缸最大上顶力，kN | 600 |
| 举升液缸最大下压力，kN | 300 |
| 举升液缸上升速度，m/s | ≤0.5 |
| 举升液缸下降速度，m/s | ≤0.7 |
| 闸板防喷器密封管柱规格，mm | $\phi$73、$\phi$89 |
| 双向卡瓦牙板规格，mm | $\phi$73、$\phi$89 |

4. 技术特点

（1）带压作业井口装置与修井机相互独立，可以灵活组合；

（2）修井机和带压作业井口装置分别由同一人或不同操作人员操作；

（3）在油管重管柱工况下，修井机可以作为起下管柱的主要动力，能够有效提高作业效率，简化带压作业液控操作；

（4）井口装置配备单独的动力源，耗能大，作业成本高；

（5）拆装搬运工作量较大，时间较长，费用较高。

5. 适用范围

（1）油管重管柱工况较多的油水井作业；

（2）辅助式设备可以灵活组合，适合复杂工况、疑难井作业；

（3）推荐作业环境：井深＞3000m，关井压力 14～21MPa。

## 二、独立式带压作业机[1, 2]

独立式带压作业机起源于 2010 年，首台作业机由华北荣盛公司成功研制。主要是从节约成本出发，并且是带压作业装备油缸起下速度达到一定程度的产物。独立式带压作业机是在带压作业装备上配套桅杆提升系统，用于甩捡单根。该种机型可以解放修井机，一套设备安装在井口便可完成起下作业。2013—2014 年，吉林油田借助“油水井带压作业技术与装备现场试验”项目的支持，进一步完善独立式带压作业机。目前，独立式带压作业机也是现场使用的主体机型之一，占比 10% 左右。该种机型虽然能够独立完成管柱的起下作业，但相对来说，作业效率较低。

1. 结构

独立式带压作业机由吊臂装置、动力装置和井口装置组成。动力装置独立成橇，安装有动力系统、液压站及远程控制台；井口装置设计一体，为方便运输，独立成橇，其结构组成包括管柱密封系统、管柱举（提）升 / 下压液缸、卡紧系统、平衡泄压系统、工作平台、司钻控制台及扶梯、逃生滑道、支腿等附件，如图 2–4 所示。

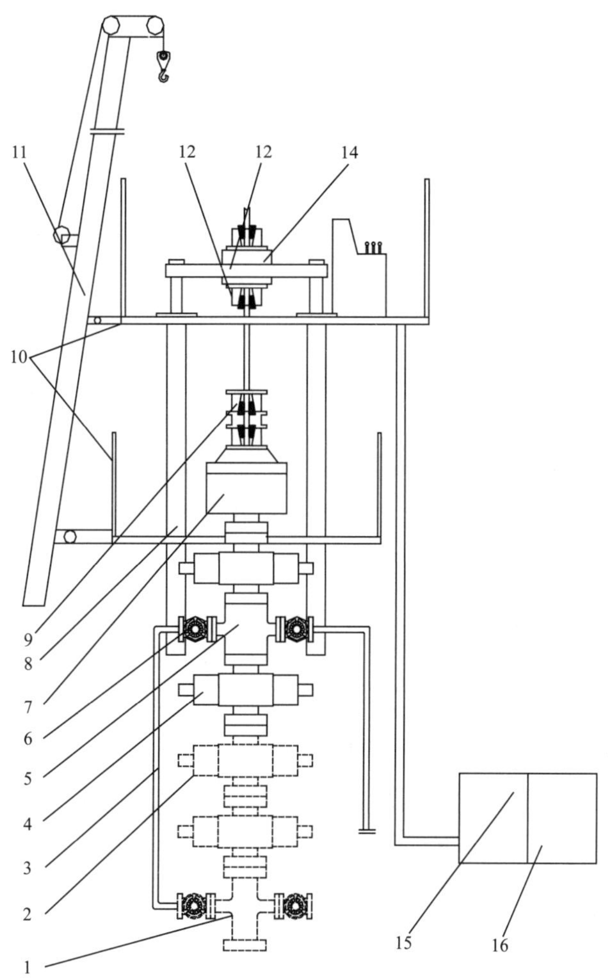


图 2–4　独立式带压作业机示意图

1—井口装置；2—安全防喷器组；3—阀连接管线；4—闸板防喷器；5—四通；6—阀；7—环形防喷器；8—举升液缸；9—固定卡瓦组；10—平台及附件；11—吊臂总成；12—游动卡瓦组；13—举升液缸连接件；14—旋转系统；15—控制系统；16—动力系统

2. 技术原理

在作业过程中，始终借助吊臂辅助控制工具串。不论井筒内压力作用下对管柱的上顶力大于还是小于管柱自重，均使用防顶卡瓦或防掉卡瓦（或万能卡瓦）卡紧管柱，配合升降液缸进行起下管柱作业或起下井下工具作业。当作业井的井压较高时（通常井压＞10MPa），为避免环形防喷器胶芯的快速磨损以及确保施工安全，只能利用上下单闸板防喷器、卡瓦系统、举升压缸和平衡泄压系统 4 者相互配合倒出油管接箍或尺寸变化的井下工具等；当井压较低时（井压＜7MPa），直接采用升降液缸配合卡瓦系统强行起下管柱，由环形防喷器密封油管接箍等直径有变化的结构。带压作业装置上部操作台测面上设计安装可伸缩的桅杆，作业过程中进行甩捡单根。

3. 技术指标

独立式带压作业机技术参数见表2-3。

**表2-3 辅助式带压作业机技术参数**

| 项目 | 参数 |
| --- | --- |
| 防喷器组最高静密封压力，MPa | 35 |
| 防喷器组最高动密封压力，MPa | 21 |
| 防喷装置通径，mm | 186 |
| 举升液缸行程，mm | 3650 |
| 举升液缸最大上顶力，kN | 600 |
| 举升液缸最大下压力，kN | 300 |
| 举升液缸上升速度，m/s | ≤0.6 |
| 举升液缸下降速度，m/s | ≤0.6 |
| 闸板防喷器密封管柱规格，mm | $\phi$73、$\phi$89 |
| 双向卡瓦牙板规格，mm | $\phi$73、$\phi$89 |

4. 技术特点

（1）不需要修井机配合作业；

（2）起下管柱和井口装置的操作在同一工作台，操作方便，配合简单；

（3）全程依靠井口装置的液压起升系统起下管柱，依靠设备自身的吊臂总成（俗称桅杆总成、拔杆）实现扶正和输送管（杆），作业效率较低；

（4）只有一套动力源，耗能小；

（5）拆装搬运工作量较大，时间较长，费用较高。

5. 适用范围

（1）油管轻管柱工况较多的油水井作业；

（2）独立式带压作业机占地面积小，适合井场面积狭小的井作业；

（3）适合于通井机或者钻机井架高度受限工况的井作业；

（4）推荐作业环境：井深＜2000m，关井压力14～35MPa。

## 三、车载集成式带压作业机[1, 2]

车载集成式带压作业机起源于2004年，由吉林油田首次提出并成功研制。主要是针对中浅井设备安装时间长，作业效率低等问题而开展研究。该种机型主要是将修井机、井口防喷装置、操作平台、司钻操作室等有机结合并组装在一台底盘车上，并且修井机、带压作业装置、底盘车共用一套动力系统，可独立完成带压作业。该种机型提高了机动性，运输及安装效率高，在中浅井现场作业上优势更为明显。目前，车载集成式带压作业机主要集中在吉林、大庆、大港、华北等油田，占比约 20% 左右。

1. 结构

车载集成式带压作业装备与共液压源辅助式装备有相同之处，都是将井口装置的液压动力源与修井的整合，并由修井机的动力设备提供动力输出的带压作业装备。不同的是，车载集成式带压作业装备的井口装置与修井机一体，橇装在工程车的尾部，直接由该修井机运输。

车载集成式装备底盘车系统和井口装置进行一体化设计，底盘车系统包括动力系统、起升系统和自走式车辆；井口装置包括管柱密封系统、管柱举升 / 下压液缸、卡紧系统和平衡泄压系统等。工作平台、逃生滑道、支腿等附件单独运输和组装。司钻控制台根据厂家的不同，安装位置也有所不同（井口工作平台或修井机上），结构形式如图 2–5 所示。井口装置采用简化的组合（从下至上）：三闸板安全防喷器组 + 液缸 + 单闸板防喷器 + 升高短节 + 环形防喷器 + 固定承坐卡瓦 + 游动防顶卡瓦。将井口装备安装在修井车的尾部，随修井机一起运移。

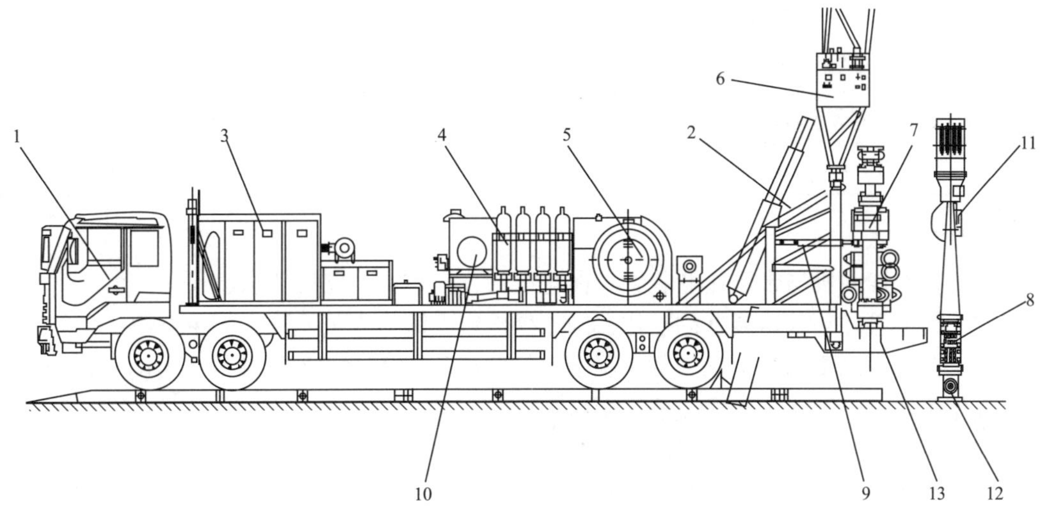


图 2–5　车载集成式带压作业机示意图

1—底盘车系统；2—井架；3—发动机；4—液压系统；5—绞车；6—司钻操作箱；7—带压作业装置；8—防喷器组；9—拉杆固定装置；10—液压站；11—大钩；12—井口；13—托架

2. 技术原理

修井作业时，用环形防喷器或闸板防喷器密封油管和套管环空的压力，始终借助修井机辅助控制工具串。在井筒内压力作用下，当井筒压力对管柱的上顶力大于管柱的自重时，使用防顶卡瓦（或万能卡瓦）卡紧管柱，配合升降液缸进行起下管柱作业或起下井下工具作业；当井筒压力对管柱的上顶力小于管柱的自重时，使用防掉卡瓦（或万能卡瓦）卡紧管柱，配合修井机的大钩进行起下管柱作业或起下井下工具作业。当作业井的井压较高时（通常大于 10MPa），为避免环形防喷器胶芯的快速磨损以及确保施工安全，只能利用上下单闸板防喷器、卡瓦系统、举升压缸和平衡泄压系统 4 者相互配合倒出油管接箍或尺寸变化的井下工具等；当井压较低时（小于 10MPa，压力根据胶芯性能决定），可直接采用修井机大钩配合卡瓦系统强行起下管柱，由环形防喷器密封油管接箍等直径有变化的结构。

3. 技术指标

车载集成式带压作业机技术参数见表 2-4。

表 2-4　车载集成式带压作业机技术参数

| 项目 | 参数 |
| --- | --- |
| 防喷器组最高静密封压力，MPa | 35 |
| 防喷器组最高动密封压力，MPa | 21 |
| 防喷装置通径，mm | 186 |
| 举升液缸行程，mm | 2800 |
| 举升液缸最大上顶力，kN | 750 |
| 举升液缸最大下压力，kN | 450 |
| 举升液缸上升速度，m/s | ≤0.5 |
| 举升液缸下降速度，m/s | ≤0.7 |
| 闸板防喷器密封管柱规格，mm | $\phi$73、$\phi$89 |
| 双向卡瓦牙板规格，mm | $\phi$73、$\phi$89 |

4. 技术特点

（1）自走修井机与带压作业装置一体化设计，自重大，路面要求高；

（2）起下管柱和井口装置的操作在同一操作室，同一人员操作，简单方便；

（3）在油管悬重超过上顶力的工况下，修井机可以作为起下管柱的主要动力，能够有效提高作业效率，简化带压作业液控操作；

（4）共用修井机动力源，耗能小，节约作业成本；

（5）依靠自走式修井机吊装、运输，不需要单独吊装、运输井口装置，拆装搬运工作量小，效率高，费用低。

5. 适用范围

（1）油管重管柱工况较多的油水井作业；

（2）作业区域比较集中、搬迁距离较近、井场道路环境较好；

（3）推荐作业环境：井深＜2000m，关井压力＜14MPa。

## 四、辅助式带压大修作业机

辅助式带压大修作业机起源于 2010 年，由吉林油田提出并开始研究。主要是针对需要开展大修的高压油水井泄压困难，泄压后影响井组产量等问题而开展创新研究。最初采用动力水龙头作为动力输出扭矩，配套辅助式带压作业机及配套装置。设备试制成功后于 2011—2012 年在吉林油田新民、乾安采油厂试验了 19 口井。但是现场存在扭矩小（扭矩最高 5000N · m）、反扭矩控制困难等问题。2013 年，吉林油田借助“油水井带压作业技术与装备现场试验”项目的支持，完善了该项技术，采用无级变速顶驱作为旋转动力输出，配套辅助式带压作业机（配套旋转防喷器和旋转卡瓦）可以实现井口压力 5MPa 以内的带压解卡、打捞、钻磨铣等大修工艺。目前，该种机型仅吉林油田有 1 部。

1. 辅助式井口装置

如辅助式带压作业机所述，井口装置主要包括密封系统、举升系统、卡瓦系统、平衡泄压系统、工作平台、安全防喷器及支撑装置，结构示意图如图 2–6 所示。

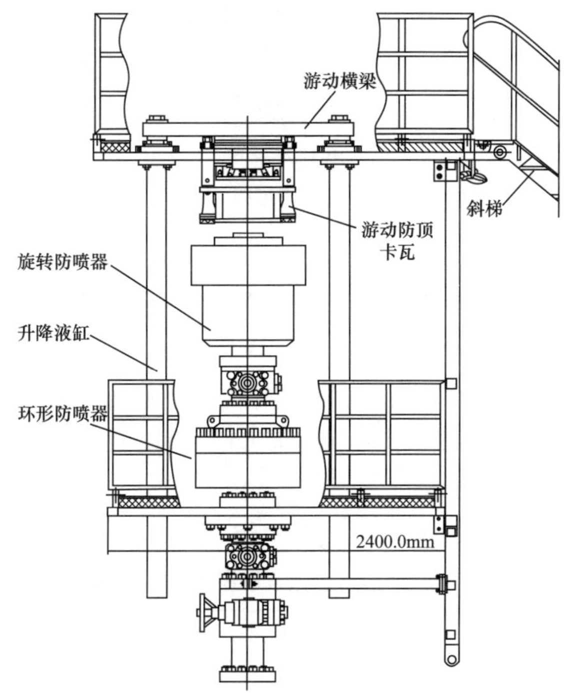


图 2–6　带压大修井口装置示意图

2. 无级变速顶驱

用顶驱替代方钻杆和转盘，可以减少倒换方钻杆作业量，为处理井下作业事故争取时间；可以简化井口装置，不必过多改动带压小修防喷器组结构，使带压大修成为可能。

（1）结构组成。该顶驱构造包括液压马达、输出、输入装置、齿轮啮合传动自动无级变速机构、壳体、水龙头、输出轴、耳钩、反扭矩平衡装置、扭矩平衡调整机构，如图 2–7 所示。具有自动解卡，恢复转速功能，具有恒功率特性，根据扭矩自动调速，反扭矩小，可自动平衡大，扭矩参数不低于转盘，最高可达 26000kN。

（2）工作原理。无级变速顶驱，内有一对圆柱齿轮副和一对非元齿轮副。两对齿轮副传动比相同均为 1∶1，但节曲线半径不同，转速有交错变化运转。心部由凸轮及弹簧控制，调整交错变化的扭矩。这个作用就用在调定输入转速下的扭矩，按功率法计算，另一对行星圆柱齿轮和中心输出齿轮构成传动副的传动比为 1.5∶1 左右，非元齿轮的节曲长半径与中心输出齿轮节元半径相同。节曲短半径与元柱行星齿轮节元半径相同，构成的周转传动有自锁区和非自锁区。两者用螺旋副和轴向弹簧连接后，正常扭矩短时保持整体自锁的 1∶1 传动，就是本顶驱的最高转速按功率法计算调整好的扭矩工作。当负载扭矩增大时挠性连接的弹簧被促动，非元的和元柱的行星齿轮就开始周转。因为是负号机构相对

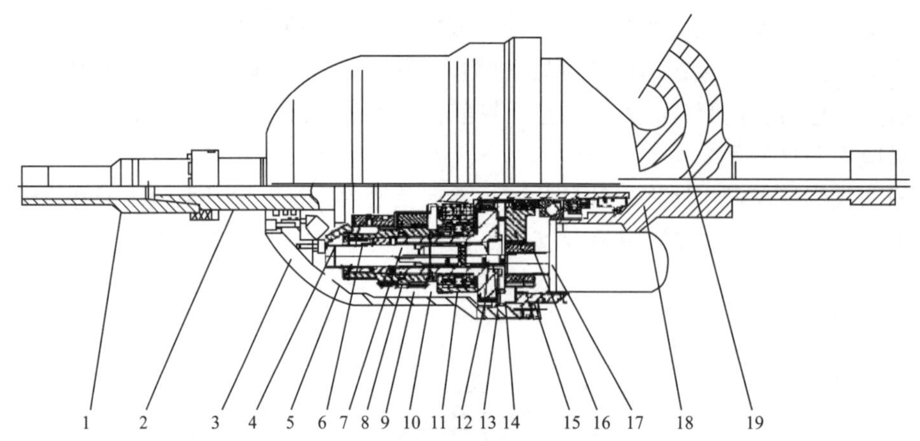


图 2–7　无级变速顶驱结构示意图

1—短节；2—中心轴；3—下箱体；4—止动座；5—螺旋轴；6—功率分流齿轮；7—输出圆柱齿轮；8—空心轴；9—双连行星齿轮；10—聚氨酯弹簧；11—行星架；12—行星齿轮；13—聚氨酯弹簧；14—扭矩设定齿轮；15—马达齿轮；16—输入齿轮；17—轴；18—上箱体；19—鹅颈管

反转就会使输出轴减速。扭矩越大弹簧被促动的力就越大，负号机构转动就越快，输出轴速度就越慢，负号机构转动到一定程度，会使输出轴功率分流储能，保证了输出轴扭矩不会超过许用扭矩。保证在零输出时扭矩不超过许用旋转扭矩，这部分要用扭矩法按负号机构计算。

（3）技术指标。无级变速顶驱技术参数见表 2–5。

**表 2–5　顶驱式带压大修作业机技术参数**

| 项目 | 参数 |
|---|---|
| 最高转速，r/min | 300/180/150 |
| 扭矩范围，N · m | 4500/7200/26000 |
| 零输出时扭矩，N · m | 40000 |
| 液压系统压力，MPa | 17～35 |

3. 80t 修井机

（1）结构组成。80t 修井机主要由动力系统、底盘、角传动箱、绞车、井架、液压系统、气压系统、电器系统、司钻操作平台及附件（天车、游动大钩、吊环、水龙带、立管、大绳、钢丝绳、液压大钳、吊钳、气动卡瓦）等组成，如图 2–8 所示。

（2）技术参数。80t 修井机技术参数见表 2–6。

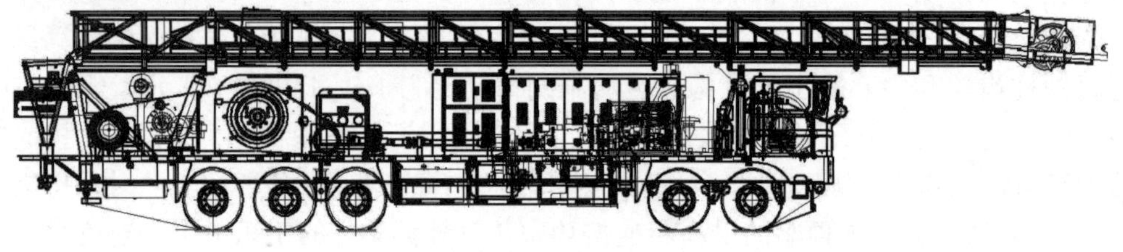

图 2–8　80t 修井机示意图

表 2-6　80t 修井机技术参数

| 项目 | 参数 |
|---|---|
| 小修深度，m | 5500（$2^7/_8$in 外加厚油管） |
| 大修深度，m | 4500（$2^7/_8$in 钻杆）、3500（$3^1/_2$in 钻杆） |
| 公称钩载，kN | 800 |
| 最大静钩载，kN | 1100 |
| 井架高度，m | 34 |
| 游动系统 | 4 × 5 |
| 底盘驱动形式 | 10 × 8 |
| 钢丝绳直径，mm | 26 |
| 最高车速，km/h | 60 |
| 环境温度，℃ | -18～50 |

## 五、辅助式热采井带压作业机

辅助式热采井带压作业机起源于 2010 年，由辽河油田首次提出并开始研究。主要是针对火驱、汽驱、SAGD、蒸汽吞吐等方式稠油开采的井而开展的一种作业方式，解决该类井温度高、压井作业难度大、修后复产困难、井控风险大等问题，同时，为了最大限度地提高蒸汽热利用率，提高稠油开发的经济效益等目的而开展热采带压作业技术研究。借助"油水井带压作业技术与装备现场试验"项目的支持，辽河油田成功研制辅助式热采井带压作业机，并于 2011 年进入现场试验。目前，辅助式热采井带压作业机已由辽河油田推广至新疆油田。与较常规带压作业技术相比，该项技术具有特殊井口、具备循环降温系统的井口装置及耐高温堵塞工具等特点。

1. 热采井带压作业井口

（1）井口类型。目前，形成 5 类热采井带压作业井口，如图 2-9 所示。可以配合热采井带压作业装置进行现场作业。

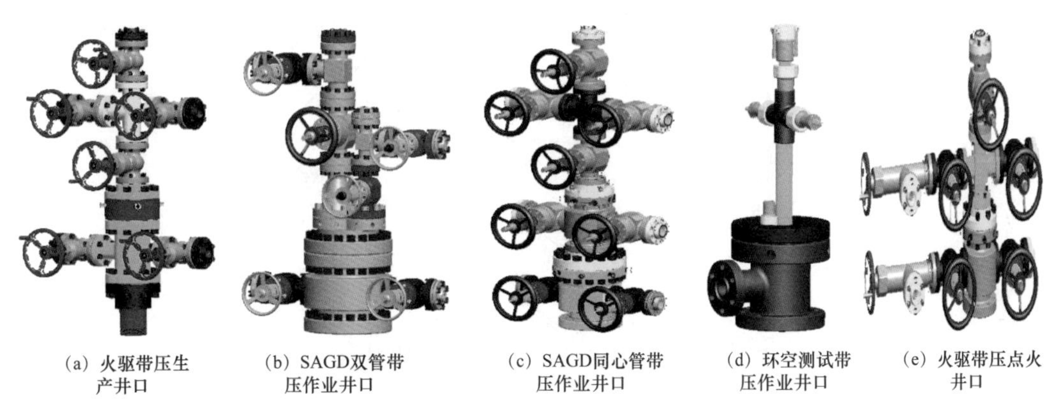

(a) 火驱带压生产井口　(b) SAGD双管带压作业井口　(c) SAGD同心管带压作业井口　(d) 环空测试带压作业井口　(e) 火驱带压点火井口

图 2-9　热采井带压作业井口示意图

（2）技术参数。技术参数见表 2–7。

表 2–7 热采井带压作业井口性能参数

| 项目 | 火驱带压生产井口 | SAGD 双管带压作业井口 | SAGD 同心管带压作业井口 | 环空测试带压作业井口 | 火驱带压点火井口 |
|---|---|---|---|---|---|
| 井口型号 | KR14–337D | KRS14–337–79 × 52–P/I | KRT14–337–162 × 78 | KHD62/30–8 | DH14–337–80 |
| 公称直径，mm | 65 | 79 | 162 | — | — |
| 悬挂器通径，mm | — | — | — | 190 | 80 |
| 油管通径，mm | — | — | — | 62 | — |
| 测试孔通径，mm | — | — | — | 30 | — |
| 额定工作压力，MPa | 21 | 21 | 21 | 8 | 21 |
| 最高工作压力，MPa | 14 | 14 | 14 | — | 14 |
| 最高工作温度，℃ | 337 | 337 | 370 | 120 | 337 |

2. 热采井带压作业机

（1）喷淋降温井口装置。

喷淋降温技术是通过一套循环喷淋装置，向带压作业井口装置内腔泵入冷水，冷水自上而下逆起管柱方向喷淋到油管表面，依靠热交换作用带走油管热量，热交换后的高温水进入循环罐，经过喷洒空冷冷却后重新进入井口装置内，实现对油管持续降温。

循环喷淋装置由 2 台离心泵、循环罐、喷淋冷却器和循环管线等组成，如图 2–10 所示。其工作过程是：冷水由上水离心泵泵入喷淋冷却器内，由于冷却器进出口通径不同，进出口的水存在一定的压差，对油管表面进行喷淋降温，同时依靠热传导作用对井口装置进行一定程度的降温。冷却器返出的水通过循环罐上喷淋管完成喷洒冷却后进入循环罐回水区，再由循环离心泵泵入循环罐上水区，并完成二次喷洒冷却，冷却后的水重新泵入喷淋冷却器形成循环。

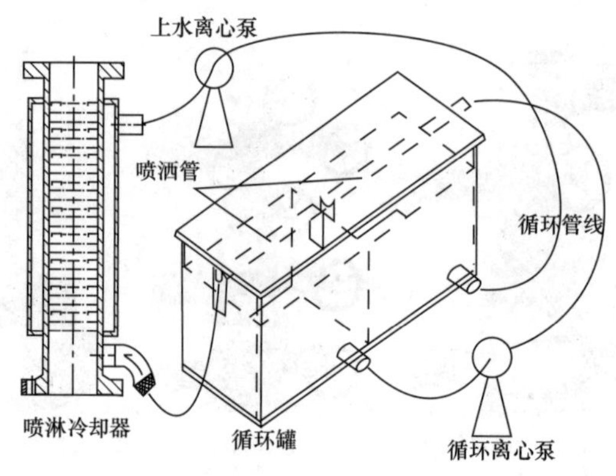


图 2–10 喷淋降温装置组成结构图

配套的带压作业井口装置自下而上由 2FZ18–35 双闸板防喷器（含半封闸板、全封闸板）、密闭承重卡瓦、TFZ18–35 快速闸板防喷器、平衡泄压四通、TFZ18–35 快速闸板防喷器、FH18–35 球形防喷器、喷淋冷却器、密封法兰、固定卡瓦、游动横梁、升降油缸、游动卡瓦等组成。其中，双闸板防喷器作为安全防喷器使用，用于空井筒、停工时或紧急情况下关井，确保井控安全。密闭承重卡瓦用于密闭起下大负荷管柱时夹持管柱。两个快速闸板防喷器在起下管柱时交替开关，导出油管接箍或井下工具。环形防喷器用于起下作业时密封油管本体。

（2）循环降温井口装置。

循环降温技术是利用特种耐高温防喷器隔断井内高温，并对井口装置进行改造形成密闭降温腔，冷水自降温腔下部泵入由上部流出，依靠热交换作用带走油管热量，热交换后的高温水进入循环罐，经过喷洒空冷冷却后重新进入井口装置内，实现对油管持续降温。

循环降温装置主要由 2 台离心泵、循环罐、循环管线、井口防喷器组、2 个四通、控制阀门等组成，如图 2–11 所示。

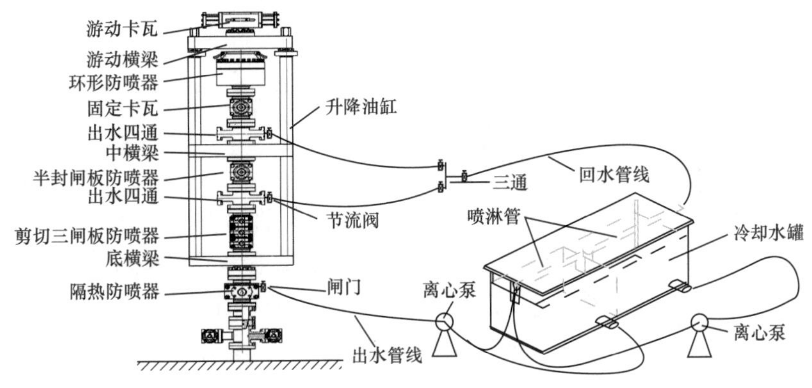


图 2–11　循环降温井口装置组成示意图

其工作过程是：冷水由上水离心泵泵入井口装置自耐高温防喷器至环形防喷器或半封闸板防喷器形成的密闭腔内，冷水与高温油管进行热交换后从出水四通返出，进入循环罐上的喷淋管经过喷洒冷却后进入回水区，再由循环离心泵泵入循环罐上水区，并完成二次喷洒冷却，冷却后的水重新泵入井口装置内形成循环降温过程。

配套的带压作业井口装置自下而上由剪切三闸板防喷器、耐高温闸板防喷器、升高短节、下出水四通、半封闸板防喷器、上出水四通、固定卡瓦、环形防喷器、游动卡瓦、升降油缸等组成。其中剪切三闸板防喷器作为安全防喷器，自下而上由全封闸板、半封闸板、剪切闸板组成，密封胶件采用耐高温氟橡胶，用于空井筒、停工时关井以及紧急情况下剪断管柱关井。耐高温闸板防喷器采用氟橡胶作为密封胶件的材料，其作用一是封闭油套环形空间，隔断井内高温；二是与上部的环形防喷器或半封闸板防喷器配合形成密闭腔，作为循环降温空间。环形防喷器用于起下作业时密封油管本体。半封闸板防喷器与环形防喷器配合，交替开关导出油管接箍或井下工具。

3. 耐高温密封材料

普通防喷器的密封胶件多采用丁腈橡胶作为原材料，丁腈橡胶耐油性极好，耐磨性较高，可在 120℃长期工作，但在更高温度下会发生变质而老化变脆或变成柔性物态，从而失去密封作用，无法满足 120℃以上高温热采井井控需要。需要寻找一种在温度 220℃以下物态和物性稳定的材料作为防喷器半封闸板、全封闸板的前密封、顶密封和侧门密封，确保高温作业时井控装置有效可靠。

经调查，耐高温性能最好的密封材料是 Garlast 全氟弹性体，其最高耐温达 316℃。选择 V3075 牌号全氟弹性体作为密封材料，对该氟橡胶在 280℃高温下的性能进行检测，其抗拉强度、撕裂强度、邵尔硬度均与常温下的丁腈橡胶相当，见表 2-8。此种氟橡胶硫化温度高，胶的收缩量大，经过多次反复试验，改变配方和压制硫化工艺完成了耐高温高压密封胶件。采用耐高温高压的氟橡胶作为井下工具的密封胶件，形成耐高温的井下堵塞工具，可以配合完成热采井带压作业，见第三章介绍。

表 2-8　高温下氟橡胶与常温下丁腈橡胶关键参数

| 材料 | 丁腈橡胶（常温） | 氟橡胶（280℃） |
|---|---|---|
| 抗拉强度，MPa | ≥18.0 | ≥18.0 |
| 撕裂强度，kN/m | ≥40.0 | ≥40.0 |
| 邵氏硬度 | 75±5 | 78～79 |

## 六、辅助式可控不压井作业机

辅助式可控不压井作业机起源于 2011 年，由大港油田首次提出并开始研发。主要是解决油井管杆因井内压力突然释放，造成的管杆上窜或井喷的安全隐患，其次要解决管杆因不压井造成的污染问题。辅助式可控不压井作业机于 2012 年研制成功，2013 年开始现场推广应用。目前，辅助式可控不压井作业机主要集中在大港、吐哈和新疆等油田。2015—2017 年，借助“带压作业技术推广”项目的支持，该项技术进一步完善，目前，已形成杆管一体式辅助式可控不压井作业机，一部设备可以一次完成杆管的起下作业。

1. 可控不压井作业装置及配套技术

（1）可控不压井作业装置。该装置由四闸板防喷器、环形防喷器、抽油杆筒状环形防喷器、抽油杆屏蔽器、自封封井器、游动卡瓦（泵杆）、万能卡瓦（油管）、万能封杆器、手动抽油杆闸板防喷器、抽油杆悬挂堵塞器、液压控制系统、控制阀组、排液系统、井口废液回收装置等构成，如图 2-12 所示。利用万能封杆器和手动抽油杆闸板防喷器，倒出光杆，下入抽油杆悬挂堵塞器封闭油管内腔。安装可控不压井作业装置，利用抽油杆环形防喷器起出泵杆，利用环形防喷器起出油管，井口废液由回收装置收集。

（2）万能封杆器。该装置主要由万能胶芯、定向轴、导向销、丝杠、轴承、手柄等组成，如图 2-13 所示。配合手动抽油杆闸板防喷器倒出光杆，便于安装不压井井口作业设备，待设备安装后拆下。

（3）抽油杆悬挂器。该装置主要由抽油杆悬挂堵塞器上接头、胶筒和下接头组成，如图 2-14 所示。抽油杆悬挂堵塞器上下接头分别是抽油杆内螺纹和外螺纹，可与井下抽油杆和输送抽油杆连接，其作用是封闭油管内径，阻止管内溢流液体流出，为安装带压设备创造条件。

图 2–12　可控不压井作业装置结构示意图（单位：mm）

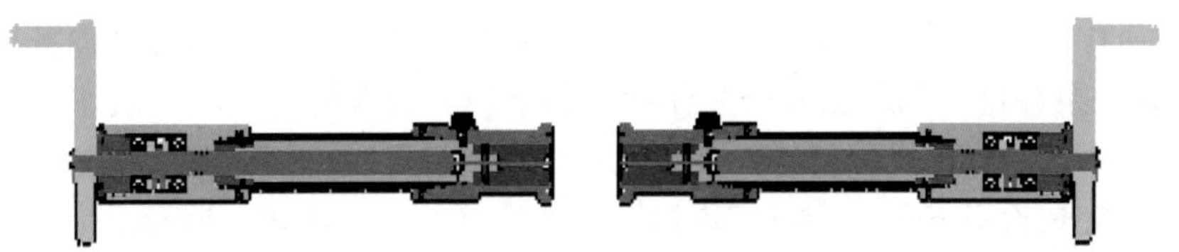

图 2–13　万能封杆器结构示意图

2. 工作原理

（1）拆井口作业。在油井生产闸门两侧安装万能封杆器，通过万能封杆器封住采油树小四通内环空及光杆，卸掉防喷盒，安装手动抽油杆闸板防喷器，利用万能封杆器及抽油杆闸板防喷器倒出并卸掉光杆，连接并倒入抽油杆悬挂堵塞器，封堵油管内内环空，开井观察无溢流，拆除手动抽油杆闸板防喷器和井口采油树上半部分，整体吊装油井带压作业装置。整个施工过程中井口都处于可控状态。

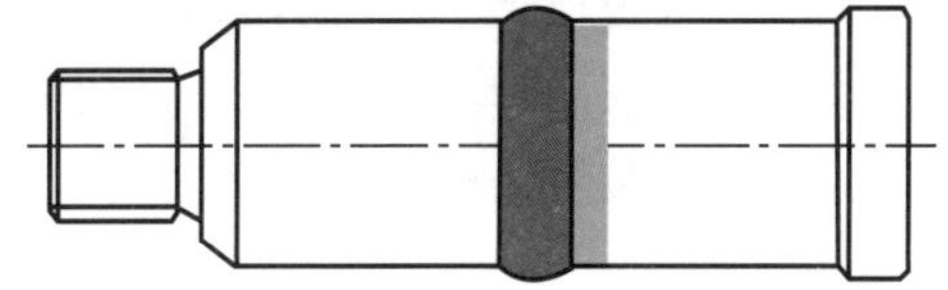

图 2–14　抽油杆悬挂器结构示意图

（2）起下泵杆作业。起下抽油杆作业过程中，当上顶力小于管柱悬重时，利用作业机大钩，进行抽油杆带压起下作业；当上顶力大于抽油杆管柱悬重时，利用抽油杆游动卡瓦与举升液缸配合带压起下抽油杆作业。通过抽油杆游动卡瓦与举升液缸配合，实现了抽油杆带压起下作业的安全施工。

（3）起下油管作业。起下油管作业过程中，当上顶力小于管柱悬重时，利用作业机大钩，进行油管管柱带压起下作业；当上顶力大于管柱悬重时，利用万能卡瓦与举升液缸配合带压起下油管管柱作业。通过万能卡瓦与举升液缸配合，实现了油管带压起下作业的安全施工。

3. 技术参数

可控不压井作业机技术参数见表 2-9。

表 2-9 可控不压井作业机技术参数

| 项目 | 参数 |
| --- | --- |
| 作业平台高度，m | 2.6～3.8 |
| 防喷装置工作压力（泵杆），MPa | 7/21 |
| 防喷装置工作压力（油管），MPa | 14/21 |
| 井架高度，m | 21 |
| 万能封杆器闸板直径，mm | 65 |
| 万能封杆器工作压力，MPa | 14/21 |
| 抽油杆悬挂器外径，mm | 62 |
| 抽油杆悬挂器工作压力，MPa | 7 |
| 抽油杆悬挂器最大悬挂载荷，kN | 200 |

4. 技术特点

油井带压作业技术是随带压作业应运而生的一项技术，利用井口专用设备控制，针对 7MPa 以内有杆泵井进行的不压井修井作业。由于投入成本低，运输安装快捷，是低压油水井安全环保作业的一种发展趋势。该装置具有以下特点：

（1）一次完成设备安装，即可实现抽油杆和油管的起下作业，摒弃了带压作业需要分阶段实施两套设备的安装，才能实现抽油杆和油管的起下作业；

（2）通过环形防喷器、高压自封和液控抽油杆环形防喷器实现了刮油作业，通过废液回收系统可有效地收集井口油污及废液，保证清洁生产；

（3）将筒形防喷器、游动卡瓦与带压装置结合，实现了泵杆带压作业；

（4）整套装置结构简单，投入成本低，操作方便，实用性强。

## 第二节 井口防喷装置

带压作业机不论是独立式还是辅助式，依据工况要求实现两项基本功能：一是实现井筒环空压力的持续控制；二是实现管柱的带压起下。

根据以上功能要求，主机必须配置以下装置：

（1）两个工作防喷器，通常是一个带压作业闸板防喷器和一个环形防喷器，必须配置安全防喷器；

（2）在防喷器之间设置一个或多个带端口的用于泄压 / 平衡井筒压力的四通；

（3）一套卡瓦总成，包括一组或两组游动卡瓦用以控制管柱向上的运动，同时包括一组或两组常规（承重）卡瓦辅助运移管柱和重管柱情况下的管柱起下；

（4）一个控制管柱起下的机械系统，例如钢丝绳系统、液缸系统和齿轮齿条系统；

（5）一个为液压系统提供动力的动力源。

安全防喷器组在 GB/T 20174—2006《石油天然气工业 钻井和采油设备 钻通设备》和 SY/T 5053.2—2007《钻井井口控制设备及分流设备控制系统规范》中有相应规定，一般应使其液压系统独立于带压作业装置的液压系统，单独控制。

针对不同压力级别需求，井口装置进行优化配置。目前，形成两种典型的井口装置配置方式，一是低压（压力<21MPa）带压作业装置的基本配置（图 2–15），二是高压（压力≥21MPa）带压作业装置的基本配置（图 2–16）。

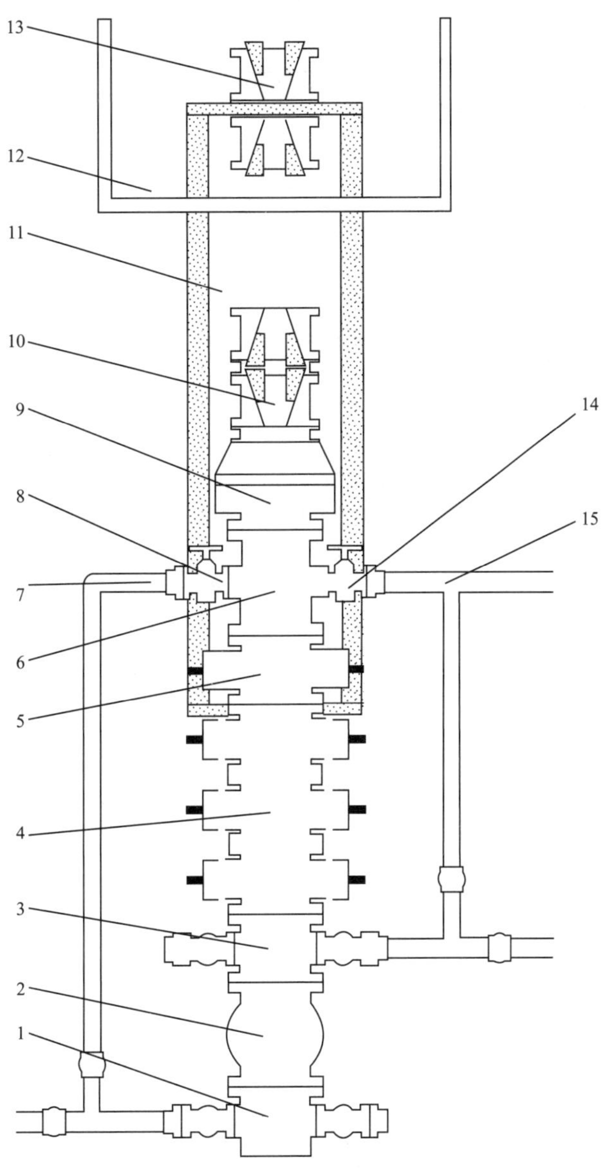


图 2–15 典型低压（压力<21MPa）带压作业装置的基本配置

1—套管座；2—21MPa 滑板阀（可选）；3—试压四通；4—安全防喷器组；5—下闸板防喷器；6—平衡四通；7—平衡管线；8—平衡阀；9—环形防喷器；10—固定卡瓦组；11—液缸；12—作业平台；13—游动卡瓦组；14—泄压阀；15—泄压管线

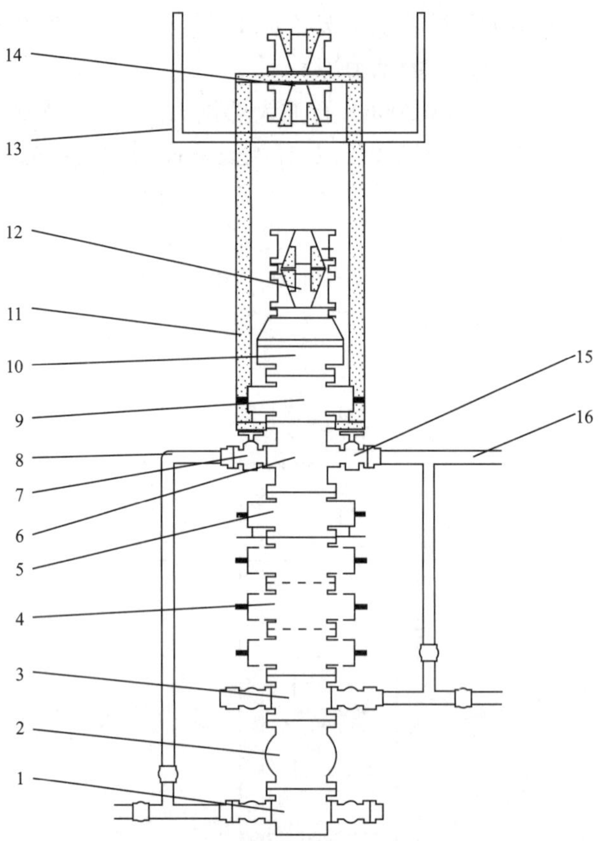


图 2-16　典型高压（压力≥ 21MPa）带压作业装置的基本配置

1—套管座；2—35MPa 滑板阀（可选）；3—试压四通；4—安全防喷器组；5—下闸板防喷器；6—平衡四通；7—平衡阀；8—平衡管线；9—上闸板防喷器；10—环形防喷器；11—液缸；12—固定卡瓦组；13—工作平台；14—游动卡瓦组；15—泄压阀；16—泄压管线

## 一、安全防喷器组 [3]

安全防喷器组包括全封闸板防喷器、半封闸板防喷器、卡瓦闸板防喷器（根据压力等级及工况选配）、剪切闸板防喷器（根据压力等级及工况选配）、试压四通。

1. 配备要求

（1）安全防喷器应符合 API Spec 16A 要求，国内防喷器生产企业还应获得中国石油天然气集团公司井控装备生产企业资质认可；

（2）安全防喷器组至少应配备 1 个全封闸板防喷器和 1 个半封闸板防喷器；

（3）安全防喷器组压力等级不应低于目前地层压力和井口油管头额定工作压力两者中最小值；

（4）井口压力不低于 14MPa 的带压作业配备安全防喷器组至少应配备 1 套全封闸板防喷器、1 套半封闸板防喷器和 1 套卡瓦闸板防喷器；

（5）半封闸板防喷器、卡瓦闸板防喷器闸板规格与井内管柱配套；

（6）安全防喷器组的通径应大于油管悬挂器的外径；

（7）含有 $H_2S$ 等腐蚀性流体的井，安全防喷器组的组件应满足抗硫要求；

（8）配备的防喷器壳体材质和密封橡胶材料的适用温度范围不低于防喷器工作的环境温度；

（9）安全防喷器组应配备液压防喷器并具备手动（或液压）锁紧功能；

（10）天然气井和含 $H_2S$ 等腐蚀性流体的井，安全防喷器组应配备剪切闸板防喷器，并安装在安全防喷器组的最底部；

（11）配备卡瓦闸板防喷器为防止关井时井内管柱窜动。

2. 安装顺序

建议由上而下依次为全封闸板防喷器（空井筒关井）、半封闸板防喷器（关井半封）、卡瓦闸板防喷器、试压四通。其中，有特殊工艺要求时，剪切闸板防喷器可安装在全封闸板防喷器的上方。

3. 等级划分

按标称压力等级不同分为 7MPa 普通双闸板、14MPa 普通双闸板、21MPa 普通三闸板、21MPa 带剪切三闸板、35MPa 普通三闸板、35MPa 带剪切三闸板和 35MPa 带剪切四闸板等多种结构形式。

（1）7MPa 普通双闸板形式及应用范围。

① 结构形式。7MPa 普通双闸板形式的安全防喷器适用于压力等级为 7MPa 以内的带压作业机。防喷器从上到下装全封闸板、半封闸板总成。防喷器上部可配备法兰连接或双头螺栓栽丝连接，下部配备法兰连接（旋转法兰），适用于 250 型、350 型井口。该防喷器标称工作压力 7MPa，通径 180mm 或 186mm，结构形式如图 2–17 所示。

② 应用范围。7MPa 普通双闸板形式安全防喷器推荐适用范围是关井井口压力在 5MPa 以内的水井或者普通油井带压作业施工及可控不压井施工。关井井口压力在 7MPa 以内的水井或者普通油井施工时安全防喷器可临时作为工作防喷器使用（闸板前密封件必须为可耐磨材质）。

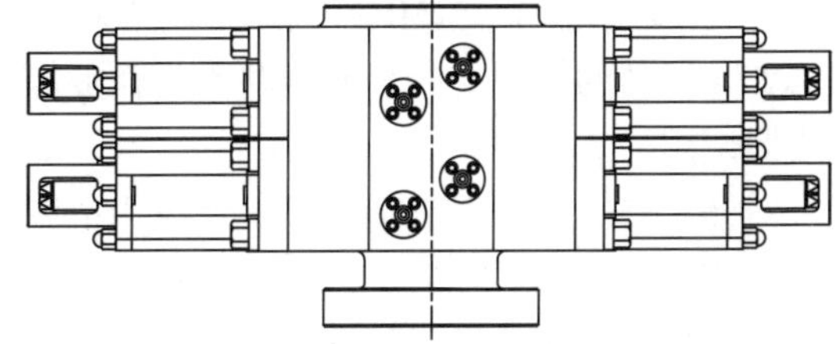

图 2–17　7MPa、14MPa 普通双闸板示意图

（2）14MPa 普通双闸板形式及应用范围。

① 结构形式。14MPa 普通双闸板形式的安全防喷器适用于压力等级为 14MPa 以内的带压作业机。防喷器从上到下装全封闸板、半封闸板总成。防喷器上部可配备法兰连接或双头螺栓栽丝连接，下部配备法兰连接（旋转法兰），适用于 250 型、350 型井口。该防喷器标称工作压力 14MPa，通径 180mm 或 186mm，结构形式如图 2–17 所示。

② 应用范围。14MPa 普通双闸板形式安全防喷器推荐适用范围是关井井口压力在 7MPa 以内的水井或者普通油井带压作业施工。关井井口压力在 7MPa 以内的水井或者普通油井施工时，安全防喷器可临时作为工作防喷器使用（闸板前密封件必须为可耐磨材质）。

（3）21MPa 普通三闸板形式及应用范围。

① 结构形式。21MPa 普通三闸板形式的安全防喷器（图 2–18）适用于压力等级为 21MPa 的带压作业机。防喷器从上到下装全封闸板、半封闸板、卡瓦闸板总成。防喷器上

部可配备法兰连接或双头螺栓栽丝连接，下部配备法兰连接（旋转法兰），适用于250型、350型井口。该防喷器标称工作压力21MPa，通径180mm或186mm。

② 应用范围。21MPa普通三闸板形式安全防喷器推荐适用范围是关井井口压力在14MPa以内的水井或者普通油井带压作业施工。此种类型安全防喷器一般不得作为工作防喷器使用。

（4）21MPa带剪切三闸板形式及应用范围。

① 结构形式。21MPa带剪切三闸板形式的安全防喷器适用于压力等级为21MPa的带压作业机。防喷器从上到下装剪切闸板、半封闸板、卡瓦闸板总成。防喷器上部可配备法兰连接或双头螺栓栽丝连接，下部配备法兰连接（旋转法兰），适用于250型、350型井口。该防喷器标称工作压力21MPa，通径180mm或186mm，剪切闸板能够剪断$3^1/_2$in N80普通油管，其结构形式如图2-19所示。

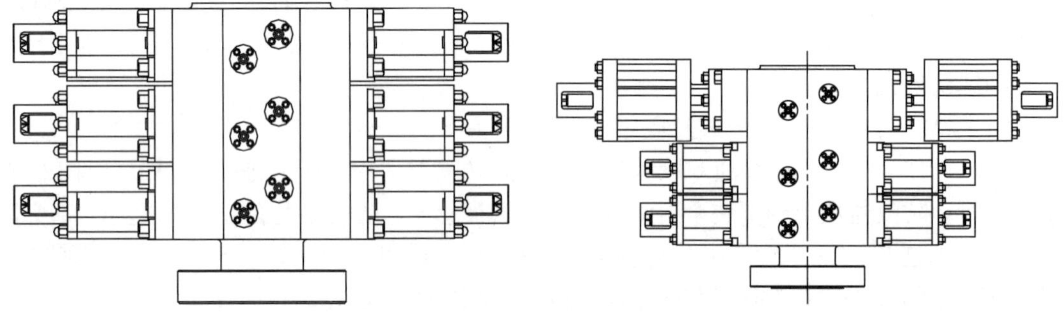

图2-18　21MPa、35MPa普通三闸板示意图　　图2-19　21MPa、35MPa带剪切三闸板示意图

② 应用范围。21MPa带剪切三闸板形式安全防喷器推荐适用范围是关井井口压力在14MPa以内的水井或者普通油井带压作业施工。此种类型安全防喷器一般不得作为工作防喷器使用。

（5）35MPa普通三闸板形式及应用范围。

① 结构形式。35MPa普通三闸板形式的安全防喷器（图2-18）适用于压力等级为35MPa的带压作业机。防喷器从上到下装全封闸板、半封闸板、卡瓦闸板总成。防喷器上部可配备法兰连接或双头螺栓栽丝连接，下部配备法兰连接（旋转法兰），适用于250型、350型井口。该防喷器标称工作压力35MPa，通径180mm或186mm。

② 应用范围。35MPa普通三闸板形式安全防喷器推荐适用范围是关井井口压力在21MPa以内的水井或者普通油井带压作业施工。此种类型安全防喷器一般不得作为工作防喷器使用。

（6）35MPa带剪切三闸板形式及应用范围。

① 结构形式。35MPa带剪切三闸板形式的安全防喷器（图2-19）适用于压力等级为35MPa的带压作业机。防喷器从上到下装剪切闸板、半封闸板、卡瓦闸板总成。防喷器上部可配备法兰连接或双头螺栓栽丝连接，下部配备法兰连接（旋转法兰），适用于250型、350型井口。该防喷器标称工作压力35MPa，通径180mm或186mm，剪切闸板能够剪断$3^1/_2$in N80普通油管。

② 应用范围。35MPa带剪切三闸板形式安全防喷器推荐适用范围是关井井口压力在

21MPa以内的水井或者普通油井带压作业施工。此种类型安全防喷器一般不得作为工作防喷器使用。

（7）35MPa带剪切四闸板形式及应用范围。

① 结构形式。35MPa带剪切四闸板形式的安全防喷器（图2–20）适用于压力等级为35MPa的带压作业机。防喷器从上到下装剪切闸板、全封总成、半封闸板、卡瓦闸板总成。防喷器上部可配备法兰连接或双头螺栓栽丝连接，下部配备法兰连接（旋转法兰），适用于250型、350型井口。该防喷器标称工作压力35MPa，通径180mm或186mm，剪切闸板能够剪断$3^1/_2$in N80普通油管。

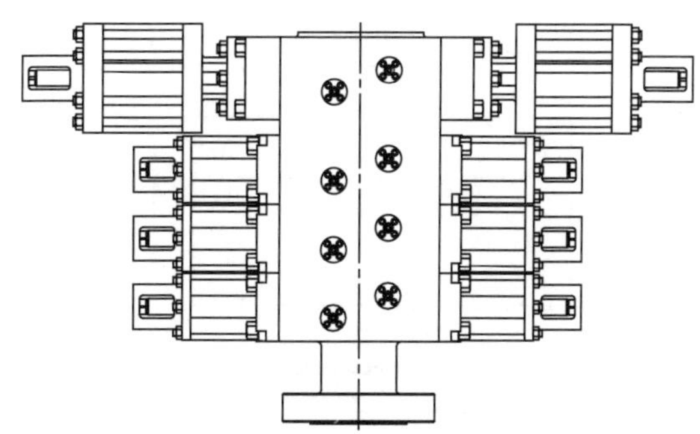

图2–20　35MPa带剪切四闸板示意图

② 应用范围。35MPa带剪切四闸板形式安全防喷器推荐适用范围是关井井口压力在21MPa以内的油水井及气井带压作业施工。此种类型安全防喷器一般不得作为工作防喷器使用。

## 二、工作防喷器组[3]

工作防喷器组一般包括环形防喷器、上半封闸板防喷器、下半封闸板防喷器、平衡/泄压阀和管汇、四通及过度短节等。

1. 配备要求

（1）工作防喷器应符合API Spec 16A要求，国内防喷器生产企业还应获得中国石油天然气集团公司井控装备生产企业资质认可；

（2）工作防喷器的额定工作压力应大于井口最大工作压力；

（3）工作防喷器组的通径应大于油管悬挂器的外径；

（4）半封闸板防喷器应与工作管柱外径相匹配；

（5）低于21MPa作业井至少应配置1个环形防喷器和1个闸板工作防喷器；

（6）高于21MPa作业井至少应配置1个环形防喷器和2个闸板工作防喷器；

（7）含有$H_2S$等腐蚀性流体的井，工作防喷器组的组件应满足抗硫要求；

（8）配备的防喷器的温度性能要求同安全防喷器组中防喷器的温度性能要求；

（9）在两个工作防喷器之间应至少配备1个平衡四通（带液动平板阀），使其上、下的防喷器能够建立压力平衡通道；

（10）平衡/泄压管汇的压力等级与半封工作防喷器的额定压力匹配，气井作业时平衡/泄压管汇上应有节流装置；

（11）在起下大直径工具或不规则工具时，应配备防喷管，防喷管的高度不应小于单个大直径或不规则工具的长度，但防喷管安装位置不应影响液缸行程。

2. 等级划分

根据工作压力不同分为7MPa形式、14MPa形式、21MPa形式、35MPa形式等多种结构形式。

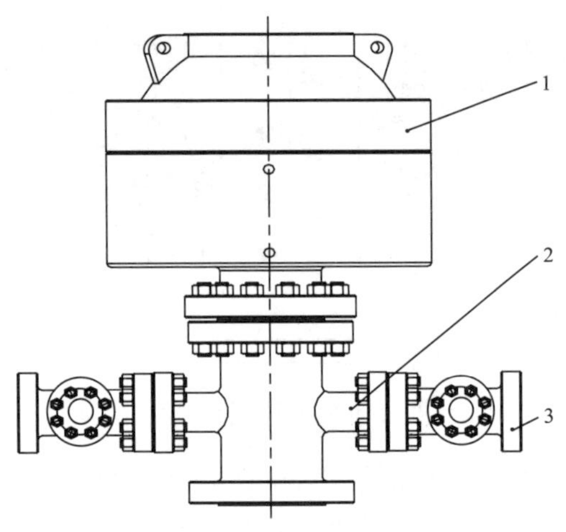

图2-21　7MPa、14MPa型工作防喷器组示意图
1—环形防喷器；2—平衡卸荷四通；3—液动平板阀

（1）7MPa形式及应用范围。

① 结构形式。该形式的工作防喷器适用于工作压力等级为7MPa以内的带压作业机，其工作防喷器组包括1台FH18-14环形防喷器、1套平衡卸荷四通、2个液动平板阀。防喷器和四通连接法兰为$7^1/_{16}$in-1000psi，工作压力为7MPa，通径180mm或186mm；液动平板阀连接法兰为$2^1/_{16}$in-1000psi，工作压力7MPa，通径52mm，装配顺序如图2-21所示。

② 应用范围。7MPa形式的工作防喷器推荐适用范围是关井井口压力在5MPa以内的水井或者普通油井带压作业施工及可控不压井施工。关井井口压力在5MPa以内的水井或者普通油井施工时安全防喷器可临时作为工作防喷器使用（闸板前密封件必须为可耐磨材质）。

（2）14MPa形式及应用范围。

① 结构形式。该形式的工作防喷器适用于标称工作压力等级为14MPa以内的带压作业机，其工作防喷器组包括1台FH18-14环形防喷器、1套平衡卸荷四通、2个液动平板阀。防喷器和四通连接法兰为$7^1/_{16}$in-2000psi，工作压力为14MPa，通径180mm或186mm；液动平板阀连接法兰为$2^1/_{16}$in-2000psi，工作压力14MPa，通径52mm，装配顺序如图2-21所示。

② 应用范围。14MPa形式的工作防喷器推荐适用范围是关井井口压力在7MPa以内的水井或者普通油井带压作业施工。关井井口压力在7MPa以内的水井或者普通油井施工时安全防喷器可临时作为工作防喷器使用（闸板前密封件必须为可耐磨材质）。

（3）21MPa形式及应用范围。

① 结构形式。该形式的工作防喷器适用于工作压力等级为21MPa以内的带压作业机，其工作防喷器组包括2台（1台）FZ18-21单闸板防喷器、1台（2台）FH18-21环形防喷器、1套平衡卸荷四通、2个液动平板阀。防喷器和四通连接法兰为$7^1/_{16}$in-3000psi，工作压力为21MPa，通径180mm或186mm；液动平板阀连接法兰为$2^1/_{16}$in-3000psi，工作压力21MPa，通径52mm，装配顺序如图2-22所示。

② 应用范围。21MPa形式的工作防喷器推荐适用范围是关井井口压力在14MPa以内的水井或者普通油井带压作业施工。

（4）35MPa形式及应用范围。

① 结构形式。该形式的工作防喷器适用于工作压力等级为35MPa的带压作业机，其工作防喷器包括2台（3台）FZ18-35单闸板防喷器、1台FH18-35环形防喷器、1套平衡卸荷四通、2个手动平板阀和2个液动节流阀。防喷器和四通连接法兰为$7^1/_{16}$in-5000psi，工作压力为35MPa，通径180mm或186mm；液动平板阀和手动节流阀连接法兰为$2^1/_{16}$in-5000psi，工作压力35MPa，通径52mm，装配顺序如图2-23所示。

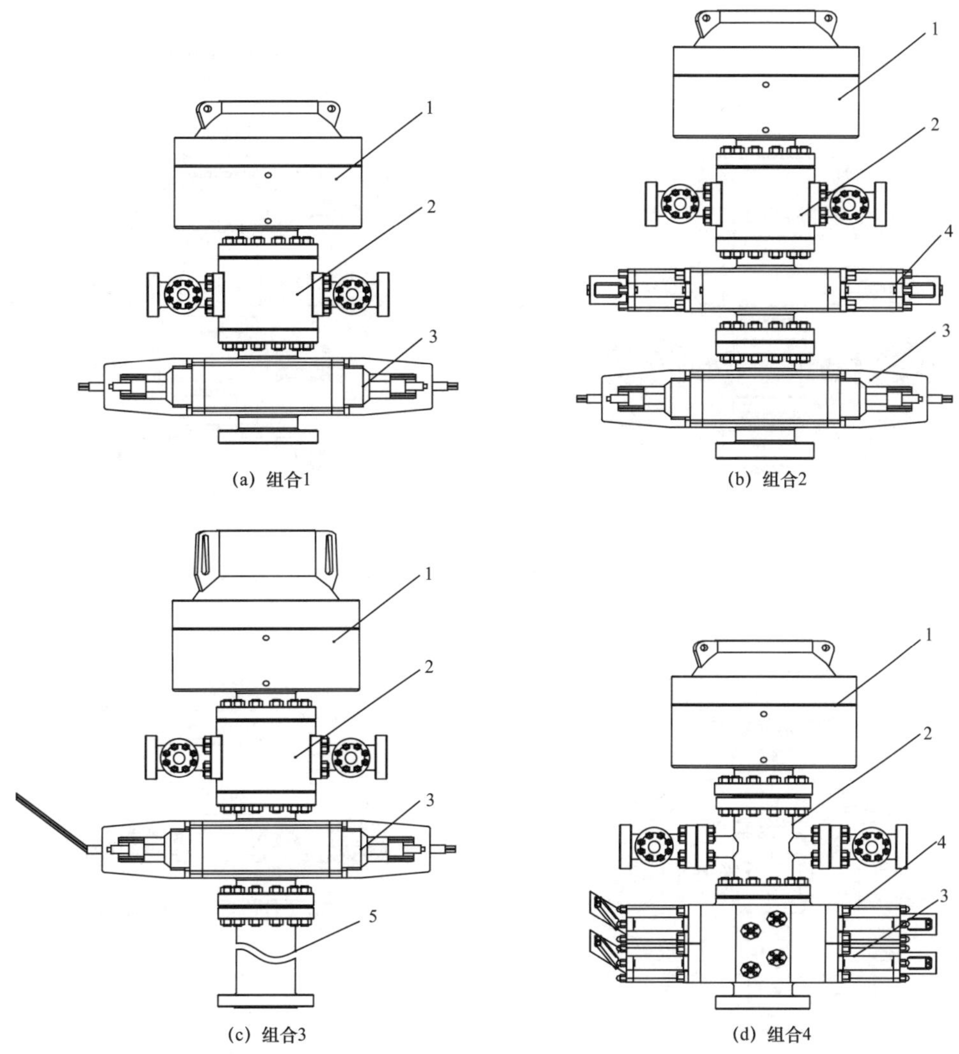


图 2-22　21MPa 型工作防喷器组示意图

1—环形防喷器；2—平衡卸荷系统；3—下半封闸板防喷器；4—全封闸板防喷器；5—防喷管

② 应用范围。35MPa 形式的工作防喷器推荐适用范围是关井井口压力在 21MPa 以内的水井或者普通油井带压作业施工。

3. 环形防喷器

环形防喷器是工作防喷器组中的重要组成部分，目前采用的环形防喷器主要有 2 种：一是球形胶芯环形防喷器；二是锥形胶芯环形防喷器。

（1）球形胶芯环形防喷器。

胶芯为半球形，如图 2-24 所示。沿半球面有辐射状的弓形支撑，支撑筋的材料为合金钢，整个胶芯经硫化处理。当胶芯打开后，支撑筋会离开井口恢复到原位，这样保证了在出现严重损坏的情况下也不会影响到井口。封井的过程中，胶芯中部橡胶上翻受到支撑筋的阻止就会使橡胶挤压，可承受较大的压力而不出现撕裂的情况。在这个过程中，由于球面形状，各横截面缩小的直径上部大而下部小，在顶部受到的挤压最大，这种“漏斗效应”利于接头进入且密封性能好。关井时，活塞内腔上部环形面积上受井压作用会推动活

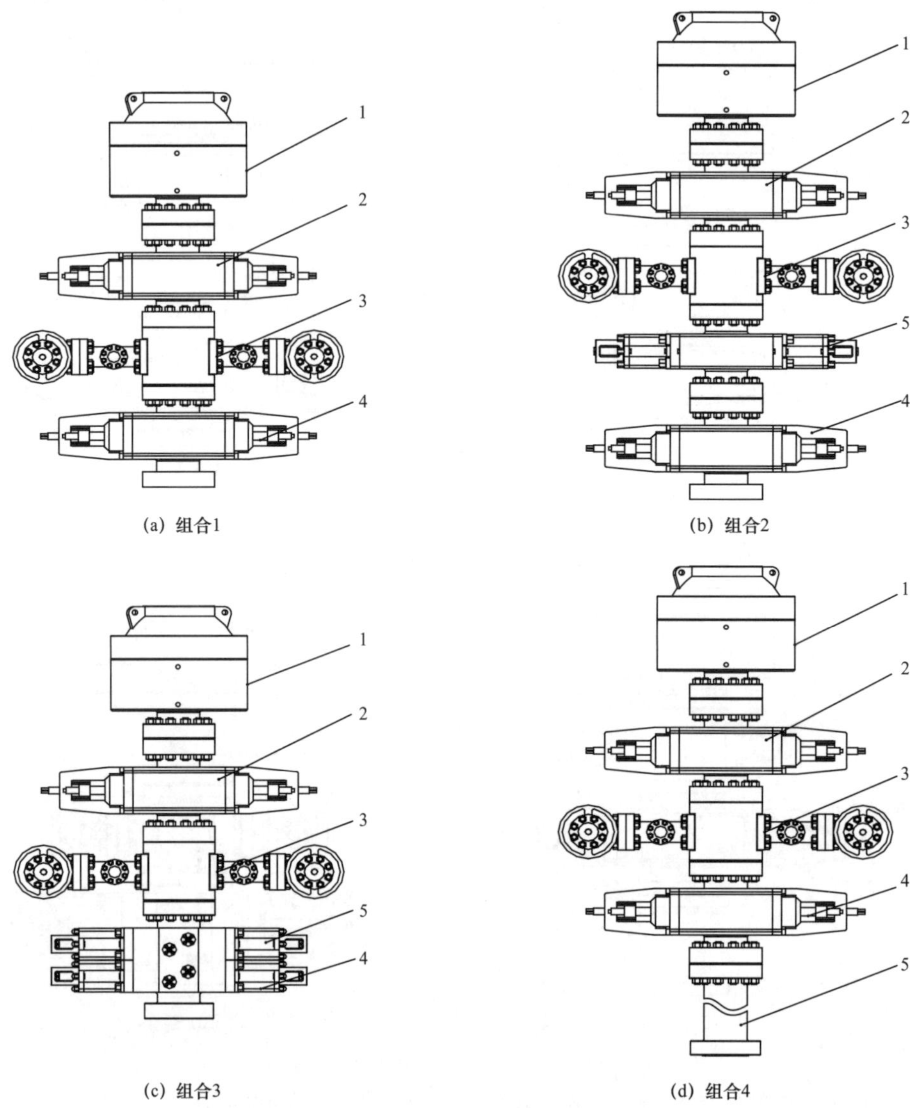


图 2-23　35MPa 型工作防喷器组示意图

1—环形防喷器；2—上半封闸板防喷器；3—平衡卸荷系统；
4—下半封闸板防喷器；5—全封闸板防喷器；6—防喷管

塞使得胶芯的密封性更好，由于弓形支撑筋的存在，顶盖与胶芯的摩擦为钢对钢，相对于橡胶与钢的摩擦更小，也减小了关闭所需的压力。

球形胶芯环形防喷器结构如图 2-25 所示，关井动作时，下油腔里的压力油推动活塞迅速向上移动，胶芯沿顶盖球面内腔自下而上向中心挤压变形，从而实现封井。开井动作时，上油腔里的压力油推动活塞向下移动，胶芯所受挤压力逐渐消失，在橡胶自身弹力作用下恢复原状，实现开井。在关井时，活塞内腔上部的环形面积受到了井内的高压流体向上的推力，促使胶芯有向上的运动趋势，使密封更紧密，增加密封可靠性，即井压助封原理。

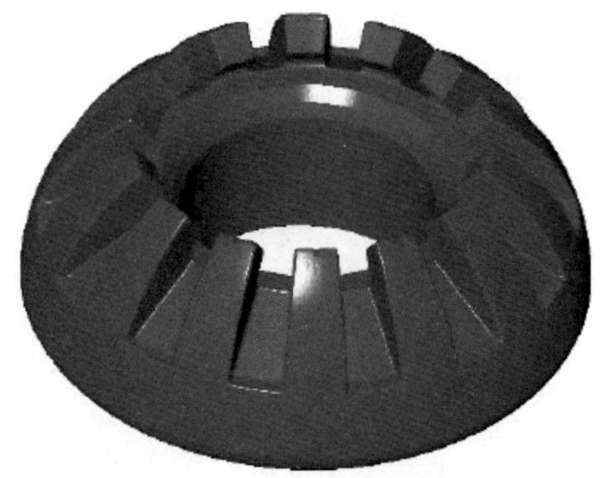

图 2–24 球形胶芯结构示意图

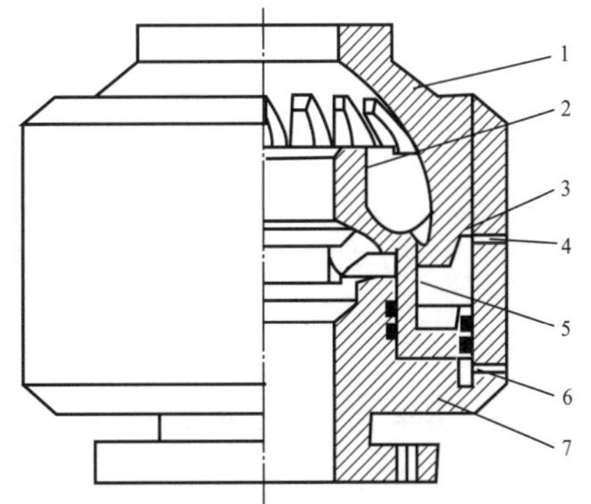


图 2–25 球形胶芯环形防喷器结构原理图
1—上壳体；2—胶芯；3—过渡套；4—上油口；
5—活塞；6—下油口；7—下壳体

（2）锥形胶芯环形防喷器。

胶芯外侧面呈圆锥面，如图 2–26 所示。锥面母线与胶芯轴线夹角为 25°。胶芯由 22 块支承筋与橡胶硫化而成，支承筋沿圆环呈径向辐射状配置。该种胶芯储胶量大，各筋板之间的橡胶均可挤向井口形成密封，其胶量比需要封闭的空间容积大得多。因此，它可以封闭不同形状、不同尺寸的钻具，也可以全封闭井口。如果液控压力是在减压调压阀或缓冲蓄能器的控制下，胶芯能强行起下钻具，允许通过 18° 台肩的钻杆接头。由于贮胶量大，若胶芯损坏不严重，仍可密封，寿命可测。环形防喷器在工作过程中，胶芯不断磨损，需要靠增加活塞行程，多挤出贮备橡胶来填补，当活塞行程达最大值（即活塞走到上顶点），或者胶芯支承筋的上、下两端面分别靠紧时，说明胶芯的贮备橡胶已使用完，即使增大液控压力，胶芯也不能可靠密封。因此，可以通过测量活塞行程来测量胶芯的寿命。

锥型胶芯环形防喷器结构如图 2–27 所示，胶芯坐在支承筒上，活塞上部内腔呈倒锥形，与锥型胶芯配合，锥型胶芯中均匀分布有铸钢支承筋，防尘圈与活塞凸肩所构成的环形空间为上油腔，活塞凸肩与壳体凸肩所构成的环形空间为下油腔。关井动作时，压力油进入下油腔，推动活塞向上移动，胶芯受顶盖的限制不能上移，在活塞内锥面的作用下被迫向井眼中心挤压、紧缩、环抱管柱，封闭井口环形空间。

图 2–26 锥形胶芯结构示意图

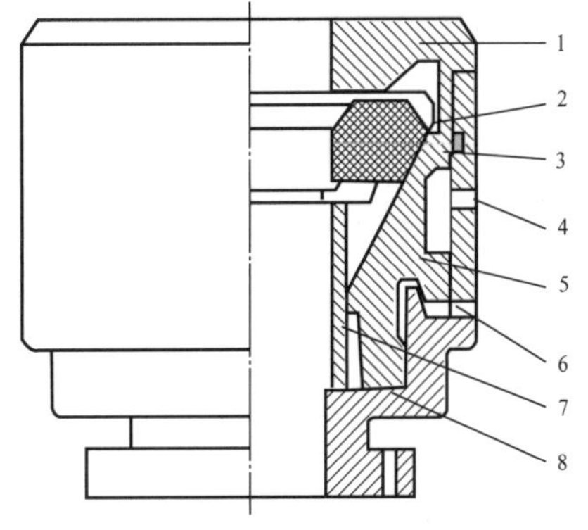


图 2–27 锥形胶芯环形防喷器结构示意图
1—顶盖；2—胶芯；3—防尘圈；4—上油口；
5—活塞；6—下油路口；7—支持筒；8—壳体

# 第三节　带压作业主机

井口防喷装置、带压作业主机及作业机有机结合，才能形成完整的带压作业机。带压作业主机主要包括管柱举升 / 下压系统、卡瓦系统、动力系统、液压控制系统及安全设施等。

## 一、管柱举升 / 下压系统[3]

管柱举升 / 下压系统是用于控制管柱的起下速度，主要包括液缸、游动（防顶和承重）卡瓦组、固定（防顶和承重）卡瓦组和液压泵源。

1. 性能要求

（1）液缸性能要求。

① 液缸参数能满足带压作业设备参数要求；

② 液缸及控制阀组满足备压控制和速度控制功能。

（2）卡瓦（卡瓦组）性能要求。

① 卡瓦（卡瓦组）的承载能力应满足施工井的要求；

② 卡瓦组至少应具备防顶功能。

（3）液压泵源性能要求。

控制液缸与卡瓦（卡瓦组）必须分开，卡瓦（卡瓦组）的液压泵可与控制工作防喷器组的液压泵源共用，但应有独立的压力调节装置。

2. 等级划分

管柱举升 / 下压系统（举升机）按举升力大小不同分 40t、60t 及 100t 等几种结构形式。

（1）40t 举升机结构形式及适用范围。

① 结构形式。该形式包括 2 件液缸、连接盘、游动（防顶和承重）卡瓦组以及固定（防顶和承重）卡瓦组；液缸通过法兰安装固定在工作平台上，连接盘的作用是连接升降液缸和游动卡瓦，并传递作用力，连接盘两端与升降液缸活塞杆相连，并随活塞杆一起上下移动；固定卡瓦组安装在环形防喷器上部。卡瓦组可配备锥形自紧式卡瓦或者闸板式万能卡瓦，结构简图如图 2–28 所示。

② 技术参数。40t 举升机技术参数见表 2–10。

表 2–10　40t 举升机技术参数

| 项目 | 参数 |
| --- | --- |
| 有效行程，mm | 2500～3650 |
| 液缸额定举升系统上顶力，kN | ≥400 |
| 液缸额定举升系统下压力，kN | ≥200 |
| 最大下压速度 $v_d$，m/s | $0.3 \leqslant v_d \leqslant 1$ |

续表

| 项目 | 参数 |
| --- | --- |
| 最大举（提）升速度 $v_u$，m/s | $0.2 \leqslant v_u \leqslant 1$ |
| 锥形自紧式卡瓦工作压力，MPa | 3～5 |
| 闸板式万能卡瓦工作压力，MPa | 7～14 |

③ 适用范围。40t 举升机适用于工作压力为 14MPa 以内的带压作业机。

（2）60t 举升机结构形式及适用范围。

① 结构形式。该形式包括 2 件液缸、连接盘、游动（防顶和承重）卡瓦组以及固定（防顶和承重）卡瓦组；液缸通过法兰安装固定在工作平台上，连接盘的作用是连接升降液缸和游动卡瓦，并传递作用力，连接盘两端与升降液缸活塞杆相连，并随活塞杆一起上下移动；固定卡瓦组安装在环形防喷器上部。卡瓦组配备 4 套锥形自紧式卡瓦。60t 举升机结构形式也可采用四液缸形式，结构简图如图 2-28 所示。

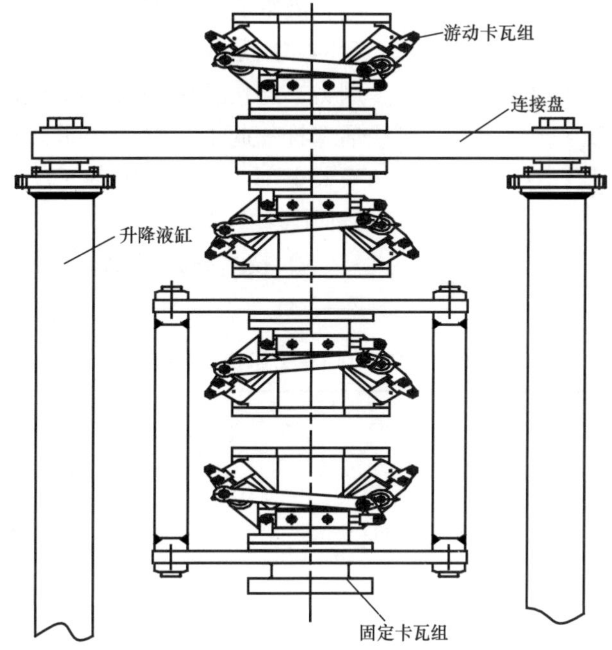


图 2-28 40t、60t 举升机结构示意图

② 技术参数。60t 加压装置的技术参数见表 2-11。

**表 2-11 60t 举升机技术参数**

| 项目 | 参数 |
| --- | --- |
| 有效行程，mm | 2500～3650 |
| 液缸额定举升系统上顶力，kN | ≥600 |
| 液缸额定举升系统下压力，kN | ≥420 |

续表

| 项目 | 参数 |
|---|---|
| 最大下压速度 $v_d$，m/s | $0.3 \leqslant v_d \leqslant 1$ |
| 最大举（提）升速度 $v_u$，m/s | $0.2 \leqslant v_u \leqslant 1$ |
| 锥形自紧式卡瓦工作压力，MPa | 3～5 |
| 闸板式万能卡瓦工作压力，MPa | 7～14 |

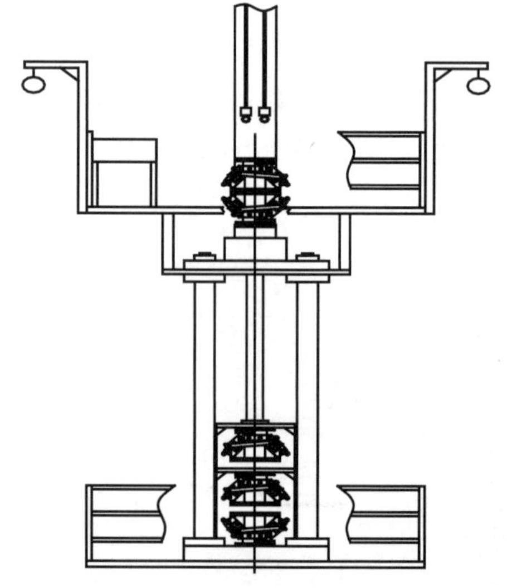

图 2–29　100t 举升机结构示意图

③ 适用范围。60t 举升机适用于工作压力为 21MPa 或 35MPa 的带压作业机。

（3）100t 举升机结构形式及适用范围。

① 结构形式。

该形式包括 4 件液缸、连接盘、游动（防顶和承重）卡瓦组以及固定（防顶和承重）卡瓦组；液缸通过法兰安装固定在工作平台上，连接盘的作用是连接升降液缸和游动卡瓦，并传递作用力，连接盘两端与升降液缸活塞杆相连，并随活塞杆一起上下移动；固定卡瓦组安装在环形防喷器上部。卡瓦组配备 5 套锥形自紧式卡瓦，结构简图如图 2–29 所示。

② 技术参数。100t 加压装置的技术参数见表 2–12。

**表 2–12　100t 举升机技术参数**

| 项目 | 参数 |
|---|---|
| 有效行程，mm | 2500～3650 |
| 液缸额定举升系统上顶力，kN | ≥1000 |
| 液缸额定举升系统下压力，kN | ≥480 |
| 最大下压速度 $v_d$，m/s | $0.3 \leqslant v_d \leqslant 1$ |
| 最大举（提）升速度 $v_u$，m/s | $0.2 \leqslant v_u \leqslant 1$ |
| 锥形自紧式卡瓦工作压力，MPa | 3～5 |
| 闸板式万能卡瓦工作压力，MPa | 7～14 |

③ 适用范围。100t 举升机适用于等级为 35MPa 或更高压力级别的带压作业机。

## 二、卡瓦系统[3]

卡瓦系统按结构不同可分为：闸板式万能卡瓦、锥形自紧式卡瓦等形式。

1. 锥形自紧式卡瓦

（1）结构形式。锥形自紧式卡瓦的基本结构及功能：卡瓦采用锥形自锁式结构，其卡瓦体和壳体均带有斜锥面，当卡瓦牙卡住油管后，油管在井压的作用下向上窜，带动卡瓦体在壳体的斜锥面上上升（反之，在载重的作用下下滑），从而使卡瓦牙越抱越紧，可防止打滑；采用液压控制，液缸直径小，卡瓦开关动作迅速；采用连杆机构，用 1 个液缸实现 2 个卡瓦体、4 个卡瓦牙的同步动作，结构简单；壳体及卡瓦体采用合金钢锻造而成，并经适当热处理，承载能力强，使用安全可靠；卡瓦牙与卡瓦体的连接采用定位销连接，更换卡瓦牙方便迅速，结构示意图如图 2-30 所示。

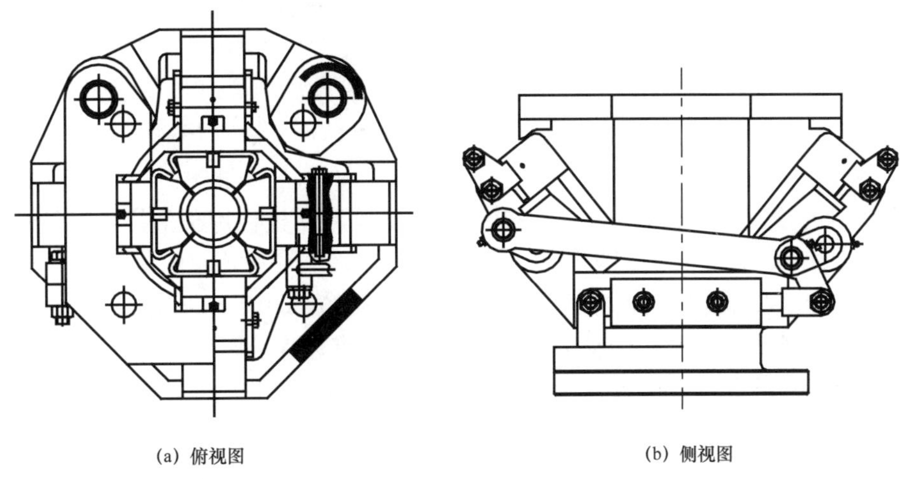

图 2-30　锥形自紧式卡瓦示意图

（2）适用范围。锥形自紧式卡瓦开关迅速，卡管稳定可靠，卡瓦承载能力强，对管柱损伤小。适合多种带压作业设备安装使用。适合与辅助式及桅杆式带压作业设备配合使用。卡瓦组可附带主动或者被动旋转功能。

2. 闸板式万能卡瓦

（1）结构形式。闸板式万能卡瓦的基本结构及功能：上部为普通对夹式卡瓦结构，通径为 180mm 或 186mm。下部为法兰式结构，与上横梁连接，如图 2-31 所示。

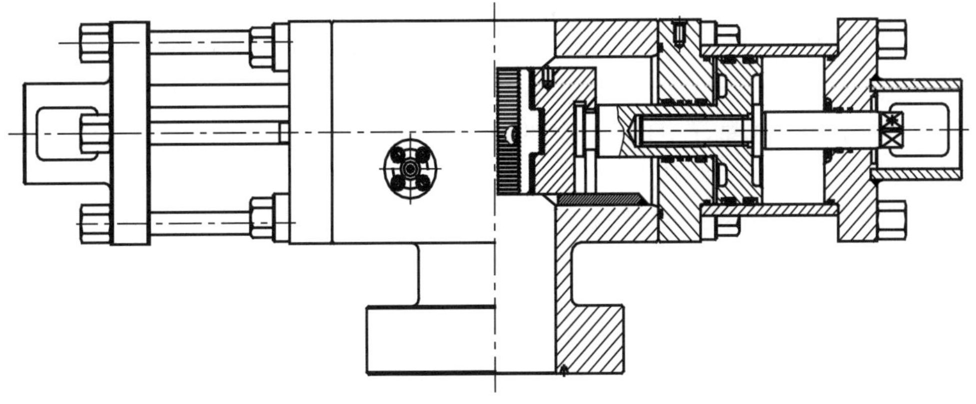
图 2-31　闸板式万能卡瓦示意图

（2）适用范围。闸板式万能卡瓦依靠卡瓦闸板对管柱的垂直作用力实现卡紧功能，该结构形式同时具有承重和防顶功能，但是夹持力小，对管柱损伤较大，适合与带修井机的辅助式带压作业设备配合使用。

## 三、动力系统[3]

动力系统指在带压作业过程中提供动力的部件，包括动力机和传动系统，主要由柴油机、离合分动箱、高压齿轮泵、油箱、阀件等组成。宜采用柴油机（包括车载发动机）、天然气发动机或电机作为动力机。

柴油机型号、功率和离合分动箱型号可以根据对应的带压作业设备需求选定。柴油机应配有机油压力和水温超限的自动报警装置。一路输入，三路输出，分别为升降液缸管柱密封系统、卡瓦系统、冷却循环系统及散热系统提供动力。

车用发动机的排放应符合 GB 17691—2005《车用压燃式、气体燃料点燃式发动机与汽车排气污染物排放限值及测量方法（中国Ⅲ、Ⅳ、Ⅴ阶段）》的规定，非道路移动机械用柴油发动机的排放应符合 GB 20891—2014《非道路移动机械用柴油机排气污染物排放限值及测量方法（中国第三、四阶段）》的规定。用于低温环境（温度≤-20℃）地区的柴油机应设置冷起动及保温装置。电机防爆应符合 GB 3836、GB/T 3836 的要求。

以柴油机、天然气发动机为动力的动力系统应具有远程油门调节。油气井用柴油机、天然气发动机应具备进气关断功能。

## 四、液压控制系统[3]

控制系统指在带压作业过程中对各操作对象进行控制的零部件组合，包括液控系统、气控系统和 / 或电控系统。液控系统主要由液压泵、阀组、司钻控制台、远程控制台、液压油箱、蓄能器组、液压油冷却和加热系统等组成。

1. 液压元件种类

（1）液压介质。

① 液压介质的主要功能包括：传动、润滑、密封、冷却、防锈、传递信号和吸收冲击等。

② 液压介质的性能指标包括：黏性、润滑性、氧化安定性、剪切安定性、防锈性和耐腐蚀性、抗乳化性、抗泡沫性、对密封材料的相容性等。

（2）液压泵。

① 液压泵是把机械能转变成液压能的能量转换装置，在液压系统中作为动力元件使用，向系统提供一定压力和流量的油液。

② 液压泵的主要技术参数包括：排量、流量、压力、转速、功率、效率、吸入能力。同时，还考虑与液压油的相容性、尺寸、重量、固定设备 / 移动设备用、经济性和维修性等。

③ 带压作业装备常用液压泵为：齿轮泵和叶片泵。

（3）液压马达。

① 液压马达是将液压能转换为机械能的能量转换装置，在液压系统中作为执行元件使用。

② 液压马达的主要技术参数包括：排量、流量、压力和压差、转矩、功率、效率、转速。同时，还考虑与液压油的相容性、尺寸、重量、固定设备 / 移动设备用、经济性和维修性等。

（4）液缸。

① 液缸的作用是将液压能转变为机械能，使机械实现往复直线运动或摆动运动。

② 液缸的主要技术参数包括：压力、流量、活塞的运动速度、速比、行程时间、活塞的理论推力和拉力、活塞的最大允许行程、液缸的功和功率、液缸的总效率、活塞的作用力等。

③ 带压作业装备常用液缸为单活塞杆双作用液缸。

（5）液压控制阀。

① 液压控制阀是液压系统中用来控制液流的压力、流量和流动方向的控制元件，借助于不同的液压控制阀，经过适当的组合，可以对执行元件的启动、停止、运动方向、速度和输出力或力矩进行调节和控制。

② 液压控制阀性能参数包括：规格大小（中低压阀一般用公称流量表示，高压阀用公称通径表示）；公称压力；公称流量。

（6）液压辅件。

① 液压辅件包括蓄能器、过滤器、热交换器、温度计、压力仪表、空气过滤器、液位仪表、密封件、阀门、减振器、可曲挠橡胶接管、弹性联轴器等。

② 带压作业装备常用液压辅件包括：蓄能器、过滤器、热交换器、温度计、压力仪表、空气过滤器、液位仪表、密封件、阀门等。

（7）液压站、油箱、管路及管件。

① 液压站主要用于主机与液压装置可分离的各种液压机械。它按主机要求供油，并控制液压油的流向、压力和流量，用户只需将液压站与主机上的执行机构用油管相连，即可实现各种规定的动作和工作循环。

② 油箱除了储油外，还起散热和分离油中泡沫、杂质等作用。

③ 液压系统中常用的管道有钢管、铜管、尼龙管、塑料管和橡胶软管等。管材材料的选择是根据液压系统各部位的压力、工作要求和部件间的位置关系等确定。

④ 管接头是油管与油管、油管与液压元件中间的连接件，它应满足连接牢固，密封可靠，外形尺寸小，同流能力大，装配方便，工艺性能好等要求，其密封性能影响系统外泄漏。

另外，主要国产厂家包括：北京华德、榆次油研、上海立新等；主要进口厂家包括：力士乐、帕克、SUN 等。

2. 液压控制系统分类

液压控制系统是以电机提供动力基础，使用液压泵将机械能转化为压力，推动液压油，通过控制各种阀门改变液压油流向，推动液缸动作，完成设备不同动作的需求。主要注重信息传递，以达到液压执行元件运动参数（如行程速度、位移量或位置、转速或转角）的准确控制为主。

液压传动系统和液压控制系统在作用原理上通常是相同的，在具体结构上也多半是合一起的，目前广泛使用的液压传动系统属于传动与控制合在一起的开关控制系统。

（1）液压传动系统与液压控制系统的比较。

液压传动和液压控制在概念上有些区别，详细对比见表 2-13。

**表 2-13　液压传动系统与液压控制系统的比较**

| 项目 | 液压传动系统 | 液压控制系统 |
|---|---|---|
| 系统组成 | 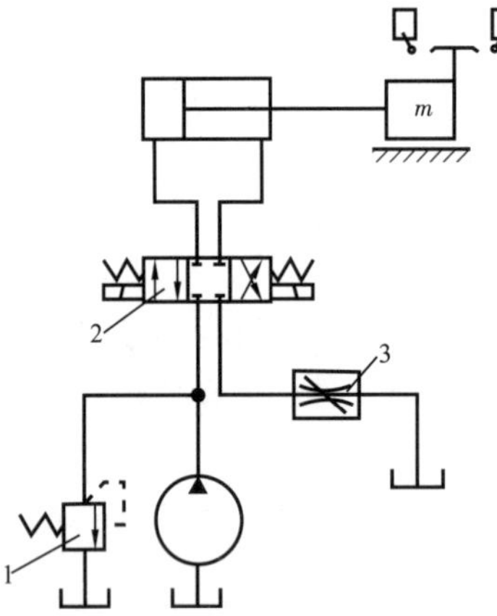 (a) 节流调速系统 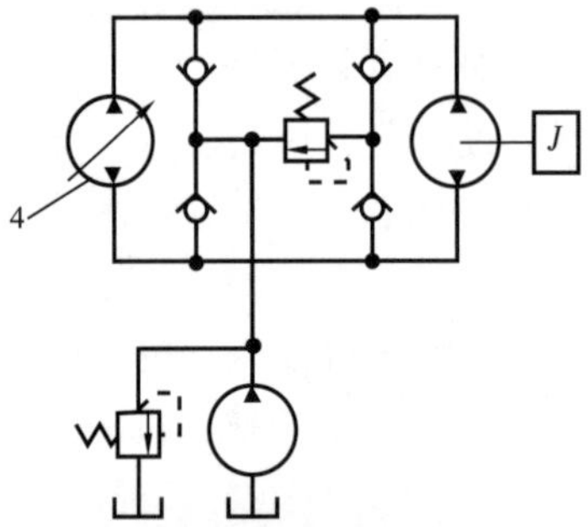<br>(b) 容积调速系统<br>1—溢流阀；2—换向阀；3—调速阀；4—手动变量泵 | 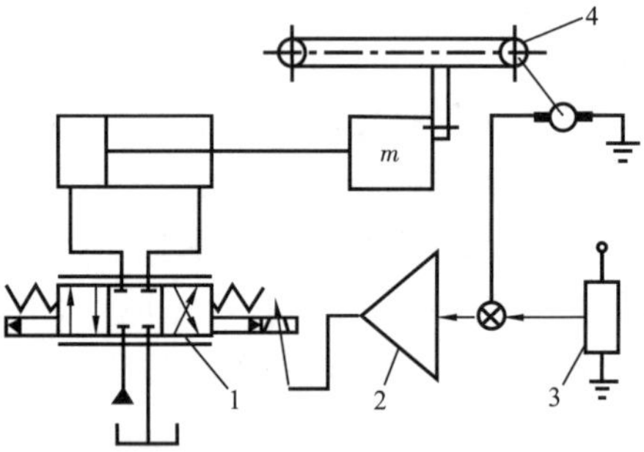 (a) 节流式速度控制系统 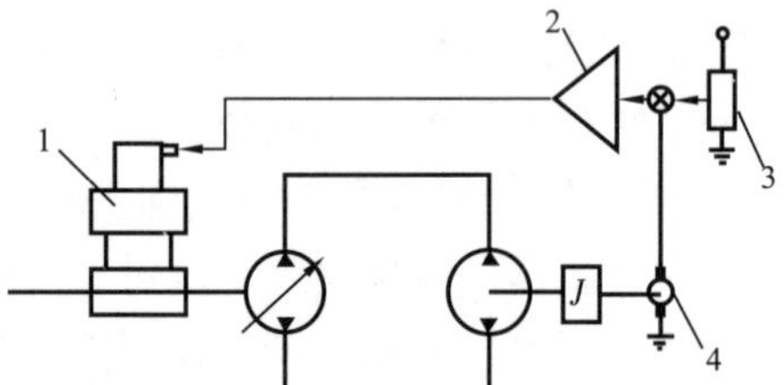<br>(b) 容积式速度控制系统<br>1—伺服阀；2—伺服放大器；3—指令电位器；4—测速机 |
| 系统功能 | 只能实现手动调速、加载和顺序控制等功能。难以实现任意规律、连续的速度调节 | 可利用各种物理量的传感器对被控制量进行检测和反馈，从而实现位置、速度、加速度、力和压力等各种物理量的自动控制 |
| 控制元件 | 采用调速阀或变量泵手动调节流量 | 采用伺服阀自动调节流量，伺服阀起到传动系统中的换向阀和流量控制阀的作用 |
| 工作原理 | 传动系统是开环系统，被控制量与控制量之间无联系。控制量是流量控制阀的开度或变量泵的调节参数（偏角或偏心），被控制量是执行机构的速度。对被控制量不进行检测，系统没有修正执行机构偏差的能力。控制精度取决于元件的性能和系统整定的精度，控制精度较差，但调整简单。开环系统无反馈，因而不存在矫枉过正问题，即不存在稳定性问题，所以传动系统的调整容易 | 控制系统是闭环系统，可以对被控制量进行检测并加以反馈。系统按偏差调节原理工作，并按偏差信号的方向和大小进行自动调整，即不管系统的扰动量和主路元件的参数如何变化，只要被控制量的实际值偏离希望值，系统便按偏差信号的方向和大小进行自动调整。控制系统有反馈，具有抗干扰能力，因而控制精度高；但也存在矫枉过正带来的稳定性问题。所以要求较高的设计和调整技术 |

续表

| 项目 | 液压传动系统 | 液压控制系统 |
|---|---|---|
| 工作任务 | 驱动、调速 | 要求被控制量能自动、稳定、快速、准确地复现指令的变化 |
| 性能指标 | 侧重于静态特性，主要性能指标有调速范围、低速平稳性、速度刚度和效率<br>特殊需要时才研究动态特性 | 性能指标包括稳态性能指标和动态性能指标<br>动态性能指标超调、振荡次数、过渡过程时间等；稳态性能指标指稳态误差 |
| 工作特点 | （1）驱动力、转矩和功率大<br>（2）易于实现直线运动<br>（3）易于实现速度调节和力调节<br>（4）运动平稳、快速<br>（5）单位功率的质量小、尺寸小<br>（6）过载保护简单<br>（7）液压蓄能方便 | 除液压传动特点外，还有如下特点：<br>（1）响应速度高<br>（2）控制精度高<br>（3）稳定性容易保证 |
| 应用范围 | 要求实现驱动、换向、调速及顺序控制的场合 | 要求实现位置、速度、加速度、力或压力等各种物理量的自动控制场合 |

根据带压作业的工况，目前的主要需求是实现执行机构的驱动和调速，有部分自动化需求，因此，液压控制系统基本上可划定为开式传动开关控制系统。其中，所有执行部分采用液压传动，部分控制信号采用电信号，这些信号多用来监测报警，少有反馈控制。

（2）典型液压系统选型。

对应于主机的基本配置，主机的典型液压传动系统由：防喷器系统、平衡/泄压系统、提升下压系统、辅助系统4个相对独立的部分组成。使用者可根据需要，增加配置一些功能件，如吊臂、转盘、液压大钳、平衡支腿等，这些装置的液压系统可与主机的液压系统整合。

主机液压系统4个基本组成部分的功能如下：

防喷器系统：包括安全防喷器组和工作防喷器组及其相应的液压传动系统（动力元件、控制元件、辅助元件和液压油）。其中，安全防喷器为常规井控准备，工作防喷器用以实现带压密封管柱，控制井筒环空压力。二者的操作和使用相对独立，在起下管柱过程中，不应使用安全防喷器组的任何防喷器，因此在设计控制面板时要考虑防止误操作的措施。

平衡/泄压系统：包括四通、平衡阀、泄压阀、连接管线及其相应的液压传动系统。实现上下工作防喷器两侧压力的平衡，以便安全倒出油管挂、接箍等变直径的工具。二者的操作和使用有先后顺序，设计时需考虑防止误操作的措施。

提升下压系统：包括卡瓦系统和机械提升/下压机构及其相应的液压传动系统。实现管柱起下，施加的作用力要能克服井底压力、管柱自重、井筒内磨阻和防喷器抱紧力。在重管柱状态下，使用承重卡瓦夹持管柱并承受部分管重，防止其落入井内；在轻管柱状态下，使用防顶卡瓦夹持管柱并承受部分井压上顶力，防止其窜出井口。两种状态下，卡瓦不能窜用，并且在无其他机构抱住管柱的情况下不能同时打开所有卡瓦。因此，设计时也要考虑防止误操作的措施。机械提升机构通常由两根单出杆双作用液缸组成，液缸提供充分的上提力和下压力并且同步运动，停机时液缸保持静止，紧急情况下需有制动功能。

辅助系统：包括油温控制系统（加热或冷却）、蓄能器系统等。

根据国内油田的井口压力范围，将液控系统的功能模块组合划分为“低压”“中压”“高压”3档。

①“低压”功能组合满足井口压力 $p<7$MPa 的带压作业要求，见表2-14，“低压”的液压功能示意图如图2-32所示。

②“中压”功能组合满足 7MPa $\leqslant p<$ 21MPa 的带压作业要求，见表2-15，“中压”的液压功能示意图如图2-33所示。

③“高压”功能组合满足 21MPa $\leqslant p<$35MPa 的带压作业要求，见表2-16，“高压”的液压功能示意图如图2-34所示。

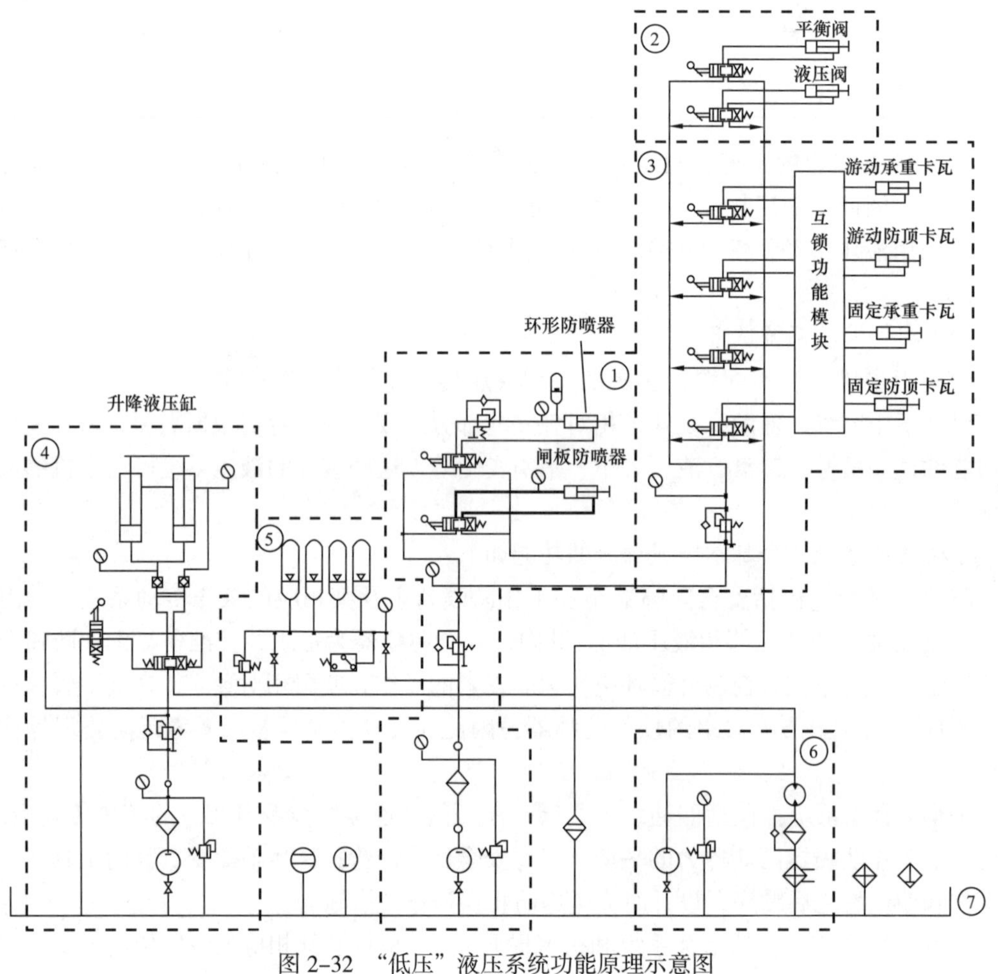


图2-32 “低压”液压系统功能原理示意图

1—工作防喷器系统；2—平衡泄压系统；3—卡瓦系统（使用万能卡瓦时执行结构为2个）；4—举升液缸系统；5—蓄能器系统；6—主动循环冷却系统；7—其余油源回路部分（油箱、空气过滤器、液位计、温度计、加热器等）

表 2-14　适用于井口压力 $p$<7MPa 的液控系统功能模块配置

| 系统组成 | | 基本功能模块 | 提高性能的功能模块 | | |
|---|---|---|---|---|---|
| | | | 安全性 | 可靠性 | 效率 |
| 防喷器系统 | 环形防喷器 | 开关动作 | | 过接箍时，压力缓冲 | 二次压力调节 |
| | | 工作压力设定 | | | |
| | 工作闸板防喷器 | 开关动作 | | | |
| | | 工作压力设定 | | | |
| 平衡 / 泄压系统 | 平衡阀 / 泄压阀 | 开关动作 | | | |
| | | 工作压力设定 | | | |
| 提升下压系统 | 卡瓦 | 开关动作 | 逻辑互锁 | | |
| | | 工作压力设定 | | | |
| | 液缸 | 换向 | 锁紧及防失控 | 双或多液缸同步 | |
| | | 双向输出压力调节 | | | |
| 辅助系统 | 蓄能器系统 | 充压与保持 | | 自动充压功能 | |
| | | 压力调节 | | | |

表 2-15　适用于井口压力为 7MPa≤$p$<21MPa 的液控系统功能模块配置

| 系统组成 | | 功能模块 | 提高性能的功能模块 | | |
|---|---|---|---|---|---|
| | | | 安全性 | 可靠性 | 效率 |
| 防喷器系统 | 环形防喷器 | 开关动作 | | 过接箍时，压力缓冲 | 二次压力调节 |
| | | 工作压力设定 | | | |
| | 工作闸板防喷器 | 开关动作 | | | 二次压力调节 |
| | | 工作压力设定 | | | |
| 平衡 / 泄压系统 | 平衡阀 / 泄压阀 | 开关动作 | | | |
| | | 工作压力设定 | | | |
| 提升下压系统 | 卡瓦 | 开关动作 | 逻辑互锁 | | 二次压力调节 |
| | | 工作压力设定 | | | |
| | 液缸 | 换向 | 锁紧及防失控 | 双或多液缸同步 | 运行速度调节 |
| | | 双向输出压力调节 | | 紧急停机制动 | |
| 辅助系统 | 蓄能器系统 | 充压与保持 | | 自动充压功能 | |
| | | 压力调节 | | | |

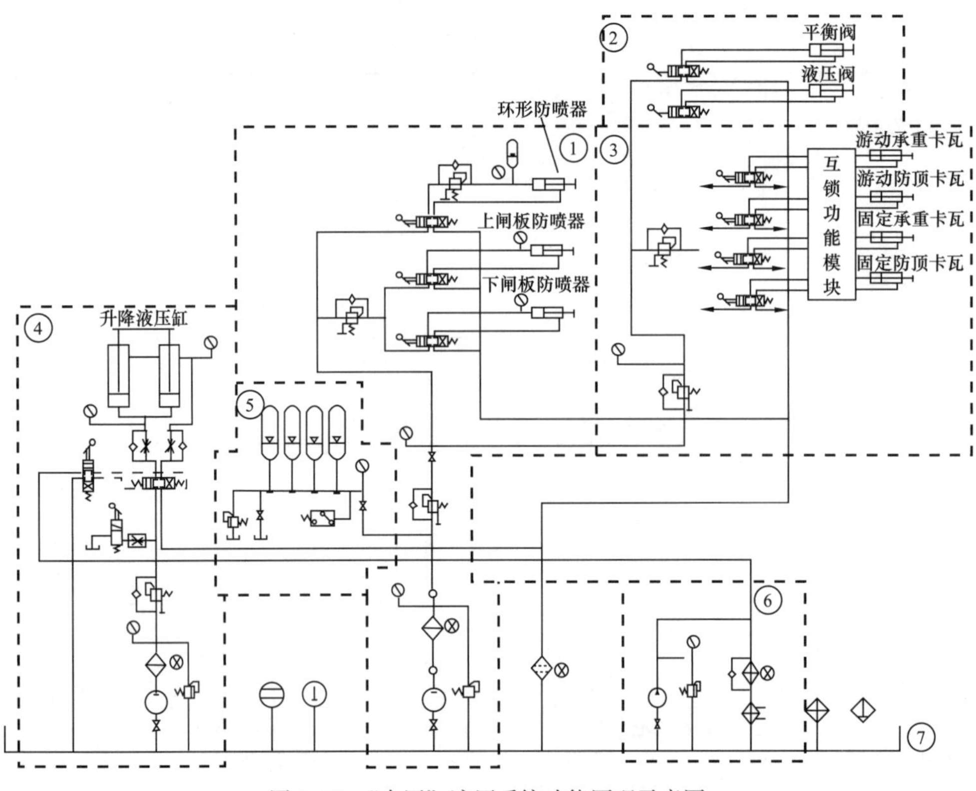


图 2-33 “中压”液压系统功能原理示意图

1—工作防喷器系统；2—平衡泄压系统；3—卡瓦系统（带互锁、二次调压）；4—举升液缸系统（带紧急制动）；5—蓄能器系统；6—主动循环冷却系统；7—其余油源回路部分（油箱、空气过滤器、液位计、温度计、加热器等）

**表 2-16 适用于 21MPa≤$p$<35MPa 井口压力的液控系统功能模块配置**

| 系统组成 | | 功能模块 | 提高性能的功能模块 | | |
|---|---|---|---|---|---|
| | | | 安全性 | 可靠性 | 效率 |
| 防喷器系统 | 环形防喷器 | 开关动作 | | 过接箍时，压力缓冲 | 二次压力调节 |
| | | 工作压力设定 | | | |
| | 工作闸板防喷器 | 开关动作 | | | 二次压力调节 |
| | | 工作压力设定 | | | |
| 平衡 / 泄压系统 | 平衡阀 / 泄压阀 | 开关动作 | | 旋塞阀关闭压力调节 | |
| | | 工作压力设定 | | 旋塞阀开关速度调节 | |
| 提升下压系统 | 卡瓦 | 开关动作 | | 开关速度调节 | 二次压力调节 |
| | | 工作压力设定 | | | 逻辑互锁 |
| | 液缸 | 换向 | 锁紧及防失控 | 双或多液缸同步 | 运行速度调节 |
| | | 双向输出压力调节 | | 紧急停机制动 | |
| 辅助系统 | 蓄能器系统 | 充压与保持 | | 自动充压功能 | |
| | | 压力调节 | | | |

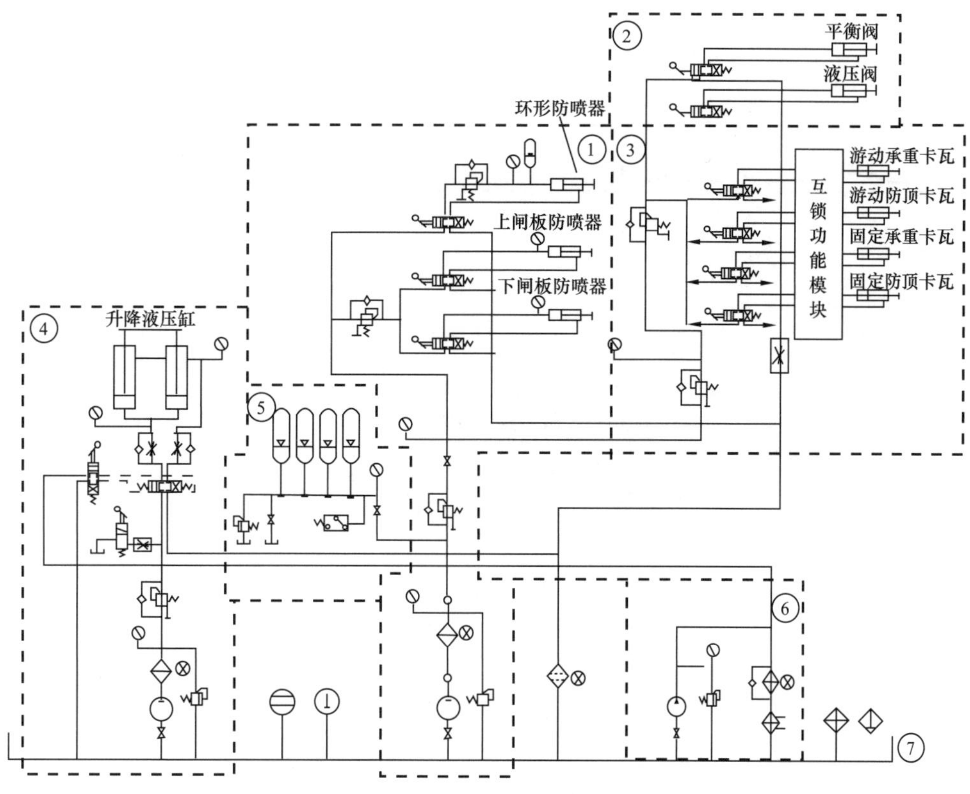


图 2-34 “高压”液压系统功能原理示意图

1—工作防喷器系统；2—平衡泄压系统；3—卡瓦系统（带互锁、二次调压、调速）；
4—举升液缸系统（带紧急制动、二四液缸转换）；5—蓄能器系统；6—主动循环冷却系统；
7—其余油源回路部分（油箱、空气过滤器、液位计、温度计、加热器等）

## 五、安全设施及附件[3]

1. 机械式管柱输送系统（选配）

该系统的主要任务是把管柱或工具等管杆类零件从管柱桥上输送到作业平台，或从作业平台把管柱等输送到管柱桥，适用于小修井、大修井。管柱输送系统的结构示意图如图 2-35 所示。

其工作原理：

起管柱阶段：变幅液缸活塞杆伸出，管柱滑道左端翘起，右端在滑动轨道滑行，管柱滑道停止在适合作业的角度；然后推管液缸活塞杆伸出，带动 V 形槽运动，再将井内起出的管柱放入 V 形槽内，变幅液缸活塞杆收回，带动管柱滑道收回到水平位置，将 V 形槽翻转液缸动作，将管柱从 V 形槽通过排管导杆直接滚到管柱桥上，完成一次起管柱的过程。

下管柱阶段：将管柱从管柱桥上滚到挑管机构作业范围内，翻转液缸带动 V 形槽动作，挑管液缸活塞杆伸出，管柱进入 V 形槽，将 V 形槽翻转到正常位置；然后变幅液缸活塞杆伸出，把管柱滑道翘起到上平台高度，推管器液缸活塞杆收回，推管液缸带动 V 形槽前行至合适位置，变幅液缸活塞杆收回，完成下管柱的过程。

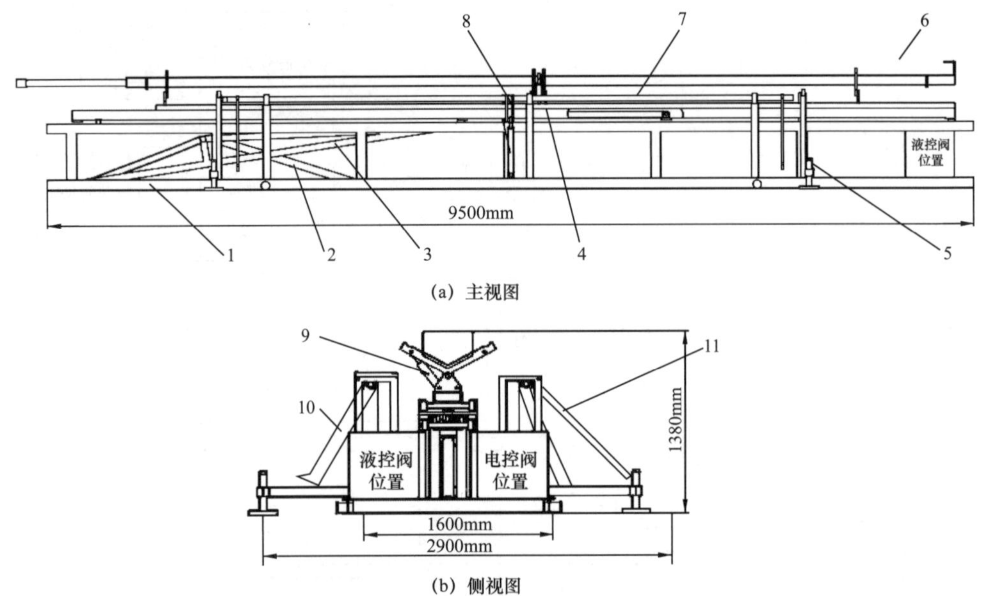


图 2-35　管柱输送系统结构示意图

1—底座；2—变幅液缸；3—滑道支架；4—管柱滑道；5—可调丝杠支腿；6—V 形槽；7—推管液缸；8—挑管液缸；9—翻转液缸；10—挑管机构；11—排管导杆

2. 辅助式带压作业设备液压支撑装置

辅助式带压作业设备液压支撑装置安装在下平台下面，支撑装置主体结构为焊接式框架结构，有 4 个液压支腿，液压支腿安装在主框架的立柱下面，包括支撑液缸及支撑板。支腿液缸可在 800mm 范围内调节，每个支腿的支撑板单独制作。液压支腿具有手动锁紧功能，调整好后可以手动锁紧支腿，防止液压油渗漏造成支腿失效，结构如图 2-36 所示。

该支撑装置可以通过销轴与下平台连接，或者与下平台焊接成一体。该支撑装置用于承受设备本身的重量以及作业过程中的作用力，防止压溃井口套管。其优点是可以与设备做成一体，搬家时整体运输，不用拆卸，不用单独运输；缺点是设备总重量大，去掉桅杆系统后达 15t，吊装困难，另外如果因为作业需要必须要增加防喷器或者升高短节时，所增加设备的高度若超过液压支腿的剩余行程时，支撑装置将脱离地面，只有通过垫枕木来进行支撑，会影响支撑装置的功能。

3. 车载集成式作业设备液压支撑装置

目前在用的车载集成带压作业机井口装置重量在 5～7t 之间，这部分重量在施工时作用在井口上，而相关井控要求规定井口不允许承重，所以车载集成带压作业机需要加装液压支撑装置，图 2-37 是一种形式的支撑装置结构图。

4. 其他安全设施要求

（1）控制剪切、全封闸板防喷器的液控阀手柄应具有锁定装置；

（2）操作平台的护栏高度应大于 1.2m；

（3）操作平台高度在 2～7m 之间应具有紧急逃生装置，如逃生滑杆、逃生滑道等；

（4）根据井控工艺要求，在带压作业施工时应安装压井和节流管线；

（5）根据施工井压力配备储液箱，一般不低于 $20m^3$；

（6）根据施工需求，应配备 60cm 和 1200cm 法兰短节；

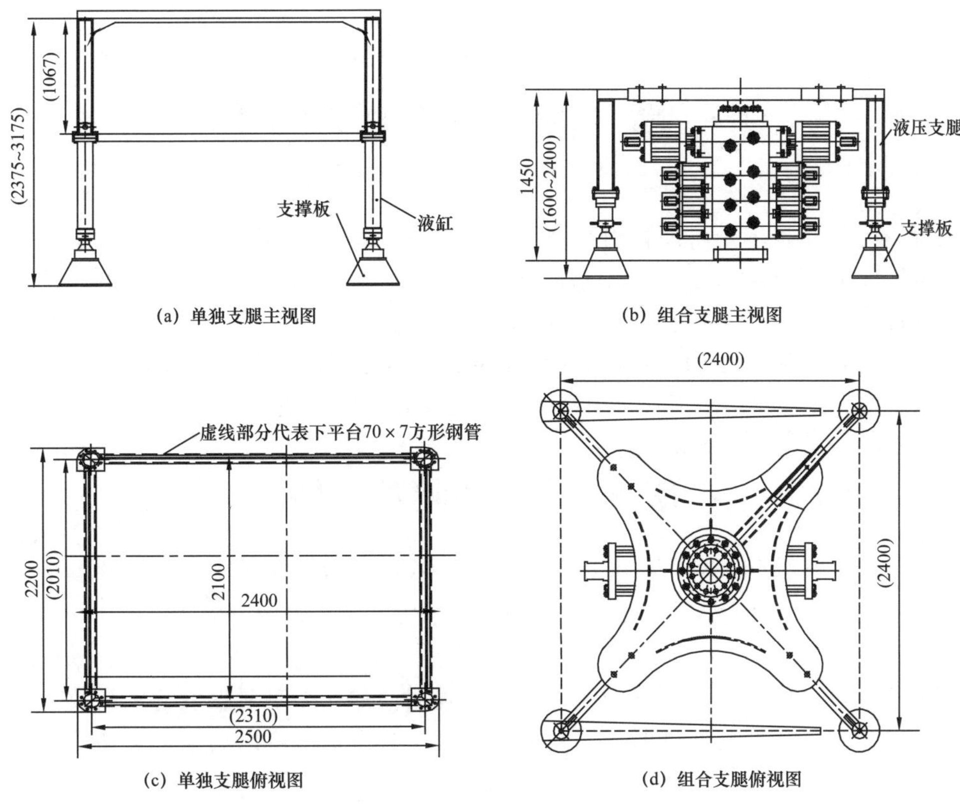


图 2-36　辅助式带压作业设备支撑装置结构示意图（单位：mm）

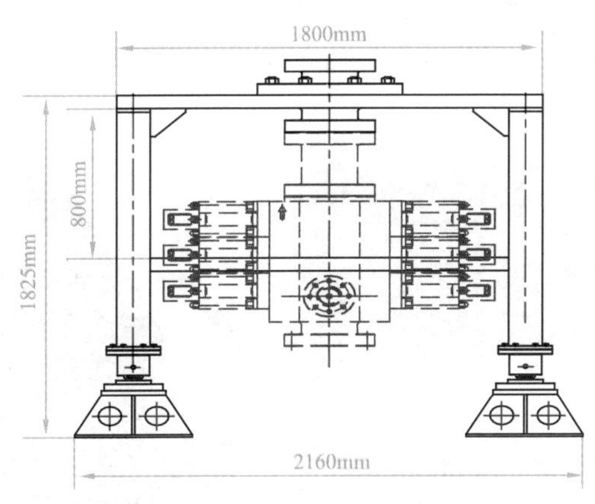


图 2-37　一体机支撑装置示意图

（7）逃生系统可选择逃生杆、逃生带、逃生滑道、载人吊车等应急逃生装置，操作台应配备 1 套及以上逃生装置。

## 参 考 文 献

[1]胡守林，等.带压作业机[M].北京：石油工业出版社，2018.

[2]SY/T 6731—2014 石油天然气工业　油气田用带压作业机[S].

[3]Q/SY 1405—2011 带压作业装置配套、使用和维修规程[S].

# 第三章　油管压力控制工具

油管压力控制技术是对油管内实施有效封堵的技术，确保带压作业过程中油管内不喷，是带压作业核心技术之一，是带压作业施工的前提保障。“十二五”期间，油管压力控制工具得到了进一步研究与完善，由原来的以水力式作业方式为主的堵塞工具发展为水力式作业、钢丝作业、油管作业及完井预置等多种形式的堵塞工具，满足不同井况封堵需求。本章主要介绍油管堵塞工具和预置堵塞工具两类油管压力控制工具。

## 第一节　油管堵塞工具

油管堵塞工具是用于带压作业过程中封堵油管内压力[1]，最常见的堵塞器是水力式投送堵塞器，水力式堵塞器采用水力方式投送，泄掉油管压力即可坐封，操作简单。但存在坐封位置不可控，工具不可取等问题，对于中途无法正常带压施工的井，会给后序作业带来更大的难题。因此，针对不同的井况，研发对应的堵塞工具，以达到高效、安全作业的目的。目前，中国石油已形成系列油管堵塞工具，基本可以满足各类井况带压作业需求[2]。

### 一、外挂式油管堵塞器

（1）结构形式。由本体、下端密封胶圈、侧面密封胶条、弹簧翻板、翻板密封胶圈组成，如图 3–1 所示。

(a) 实物图

(b) 结构图

图 3–1　外挂式油管堵塞器

（2）工作原理。在本体内部加工 1 个与油管接箍匹配的“口”字形构造，使油管接箍能吻合地包容在其中。油管外堵工具在使用时，首先保证各密封胶条完好、弹簧翻板灵活；其次，将油管接箍提离吊卡位置，把外堵工具合拢在油管接箍上，并上紧各处连接栓；最后，下放油管，将外堵工具坐入吊卡上，对油管卸扣，随着上部油管离开油管接箍，弹簧翻板在弹力作用下密封外堵工具腔体，控制油管内流体不喷出，达到密封油管压力的目的。现场操作时采用 2 个外挂式油管堵塞器交替使用，可实现无内堵塞管柱的带压作业。

（3）技术指标。

① 工具耐压：21MPa；

② 规格：$2^7/_8$in、$3^1/_2$in。

（4）适用范围。外挂式油管堵塞器是针对井内管柱无法封堵的井而设计的堵塞工具，用于作业平台上油管顶端接箍的封堵。

## 二、捞矛堵塞器

（1）结构组成。捞矛油管堵塞器主要由导向头、密封皮碗、锚定卡瓦及上接头等组成，如图 3–2 所示。

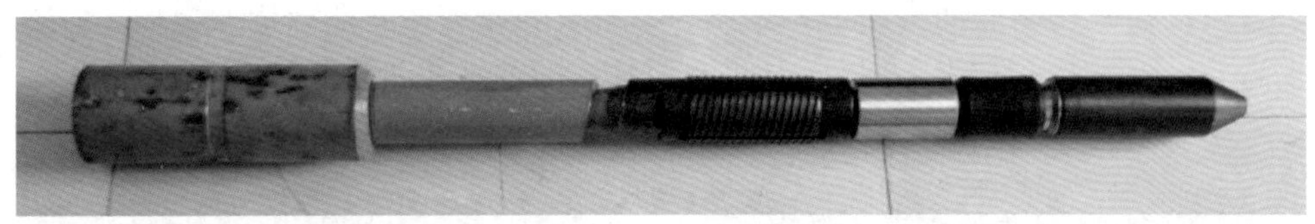

图 3–2　捞矛堵塞器

（2）工作原理。该堵塞器具有密封、打捞的双重功能，可以实现“捞矛倒管”。即应用液缸将堵塞器“压”至防喷器组内，从油管或配件上部插入，在井内反向力作用下，堵塞器上的滑块会滑动固定在油管或配件内壁上，皮碗会涨封封堵住油管或配件内部空间，从而实现封堵目的。既而实现“封堵一根、起出一根”，直至起出井内全部管柱。

（3）技术指标。

① 工具最大外径：90mm；

② 工具耐压：21MPa；

③ 工具耐温：120℃。

（4）适用范围。该堵塞器适用于井内无法封堵的油水井带压作业，用于油管顶端的封堵。

## 三、鱼顶堵塞器

（1）结构组成。鱼顶堵塞器主要由导向头、密封皮碗、锚定卡瓦、导向筒及上接头等组成，如图 3–3 所示。

图 3–3　鱼顶堵塞器

（2）工作原理。与捞矛堵塞器相同，采用油管连接工具实现“捞矛倒管”。该工具最大的特点是具有强制导向扶正装置，与鱼顶对接更可靠，提高封堵效率。

（3）技术指标。

① 工具最大外径：118mm；

② 工具耐压：21MPa；

③ 工具耐温：120℃。

（4）适用范围。该堵塞器适用于井内无法封堵的油水井带压作业，用于油管顶端的封堵。

## 四、液力式堵塞器[3]

（1）结构组成。目前该类堵塞器大体有 2 种结构形式，一种是单皮碗水力式油管堵塞器，主要由投送皮碗、锚定卡瓦及密封皮碗等组成，如图 3-4 所示。适用于井口压力低于 14MPa 的油水井油管内封堵；另一种是双胶筒水力式油管堵塞器，主要由投送皮碗、锚定卡瓦、密封皮碗及密封胶筒等组成，如图 3-5 所示。该类堵塞器结构上增加 2 组密封胶筒，提高了承压等级，适用于井口压力低于 21MPa 的油水井油管内封堵。

图 3-4　单皮碗水力式油管堵塞器

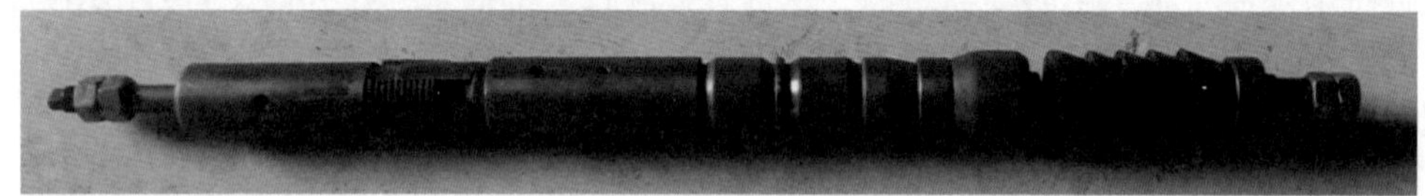

图 3-5　双胶筒水力式油管堵塞器

（2）工作原理。该工具结构多样，但是均具有投送皮碗、反向密封皮碗和反向锚定卡瓦。采用水力方式投送，遇阻（变径 / 配件）停止下行，泄掉油管压力，在井底压力的作用下，反向皮碗密封，反向卡瓦锚定，起到密封井底压力的作用。针对低压井，可以用单皮碗密封结构，针对高压井，可以增加密封胶筒，提高耐压级别。由于该类工具结构简单，可重复使用（更换胶件），成本低，操作简便，现场使用最为普遍。

（3）技术参数。

① 工具外径：55～56mm；

② 工具耐压：14/21MPa；

③ 工具耐温：120℃。

（4）适用范围。该堵塞器适用于油水井井下工具上管柱的封堵。

## 五、智能式堵塞器

（1）结构组成。智能式油管堵塞器主要由密封胶筒、卡瓦、控制销钉及气缸等组成，如图 3-6 所示。

图 3-6 智能式堵塞器

（2）技术指标。

① 工具外径：55mm；

② 工具耐压：21MPa；

③ 工具耐温：120℃。

（3）工作原理。根据井内压力情况，安装 1～3 个销钉，控制堵塞器的坐封井压（井深决定），依靠重力或钢丝将堵塞器投送至油管内预定深度，在井下压力作用下堵塞器限位销钉被剪断，堵塞器内部柱塞在液力作用下压缩底部气腔，拉动中心杆下移挤压胶筒膨胀，实现对管柱封堵。该工具具有自动坐封的特点。

（4）适用范围。该堵塞器适用于油水井井下工具上管柱的封堵。

## 六、钢丝桥塞[4]

（1）结构组成。钢丝桥塞主要由牙片、密封胶筒、预紧弹簧等组成，如图 3-7 所示。

图 3-7 钢丝桥塞

（2）工作原理。在地面将钢丝接头、加重杆、震击器及桥塞连接在一起，采用钢丝作业投送装置，将桥塞投送至井下，上提或震击释放预紧弹簧，在预紧弹簧的弹簧力作用下坐封坐卡。需要回收时，采用钢丝作业打捞，解封销钉剪断，释放解封预紧弹簧势能；在弹力作用下，强迫密封胶筒和防顶牙片收缩；继续上提钢丝放掉牙片脱离支撑锥面归位回收。该工具具有承压能力高、可回收等特点。

（3）技术指标。

① 工具外径：46mm/57mm/70mm；

② 工具耐压：35MPa；

③ 工具耐温：150℃。

（4）适用范围。该堵塞器适用于油井、气井、水井井下工具上管柱的封堵。

## 七、电缆桥塞

（1）结构组成。电缆桥塞主要由卡瓦、密封胶筒、推力传动装置等组成，如图 3-8 所示。

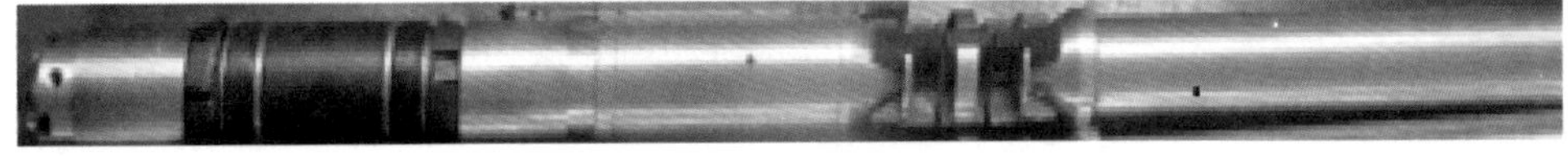

图 3-8 电缆作业桥塞

（2）工作原理。在地面将电缆接头、加重杆、短节、测试仪、储气瓶、增压缸等配套工具与桥塞连接在一起，采用电缆投送装置投送，采用地面控制仪进行控制，将坐封信号传输给连接在高压储气瓶下方的电磁阀，控制高压储气瓶内的高压气体输送到多级增压缸，推动桥塞坐封。

（3）技术指标。

① 坐封压力：21MPa；

② 工具耐压：50MPa；

③ 回收拉力：50kN；

④ 工具外径：56mm/50mm/42mm。

（4）适用范围。该堵塞器适用于油井、气井、水井井下工具上管柱的封堵。

## 八、偏心配水器堵塞器

（1）结构组成。偏心配水器堵塞器主要由本体、密封段、锁块、扭块等组成，如图 3-9 所示。

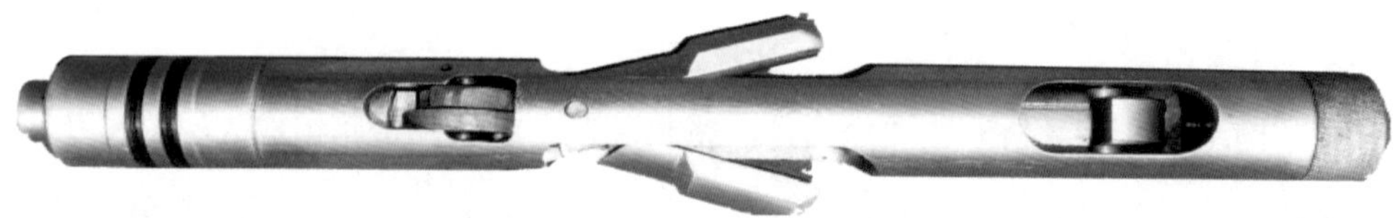

图 3-9 偏心配水器堵塞器

（2）工作原理。在地面，将该工具与投送器、加重杆等工具连接在一起，通过钢丝作业，将工具串投送至偏心配水器的注水孔内，将注水通道堵死，密封油管内压力。该种方式为最优的密封方式，但由于注水通道腐蚀结垢等原因投堵成功率低。目前现场很少应用。

（3）技术指标。

① 工具最大外径：22mm；

② 工具耐压：21MPa；

③ 工具耐温：120℃。

（4）适用范围。该堵塞器适用偏心注水管柱的封堵。

## 九、堵隔器堵塞器

（1）结构组成。该堵塞器主要由锁轮、卡瓦、胶筒及连接钢件等组成，如图 3-10 所示。

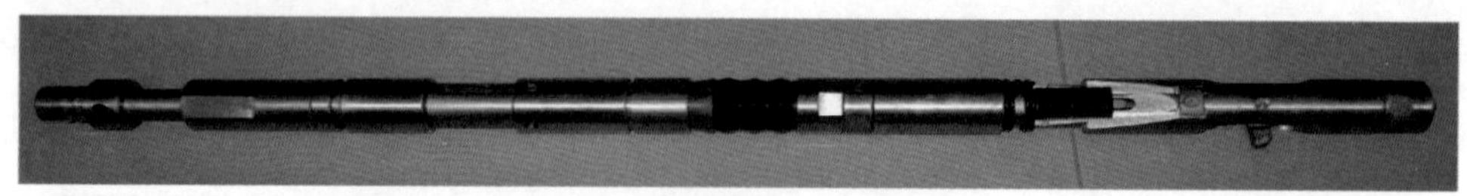

图 3-10 封隔器堵塞器

（2）工作原理。在地面，连接好钢丝接头、加重杆和堵塞器，并通过钢丝作业，将工具串投送至待封堵的封隔器下部。然后上提，堵塞器上的锁轮挂开定位，卡瓦锚定，胶筒涨封，继续上提实现丢手。该工具具有外径小，下井阻力小，定位准确等特点。

（3）技术参数。

① 工具外径：42mm；

② 工具耐压：21MPa；

③ 工具耐温：120℃。

（4）适用范围。该堵塞器适用井下封隔器中心孔的封堵。

## 十、小直径堵塞器[4]

（1）结构组成。该堵塞器主要由支撑爪、卡瓦、胶筒及连接钢件等组成，如图 3-11 所示。

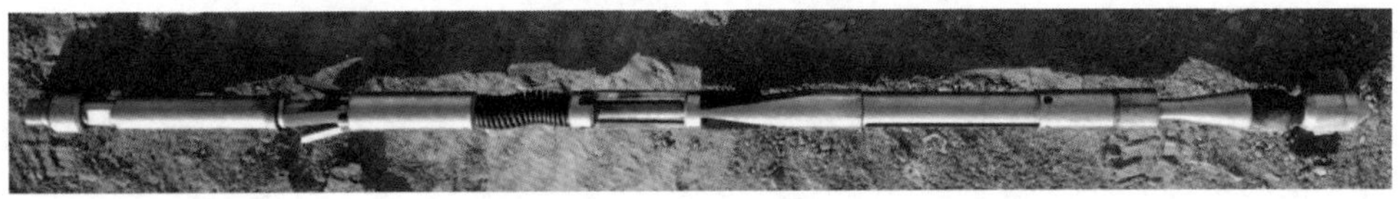

图 3-11　小直径堵塞器

（2）工作原理。在地面，连接好钢丝接头、加重杆和堵塞器，通过钢丝作业，将工具串投送至预定位置。上提，堵塞器上部的三个支撑爪卡在接箍间隙处定位，随着本体上行，上下正反卡瓦锚定，同时压缩胶筒涨封，达到封堵目的，继续上提，丢手。

（3）技术参数。

① 工具外径：42mm；

② 工具耐压：21MPa；

③ 工具耐温：120℃。

（4）适用范围。该堵塞器为小直径堵塞工具，适用井下配件的封堵。

## 十一、过配件堵塞器

（1）结构形式。该堵塞器主要由上接头、支撑爪、上卡瓦、上锥体、胶筒、下锥体、下卡瓦及导向头等组成，如图 3-12 所示。

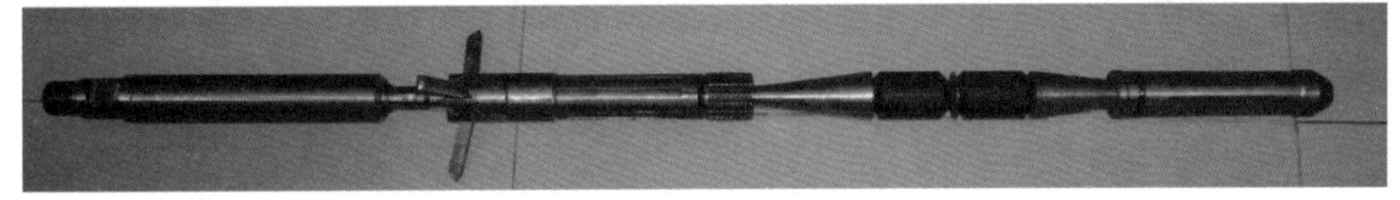

图 3-12　过配件堵塞器

（2）工作原理。在地面，连接好钢丝接头、加重杆和堵塞器。通过钢丝作业，将工具串投送至预定位置。上提，堵塞器上的 3 个支撑爪卡在接箍间隙处定位，随着本体上行，上下正反卡瓦锚定，同时压缩胶筒涨封，达到封堵目的，继续上提钢丝，丢手。

（3）技术参数。

① 工具外径：42mm；

② 工具耐压：21MPa；

③ 工具耐温：120℃。

（4）适用范围。该堵塞器为小直径堵塞器，适用井下配件及油管的封堵。

## 十二、高温油管桥塞

（1）结构组成。该工具主要由上接头、坐封机构、卡瓦、胶筒、锁紧机构及下接头等组成，如图 3–13 所示。

图 3–13　高温油管桥塞

（2）工作原理。采用连续油管投送，打压使桥塞坐封坐卡，上提连续油管丢手。该工具主要用于热采井带压作业中，封堵配件上油管。

（3）技术指标。

① 钢件最大外径：55mm/68mm/90mm/100mm；

② 工具耐压：21MPa；

③ 工具耐温：220℃。

（4）适用范围。该堵塞器适用热采井带压作业井下管柱的封堵。

## 十三、气井钢丝桥塞

（1）结构组成。主要由投送头、双向卡瓦、胶筒、导向头等组成，如图 3–14 所示。

图 3–14　气井钢丝桥塞

（2）工作原理。在地面将加重杆与桥塞连接在一起，通过钢丝作业装置将工具串投入井内，到位后，上提钢丝，使桥塞坐卡、坐封，实现对管柱的封堵，继续上提钢丝，丢手。

（3）技术指标。

① 最大刚体外径：55mm；

② 工具耐压：35MPa；

③ 工具耐温：150℃。

（4）适用范围。该堵塞器适用气井带压作业井下管柱的封堵。

## 十四、气井电缆桥塞

（1）结构组成。主要由上接头、中心管、上卡瓦、上锥体、胶筒、下卡瓦、下锥体、导向头等组成，如图 3–15 所示。

图 3–15　气井电缆桥塞

（2）工作原理。在地面，将加重杆、坐封工具与桥塞等工具连接在一起，并通过电缆作业装置将工具串送至井下预定位置，通过地面控制装置将坐封信号传递至井下坐封工具，促动坐封工具使桥塞坐卡、坐封，实现油管内的封堵。该工具封堵可靠，耐压级别高。

（3）技术指标。

① 最大刚体外径：55mm；

② 工具耐压：35MPa；

③ 工具耐温：150℃。

（4）适用范围。该堵塞器适用气井带压作业井下管柱的封堵。

## 第二节　预置堵塞工具

由于井下介质复杂，矿化度高，生产管柱在井下长时间工作，管柱易腐蚀结垢，甚至会发生结垢缩径或腐蚀漏点，油管堵塞器存在不能形成良好密封及投送位置不确定等问题，因此完井预置式堵塞工具就显得尤为重要。预置堵塞工具一般接于完井管柱最下端，随完井管柱一起下入井内，实现下完井管柱过程中管柱防喷的目的。完井后可打开预置式工具，实现正在生产。再次作业时，可采用配套工具投堵或关闭井下预置式开关，实现带压小修起管柱时油管内防喷的目的。目前，中国石油已形成多种预置堵塞工具，满足各类井况现场作业需求[5]。

### 一、CQ 完井预置工作筒

（1）结构组成。主要由预置工作筒、配套堵塞器、双作用阀等组成，如图 3–16 所示。

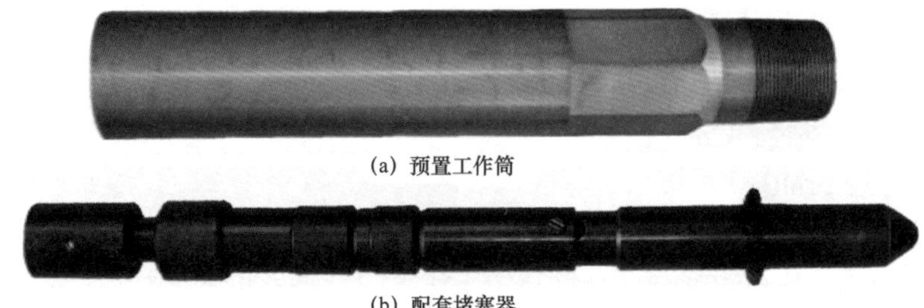

(a) 预置工作筒

(b) 配套堵塞器

图 3–16　CQ 完井预置工作筒及配套堵塞器

（2）工作原理。在完井时工作筒与双作用阀配套使用。在地面将双作用阀接于工作筒下部，工具串接于完井管柱最下部，在下完井管柱过程中，双作用阀的密封滑套控制油管内压力。完井后，采用打压的方式将密封滑套打落，阀球坐落于球座上，起到单向阀作用，可正常生产。再次带压小修时，采用自由投送的方式，将配套堵塞器投送至预置工作筒内，再投送加重棒将堵塞器坐封剪钉剪断，释放预紧弹簧，将堵塞器坐封，达到油管防喷的目的。

（3）技术指标。

① 工作筒最大外径：90mm；

② 工作筒内径：40mm/48mm；

③ 堵塞器最大外径：42mm/50mm；

④ 工具耐压：35MPa；

⑤ 双作用阀换向压力：4～5MPa。

（4）适用范围。CQ 完井预置工作筒适用于注水井带压完井作业中。

## 二、JL 完井预置工作筒[6]

（1）结构组成。主要由预置工作筒、配套堵塞器、双作用阀等组成，如图 3-17 所示。

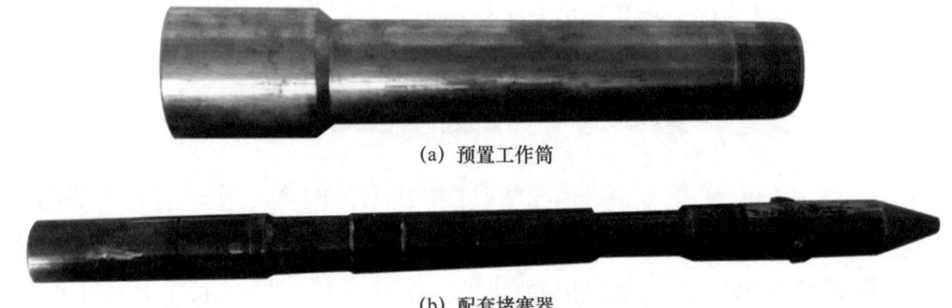

(a) 预置工作筒

(b) 配套堵塞器

图 3-17　JL 完井预置工作筒及配套堵塞器

（2）工作原理。在完井时工作筒与双作用阀配套使用。在地面将双作用阀接于工作筒下部，工具串接于完井管柱最下部，在下完井管柱过程中，双作用阀的密封滑套控制油管内压力。完井后，采用打压的方式将密封滑套打落，阀球坐落于球座上，起到单向阀作用，可正常生产。再次带压小修时，采用钢丝作业的方式，将配套堵塞器投送至预置工作筒内，上提钢丝作业，将丢手剪钉剪断，释放预紧弹簧，将堵塞器坐封，达到油管防喷的目的。

（3）技术指标。

① 工作筒最大外径：110mm；

② 堵塞器最大外径：42mm；

③ 工具耐压：21MPa；

④ 双作用阀换向压力：3～4MPa。

（4）适用范围。JL 完井预置工作筒适用于注水井带压完井作业中。

## 三、DG 完井预置工作筒

（1）结构组成。主要由预置工作筒、配套堵塞器、双作用阀等组成，如图 3-18 所示。

（2）工作原理。在完井时，工作筒与双作用阀配套使用。在地面将双作用阀接于工

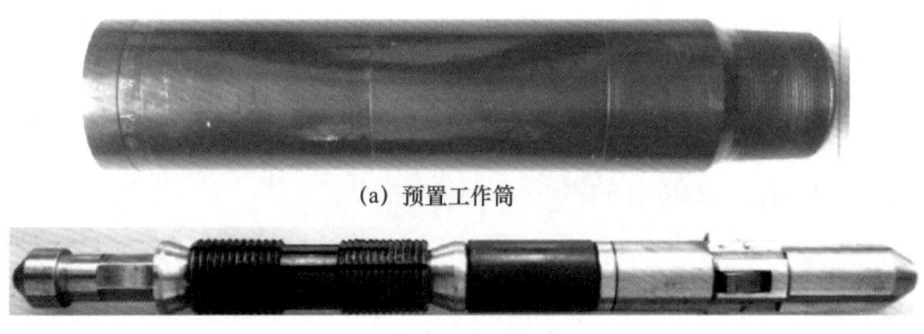

(a) 预置工作筒

(b) 配套堵塞器

图 3-18 DG 完井预置工作筒及配套堵塞器

作筒下部，工具串接于完井管柱最下部，在下完井管柱过程中，双作用阀的密封滑套控制油管内压力。完井后，采用打压的方式将密封滑套打落，阀球坐落于球座上，起到单向阀作用，可正常生产。再次带压小修时，采用自由投送的方式，将配套堵塞器投送至预置工作筒内，再投送加重棒或打压，启动剪钉剪断，推动堵塞器坐卡、坐封，达到油管防喷的目的。

（3）技术指标。

① 工作筒最大外径：110mm；

② 堵塞器最大外径：38mm；

③ 工具耐压：25MPa；

④ 双作用阀换向压力：3～4MPa。

（4）适用范围。DG 完井预置工作筒适用于注水井带压完井作业中。

## 四、LH 完井预置工作筒

（1）结构组成。该工具主要由预置工作筒、堵塞器、投捞工具等组成，如图 3-19 所示。

(a) 预置工作筒

(b) 配套堵塞器

图 3-19 LH 完井预置工作筒及配套堵塞器

（2）工作原理。可用于注水井或采油井带压完井作业。采油井带压作业时，在地面将堵塞器装在预置工作筒内，并将预置工作筒接于泵上，随完井管柱下入井内，堵塞器在下完井管柱过程中达到油管防喷的目的。完井后采用钢丝作业方式，先捞出平衡杆，再捞出堵塞器，油井便可正常生产；再次进行带压作业时，采用钢丝作业方式将堵塞器投送至工作筒内封堵管柱。注水井带压作业时，采用预置工作筒与双作用阀配套使用，在地面将双作用阀接于工作筒下部，工具串接于完井管柱最下部，在下完井管柱过程中，双作用阀的密封滑套控制油管内压力。完井后，采用打压的方式将密封滑套打落，阀球坐落于球座上，起到单向阀作用，可正常生产。再次带压小修时，采用钢丝作业的方式，将堵塞器投送至工作筒内，达到封堵油管的目的。

（3）技术指标。

① 工作筒最大外径：110mm；

② 配套堵塞器最大外径：50mm；

③ 工具耐压：35MPa；

④ 阀芯开启压力：0.5MPa。

（4）适用范围。LH 完井预置工作筒适用于注水井和采油井带压完井作业中。

## 五、气井预置工作筒

（1）结构组成。主要由预置工作筒、配套堵塞器、平衡杆、投送工具，打捞工具等组成，如图 3-20 所示。

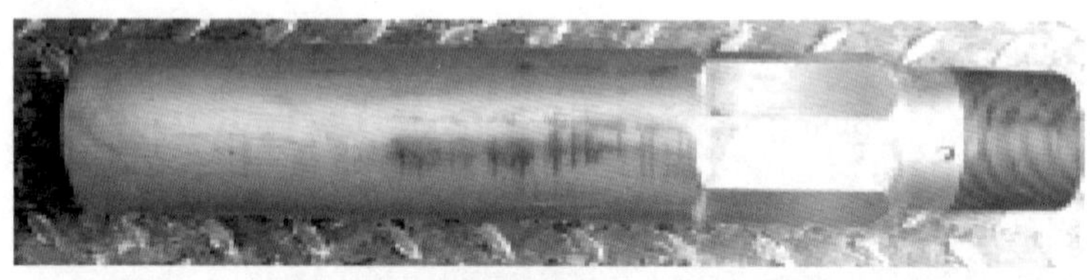

(a) 预置工作筒

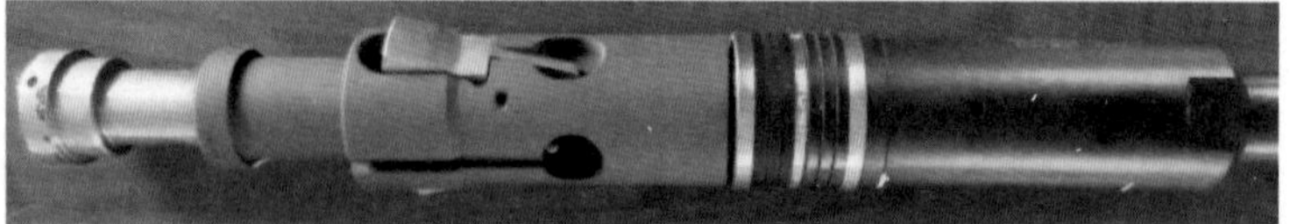

(b) 配套堵塞器

图 3-20　气井预置工作筒及堵塞器

（2）工作原理。该预置工作筒在气井带压作业完井时可多级使用。最下一级预置工作筒需与完井底堵配套使用，在地面将完井底堵连接在预置工作筒的下部，并将工作筒接于完井管柱的最下端，随完井管柱下井过程中，完井底堵封堵油管压力。如果井深过深，可以在管柱的中部下第二级预置工作筒，完井后，采用打压的方式将底堵打落，沟通油套环空进行生产。再次进行带压作业时，采用钢丝作业方式将堵塞器投送至第二级工作筒内封堵管柱，当管柱起过第二级工作筒后，再采用钢丝作业的方式投送堵塞器至最下一级工作筒，达到控制油管压力的目的。

（3）技术指标。

① 工作筒最大刚体外径：110mm；

② 堵塞器最大外径：41～72mm；

③ 工具耐压：35MPa；

④ 工具耐温：150℃。

（4）适用范围。气井预置工作筒适用于气井带压完井作业中。

## 六、完井底阀

（1）结构组成。该工具主要由提捞工具接头、上接头、上阀座、接箍、下阀座、下接头、上阀座导向机构、上阀体、上阀座弹性爪、复位弹簧、下阀体等组成，如图3-21所示。

图3-21　完井底阀

（2）工作原理。该工具是一种带压作业完井预置工具，通过阀芯的不同工位，实现带压防喷和正常生产，无需投堵操作。具体为，下井前将阀芯预先装在工作筒内。将工具接于所有井下配件下部、筛管之上。下管柱过程中，阀芯位于上工位，解决下井防喷问题；水井生产时，注水压力将阀芯换向至下工位，实现来水转注和反洗井；起管柱之前，用钢丝作业抓捞阀芯，提至上工位，实现起管防喷。

（3）技术指标。

① 工作筒最大外径：95mm；

② 工具耐压：35MPa；

③ 过流当量直径：不小于42mm；

④ 打捞头规格：$1^1/_4$in；

⑤ 阀芯换位上提力：20～25kN。

（4）适用范围。完井底阀适用于注水井带压完井作业中。

## 七、循环压控底阀

（1）结构组成。该工具主要由上接头、阀筒、前阀芯、单流阀及下接头等组成，如图3-22所示。

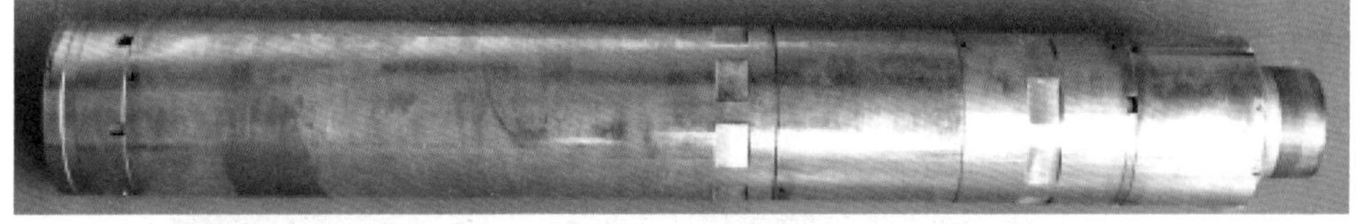

图3-22　循环压控底阀

（2）工作原理。该工具是一种带压作业完井预置工具，通过阀芯的不同工位，实现带压防喷和正常生产。具体为，将该工具接于完井管柱最下端，完井时阀芯位于上工位，堵住油管通道，实现完井时油管防喷。完井后，采用油管内打压的方式，将阀芯换向至下工位，实现注水或反洗井。再次作业时，采用套管打压将阀芯换向至上工位，封堵注水通道，达到油管防喷的目的。该工具应用于腐蚀结垢的井效果尤为突出。

（3）技术指标。

① 工具总长：1340mm；

② 工作筒最大外径：112mm；

③ 工具耐压：35MPa；

④ 阀芯换向压力：5MPa。

（4）适用范围。循环压控底阀适用于注水井带压完井作业中。

## 八、井下控制开关

（1）结构组成。该工具主要由上接头、外筒、换向体、换向钢球、闸板座、闸板及下接头等组成，如图 3-23 所示。

图 3-23　井下预置开关

（2）工作原理。该工具接于完井管柱最下端，随完井管柱下入井内。下井过程中，闸板处于关闭状态，实现下井过程中管柱的防喷。完井后需要打开闸板，采用钢丝作业下专用工具至换向体上部，上提下放钢丝使专用工具的卡爪张开，同时平衡油套压力，下放钢丝，在专用工具的重力作用下克服换向弹簧的弹力，换向体下移，打开闸板。同时，换向钢球位于换向体的轨道，起出专用工具，换向钢球阻止换向体上移，使闸板始终处于打开工作状态。再次作业时，采用钢丝作业下入专用工具，将换向钢球导向至换向体的长轨道，在换向弹簧弹力作用下，换向体上移，使换向体底部位于闸板上端，闸板在扭簧的作用下自动关闭。

（3）技术指标。

① 工具耐压：35MPa；

② 阀门开启作用力：50kN。

（4）适用范围。井下预置开关适用于注水井带压完井作业中。

## 九、预置式防喷阀

（1）结构组成。该工具主要由上接头、浮动阀芯、弹簧及下接头等组成，如图 3-24 所示。

图 3-24　预置式防喷阀

（2）工作原理。该工具是一种带压完井预置式工具，依靠阀芯的不同工位实现防喷和注水功能。带压完井作业时，将该工具接于完井管柱最下端，随完井管柱入井时，阀芯处于上工位，封住注水通道，起到管内防喷作用；完井后，开始注水，注水压力推动阀芯下行，打开注水通道，实现注水。停注油管内外压力平衡时，阀芯在预紧弹簧的作用下上行，关闭注水通道。该工具适合于笼统注水井带压完井作业中。

（3）技术指标。

① 工作筒最大外径：110mm；

② 工具耐压：35MPa；

③ 阀芯开启压力：0.5MPa。

（4）适用范围。预置式防喷阀适用于注水井带压完井作业中。

## 十、泵下双向阀

（1）结构组成。主要由上接头、阀球、压簧、连接套、球座及下接头等组成，如图3–25所示。

图3–25　泵下双向阀

（2）工作原理。泵下双向阀用于抽油机井带压完井油管内的防喷。该工具接于泵下，代替泵的固定阀。采用镯形卡簧结构，控制泵下双向阀，入井时阀球位于镯形卡簧上面，与上端面接触并密封，到位后采用打压的方式将阀球打落于球座上，起到泵的固定阀的作用，抽油机井便可正常生产。

（3）技术指标。

① 工具耐压：21MPa；

② 最大外径：88mm；

③ 压簧承压：2～3MPa。

（4）适用范围。泵下双向阀适用于采油井带压完井作业中。

## 十一、泵下定压滑套

（1）结构组成。主要由阀座本体、支杆活塞、阀球及剪钉等组成，如图3–26所示。

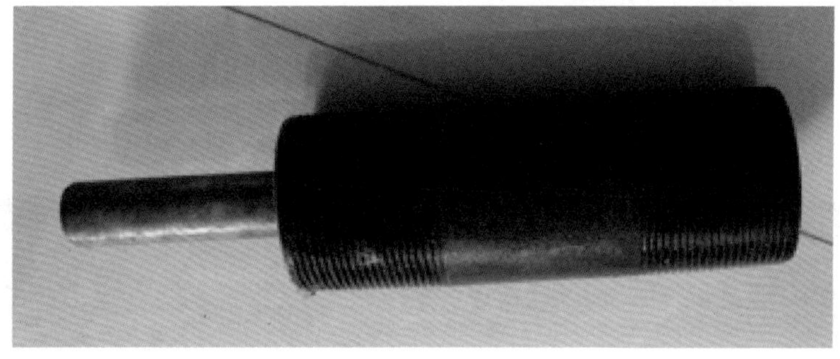

图3–26　泵下定压滑套

（2）工作原理。泵下定压滑套用于抽油机井带压完井油管内的防喷。该工具接于泵下，代替泵的固定阀。采油井下完井管柱时，泵下定压滑套内的密封滑套封堵油管内压力，达到油管下井防喷的目的。完井后，采用打压的方式将滑套打落，顶杆支起的阀球坐落于球座上，在抽油机井正常生产时起到泵的固定阀的作用。结构简单，成本低，操作方便。

（3）技术指标。

① 工具耐压：35MPa；

② 工具外径：73mm；

③ 滑套打落压力：5MPa。

（4）适用范围。泵下定压滑套适用于采油井带压完井作业中。

## 十二、可控泵底阀

（1）结构组成。主要由上接头、外筒、连接套、弹簧、阀芯及下接头等组成，如图3–27所示。

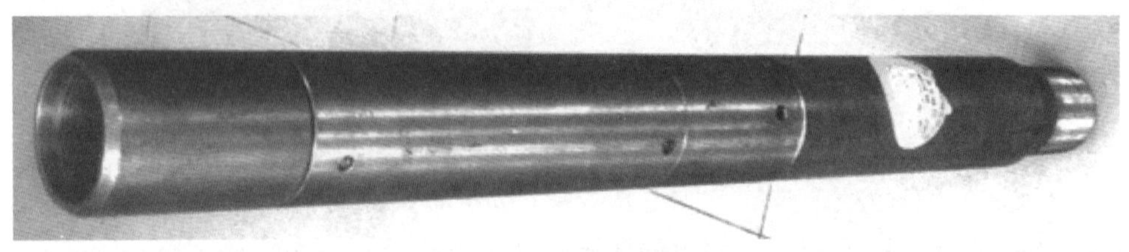

图3–27　可控泵底阀

（2）工作原理。该工具是一种采油井带压完井预置式工具，依靠阀芯的不同工位实现带压防喷和采油功能。该工具接于泵筒的最下端，随完井管柱下入井内。下井过程中，阀芯处于上工位，可控泵底阀处于关闭状态，实现管柱防喷；到位后，采用碰泵方式，阀芯下行，由长轨迹槽更换至短轨迹槽，阀芯处于下工位，可控泵底阀打开，实现油井正常生产；提管柱时，再碰泵一次，可控泵底阀关闭，实现管柱防喷，解决了油井带压作业油管内堵塞问题。

（3）技术指标。

① 最大刚体外径：114mm；

② 工具耐压：25MPa；

③ 阀开关力：不大于500kgf。

（4）适用范围。可控泵底阀适用于采油井带压完井作业中。

## 十三、循环防喷阀

（1）结构组成。主要由上接头、外筒、弹簧、阀芯及下接头等组成，如图3–28所示。

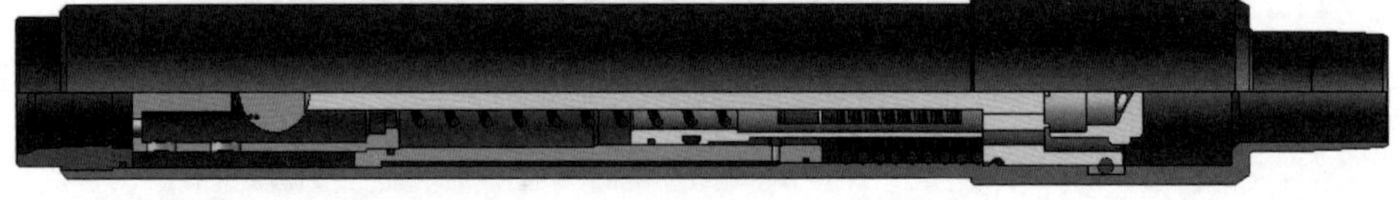

图3–28　循环防喷阀结构示意图

（2）工作原理。该工具是一种采油井带压完井预置式工具，依靠阀芯的不同工位实现带压防喷和采油功能。带压完井时，防喷阀处于关闭状态，实现管柱防喷；到位后，下击活塞，装置芯轴开关转换，阀芯打开，实现油井正常生产。再次带压作业时，再次下击活塞，装置芯轴开关转换，阀芯关闭，实现管柱防喷，彻底解决了油井带压作业油管内堵塞问题。

（3）技术指标。

① 最大刚体外径：114mm；

② 工具耐压：25MPa；

③ 阀开关力：不大于 500kgf。

（4）适用范围。循环防喷阀适用于采油井带压完井作业中。

## 十四、活门封泵器

（1）结构组成。主要由上接头、活页座、活页、导套及下接头等组成，如图 3–29 所示。

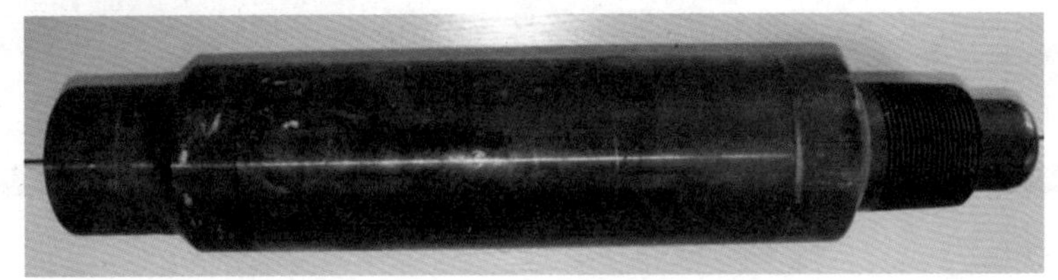

图 3–29　活门封泵器

（2）工作原理。该工具是一种采油井带压完井预置式工具，依靠活门的关闭与打开实现带压作业防喷和采油功能。该工具应用于杆式泵采油管柱中，接于完井管柱最下端，入井时活门关闭，起到油管防喷的作用；下泵时，在泵筒下部连接筒杆，到位后，筒杆将封泵器活门打开，油流便可进入油管内，正常生产。再次作业时，起出泵筒，带出筒杆，封泵器活门自动关闭，封堵油管内腔。

（3）技术指标。

① 最大刚体外径：115mm；

② 工具耐压：30MPa。

（4）适用范围。活门封泵器适用于采油井带压完井作业中。

## 十五、洗井开关阀

（1）结构组成。主要由上接头、阀罩、阀芯、工作筒、弹簧、滑钉及下接头等组成，如图 3–30 所示。

图 3–30　洗井开关阀

（2）工作原理。该工具用于采油井带压作业预置堵塞。安装于管式泵泵筒和固定阀之间，随完井管柱一起下入井内，下井过程中阀芯位于上工位，关闭阀罩上的过液孔，达到油管防喷的目的；完井后，采用下放抽油杆柱塞撞击阀罩，使滑钉轨道换向，将阀罩上的过液孔露出，可正常生产。再次带压作业时，仍采用下放抽油杆柱塞撞击阀罩，使滑钉轨道换向，将阀罩上的过液孔关闭。

（3）技术指标。

① 最大刚体外径：89mm；

② 工具耐压：10MPa；

③ 工具耐温：120℃。

（4）适用范围。洗井开关阀适用于采油井带压完井作业中。

## 十六、井下开关阀

（1）结构组成。该工具主要由工作筒、脱接器及堵塞器等组成，如图 3-31 所示。

图 3-31　井下开关阀

（2）工作原理。该工具为高温采油井井下预置堵塞工具，主要应用于热采井带压作业完井管柱中。下井前，将堵塞器装在工作筒内，并使堵塞器处于关闭工作筒通道位置，并接于泵筒之下，随完井管柱下入井内。下井过程中，管柱始终处于封堵状态，达到油管防喷的目的。完井后，采用下放抽油杆柱塞撞击堵塞器，将工作筒通道打开，实现正常生产。

（3）技术指标。

① 钢件最大外径：114mm；

② 工具耐压：14MPa；

③ 工具耐温：370℃。

（4）适用范围。井下开关阀适用于热采井带压完井作业中。

## 十七、完井底堵

（1）结构组成。主要由工作筒短节、堵芯、销钉、过流捞篮等组成，如图 3-32 所示。

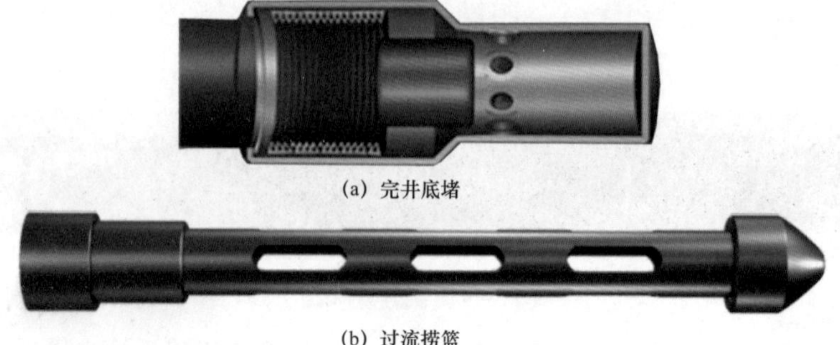

(a) 完井底堵

(b) 过流捞篮

图 3-32　完井底堵及过流捞篮

（2）工作原理。该工具是一种气井带压完井工具，采用堵芯控制油管内压力，采用剪钉控制堵芯开启压力。该工具接于完井管柱最下端，随完井管柱一起下入井内，对管柱内部实施了全径封堵。到位后，采用加压方式，将堵芯打落，便可正常采气。根据施工要求，可将过流捞篮接于工作筒短节下端，堵芯打落后落入过流捞篮中。该工具堵芯采用可降解材料，保证井底清洁。

（3）技术指标。

① 工具反向耐压：35MPa；

② 堵芯打开压力：2～3MPa。

（4）适用范围。完井底堵适用于气井带压完井作业中。

## 十八、破裂盘

（1）结构组成。主要由工作筒短节、陶瓷阀芯等组成，如图 3–33 所示。

图 3–33　破裂盘

（2）工作原理。该工具是一种气井带压作业完井工具，其工作原理与完井底堵相似。该工具接于完井管柱最下端，随完井管柱一起下入井内，对管柱内部实施了全径封堵。到位后，采用加压方式，将陶瓷阀芯打落，便可正常采气。

（3）技术指标。

① 工具反向耐压：70MPa；

② 阀芯打开压力：12MPa。

（4）适用范围。破裂盘适用于气井带压完井作业中。

## 参考文献


[1]袁红涛．带压作业油管内堵塞方式的探讨［J］．机械工程师，2013（7）：22–23.

[2]高剑锋，王排营，祝真真，等．不压井作业用堵塞工具研制及应用［J］．石油矿场机械，2013,42（4）：74–77.

[3]王俊奇，宋志强，张树斌，等．改进型油管堵塞器在高压注水井中的应用［J］．石油机械，2010，38（2）：46–48.

[4]陈宁，韩永恒，牟维海．一种自由下滑式油管堵塞器的研究与试验［J］．吉林石油工业，2014，34（5）：49–50.

[5]陈宁，刘成双，谢敏．带压作业油管压力控制技术现状及发展方向［J］．吉林石油工业，2016,36（61）：61–63.

[6]陈宁，王军，王占文．一种气井带压作业预置工作筒的研究与试验［J］．吉林石油工业，2014,34（6）：40–41.

# 第四章　带压作业施工技术

随着带压作业技术不断完善，技术水平不断提高，业务领域不断扩展，带压作业工艺技术涵盖大小修不同的修井领域。结合中国石油带压作业系列推广项目，“十二五”期间采取理论研究与现场施工相结合的方式，不断完善了带压作业施工的工艺技术，使现场操作更规范、安全性更高。本章主要介绍设备安装与调试、起下油管作业、冲砂作业、打捞作业、旋转作业、配合压裂作业和暂停作业与恢复作业等工艺流程[1]及典型案例。

## 第一节　设备安装与调试

带压作业设备安装是带压作业施工作业的第一步。由于使用的带压作业设备上的差异，设备安装顺序和要点有所不同，可参考设备使用说明书进行安装。本节主要介绍带压作业设备过程中的一些基本要求。

### 一、设备安装

（1）拆采油树，安装带压作业井口装置。

当油管内堵塞工具坐封后，起出坐封工具，逐级卸掉油管内压力，当油管压力降到0时，说明油管封堵合格，可以拆采油树装防喷器。

拆采油树前，检查、清洁闸板防喷器、环形防喷器、四通等法兰连接部位的钢圈槽，并涂抹润滑脂；油管头、闸板防喷器、环形防喷器、四通等法兰连接部位的钢圈和钢圈槽应匹配。

悬挂器上带背压阀装置应优先安装背压阀（BPV）；无背压阀装置的，吊开采油树异径法兰后，应在油管悬挂器上安装回压阀。拆开采油树异径法兰后，应尽快安装安全防喷器组、工作防喷器组和远程控制装置，安装完后，绘制井口装置示意图，应标注顶丝、半封闸板、全封闸板和剪切闸板与操作台内固定位置的距离。

（2）安装安全防喷器组远程控制台。

防喷器远程控制台原则上安装在季节风上风方向、距井口不少于25m的专用活动房内，距放喷管线应有1m以上距离，10m范围内不应堆放易燃、易爆、腐蚀物品。电源应从总配电板处直接引出，用单独的开关控制，并有标识。

控制管汇安放并固定在管排架内，管排架与放喷管线应有一定的距离，车辆跨越处应装过桥盖板，不应在管排架上堆放杂物和把其作为电焊接地线或在其上进行焊割作业。近井口端液压控制软管线应采用耐火管线，且有防静电措施。辅助式带压作业时，安全半封闸板防喷器的控制液路上宜安装与作业机提升系统刹车联动的防提安全装置，其气路与防碰天车气路并联。

远程控制台电控箱开关旋钮应处于自动位置，控制手柄应处于工作位置，并有控制对象名称和开关标识；控制剪切闸板的三位四通阀应安装防误操作的限位装置，控制全封闸板的三位四通阀应安装防误操作的防护罩。

（3）安装带压作业防喷器控制台。

工作防喷器控制装置一般设置在操作台上，液压控制装置应配备有系统压力低压警报系统。

（4）安装井口支撑座。

对于施工井井口没有油管头（套管头）、套管升高短节过高，风力、作业高度、井口腐蚀较为严重的井以及带压作业机井口装置本身负荷过重时，应安装井口支撑座，以减少对井口装置的承载负荷，提高井口装置的稳定性。

（5）拆带压作业井口装置，安装采油树。

联顶接上部应带全通径旋塞阀，并处于开位。悬挂器上带背压阀装置的应在悬挂器上安装背压阀座挂，顶紧油管头顶丝；悬挂器上不带背压阀装置的，油管悬挂器上应安装回压阀送入座挂，顶紧油管头顶丝，直到开始装异径法兰时才能拆掉回压阀，并尽快装采油树。

## 二、设备调试

（1）安全防喷器远程控制台调试。

检查蓄能器压力保持在 17.5～21.0MPa 内，气囊充氮压力为（7.0 ± 0.7）MPa，应根据预计井口最大关井压力和防喷器关闭比来设置管汇压力。各操作手柄应处于与控制对象工作状态相一致的位置，全封闸板的三位四通阀控制手柄应安装防误操作的防护罩，剪切闸板的三位四通阀控制手柄应安装防误操作的防护罩和定位销；检查液压油油面在油箱高低油位标尺内。

（2）工作防喷器组储能器功能测试。

环形防喷器处于关闭状态，液压泵源发生故障时，在工作闸板防喷器完成一个开和关动作，平衡 / 泄压旋塞阀完成一个开和关动作后，观察 10min，蓄能器的压力至少保持在 8.4MPa 以上；或只关闭环形防喷器，观察 10min，蓄能器压力不低于 8.4MPa。功能测试时间间隔不大于 14d/ 次。

（3）带压作业机功能测试。

开启动力源空运转 5min 后，再合上离合器，带动各泵空运转，运行 5min 一切正常后，关闭放压阀，使储能器升压，操作各路转换阀，使油缸、防喷器、卡瓦等动作 2 次，验证油路畅通、开关灵活、动作无误。

## 三、试压

带压作业设备现场安装完毕后，必须对井口和地面流程等进行试压，试压时应按由下至上分别进行低压、高压试压，并记录。

# 第二节　起下管柱作业

## 一、液缸压力设置

带压作业设备的下压力和举升力是由液压系统提供的压力作用到液缸活塞上而产生

的。作业前，为了达到所需的下压力和举升力，需要对液缸压力进行设置。

由于管柱运动状态不同，液缸活塞受力情况具有明显差异，如图 4-1 所示，因此，液缸压力计算按照下压管柱和举升管柱两种情况进行。带压作业机一般采用 2 个或 4 个液缸设计，采用四缸设计的带压作业机也可以采用两缸和四缸倒换使用，采用两缸作业时可以获得较高的起下速度，采用四缸作业时可以获得较大的举升和下压力，应该依据实际使用的液缸数量，正确调整液压系统压力调节器至合适的数值。

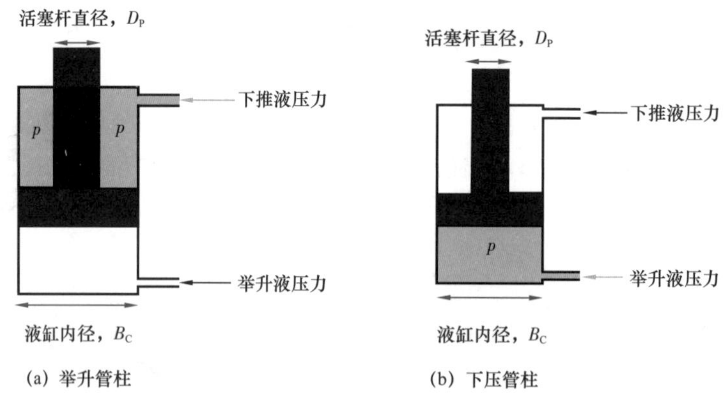


图 4-1 带压作业机液缸工作原理

（1）举升管柱。

当举升管柱时，液缸活塞底端承受液压力，如图 4-1（a）所示，液缸压力计算公式如下：

$$p_{li}=\frac{F_{li}}{S_{li}}=\frac{4F_{li}}{\pi nB_c^2} \tag{4-1}$$

式中 $p_{li}$——液缸应设置的压力，MPa；

$S_{li}$——作用面积，$cm^2$；

$F_{li}$——所需达到举升力，kN；

$B_c$——液缸活塞内径，cm；

$n$——液缸数量。

（2）下压管柱。

当下压管柱时，液缸活塞的上端承受液压力如图 4-1（b）所示，液缸压力计算公式如下：

$$p_{sn}=\frac{F_{sn}}{S_{sn}}=\frac{4F_{sn}}{\pi n\left(B_c^{\ 2}-D_p^{\ 2}\right)} \tag{4-2}$$

式中 $p_{sn}$——液缸应设置的压力，MPa；

$S_{sn}$——作用面积，$cm^2$；

$F_{sn}$——所需达到下压力，kN；

$D_p$——液缸活塞杆直径，cm。

常见带压作业机液缸内径与活塞杆外径见表 4-1。

表 4–1　常见带压作业机液缸内径与活塞杆外径长度参数

| 名称 | 数值 | | | | | | | | | | |
|---|---|---|---|---|---|---|---|---|---|---|---|
| 活塞杆外径，in | 1 | 1.25 | 1.5 | 1.75 | 2 | 2.25 | 3 | 3.25 | 3.5 | 3.75 | 4 |
| 液缸内径，in | 3 | 3.25 | 3.5 | 3.75 | 4 | 4.25 | 5 | 5.25 | 5.5 | 5.75 | 6 |

根据前述的液缸压力计算方法，得出液缸压力后，即可进行压力的设置。由于带压作业机类型和结构不同，液缸压力的设置方法会有所差异。通常情况下，通过调节液缸液控回路的调压阀即可实现。

下管柱（轻管柱）时，设置液缸压力前应将下部管柱组合放入工作防喷器组内，关闭移动卡瓦和固定防顶卡瓦，关闭环形防喷器（或工作闸板防喷器）并平衡防喷器压力，解锁并打开全封闸板，转移载荷至移动防顶卡瓦，开固定防顶卡瓦。

将液缸压力调整至 0，提高油门至满负荷状态，将液缸控制手柄推至完全“向下”位置，按照本节计算的液缸压力，调增液缸压力，直至管柱开始下行。采用短行程下钻，直至整个下部管柱组合通过油管头。采用环形防喷器直接起下管柱时，还应增加液缸压力使接箍通过工作环形防喷器。随管柱重量的增加，逐渐降低液缸压力和下压力。注意任何时候下压力都不能超过计算的最大下压力。

起管柱（重管柱）时，将联顶节和悬挂器连接好，按规定扭矩紧扣，在联顶节顶部安装好全通径旋塞并处于开位，关移动承重卡瓦，松开顶丝，将液缸压力调整至 0，提高油门至满负荷状态，将液缸控制手柄推至完全“向上”位置，按照本节计算的液缸压力，调增液缸压力，直至管柱开始上行。注意达到按照本节计算的液缸压力管柱仍不上行时，须分析原因，开展工作安全分析。

## 二、防喷器组内空气置换

带压作业尤其是气井带压作业施工前，为了防止井口腔室空气与井内天然气混合，消除燃爆风险，需将井口防喷器组腔室空气排出。通常情况下，关闭相应卡瓦和环形防喷器以确保下部管柱安全，关闭最上部的安全半封防喷器，关闭平衡 / 泄压阀，打开工作防喷器组，用清水将井口腔室灌满排出空气，最后关闭环形防喷器，打开泄压阀将腔室内清水排出。

当不具备用清水置换空气时，先用卡瓦和环形防喷器确保下部管柱安全，关闭平衡 / 泄压阀，开油管头四通外侧的阀门，使气体流动到平衡阀，并检查是否有泄漏；通过平衡阀缓慢将工作防喷器内压力升高到 0.5MPa 左右，检查是否有泄漏，然后关闭平衡阀，通过泄压阀缓慢释放工作防喷器内的压力，关闭泄压阀；这样重复 2～3 次就可将工作防喷器内的空气吹扫出去。

## 三、管柱起下作业

管柱起下作业主要包括环空压力控制和卡瓦使用两个方面。工作防喷器使用与压力控制方法包括通过环形防喷器起下、环形防喷器 + 闸板防喷器起下和通过环形防喷器 +2 个闸板防喷器起下 3 种类型，本节主要讲述带压起下作业时卡瓦的使用方法。为叙述方便，下面主要以利用环形防喷器控制环空压力，介绍下管柱、起管柱作业时卡瓦的使用。

1. 下管柱作业

下管柱作业主要包括轻管柱（含底部管柱组合）下入、平衡点（中和点）测试、重管柱下入三个关键环节。

1）轻管柱下入

（1）首根管柱下入。

对于首根管柱，下入之前应按照本书第二章的要求安装管柱内压力控制工具。首根管柱下入步骤如下：

① 在确保全封闸板防喷器完全关闭的前提下，打开上部的工作防喷器和其他安全防喷器。

② 通过作业机绞车或吊车等其他辅助起吊设备将带有管柱内压力控制工具的管柱从地面提升至操作平台，打开全部卡瓦，将管柱缓慢下至全封闸板位置，然后上提 0.5～1.0m，关移动承重卡瓦和防顶卡瓦，关固定防顶卡瓦，关工作环形防喷器。

③ 按本节“置换防喷器组内空气”要求吹扫防喷器组内空气。

④ 关闭泄压阀，缓慢开启平衡管线的节流阀（或旋塞阀），井筒压力通过平衡管线平衡全封闸板上下压力，注意观察压力变化和内防喷工具密封情况，并在环形工作防喷器上倒入适量润滑油，以减少下管柱作业对环形防喷器的摩擦，减少对胶芯的磨损。

⑤ 设置环形工作防喷器关闭压力，确保既能控制住井内压力又能保证管柱移动，环形工作防喷器上补偿瓶压力应当介于 2.5～2.8MPa。

⑥按照本节“液缸压力设置”的方法设置液缸下压力，为防止发生弯曲，液缸位置要尽可能低，将液缸压力调整至零，提高油门至满负荷状态，将液缸控制手柄推至完全“向下”位置，增加液缸压力，直至管柱开始下行。

⑦全封闸板上下压力平衡后，打开全封闸板防喷器，采用一般管柱下入程序将管柱下入井内。

（2）一般管柱下入。

管柱下入过程中，转移载荷是非常重要的一个作业环节，所谓转移载荷是指将固定卡瓦和移动卡瓦上承受的力按工作需要进行上下转换的过程（以下简称转移载荷），就是打开一副卡瓦时确保有另外一副卡瓦关闭并且该关闭卡瓦已经“咬住”管柱，防止管柱“飞出”或“落井”。管柱下入流程如图 4–2 所示，步骤如下：

① 关闭固定防顶卡瓦和移动防顶卡瓦，将新管柱连接到井内管柱上，完成接单根，参见图 4–2（a）；

② 缓慢上提管柱，将上顶力从移动防顶卡瓦转移到固定防顶卡瓦，打开移动防顶卡瓦，参见图 4–2（b）；

③ 起升液缸，此时管柱由固定防顶卡瓦控制，参见图 4–2（c）；

④ 当液缸起升到指定位置时停止，关闭移动防顶卡瓦，轻轻下压管柱，将上顶力从固定防顶卡瓦转移到移动防顶卡瓦，参见图 4–2（d）；

⑤ 打开固定防顶卡瓦控制，管柱由移动防顶卡瓦控制，参见图 4–2（e）；

⑥ 下放液缸，此时管柱由移动防顶卡瓦控制带压下入井内，参见图 4–2（f）；

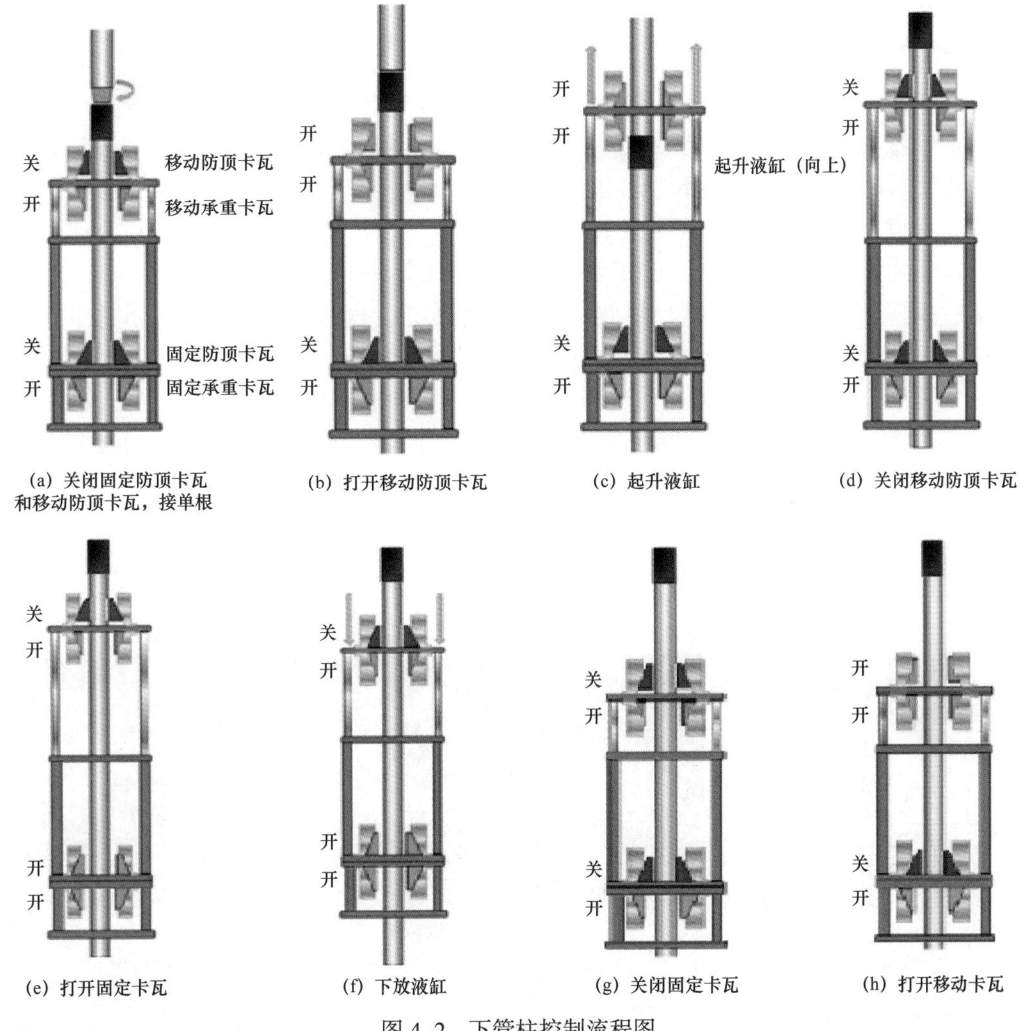


图 4–2 下管柱控制流程图

⑦ 当液缸下放至行程底部时停止，关闭固定防顶卡瓦，缓慢上提管柱，将上顶力从移动防顶卡瓦转移到固定防顶卡瓦，参见图 4–2（g）；

⑧ 打开移动防顶卡瓦，此时将上顶力从移动防顶卡瓦转移到固定防顶卡瓦，重复以上步骤完成管柱下入作业，参见图 4–2（h）。

移动防顶卡瓦与固定防顶卡瓦在转换使用时应注意卡瓦载荷的相互转移，否则容易酿成卡瓦无法打开，甚至管柱“飞出”的灾难后果。

2）平衡点测试

重复以上步骤，当下入的管柱长度接近理论计算的中和点时，一般至少提前 5 根管柱，必须逐根进行重管柱测试，主要是由于计算误差、井筒摩擦力、防喷器摩擦力等影响，如果不提前进行平衡点测试，可能导致管柱落井的风险，甚至发生井控风险。

3）重管柱下入

进入重管柱状态后，使用固定承重卡瓦和移动承重卡瓦转换使用来下入管柱，调节液缸压力推动管柱接箍通过环形工作防喷器；如果是辅助式带压作业机这时就可以转到利用修井机来带压下钻作业。

2. 重管柱下入悬挂器

根据井口压力大小，悬挂器的下入流程可划分为两种情况。一种情况是当井口压力小于环形防喷器工作压力时，可以倒换环形防喷器与闸板防喷器或倒换两个工作闸板防喷器来下入油管悬挂器；第二种情况是当井口压力大于环形防喷器工作压力时，只能通过倒换两个工作闸板防喷器来下入油管悬挂器。

（1）井口压力小于环形防喷器工作压力情况。

井口压力小于环形防喷器工作压力时，下入悬挂器具体步骤如下：

① 关闭工作下闸板防喷器，释放防喷器上部压力，打开环形防喷器，下放悬挂器通过环形防喷器至上工作闸板防喷器，关闭环形防喷器，如图4–3（a）所示；

② 当悬挂器位于工作防喷器内适当位置时，记录管柱重量；

③ 关闭环形防喷器，关闭泄压阀，缓慢打开平衡阀，平衡工作防喷器组压力，如图4–3（b）所示；

④ 关闭固定防顶卡瓦，打开工作半封闸板防喷器；

⑤ 打开固定防顶卡瓦，下放油管悬挂器，使之坐入油管头四通内，如图4–3（c）所示。

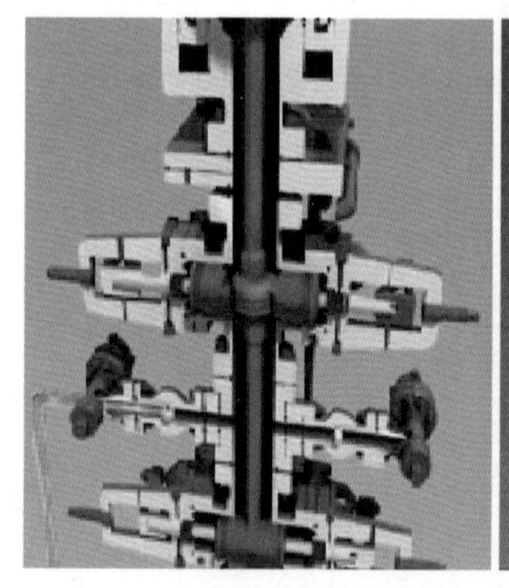

(a) 下放悬挂器至上工作闸板腔

(b) 平衡工作防喷器组压力

(c) 坐悬挂器，顶顶丝

图4–3　低压井下悬挂器步骤

（2）井口压力不小于环形防喷器工作压力情况。

井口压力不小于环形工作防喷器工作压力时，下入悬挂器步骤如下：

① 泄掉工作防喷器之间压力，打开上半封闸板防喷器；

② 下放悬挂器至两个工作防喷器闸板之间适当位置时，读取并记录管柱重量；

③ 关闭上闸板防喷器，关闭泄压阀，缓慢打开平衡阀，平衡闸板防喷器压力；

④ 关闭固定防顶卡瓦，打开工作下半封闸板防喷器；

⑤ 打开固定防顶卡瓦，下放油管悬挂器，使之坐入油管头四通内。

（3）下悬挂器安全技术注意事项。

① 应提前测量油管头顶丝至带压作业机卡瓦顶部的距离以及闸板腔中心至卡瓦顶部的距离，以备作业参考；

② 联顶节顶部连接好旋塞阀，并处于开启状态；

③ 尽可能减小液缸行程，在安全压力范围内下压液缸45～50kN，检验悬挂器是否已

经正确坐挂，然后将油管挂顶丝上紧；

④ 应确保油管悬挂器坐挂后油管头四通顶丝全部顶紧，在释放上部压力前应进行提拉测试以检验油管悬挂器已经固定牢靠，上提负荷比原管柱多 30～50kN 管柱；

⑤ 关闭平衡管线一侧的套管闸门，打开泄压闸门，缓慢放掉防喷器组的内部压力（一次压降不要超过 3.5MPa），压力放至原有压力一半时，应观察 10～15min，如果压力不变，则放完防喷器组内的压力，检查油管头四通，油管挂密封应合格，打开环形防喷器和移动卡瓦，将提升短节卸扣起出，关闭并锁紧全封防喷器。

3. 重管柱起出悬挂器

起悬挂器前，应将提升短节涂好密封脂，与油管挂连接并按规定扭矩上扣，关闭移动防顶卡瓦，进行压力测试和拉力测试。同样，起出悬挂器根据井口压力大小也可分为两种情况。

（1）井口压力小于环形防喷器工作压力情况。

井口压力小于环形防喷器工作压力时，通过环形防喷器与闸板防喷器倒换起出悬挂器，按下列步骤进行：

① 关移动承重卡瓦和移动防顶卡瓦、关环形防喷器、关泄压阀，开平衡阀，用井筒内压力平衡悬挂器上下的压力，如图 4–4（a）所示。

② 将油管头上顶丝松退到标记位置或顶丝测量完全退出位置，如图 4–5 所示。

③ 缓慢上提管柱直到油管悬挂器轻轻顶住环形防喷器胶芯，然后下放管柱至少 15cm 以下；两套工作闸板防喷器时，可以下放管柱将悬挂器放在上工作闸板腔内，如图 4–4（b）、图 4–4（c）所示。

④ 关固定承重卡瓦，转移载荷，开移动卡瓦组，下放液缸，关移动承重卡瓦和防顶卡瓦，转移载荷，关工作防喷器闸板（两套工作闸板防喷器时，最好关闭下工作闸板）；关平衡阀、开泄压阀，缓慢释放工作防喷器组上部压力，同时观察指重表和压力表，如图 4–4（d）所示。

⑤ 当工作防喷器组内无压力，重量没有改变，打开环形防喷器及固定承重卡瓦。

⑥ 继续上提管柱使悬挂器到达操作平台平面或环形防喷器以上适当位置，卸下油管悬挂器和提升短节。

⑦ 关闭环形防喷器，平衡压力，打开工作闸板防喷器，进入起管柱工况。

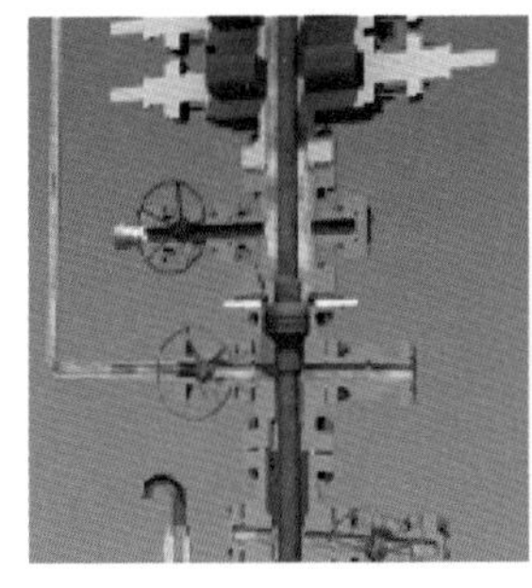
(a) 平衡悬挂器上下压力，松开顶丝

(b) 起悬挂器至上工作闸板腔

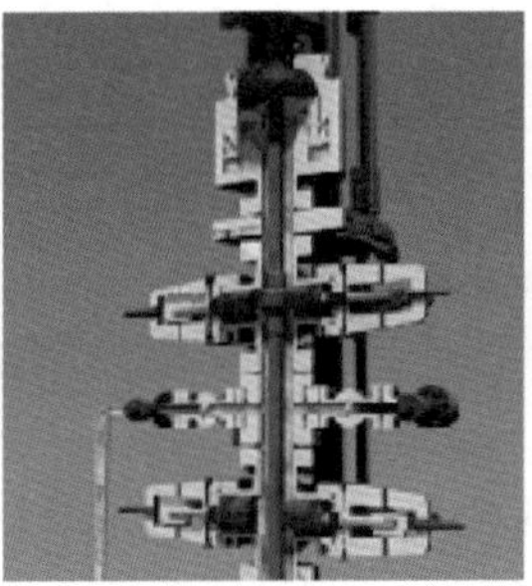
(c) 关平衡阀

(d) 关下工作闸板，泄压，开环形防喷器

图 4–4　低压井起悬挂器步骤

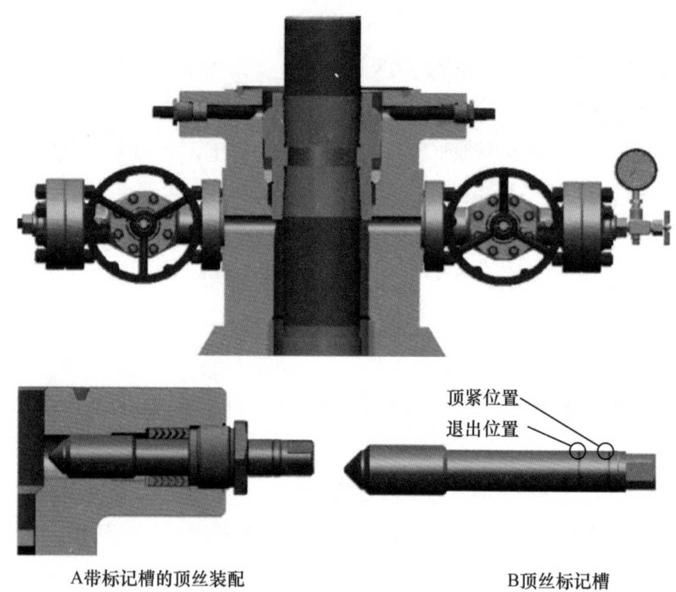


顶丝的开关两种工作状态指示

图 4-5　油管挂顶丝顶紧位置与完全退出位置

（2）井口压力不小于环形防喷器工作压力情况。

井口压力不小于环形工作防喷器工作压力时，必须通过倒换两个工作闸板防喷器来起出油管悬挂器，按下列步骤进行：

① 关上工作闸板防喷器，关闭泄压阀、开平衡阀，用井筒内压力平衡悬挂器上下的压力；

② 将油管头上顶丝松退到标记位置或顶丝测量完全退出位置，如图 4-5 所示；

③ 打开移动防顶卡瓦，上提管柱直到悬挂器位于法兰短节内（用上述得到的测量值）；

④ 关闭移动防顶卡瓦与下工作闸板防喷器、关平衡阀，缓慢开泄压阀，按 3.5MPa 压力为一级逐渐卸掉防喷器组内压力，同时观察指重表和压力表；

⑤ 当工作防喷器组内无压力，重量没有改变，打开上工作闸板防喷器及移动防顶卡瓦；

⑥ 继续上提管柱使悬挂器到达操作平台平面或环形防喷器以上适当位置，卸下油管悬挂器和提升短节；

⑦ 进入起管柱工况。

（3）起悬挂器安全技术注意事项。

① 应提前测量油管头顶丝与工作封闸板腔中心之间的距离，在位于固定卡瓦顶部的提升短节处做好标记，以备作业参考；

② 联顶节顶部连接好旋塞阀，并处于开启状态。用液缸以约 4～5tf 的力下压联顶节，有利于顶丝退出、抵消部分上顶力；

③ 平衡和泄压时，阀门开关应缓慢，一次压降不要超过 3.5MPa，逐渐卸掉防喷器组的内部压力；

④ 观察指重表和压力表时，在钻机辅助式带压作业时，司钻观察指重表，带压作业操作手观察下压力表，在独立式带压作业时，操作手应同时观察两只表。

4. 起管柱作业

（1）起重管柱。

对于井口压力小于环形防喷器工作压力时，只需关闭环形防喷器密封管柱，直接利用液缸（独立式）或作业机大钩（辅助式）起下管柱。

（2）平衡点测试。

当起出管柱接近中和点深度时，应进行轻管柱测试。

（3）起轻管柱。

起轻管柱时，必须使用防顶卡瓦来克服管柱的上顶力，移动防顶卡瓦和固定防顶卡瓦交替卡住管柱，通过液缸循环举升和下压完成管柱的起下作业。

对于没有标记油管时，当接近油管堵塞器 100m 时，应逐根探测堵塞器位置。起堵塞器以下的短管柱操作时，可以使用升高短节或防喷管，导出下部管柱。

5. 起下管柱的安全技术要求

（1）施工前应确认闸板防喷器手动锁紧装置解锁到位，打开后应确认防喷器闸板全开到位。

（2）施工过程操作人员之间应保持信息通畅，起下管柱速度由司钻和操作手商定。管柱为重管柱，作业机辅助作业时司钻应以安全稳定的速度起下管柱，以便带压作业操作手有足够时间打开和关闭卡瓦，并保证带压作业员工不会因作业机设备进入带压作业操作平台而处于危险中。

（3）设置环形防喷器关闭压力，达到既能使管柱顺利通过环形防喷器，又能控制井口压力。

（4）起管柱过程中应观察指重表变化，上提负荷不应超过本书第二章计算的最大许用举升力；轻管柱起下时，液缸行程要小于油管安全无支撑长度。

（5）起下管柱过程中，利用平衡泄压进行压力控制时开关速度要慢，以减少冲击、刺漏。

（6）下管柱过程中，应在环形防喷器胶芯上喷淋适量的润滑油，如液压油、机油等；起管柱（特别是含硫油气井）过程中，应在环形防喷器以上喷淋适当的不易燃液体，如清水、氯化钾液体等。

（7）工作管柱优先选用直连扣或带斜坡接头，油管也优先选用带倒角的接箍。油管入井前应核实到井油管质量检验报告，核对规格、数量；外观检查不应有弯曲、坑蚀、严重锈蚀、螺纹损坏等现象；对油管进行逐根排列、丈量、编号及造册登记；应用标准内径规通内径，通过方为合格。

（8）下管柱时要求油管及螺纹干净清洁，螺纹密封脂应均匀涂抹在外螺纹上，用液压油管钳上扣，应先人工引扣，防止管柱螺纹错扣，上扣时，被钳应卡在油管本体上，同时对接箍工厂端和上扣端进行紧扣，按规定扭矩上紧；卸扣时，被钳应卡在油管接箍上，防止对接箍工厂端松扣。

（9）带压起下过程，操作平台上至少应配备一套合格的旋塞阀、开关工具或高压闸门，地面备防喷单根，旋塞阀、高压闸门处于开位。暂停起下作业时，应遵照本章第七节要求。

（10）人员在上下工作平台梯子、进入或者离开工作台以及在井架梯子上时，应停止起下作业。

### 四、典型井例

吉 10–2 井，井深 1205m，注水压力 11.5MPa，井下偏心 4 段分注，本次作业目的是周期检管。该井采用辅助式带压作业机作业，历时 8 天，完成作业机安装，投送油管堵塞器，带压起管，带压下冲洗管柱，带压冲洗，带压起冲洗管柱，带压下分注管柱等工艺流程。作业过程严格按照施工步骤进行，作业安全可靠。

## 第三节　冲 砂 作 业

油气水井在生产过程中往往地层会出砂，这些砂子可能会掩埋部分甚至全部产层，同时这些砂子流到地面会对设备造成破坏，因此冲砂作业也是带压修井作业的重要内容。

同常规压井冲砂作业一样，带压作业包括正冲砂、反冲砂或正反冲砂。正冲砂是指冲砂介质从管柱内向下流动，在管口较高的流速冲击井底沉砂，冲散的砂子与冲砂介质混合后，沿冲砂管柱与套管环形空间上返至地面的冲砂方式；反冲砂是指冲砂介质沿冲砂管柱与套管环形空间向下流动，冲击井底沉砂，冲散的砂子与冲砂介质混合后，沿冲砂管柱内部上返至地面的冲砂方式。冲砂介质可以采用原油、清水、盐水、泡沫、氮气或天然气等，特别高压井可以采用钻井液作为冲砂介质，一般油井用原油或水作为冲砂液，水井用清水作为冲砂液，气井可以用氮气、天然气、清水或适当比重的盐水作为冲砂介质。

对于井口压力高、地层压力较高（地层压力系数较高）、含硫化氢的油气水井，可用液体介质的冲砂液来降低井口压力、隔离有毒气体，采用正冲砂方式达到安全、快速冲砂的效果；对于地层压力低、液体冲砂介质无法建立循环的天然气井可以用泡沫或气体作为介质进行反冲砂方式作业，采用泡沫作为冲砂液时需要考虑泡沫在井下的稳定性，采用的气体主要是氮气，也可以利用天然气井地层自身能量进行反冲砂作业。无论采用哪种冲砂方式，地面流程应做好节流、除砂、监测等方面的准备。

### 一、水力冲砂计算

冲砂的工作液需要根据井下油气层物性来选用，一般要求具有一定黏度，以保证有良好的携砂性能；与油层配伍性好，不损害地层；对带压冲砂来讲要求密度适当，既要降低冲砂液漏失，又要保证井口防喷器组在最大预计工作压力范围内。

冲砂时为使携砂液将砂子带到地面，液流在井内的上返速度必须大于最大直径的砂子在携砂液中的下沉速度，计算公式见式（4–3）：

$$v_t \geqslant v_d \tag{4-3}$$

式中　$v_t$——冲砂液上升速度，m/s；

$v_d$——砂子在静止冲砂液中的自由下沉速度，m/s（下沉速度取值见表 4–2 和表 4–3）。

由式（4–3）可得出保证砂子上返至地面的最低速度：

$$v_{min}=2v_d$$

冲砂时所需要的最低排量：

$$Q_{min}=3600A\cdot v_{min}=7200A\cdot v_d$$

式中　$Q_{min}$——砂子上返至地面的最低排量，$m^3/h$；

$A$——砂子上返通道的截流面积，$m^2$（正冲砂时为油套环空横截面积，反冲砂时为油管内横截面积）；

$v_{min}$——砂子上返至地面的最低速度，m/s。

砂子全部返出地面时所需要的总时间计算公式见式（4–4）：

$$t=\frac{H}{v_s}=\frac{H}{v_t-v_d}=\frac{H}{v_{min}-v_d}=\frac{H}{v_d} \tag{4–4}$$

$$v_s=v_t-v_d$$

式中　$t$——砂子上返至地面的总时间，s；

$H$——最大冲砂深度，一般为井深，m；

$v_s$——砂粒上升速度，m/s。

**表 4–2　密度为 2.65g/cm³ 的石英砂在水中的自由沉降速度**

| 平均砂粒大小 mm | 水中下降速度 m/s | 平均砂粒大小 mm | 水中下降速度 m/s | 平均砂粒大小 mm | 水中下降速度 m/s |
|---|---|---|---|---|---|
| 11.9 | 0.393 | 1.85 | 0.147 | 0.200 | 0.0244 |
| 10.3 | 0.361 | 1.55 | 0.127 | 0.156 | 0.0172 |
| 7.3 | 0.303 | 1.19 | 0.105 | 0.126 | 0.0120 |
| 6.4 | 0.289 | 1.04 | 0.094 | 0.116 | 0.0085 |
| 5.5 | 0.260 | 0.76 | 0.077 | 0.112 | 0.0071 |
| 4.6 | 0.240 | 0.51 | 0.053 | 0.080 | 0.0042 |
| 3.5 | 0.209 | 0.37 | 0.041 | 0.055 | 0.0021 |
| 2.8 | 0.191 | 0.30 | 0.034 | 0.032 | 0.0007 |
| 2.3 | 0.167 | 0.23 | 0.0285 | 0.001 | 0.0001 |

**表 4–3　密度为 2.65g/cm³ 的石英砂在原油中的自由沉降速度**

| 原油温度，℃ | | 20 | 25 | 30 | 35 | 40 | 45 | 50 |
|---|---|---|---|---|---|---|---|---|
| 脱气无水原油 | 原油黏度，mPa·s | 74 | 41 | 8 | 25 | 24 | — | 22 |
| | 粗砂下降速度，cm/min | 78 | 95.5 | 202 | 273 | 400 | — | 600 |
| | 细砂下降速度，cm/min | 13.7 | 5 | 66.5 | 5 | 111 | — | 143 |
| 脱气乳化原油 | 原油黏度，mPa·s | 2616 | 2074 | 1431 | 1169 | 939 | 737 | 512 |
| | 粗砂下降速度，cm/min | 2.92 | 3.05 | 3.30 | 3.55 | 4.8 | 5.6 | 9.24 |

## 二、冲砂作业程序

无论正冲砂或是反冲砂作业时，管柱上至少有两级及以上的机械屏障，防止一级屏障失效后也能顺利控制管柱内压力。

1. 正冲砂作业

1）正冲砂管柱内压力控制要求

正冲砂时，一般要求管柱底部至少带有两级机械屏障，只需要将管柱下到砂面可以直接冲砂，然后直接起出管柱，因此正冲砂管柱结构简单，施工难度小，正冲砂管柱内堵塞典型方式如图4-6所示，油水井可以不采用坐放短节。

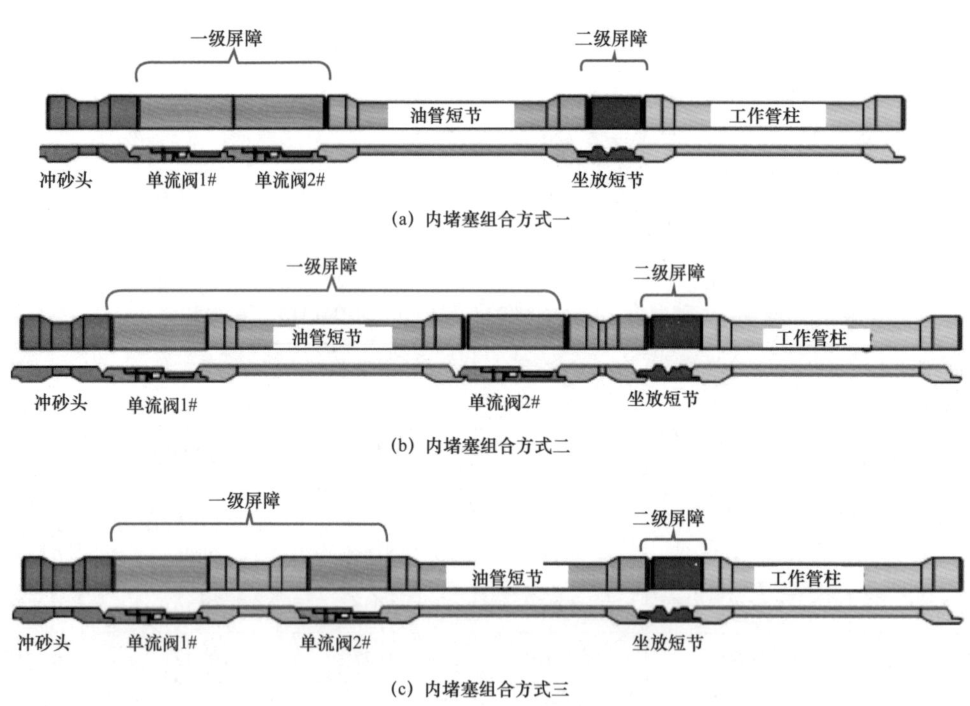


(a) 内堵塞组合方式一

(b) 内堵塞组合方式二

(c) 内堵塞组合方式三

图4-6 正冲砂管柱内堵塞典型方式

2）正冲砂作业程序

（1）下冲砂管柱探砂面。

① 带压下入冲砂管柱至距预计砂面以上10m；

② 接单根反复探砂面，核实砂面位置；

③ 探砂面后，上提管柱使磨鞋/位于砂面3～5m。

（2）连接冲砂管线及地面流程。

① 连接管柱，油管上依次连接油管短节、全通径旋塞阀、水龙头（轻便水龙头或动力水龙头）、水龙带，旋塞阀处于全开状态；

② 水龙带与立管连接，立管与压井管汇连接，节流管汇与除砂器（捕捉器）、油管四通连接，节流管汇出口与分离器连接（水井直接连到放喷池），分离器内的循环液与计量罐连接（计量罐通过泵输送到储液罐），油气部分连接到放喷池；

③ 泵车与储液罐和压井管汇连接；

④ 关闭两侧套管阀门，分别对地面流程和冲砂管线进行试压。

（3）冲砂。

① 启动泵车，缓慢提高泵车排量至所需排量，同时缓慢打开节流管汇的节流阀，根据沙面下部压力控制背压，保持泵车排量不变（油水井直接进行下一步），循环、重新调整节流管汇节流阀（节流阀需要满足可以完全关闭的要求，建议使用液动超级节流阀）控制背压；

② 冲下一柱管柱后，要充分循环，缓慢降低泵的排量至停泵，同时缓慢关闭节流阀至关闭，始终保持一定的背压，卸掉油管内压力；

③ 接单根冲砂管柱，缓慢启动泵并提高排量至所需排量，同时缓慢打开节流阀，保持一定背压，继续冲砂作业；

④ 重复上述操作，直至冲至目标井深，充分循环 1.5 倍井筒容积，直至出口目视无砂或静止后砂面深度符合要求。

（4）按照带压起管柱规程带压起冲砂管柱。

2. 反冲砂作业

1）反冲砂管柱内压力控制要求

反冲砂前，先要下管柱探砂面，然后起出堵塞器进行冲砂作业，冲砂结束后需要重新堵塞管柱才能起出管柱，因此管柱结构不同于正冲砂。典型冲砂管柱结构如图 4–7、图 4–8 所示。

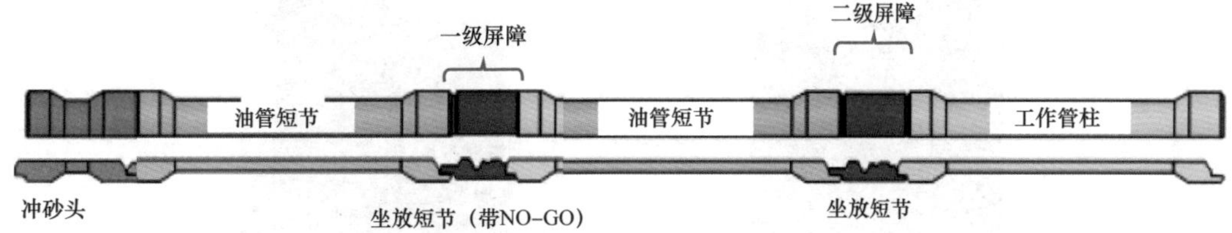


图 4–7　水力反冲砂管柱内堵塞典型方式

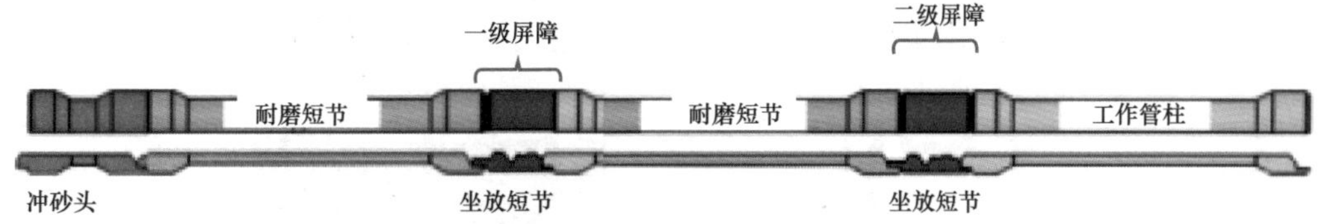


图 4–8　氮气 / 天然气反冲砂管柱内堵塞典型方式

如果砂面较厚，反冲砂时需要连接新的单根就必须连接冲砂旋塞阀，这种旋塞阀结构和常规旋塞阀一样，冲砂旋塞阀为全通径旋塞阀，但它的外径小于相应套管的通径，同时又具有较高的抗拉强度，如图 4–9 所示。

同时由于管柱内径小，冲砂时流速快，容易在地面流程和井口的缩径、转向等处发生冲蚀，因此管柱上还应安装紧急关断阀（ESD），如图 4–10 所示，紧急关断阀（ESD）用于紧急情况下控制管柱内压力，也可以作为水龙头，施工过程中，吊卡悬挂提升环，下部油管扣与管柱连接，2in NPT 扣与水龙带连接，如图 4–11 所示。

图 4-9　冲砂旋塞阀

图 4-10　紧急关断阀（ESD）

1—提环；2—气动驱动器；3—校准螺栓；4—开 / 关指示；5—$2^7/_8$in 油管扣；6—进气口；7—提升环；8—2in NPT 扣；9—气动驱动器护罩；10—铭牌

图 4-11　反冲砂紧急关断阀（ESD）现场安装图

氮气或天然气冲砂时，气体携带沙粒会对坐放短节造成严重冲蚀，因此需要在坐放短节以下安装保护短节，保护短节内径与坐放短节内径相同、外径加厚的一根油管短节，如图 4–12 所示。一般安装在坐放短节上端和下端，降低沙粒对坐放短节冲蚀。

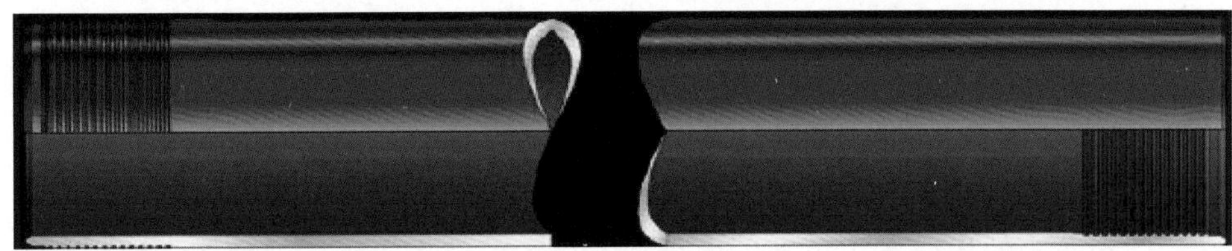

图 4–12　耐磨短节

2）反冲砂作业程序

（1）下冲砂管柱探砂面。

① 带压下入冲砂管柱至预计砂面以上 10m；

② 接单根反复探砂面，核实砂面位置；

③ 探砂面后，上提管柱使磨鞋位于砂面 3～5m，并且油管接箍位于操作平台上 1.2m 左右处；

④ 在顶端油管连接冲砂旋塞阀（旋塞阀处于开位）。

（2）打捞堵塞器。

① 在冲砂旋塞阀上安装钢丝作业装置，试压；

② 下入打捞工具，打捞出堵塞器；

③ 将堵塞器起至防喷管后，关闭冲砂旋塞阀，卸掉冲砂旋塞阀以上的压力；

④ 拆除钢丝作业装置。

（3）连接冲砂管线和地面管汇。

① 依次连接 1 根油管 + 冲砂旋塞阀 +0.5m 油管短节 +ESD（处于开位）+ 高压水龙带，上部冲砂旋塞阀处于全开状态；

② 与冲砂管柱连接；

③ 连接水龙带至地面流程；

④ 泵车与压井管汇连接，压井管汇与油管四通连接（用井内天然气作为介质时则不需要这步）；

⑤ 分别对地面管汇和冲砂管线进行试压。

（4）冲砂。

① 平衡冲砂旋塞阀上压力和下压力，打开冲砂旋塞阀；

② 冲砂作业。打开油管四通阀门，启动泵车，缓慢提高泵车排量至所需排量，同时缓慢打开节流管汇的节流阀，根据井底最高压力控制回压，保持泵车排量不变。采用氮气或天然气作为冲砂介质时，氮气排量或天然气量应大于 80 $m^3$/min；

③ 接单根。缓慢降低泵的排量至停泵，同时缓慢关闭节流阀，关闭冲砂旋塞阀，泄掉水龙带内压力，连接冲砂管柱，平衡冲砂旋塞阀压力并打开，缓慢启动泵并提高排量，同时缓慢打开节流阀，保持回压继续冲砂；

④ 重复上述操作，直至冲至设计深度，充分循环1.5倍井筒容积，检测无砂则结束冲砂施工。

（5）起冲砂管柱。

① 在井口冲砂旋塞阀上安装钢丝作业装置，投放堵塞器至坐放短节并逐级降低压力，检验合格；

② 按照带压起管柱规程带压起冲砂管柱。

（6）安全及质量控制措施。

① 冲砂时，应适当控制井口回压，避免造成气层吐砂，出现砂卡管柱现象；

② 冲砂水龙头的出口弯头角度不得小于120°，内部需要进行处理增强硬度，防止冲砂过程流砂刺穿管线；

③ 密闭沉砂罐储存清水至少将冲砂管线出口淹没，防止爆炸着火事故发生；

④ 冲砂地面管线使用硬管线，按要求固定；

⑤ 排空的天然气应烧掉。

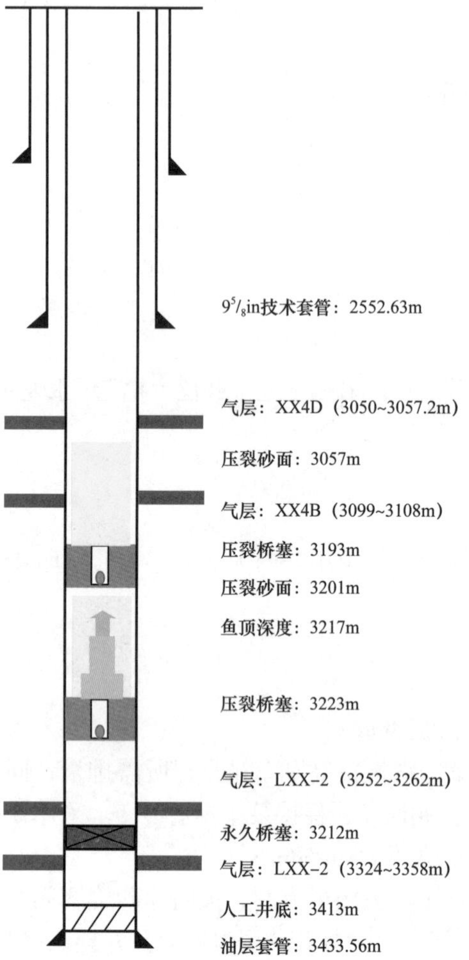

$9^5/_8$in技术套管：2552.63m

气层：XX4D（3050~3057.2m）

压裂砂面：3057m

气层：XX4B（3099~3108m）

压裂桥塞：3193m

压裂砂面：3201m

鱼顶深度：3217m

压裂桥塞：3223m

气层：LXX-2（3252~3262m）

永久桥塞：3212m

气层：LXX-2（3324~3358m）

人工井底：3413m

油层套管：3433.56m

图4-13　J62B井井深结构图

## 三、典型井例

J62B井井身结构如图4-13所示，该井127mm套管下至井深3433.56m，人工井底3413m。先后共完成了4层试油工作，其中LXX-2（3324～3358m）试油结束后，采用一个永久式桥塞在3312m处坐封，封堵LXX-2，然后上试LXX-2第二段3252～3262m，试油结束后下压裂桥塞坐封在3223m，但坐封后工具落井，鱼顶深度3217m，又在3193m重新坐封一个压裂桥塞，上试XX4B（3099～3103m），然后填砂后上试XX4D（3050～3057m）。

该井XX4D试油结束后，打算清理井筒至XX-2层以下（即3262m），重新完井。

为保护油气层，不影响原有产层正常生产，采用170K型带压作业机进行冲砂、钻桥塞、清理鱼顶、打捞、完井作业。

该井采用170K辅助式带压作业机，冲砂、钻磨介质采用氮气正循环作业，钻桥塞、清理鱼顶，采用井下动力钻具和动力水龙头组合传递旋转扭矩，如图4-14所示，钻具采用$2^3/_8$in外加厚油管，井口安全防喷器组和工作防喷器组布置如图4-15所示。

图 4–14　J62B 井动力水龙头钻磨布置图

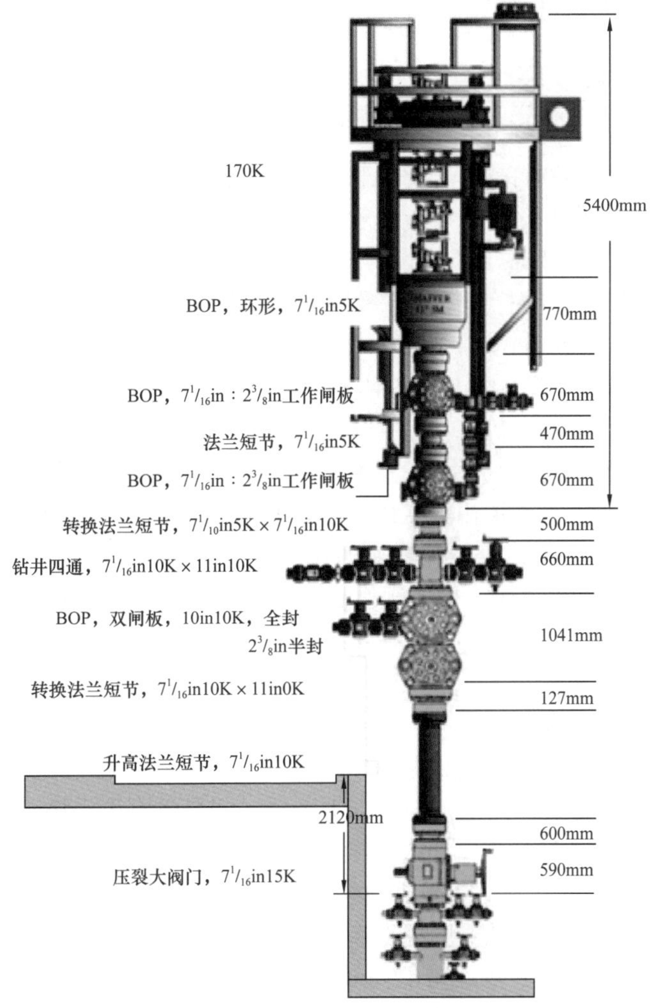


图 4–15　J62B 井井口防喷器布置图

## 第四节　打 捞 作 业

在油气井生产过程中，由于各种原因常引起井下落物和工具遇卡等井下事故。不仅影响油气井的正常生产，严重时可造成油井停产，迅速有效地处理井下事故，是保障油田正常生产的一项重要措施。

但因天然气井、注水井、注蒸汽井等井下环境的复杂性和特殊性，常规打捞作业不具备保护储层和环保作业的能力，具有一定的局限性，而带压打捞可确保储层不受二次污染与破坏，尽可能不影响已有的生产能力，作业过程安全环保。带压打捞遵循“抓得住、封得严、取得出”的作业思路，按照井下落物的类型和特点，设计入井打捞管串和密封方式，并结合井口带压装置类型，配套必要的防喷器、防喷管、悬挂装置，实现带压井下打捞、井口密封取出。

带压打捞需要专业的井口设备和入井打捞管串，在施工前要查清井况，正确选用工具和井口装备，制定可行的打捞措施，并严格执行操作规程。

### 一、带压打捞的分类

（1）按照落物种类进行划分。

主要可分为管杆状落物打捞、小件及特殊落物打捞、绳类落物打捞。

① 管杆类落物打捞。管状落物指油管、钻杆、封隔器、井下工具、（断脱的）抽油杆、测试仪器、抽汲加重杆等。

② 小件落物及特殊落物打捞。小件及特殊落物指铅锤、刮蜡片、压力计、取样器和阀球、牙轮、电泵、仪器、防砂管柱等。

③ 绳类落物打捞。绳类落物指录井钢丝、电缆、钢丝绳等。

（2）按照打捞难易程度分为简单打捞和复杂打捞。

① 简单打捞。简单打捞是指井下落物管串长度可一次性全部容纳在带压装置高压密封腔内，通过相应操作一次性取出的带压打捞作业。

② 复杂打捞。复杂打捞是指井下落物管串长度不能一次性全部容纳在高压密封腔内，需在带压装置内进行防喷管倒换、带压倒扣或带压切割后，才能分段取出的带压打捞作业。

### 二、常用打捞底部管柱组合

#### 1. 管类、杆类落物打捞工具管串

当原井管柱被卡时，不能通过倒扣方式来解除管柱遇卡状态。如果在管柱结构上有丢手接头时可以正转倒扣丢手，如图4–16（a）所示；如果没有丢手接头，可以通过化学切割或爆炸切割方式解除卡钻状态，如图4–16（b）、图4–16（c）所示。

落鱼管柱根据鱼顶状态，可能需要修整鱼顶，也可能需要套铣鱼顶周围，对于磨铣、套铣做法可参见本章第五节；直接打捞落鱼时可根据落物的外径、内径以及井内套管的通径大小，可选择公锥、母锥、滑块捞矛、可退式、卡瓦打捞筒、开窗捞筒等工具，打捞工具选择的原则是打捞工具应该具有丢手功能，如果工具没有丢手功能，可在单溜阀以下配置一个特制的安全接头。

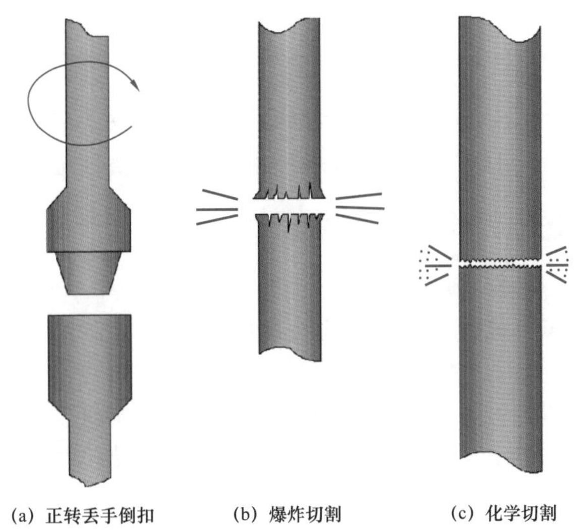


图 4–16　原井管柱遇卡解除方法

常见打捞作业推荐入井管柱结构为（自下而上）：

（1）直井：打捞工具 +（安全接头）+ 单流阀（1～2 个）+ 震击器 + 钻铤 + 加速器 + 钻杆（油管）;

（2）水平井：打捞工具 +（安全接头）+ 单流阀（1～2 个）+ 震击器 + 钻杆（油管）+ 钻铤（或加厚钻杆）+ 加速器 + 钻杆（油管）。

典型带压打捞管柱下部组合如图 4–17 所示，需要注意的是在起下管柱时，应避免震击器在通过防喷器时激发震击动作，单流阀的位置尽可能靠近打捞工具。

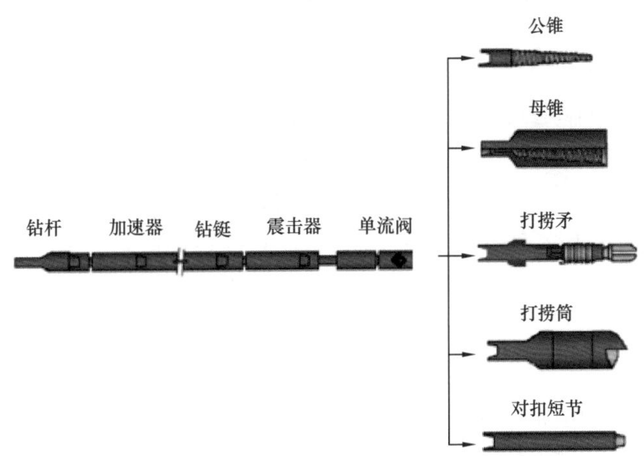


图 4–17　典型带压打捞管柱下部组合

2. 小件落物及特殊落物打捞工具管串

打捞管柱组合推荐为（自上而下）：钻杆（油管）+ 单流阀 + 安全接头 + 打捞工具。

打捞钢球、钳牙、牙轮等铁磁性小物件落物时，优先选择磁力打捞器；打捞体积很小或已经成为碎屑的落物，优先选择循环打捞器，如反循环打捞篮等；打捞其他未成为碎屑的落物，优先选择抓捞类打捞工具。除此外，针对某种特殊的落物，可自制专用的打捞工具，设计的打捞工具必须具备易捞、足够的强度、结构简单、操作方便等特点。

3. 绳类落物打捞工具串

打捞管串组合推荐为（自上而下）：钻杆（油管）+ 单流阀 + 安全接头 + 打捞工具。

绳类落物主要有钢丝、电缆及各类钢丝绳，所用的打捞工具包括内钩、外钩、内外组合钩。加工内外钩时应在打捞工具上加装隔环，防止绳类落物跑到工具上端造成卡钻。

## 三、带压打捞的地面作业装置配套

1. 简单打捞的井口带压作业装置配套

简单打捞的带压作业装置基本配套应按照第二章第二节选择安全防喷器和工作防喷器的要求和标准执行。同时，考虑井下落物的预计长度，可在安全防喷器组与工作闸板防喷器间安装一定长度防喷短节，使带压作业装置的上工作闸板、防喷短节、安全防喷器全封闸板之间组成的高压密封腔长度不低于打捞管串可控封堵位置的上截面至落物下截面的距离。

防喷短节工作压力不低于防喷器组的工作压力，通径不低于防喷器组的内通径，防喷短节的承重能力不低于带压作业机举升系统的最大举升力。

2. 复杂打捞的井口带压作业装置配套

所谓复杂打捞是指落鱼工具长度较长或较重的情况下，无法通过防喷管倒换来起出落鱼的情况，需根据单件工具长度大于或小于高压密封腔长度来确定起出井口的方法。

对于单件工具长度小于高压密封腔长度的情况，只需在井口安全防喷器组增配一套卡瓦悬挂防喷器，具体位置可视情况而定，然后在带压作业装置内进行多次倒扣。

对于单件工具长度大于高压密封腔长度的情况，可在井口安全防喷器增配半封闸板、卡瓦悬挂防喷器，也可安装一套带压旋转内切割装置，用来将工具剪切后带压取出。

## 四、带压打捞的常规作业程序

1. 管杆类落物打捞作业程序

首先，选用铅模、铅锥、通井规等工具，进行带压井下探视，从而确定鱼顶形状、大小、落鱼状态等，为下一步打捞提供依据。然后带压下入打捞工具串。在地面将打捞工具串进行连接，并按照入井工具试压要求进行地面试压。按照带压下入管柱的操作要求，向井内下入打捞管串。

其次，按照打捞工具工作原理的不同，作业程序有所不同，如下：

（1）矛类打捞工具：采用带压作业装置，将打捞管串下到鱼顶上部 1～2m 时正循环冲洗；逐步下放工具至鱼顶，待泵压突然上升，指重表悬重下降，说明公锥等打捞工具已进入鱼腔，可以进行上提打捞；一旦落鱼卡死，先进行解卡，再上提打捞。必要时，退出落鱼。

（2）筒类打捞工具：采用带压作业装置，将打捞管串下到鱼顶上部 1～2m 时正循环冲洗；逐步下放工具至鱼顶，指重表指针有轻微跳动后逐渐下降，泵压也有变化时，说明已引入落鱼，可以试提钻具，当悬重明显增加，证明已经捞获；可重复以上步骤，直至将落鱼引入工具并捞获。

最后，按照带压起出井内管柱的技术和操作要求，起出单流阀以上的入井管串；将打捞工具及打捞落物提至安全防喷器以上，关闭全封闸板，泄压，打开工作防喷器组，起出打捞工具管串及打捞落物。检查打捞工具及打捞落物是否完整，如井内仍有落物残留部分，继续重复以上打捞步骤，直至井内落物全部取出。

2. 小件落物及特殊落物打捞程序

同管杆类落物打捞作业程序一样，首先了解落鱼情况，再下入相应小件落物及特殊落物打捞工具。然后按照打捞工具的不同，作业程序有所不同，如下：

（1）正循环打捞篮：带压下工具管串至井底 3～5m 时开泵正循环洗井；边冲边下放钻具，遇阻时上提并做记号；快速下放，在距井底 1～2m 时停止下钻，继续正循环，造成井底紊流；循环 10min 后带压起钻。

（2）一把抓打捞工具：工具下至鱼头以上 1～2m，开泵正洗井，将落鱼上部沉砂冲净后停泵。带压下放管串，加钻压 20～30kN 后，可配合再转动钻具 3～4 圈，待悬重表悬重恢复后，再加压 10kN 左右，转动钻柱 5～7 圈。将打捞管串提离井底，转动钻柱使其离开旋转后的位置，再下放加压 20～30kN 将变形抓齿顿死，即可提钻。

（3）强磁捞筒：当强磁打捞器下到离井底 3～5m 时开泵正循环冲洗井底；冲洗干净后，缓慢下放钻具，触及落物；上提钻具，旋转 90°，重复下放钻具，触及落物；确认落物已被吸住后，上提起钻。

完成打捞程序后，按正常起下管柱程序起出落鱼。

3. 复杂打捞的带压作业程序

同管杆类落物打捞作业程序一样，首先了解落鱼情况，再下入相应小件落物及特殊落物打捞工具。打捞作业时，按照矛类打捞工具、锥类打捞工具、筒类打捞工具的不同作业方法，将落物捞获。

起出单流阀以上打捞管柱，将井内剩余工具串悬挂在卡瓦防喷器处，并关闭鱼顶以上的全封防喷器。重新下入井口倒扣打捞工具至全封防喷器以上，关闭工作闸板防喷器和环形防喷器，平衡压力，开全封闸板，在装置高压腔内，带压打捞在悬挂卡瓦防喷器处悬挂的井内工具，在带压装置内进行带压倒扣或带压切割，分段、多次起出打捞工具串及打捞落物。

## 五、典型井例

民 25-2 井井深 1286m，井下偏心 3 段分注，正常注水压力 12.3MPa。因管柱拔脱待大修。历时 2 个月，通过带压作业机安装、调试，带压下入打印工具、打捞工具及套铣等工具，共进行起下管柱 10 余趟，捞出 $\phi$62mm 油管 15 根 +YC344 封隔器 2 套 +665-2 配水器 2 套 + 阀 1 个。下反扣铣锥刮削、治套到人工井底。

民 25-2 井施工过程中，井口压力由 9.8MPa 上升到 13.1MPa，如图 4-18 所示，说明在低渗透油田注水井井底（地层）压力扩散非常缓慢，客观上要求必须走带压修井技术路线。

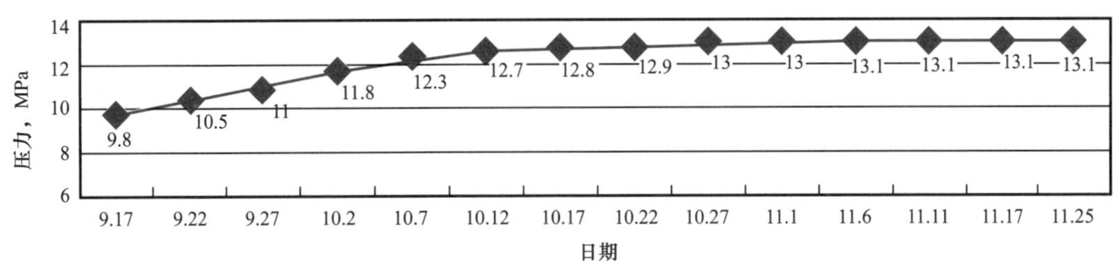


图 4-18　民 25-2 井大修过程中井口压力变化曲线图

## 第五节 旋 转 作 业

旋转作业包括钻磨桥塞、水泥塞、磨铣或套铣封隔器、段铣、裸眼钻进、开窗侧钻以及磨铣小件落物等作业。带压作业旋转作业方案设计时应从钻磨套铣作业底部钻具组合、钻磨工具选择、防喷器组布置、地面流程设计、优化磨铣套铣参数，完善作业程序。

### 一、旋转作业下部管柱组合（BHA）

1. 作业管柱

作业管柱根据井筒条件、钻磨对象、作业介质、作业工艺要求，可以采用钻杆，也可以采用油管进行钻磨作业。

2. 管柱旋转方式

旋转作业通常是通过井口转盘旋转、动力水龙头或井下动力钻具旋转提供作业扭矩。转盘和动力水龙头旋转带动钻柱整体旋转，因此钻柱不仅有上下运动，还有旋转运动，这样对地面环空密封装置动密封性能要求更高、密封件材料磨损更加剧烈，因此一般压力较低的井可以采用转盘旋转或动力水龙头带动旋转的方式进行旋转作业；无论高压井或是低压井都可以采用井下动力钻具旋转作业，由于钻杆或油管不参与旋转，钻柱与井口防喷器之间只有轴向的运动，没有轴向转动，更容易达到对井口的密封要求，即使井口旋转仅仅作为辅助活动管柱的低速旋转作业，因此带压旋转作业主要采用井下动力钻具旋转作业。

3. 底部钻具组合

钻具组合设计时应考虑到下入、起出底部钻具组合方案，在钻磨工具上应直接安装至少一个单流阀，管柱也可增加一些扶正器、钻铤等提高钻柱刚度、增加钻压，可以增加一些短节确保安全起出，推荐底部钻具组合为：

（1）直井钻磨：钻磨工具 + 单流阀（1～2 个）+ 钻铤（加厚钻杆）+ 捞杯 + 作业管柱；

（2）水平井钻磨：钻磨工具 + 单流阀（1～2 个）+ 作业管柱 + 钻铤（加厚钻杆）+ 作业管柱。水平井钻磨作业钻铤不能加到水平段，一般加在直井段。

### 二、磨铣工具选择

磨铣工具的选择应根据落鱼的性质、材质、是否稳固等因素，结合作业经验综合选择磨铣工具的类型、外径、内径、布齿方式、硬质合金类型、镶嵌方式等，常用的磨铣工具包括磨鞋、引子磨鞋、铣锥与铣柱、套铣鞋、锻铣工具等。

1. 磨鞋

磨鞋通常用于磨除桥塞、封隔器、水泥塞或其他阻碍井眼的碎块，也可用于磨掉被卡住的油管、钻杆等，磨鞋按底部形式包括平底磨鞋、凹底磨鞋，有整体式磨鞋，也有三刀翼、四刀翼、六刀翼的磨鞋，典型磨鞋形式如图 4-19 所示。裸眼井作业时磨鞋外径一般比井眼小 3mm 的周边带铣齿的磨鞋、铣鞋，磨鞋上面加一个外径等于磨鞋外径的扶正器，如图 4-20 所示；套管内作业时磨鞋外径一般等于套管通径、周边带铣齿（表面光滑）的磨鞋、铣鞋，为减少磨损套管的风险，磨鞋上面加一个外径等于磨鞋外径的扶正器，还可在磨鞋上方加一个外径等于磨鞋外径的扶正块。

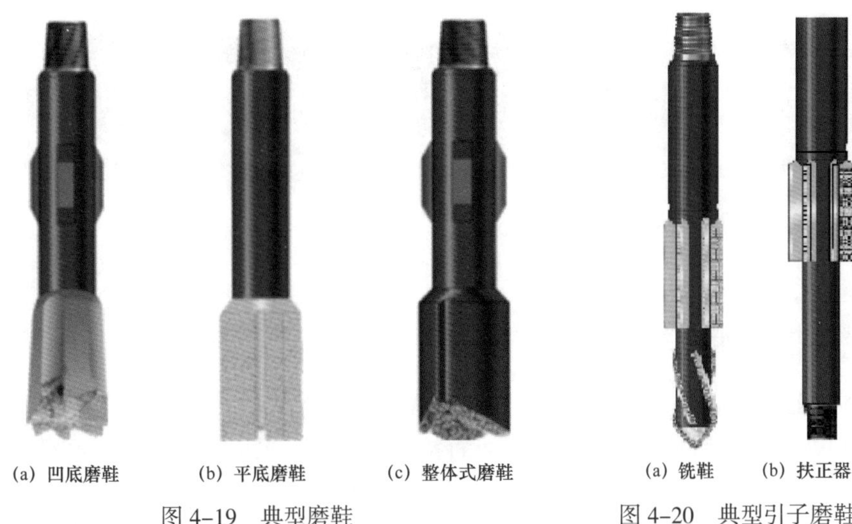

(a) 凹底磨鞋　(b) 平底磨鞋　(c) 整体式磨鞋

图 4–19　典型磨鞋

(a) 铣鞋　(b) 扶正器

图 4–20　典型引子磨鞋

2. 引子磨鞋

引子磨鞋是高效磨铣套管、衬管、铣鞋、铣管或内径较大油管，磨鞋外径大于工具接头或磨鞋接头外径的 5～6mm，引子外径应与落鱼的内通径大小一致，典型引子磨鞋形式如图 4–20 所示。

3. 铣锥与铣柱

铣锥用于逐渐扩大井眼通道、修复挤毁的套管和衬管；铣柱主要用于修复挤毁的套管和衬管、消除键槽和狗腿方面，如图 4–21 所示。

(a) 铣锥　(b) 铣柱

图 4–21　典型铣锥和铣柱

4. 套铣鞋

套铣鞋，也称为铣圈、铣鞋，通常用于管柱外壁沉砂、钻井液、机械落物等处的卡点清除，以及套铣封隔器、桥塞卡瓦等。可以分裸眼井（图 4–22）和适用套管井（图 4–23）的套铣鞋，套铣鞋的内径比铣管的内径至少小 1.5～2mm，外径比铣管的外径至少大 1.5～2mm，这样便于套铣出的碎屑易于排出。

(a) 仅在底部和外壁布齿型　(b) 底部、内外壁布齿型　(c) 仅外壁布齿型

图 4–22　适用于裸眼井套铣鞋

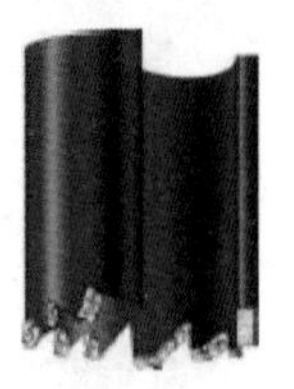

(a) 底部锯齿型 (b) 底部波浪齿型 (c) 底部、内壁布齿齿型

图 4-23 适用于套管井套铣鞋

## 三、防喷器组布置和地面流程设计

井口防喷器组合的布置应结合钻磨工艺与钻磨管柱的需要，旋转方式采用主动转盘、动力水龙头和井下动力钻具带动钻具的，可直接选择工作环形防喷器或工作闸板防喷器密封油套环形空间的压力。一般压力较低的直接采用工作环形防喷器控制管柱旋转期间的环空动密封，压力较高的采用工作闸板防喷器控制管柱上下运动环空动密封，也可直接采用井下动力钻具带动管柱旋转，闸板防喷器尺寸应与钻磨管柱匹配，特别是底部钻具组合（BHA）的钻铤、加重钻杆、震击器、螺杆等管柱匹配。

对于采用修井机、钻机转盘驱动六方钻杆来带动旋转作业，在防喷器组的最上部必须增加使用旋转防喷器来保证方钻杆的密封。

带压作业不同于常规压井钻磨方式，带压钻磨产生的钻屑需要经过可以承受一定压力达到分离的除砂器或捕屑器加以清除，同时地面可能还要应设置捕屑器、节流管汇和分离器等，因此地面泵注流程和返排流程应结合工艺需要合理布置，图 4-24 是某井锻铣套管地面流程设计图。

## 四、磨铣、套铣参数优化

带压作业具有能很好保护油气层的特点，因此带压作业循环介质不同于常规压井钻磨作业，可以采用低于地层压力系数的钻井液、清洁无固相工作液，甚至是天然气或氮气，如页岩气桥塞钻磨通常采用压裂用滑溜水、KCL 活性水等，一些低压生产气井也常用氮气作为循环介质。

磨铣、套铣进尺效果通常与磨铣对象的类型和稳定性有很大关系，这要从选择适应的磨铣工具上着手，进而优化钻压、转速和循环排量。带压钻磨作业不应追求过高进尺速度，因为过高钻压和转速可能产生较大碎块，容易引起卡钻，因控制钻磨速度，尽可能产生较小碎块，例如钻磨一个压裂复合桥塞，可以让操作手每分钟下放 1～2cm，使每个桥塞的钻磨时间控制在 1h，这样产生的碎块小，不易卡钻，这样虽然时间很长，但不会发生卡钻复杂。

按照工作介质、套管内径、磨鞋（铣鞋）直径、井底温度等选择相应的动力钻具参数，应考虑最小环空上返速度和钻磨速度、钻压。一般要求钻磨时环空流体的上返速度必须大于 0.6m/s，然后计算出管柱内要求的泵注排量，根据泵排量与给定动力钻具转速的匹配关系，从而确定动力钻具转速和最大钻压、最小钻压。

磨鞋、铣鞋工具也有一个最大、最小转速和钻压，应根据工具提供的参数，结合动力钻具参数，进一步优化钻压、转速和排量。还可以通过返出的铁鞋尺寸来进一步优化施工

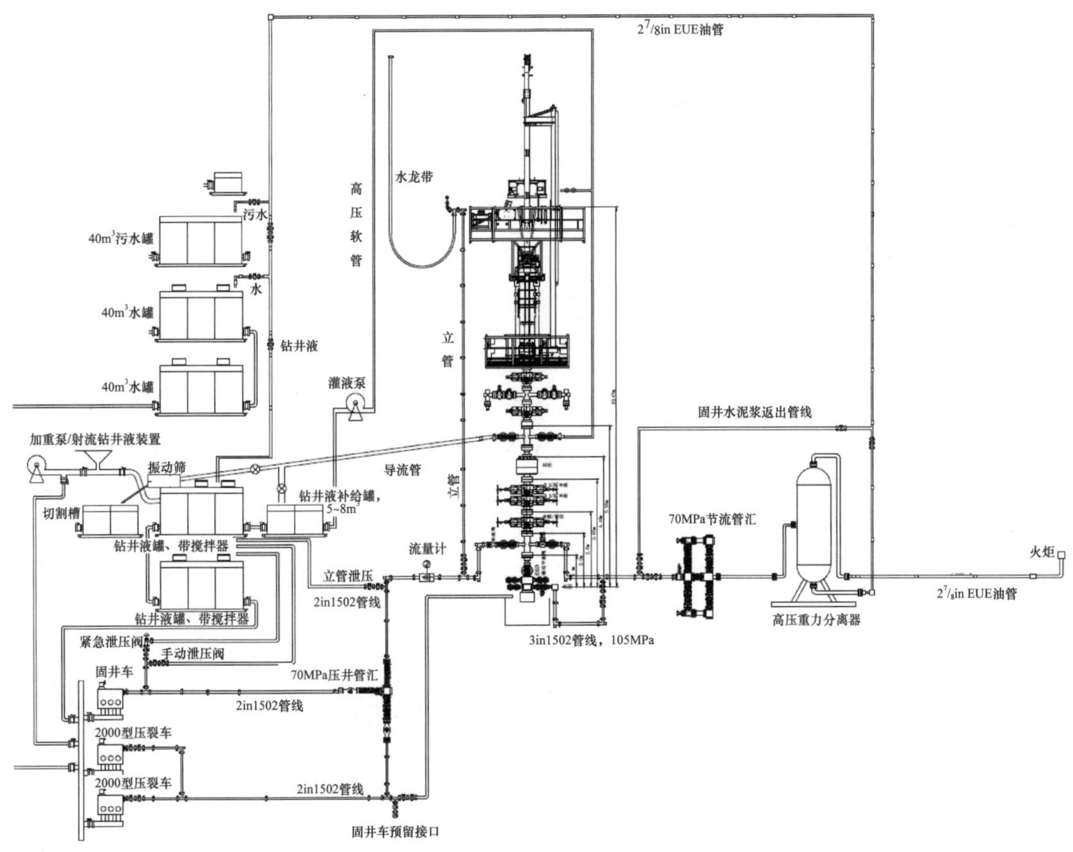


图 4-24　某井锻铣套管地面流程设计图

参数，理想的切削通常是 2.36～6.35mm 厚、50.8～101.6mm 长，如果切削薄或像头发丝一样，转速又小，那么应增加钻压；如果切削较大，就要降低钻压、增加转速。

## 五、磨铣推荐作业程序

载磨铣工具入井前，必须测量好工具（每段）的外径、内径，同时必须有匹配的打捞工具。

（1）依次连接磨铣工具、单流阀、马达和钻铤，直井钻磨时至少 1 个捞杯（推荐 2 个）。

（2）下入距离鱼顶 2～3m 时，上下活动钻具，然后开泵和停泵、活动钻具，主要是测量在井口带压情况下管柱重量和摸索循环排量对泵压的影响，特别是对地面流程回压的控制。建立了正确的循环，返出量不小于泵入量是正常的地层返出，但不能注入比返出多。

（3）循环的同时，慢慢下放钻具，加压 1～2tf 探鱼头。

（4）在操作台上标记管柱深度，选择的参照点一定是固定的，在卡瓦的上部也要做标记，这样知道进尺多少。

（5）上提管柱 2～3m，调整到所需排量，转动管柱的同时，缓慢下放管柱，按优化的钻磨参数施加钻压。不要先加钻压再旋转，这样可能损坏磨鞋切削面，也不要轻加钻压然后旋转。

（6）每磨铣 1～2m，上提磨鞋 3～5m，上下拉划井眼。在处理水平井压裂管柱，根部返出很多砂、接单根时，控制背压、多循环，防止卡钻，不拆水龙带的情况下尽可能多拉划井眼、多做提拉测试，这是由于管柱本身有一定的拉长量，而液缸行程 3m 不足以拉划彻底，因此还可以保持动力钻具低转速转动（20r/min）循环。

（7）停止磨铣时，要将钻柱提离井底。动力钻具施加钻压后不能立即起管柱，应该先降排量，再上提管柱。

（8）按带压起下管柱要求起出磨铣管柱。

### 六、典型井例

让 11-5-8 井是一口注水井，油层埋深 1750m，平均渗透率 1mD，井口压力 11MPa，该井分注工艺为井下 3 段分注。带压作业起出原井管柱后发现管柱及井下工具结垢较重，决定对套管进行刮削。选择合适的弹簧刮削器，利用带压作业机下至射孔段附近，进行上提下放刮削套管，刮削后冲洗井底，返出大量垢渣子。最后该井下分注管柱，实现 3 段分注。

## 第六节　配合压裂作业

带压作业配合压裂作业主要用于拖动压裂管柱进行分段改造，既可实现单层精细改造又能保证井筒全通径，也免除后续钻磨作业。

不同的压裂方式对应不同的井下压裂管柱结构，带压起下压裂管柱的工艺不同。

### 一、工作原理

压裂工艺分为拖动压裂和不动管柱压裂两种方式。拖动压裂分为双封单卡式压裂管柱和水力喷射压裂两种，无论哪种压裂方式都建议在直井段位置预置 1～3 个工作筒，保证进行最后一段压裂时，至少有一个工作筒位于直井段。

*1. 双封单卡拖动压裂工作原理*

双封单卡压裂管柱结构特点是在水力锚下端的两个 K344 封隔器之间夹一个滑套喷砂器，如图 4-25 所示。其中两套 K344 封隔器跨隔压裂段，喷砂器一般选用滑套喷砂器。

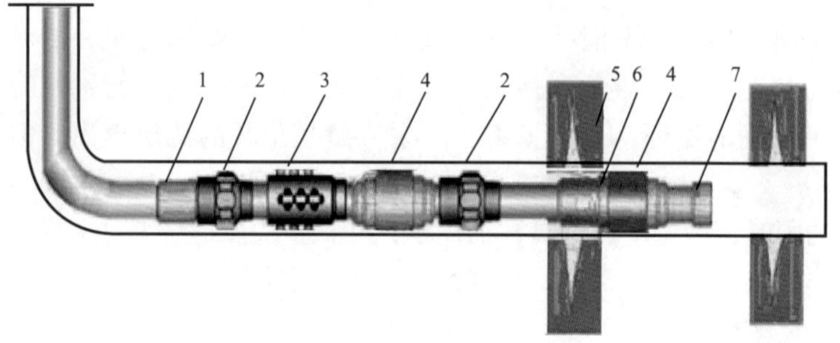


图 4-25　双封单卡压裂管柱结构示意图

1—安全接头；2—扶正器；3—水力锚；4—K344 封隔器；5—压裂层（段）；6—滑套喷砂器；7—导锥

当管柱下到第一段后，坐封封隔器、水力锚锚定管柱，投球打开滑套喷砂器，对第一段进行压裂。完成压裂后，反洗井解封封隔器和水力锚，管柱内下入堵塞器密封管柱内压力，带压上提管柱至下一段压裂位置。捞出堵塞器，重新坐封封隔器和水力锚，完成下一段的压裂。通过逐步调整管柱深度，重复上述过程，对不同的目的段进行压裂施工。

2. 水力喷射拖动压裂工作原理

拖动管柱水力喷射压裂是一种集射孔、压裂、隔离一体化的储层改造措施。利用专用喷枪产生的高速流体穿透套管、岩石，形成孔眼，孔眼底部流体压力增高，超过岩石的破裂压力，起裂成单一裂缝，完成一个段的压裂。

将一个或多个滑套式喷枪连接在一起下入预订深度（此时其他喷枪处于关闭状态），先用最底部的喷枪通过拖动的方式对最下部一段或多段进行喷砂射孔，然后进行压裂改造。接着依次向上拖动管柱，使喷枪对准相应的目的段，完成不同层段的射孔和压裂作业。当某个喷枪完成设计数量层段的改造或者出现故障时，投球打开上一个喷枪，同时将下部的喷枪隔离。

拖动管柱水力喷射压裂的管柱结构是由扶正器、喷枪、筛管和导锥组成，如图 4–26 所示。

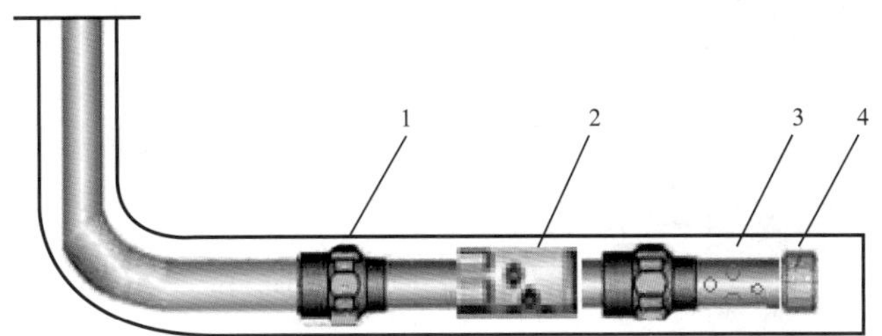


图 4–26　水力喷射压裂管柱结构示意图

1—扶正器；2—喷砂器；3—筛管；4—导锥

3. 不动管柱分层（段）压裂原理

不动管柱分段压裂不同于拖动管柱压裂，是通过多级封隔器和滑套喷砂器组合压裂管柱来实现的，相比拖动压裂，在压裂期间不需要上提管柱，不需要堵塞管柱，因此它的优势是压裂速度更快、效率更高，但是压后起管柱的难度更大。分段压裂管柱工具主要由水力锚、封隔器和滑套喷砂器组成，管柱结构自上而下为：油管 + 油管短节 +（工作筒）+ 水力锚 + 多级高压封隔器 + 油管 + 多级滑套喷砂器 + 滑套（双向球座）筛管 + 导锥，如图 4–27 所示。其中，滑套（双向球座）筛管是在筛管上端安装一个盲堵式定压滑套（或双向球座），用于下管柱时控制井内压力，需要反洗井时，油管打压，滑套脱落（双向球座的阀落入球挡下部），建立反循环通道。

多级封隔器将不同的压裂目的段分开，压裂某一段时，其他滑套喷砂器均关闭，只有对准目的层段的滑套喷砂器，通过油管投入相应级差的低密度球打开压裂通道，压裂液通过此通道压裂目的段。从油管投球打开上一滑套喷砂器通道，同时封堵下面的滑套喷砂器，实现上一段的压裂，以此类推，自下而上不动管柱地压裂多段，压裂完成后起出全部压裂管柱。

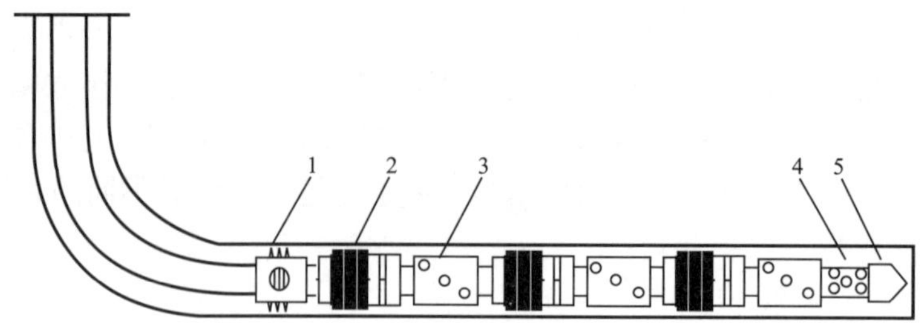


图 4-27　不动管柱分段压裂管柱结构示意图

1—水力锚；2—K344 封隔器；3—滑套喷砂器；4—滑套筛管；5—导锥

## 二、带压作业井口组合

为保证压裂期间施工安全，避免防喷器承受高压，同时还需要提高施工时效，因此压裂施工期间需要将管柱悬挂在油管头四通上，在油管头上直接安装压裂用液动或手动平板阀，然后安装压裂井口和平板阀，最后安装安全防喷器组、工作防喷器组和带压作业机，典型拖动压裂井口组合参如图 4-28 所示。

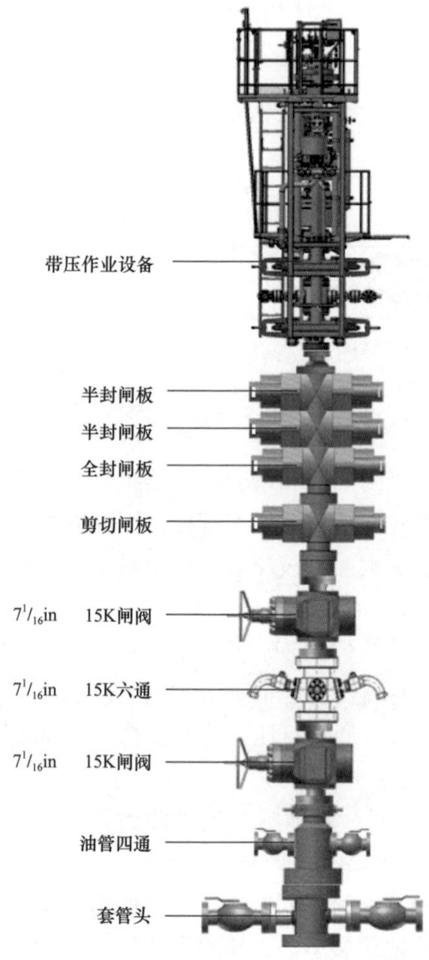


图 4-28　典型拖动压裂井口组合示意图

图中两个 $7^1/_{16}$in 15K 闸阀是为了避免上部防喷器组承受高压，在压裂中液动平板阀处于关闭状态；在拖动管柱过程中，液动平板阀处于常开状态；$7^1/_{16}$in 15K 六通是为了提高施工效率，在带压拖动压裂管柱过程中，不重复拆压裂管汇，保证压裂施工的连续性。

## 三、压裂施工

1. 拖动压裂管柱

完成第一段压裂后，关井（双封单卡管柱需要反洗井，解封封隔器后关井）扩散压力 2h 以上，平衡带压作业机与井内压力，打开液动平板阀，安装钢丝或电缆作业的井口密封装置，在大于拖动距离的工作筒内坐封堵塞器或在油管内坐封可回收式油管桥塞，控制油管内压力。堵塞器或油管桥塞坐封后，通过降压来验证油管压力控制效果，释放堵塞器或油管桥塞上部压力，且压力降为 0 后，观察 30min 以上无流体溢出时，表明坐封合格。

拆除井口密封装置，下油管导出油管悬挂器，起出需要拖动距离的油管，使喷砂工具对准下一段，再坐入油管悬挂器，重新在环形防喷器上安装井口密封装置，钢丝作业打捞出油管堵塞器或油管桥塞，进行第二段喷砂射孔和压裂施工。以此类推，重复上述作业，直至完成所有段的压裂。

2. 不动管柱分段压裂

在不动管柱分段压裂中，带压作业机只起到压裂前的下管柱和压后起管柱的作用，在压裂时可将带压作业机及安全防喷器组拆开，重新安装压裂井口装置。

## 四、起下压裂管柱

1. 压裂管柱内堵塞的选择

为满足管柱内堵塞和压裂投球需要，双封单卡压裂管柱的喷砂器一般选用滑套式喷砂器。如选用非滑套式喷砂器，开放性压裂管柱需要按下入水力喷射压裂管柱的方式作业。选用工作筒堵塞器作为拖动压裂管柱和起压裂管柱的油管压力控制工具，要求在管柱上依次预置通径依次增大的工作筒，要保证拖动管柱或起管柱过程中在直井段始终有工作筒。为降低钢丝作业事故率，压裂管柱下至设计深度时，位于直井段最下部的工作筒要求为非选择性。

起压裂管柱前，安装钢丝（电缆）作业井口密封装置，在直井段最下部的工作筒或造斜点附近的油管内，坐封堵塞器或油管桥塞，然后拆除钢丝（电缆）作业井口密封装置。带压作业起出油管压力控制工具以上的管柱后，在油管上安装钢丝（电缆）作业井口密封装置，打捞出油管压力控制工具，再按以上操作重新坐封堵塞器或油管桥塞。最后将工具串上部带有油管压力控制工具的油管短节（工作筒）起至井口。根据工具串长度可采用绳索作业或分段油管压力控制工艺起出压裂工具串。

2. 压裂管柱的带压下入

工作筒堵塞器或可回收式油管桥塞试压合格后，将油管短节与压裂工具串连接。如工具串长度小于环形防喷器至液动平板阀顶部的距离时，下工具串至液动平板阀上方，使工具串上部的油管短节位于环形防喷器位置，依次夹紧固定卡瓦，关闭环形防喷器，平衡带压作业机与井内压力，打开液动平板阀；如工具串长度大于环形防喷器至液动平板阀顶部的距离时，将工具串套装在防喷管内，并将防喷管安装在环形防喷器上，依次平衡防喷管与井内的压力，打开液动平板阀，绳缆作业将工具串上部的短节置于环形防喷器顶部，夹紧固定卡瓦，关闭环形防喷器。

在工具串上部的油管短节上连接一根油管，举升液缸，夹紧游动卡瓦，打开固定卡瓦，带压作业下入压裂管柱。工具串进入造斜点前，带有非选择性工作筒的管柱，可继续下入通径大于下部堵塞器的非选择性工作筒；工具串进入造斜点时，钢丝作业打捞出工作筒堵塞器或可回收式油管桥塞，重新在上部工作筒或井口附近的油管内坐封工作筒堵塞器或可回收式油管桥塞。

重复上述操作，依次下入选择性工作筒、打捞出下部油管堵塞器或桥塞、坐封堵塞器或油管桥塞，直至下入到第一段的压裂位置；坐入油管悬挂器，顶紧顶丝，安装钢丝作业井口密封装置，打捞出油管压力控制工具，关闭液动平板阀，连接压裂管汇，准备压裂。

压裂结束后起管柱工艺要求与起出双封单卡压裂管柱工艺要求一样。

3. 带压起压裂管柱

压裂滑套试压合格，可不需再采取其他的油管压力控制措施。将带压下入压裂管柱简化，同下入双封单卡压裂管柱一样可以分段导入井内。

压裂后，由于工具串上的滑套喷砂器都已打开，成为开放性工具，因此带压起出压裂管柱工艺较为复杂，包括工具串以上油管压力控制、带压起出工具串以上管柱和分段压力控制起出工具串 3 个关键过程：

（1）工具串以上油管压力控制。

首先在直井段的油管内坐封油管桥塞或工作筒堵塞器（管柱上带有工作筒情况下）。

（2）带压起出工具串以上管柱。

油管压力控制合格后，拆压裂采油树，安装安全防喷器、密闭卸扣钳（卡瓦防喷器）和带压作业机。

按带压作业流程起出油管悬挂器和工具串以上的管柱，当油管压力控制工具起至井口附近或工具串进入直井段时，打捞出井下的油管压力控制工具，重新在工具串顶部坐封油管压力控制工具，起出工具串以上的管柱。

（3）分段压力控制起出工具串。

由于井下滑套已经打开，每个喷砂器成为开放性工具并且喷砂器通井较小，因此需分段油管压力控制工艺起出工具串。

首先将喷砂器（水力锚、封隔器）起至密闭卸扣钳腔体内，使喷砂器下端的油管接箍位于背钳卡瓦位置，夹紧安全卡瓦和背钳卡瓦，并在游动连接盘下端打上防顶卡瓦；接着启动卸扣钳，对喷砂器（水力锚、封隔器）进行卸扣，将工具公扣起至工作全封闸板防喷器上方，关闭工作全封闸板防喷器，打开泄压阀和环形防喷器，起出喷砂器（水力锚、封隔器）；然后下入鱼顶堵塞器，打捞位于背钳内的油管接箍，并起出井口，重复上述操作，直至将导锥起至安全全封闸板防喷器上方，关闭安全防喷器。

## 第七节　暂停作业与恢复作业

在恶劣天气等情况下，带压作业需要暂停作业。为了保障安全，对于暂停作业以及之后的恢复作业需要具备一定的安全要求。

### 一、暂停作业时的井口控制安全要求

（1）带压作业一般夜间不要求作业，遇到六级以上大风、能见度小于井架高度的浓雾、暴雨雷电等恶劣天气，应停止带压施工。特殊情况需要夜间作业时，必须配备足够的照明设施，照明亮度（至少 100lx 以上）能够给操作人员提供观察条件，并且从足够多的角度进行照射，以最大程度减少工作设备和人员周围的阴影。计划不作业或需要暂停起下作业前尽量将管柱下到重管柱状态。

（2）在关闭卡瓦前应调节液缸高度，使油管接箍处于合适位置，便于连接旋塞阀、考克、压力表等。

（3）停止作业期间要保证管柱始终有 3 副卡瓦控制管柱。卡瓦系统的关闭方式应根据井下管柱是重管柱状态或是轻管柱状态来决定关闭卡瓦的位置，对重管柱，应关闭固定承重、移动承重、移动防顶；对轻管柱，应关闭固定防顶、移动防顶、移动承重。

（4）停止作业期间要保证管柱环空密封和管柱内堵塞始终至少具有 2 道机械屏障。关安全防喷器半封闸板并锁定、关套管侧阀，开泄压阀泄掉工作防喷器组的压力，关泄压阀，关工作防喷器并锁定，关闭平衡 / 泄压管汇上阀门；在油管接箍上安装旋塞阀和考克

阀、压力表；旋塞应处于开位。打开环形工作防喷器。

（5）暂停作业期间，现场应有专人值守。

## 二、恢复作业时的井口控制安全要求

（1）关井后恢复作业前，应检查防喷器之间的压力情况，确保防喷器没有泄漏；确保井口管柱旋塞阀上的压力表没有压力，如果有压力应判断该压力来源是底部堵塞工具失效或是螺纹渗漏，甚至是管柱脱落、开裂。

（2）打开任何防喷器之前，防喷器上下压力应平衡，有至少一组防顶卡瓦和一组承重卡瓦处于关闭状态，且在打开半封闸板之前，应关闭工作防喷器。

（3）恢复管柱移动前，应检查所有闸板处于正确的位置，且闸板位置指示器完全正常。

## 参考文献

[1]胡守林，等．带压作业工艺［M］．北京：石油工业出版社，2018.

# 第五章　气井带压作业技术

由于天然气具有可压缩性和易爆炸性，以及硫化氢气体的存在，与油水井带压作业相比，气井带压作业面临更高的风险，作业装备性能要求也更高。因此气井带压作业技术发展相对缓慢。2010 年 3 月 20 日，中国石油召开了带压作业工作部署会，并将 2010 年作为“带压作业推广年”，极大地促进了带压作业技术整体发展。2010 年中国石油部署开展了重大工程技术现场实验项目《气井带压作业技术与装备现场实验》，通过 3 年攻关初步形成了具有动密封 21MPa 作业能力气井带压装备和工具，并进行了 25 井次现场试验，为气井带压作业全面推广奠定了基础。2014 年中国石油开展了《重大工程关键技术装备研究与应用》的研究，2014 年 1 月—2017 年 12 月完成的子课题《高压气井试油测试与带压作业装备研制》的研究，将国产带压作业机作业压力由 21/35MPa 提高到了 35/70MPa，配套的油管内封堵工具耐压等级达到了 70MPa。

## 第一节　气井带压作业装备

由于气井带压作业压力相对较高，对设备的气密封性要求好、可靠性要求更高，因此国内气井带压作业备主要是引自美国或加拿大，目前国内引进带压作业的装备共 24 套，其中 70K 1 套、150K 3 套、170K 8 套、225K 7 套、240K 3 套、340K 2 套，其中中国石油引进设备共 11 套。为解决气井带压作业装备的一些技术瓶颈，中国石油在对美国、加拿大设备引进消化吸收的基础上，通过关键技术装备研究与应用，逐步解决了气井带压作业装备一系列技术难题，为推动气井带压作业装备的国产化做出了积极贡献。动密封压力逐步实现了由 7MPa 到 21MPa，再到 35MPa 的技术突破；举升力从 300kN 提升到 420kN、600kN，再突破达到 1100kN；举升速度由 10m/min 提升到 26m/min，下压速度由 17m/min 提升到 41m/min，大大增加了作业效率；研制了带压作业机的支撑扶正装置，防止作业设备和井口装置晃动失稳，提升作业安全性；研制出工作压力 21MPa、静密封承压 35MPa 带压密封切割装置，可对 $2^3/_8$in、$2^7/_8$in、$3^1/_2$in 外径的油管进行切割[1]。

### 一、环空动密封系统

1. 结构组成及技术特点

（1）结构组成。

环空动密封系统主要包括壳体本体、动密封总成、侧门密封结构、锁紧结构等部分。环空动密封系统可配置多种规格耐磨胶件，实现多种规格钻具的作业，可按照实际工况进行调整和组合，实现安全配置。环空动密封系统采用液压开关侧门，实现快速更换动密封总成和胶件。$7^1/_{16}$in-10000psi 环空动密封系统上下为法兰连接，结构如图 5-1 所示，侧门打开状态如图 5-2 所示。

图 5-1　$7^{1}/_{16}$in -10000psi 环空动密封系统结构示意图

图 5-2　$7^{1}/_{16}$in-10000psi 环空动密封系统侧门打开状态

（2）技术参数。

主要性能技术参数见表 5-1。

**表 5-1　环空动密封技术参数**

| 项目 | 参数 |
|---|---|
| 气压静密封工作压力，MPa | 70 |
| 气压动密封工作压力，MPa | 35 |
| 公称通径，mm | 179.4 |
| 强度试验压力，MPa | 105 |
| 油路额定工作压力，MPa | 21 |
| 油路强度试验压力，MPa | 31.5 |
| 推荐液控操作压力，MPa | 8.4～10.5MPa |
| 开启所需最大油量，L | 5 |
| 关闭所需最大油量，L | 5.2 |
| 关闭比 | 6.91 |
| 上部连接形式 | $7^{1}/_{16}$in -10000psi 6BX BX156 法兰 |
| 下部连接形式 | $7^{1}/_{16}$in -10000psi 6BX BX156 法兰 |
| 侧出口规格形式 | $2^{1}/_{16}$in -10000psi 6BX BX152 栽丝 |

续表

| 项目 | 参数 |
| --- | --- |
| 工作介质 | 原油、含 $H_2S$ 天然气、钻井液 |
| 外形尺寸，mm × mm × mm | 2109 × 670 × 790 |
| 重量，kg | 1970 |
| 本体工作温度级别 | T-20（-29～121℃） |
| 橡胶件温度等级 | DA（-7～82℃） |

（3）技术特点。

① 壳体、侧门、中间法兰和动密封本体等选用 AISI 4130，材料化学成分符合 API Spec 16A 的规定，通过严格控制材料的有害化学成分和非金属夹杂物，选择合适的锻造比，并经适当热处理，机械性能超过 75K 性能的要求；

② 壳体动密封腔室采用 QPQ 处理，钢圈槽堆焊不锈钢，活塞轴孔用挡圈槽堆焊不锈钢，对其他密封沟槽及密封配合表面进行防腐处理，满足 NACE MR 01 75 的要求，严格控制密封表面、密封槽和密封件的形位公差，满足整机气密封性能的要求，延长产品使用寿命；

③ 壳体的动密封腔体采用长圆形截面，腔室结构尺寸小，采用大圆弧光滑连接，减小了因结构不连续造成的应力集中，承压能力强；壳体内加台阶，减小动密封与壳体的磨损，延长顶密封的使用寿命；

④ 动密封本体采用长圆形整体式，其动密封件采用前密封和顶密封组装结构，耐磨体、前密封和顶密封可根据损坏情况不同单独更换，更换简单省力；

⑤ 新型材料制造的耐磨体具有极高的耐磨性和优良的密封性能；

⑥ 环空动密封系统采用直线开关式侧门，开启和关闭都采用液压操作，并且与操作动密封开关的液压源为同一路径，无需另设液压接口，这种结构更换动密封作业迅速省力；

⑦ 侧门密封采用了浮动密封结构，减少侧门螺栓的上紧力矩，密封效果不受侧门螺栓伸长的影响，提高了密封可靠性，且有效减少了现场频繁更换动密封的劳动强度；

⑧ 活塞轴与侧门的密封采用组合密封结构，即唇形密封圈加 O 形圈密封，并设有二次密封机构，确保密封万无一失。活塞轴孔用挡圈采用特殊的抗 $H_2S$ 不锈钢制造，具有极好的机械性能。

2. 关键技术

（1）耐磨动密封。

针对耐磨动密封起下作业过程中的工作机理，与管柱接触区域磨损较快，是影响耐磨动密封可靠性和使用寿命的关键，因此，耐磨动密封在结构设计和材料选用方面开展了研究。

动密封胶件结构上采用本体与耐磨块组装结构，当耐磨块磨损后，可根据情况单独进行更换，更换方便，有利于降低作业成本。

目前，常用的耐磨材料有橡胶夹布、尼龙、聚氨酯和聚四氟乙烯等，在现场使用过程中，由于耐磨性差，不适用于井上恶劣的环境条件。一方面由于密封胶芯寿命短，频繁更换胶芯，增加辅助作业的时间；另一方面由于胶芯易损坏，增加了作业的风险。为此，通过对胶芯在工作过程中的受力情况的分析，从结构和材料两方面入手，进行了耐磨胶件的研制。从密封胶芯的受力情况分析：胶芯主要承受密封压力、钻杆上下移动时胶芯与钻杆之间的摩擦力。在结构上，为降低作业成本，实现气密封和耐磨的要求，采用本体和耐磨块组装结构。对本体橡胶凸出量、垫铁与橡胶密封面的偏心距、密封面形状等结构参数进行了优化设计，保证动密封胶件具有足够的储胶量，变形更加均匀，在耐磨块磨损后，仍然保持良好的密封性能，延长胶件的使用寿命；优化耐磨块的尺寸，严格控制耐磨块的制造尺寸和公差，确保密封的可靠性和耐磨性。在材料上，优选耐磨块的材料，最终确定试验效果较好、满足动密封 2000m 以上的超高分子聚乙烯材料作为耐磨块材料。该材料分子量通常为（100～500）$\times 10^4$，加入了特殊添加剂，具有耐磨性佳，抗冲击性强，而且在低温时抗冲击强度仍保持较高数值，自润滑性好等优点。其次，该材料耐磨损机理不仅靠它的硬度，而且还靠黏弹性和摩擦系数小来缓冲磨损，这与一般磨损材料抗磨损机理截然不同，其磨损系数较小，与塑料中最好的聚四氟乙烯相当，摩擦系数仅为 0.07～0.10。

（2）浮动密封结构。

① 密封结构的选择。

常见的侧门密封结构有端面密封、轴向密封和浮动密封 3 种。

端面密封结构简单，它主要通过侧门螺栓较大的预紧力使侧门密封胶件预压缩变形，随着井压的升高，预压缩变形逐渐释放来填充侧门与壳体之间的间隙达到密封井压的目的。侧门螺栓的预紧有一定限度，当侧门密封胶件老化，橡胶弹性降低时，易造成井压密封失效。这种结构适用于低工作压力井控系统。

轴向密封主要通过侧门密封胶件本身的过盈量来填充侧门与壳体相配合的孔和轴之间的间隙达到密封井压的目的。这种密封与侧门螺栓的预紧程度没有关系，只要侧门螺栓的预紧能使侧门与壳体正常联结到一起即可。这种密封结构有 2 个缺点，一个是互相配合的侧门与壳体的加工精度、位置度要求比较高；另一个是壳体处的密封孔长期浸泡在钻井液中，容易锈蚀、拉伤从而造成密封失效，会给后期检修带来一定困难。

浮动密封结构由密封骨架、端面密封圈、轴向密封圈和橡胶弹簧组成，橡胶弹簧位于端面密封圈的相对一侧，有助于端面密封圈形成初始密封（图 5-3）。浮动密封吸收了端面密封和轴向密封的优点，是一种组合密封，端面密封与轴向密封密封井压的面积有一个差值，当有井压时，会产生一个朝向端面密封圈的压力，井压越高这个压力越大，端面密封效果越好。由于这个压差的产生与密封骨架和井压有关，与侧门螺栓的预紧力无关。侧门螺栓的预紧力仅仅是为了让端面密封形成初始密封，所以需要的预紧力很小。浮动密封结构简单，加工、使用、维护方便，是这三种密封结构中最好的一种密封

图 5-3　动密封总成结构图

结构，值得选择和推广。

环空动密封系统侧门密封采用浮动密封技术，减少侧门螺栓上紧扭矩，方便拆卸侧门螺栓，特别适合经常更换动密封总成（图 5-3）的作业。

② 密封骨架的计算。

壳体与侧门之间的密封的结构如图 5-4 所示，壳体与侧门之间能够可靠密封的关键是：骨架对密封圈能否形成有效支撑，使 O 形圈在高压下不挤出飞边；密封件的结构、材料及性能能否满足气密封。通过对 Cameron U 型侧门密封圈结构和浮动密封圈结构两种结构骨架在各级压力下的有限元分析计算及对比结果可以得出，浮动密封圈结构在橡胶 O 形密封圈撕裂之前，骨架能够很好地与侧门密封槽面贴合，能够可靠地为密封件提供支撑。即目前在用的浮动密封圈结构骨架结构及材料能够满足气密封要求。

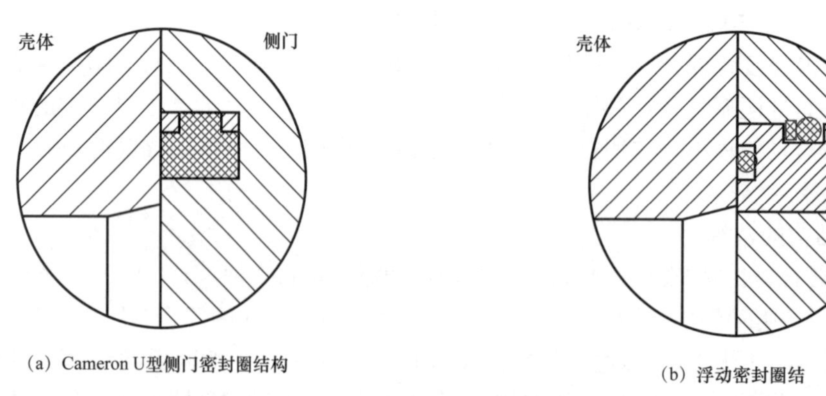


（a）Cameron U型侧门密封圈结构

（b）浮动密封圈结

图 5-4　侧门密封圈结构改进

（3）气密封技术。

环空动密封系统实现密封井口的功能必须有 5 处密封起作用，即活塞轴与侧门间的密封，壳体与侧门之间的密封，顶密封与壳体的密封，动密封胶件与管柱、动密封相互间的密封，法兰连接端部密封垫环的密封。影响气密封效果的因素除了结构外，还有密封件的材料性能，金属件密封部位的防腐蚀能力、表面粗糙度、尺寸及形位精度等。另外，对气密封是否渗漏的判断也需通过大量的试验进行研究。

① 密封件材料。

经调研可知，气密封试验普遍存在的问题是活塞轴与侧门间的密封、壳体与侧门之间的密封渗漏较多。顶密封与壳体的密封、动密封与管柱、动密封相互间的密封、法兰连接端部密封垫环等密封部位只有个别渗漏，并且这些部位的渗漏与结构无关。经研究与试验，壳体与侧门之间的密封圈，径向密封圈及端面密封圈均采用 O 形橡胶圈实现气密封。

② 金属件密封要求。

金属件密封部位表面粗糙度的好坏、尺寸、形位精度的高低对气体密封都有一定的影响。因此对壳体及侧门密封面的表面粗糙度及形位精度进行了准确的检测（表 5-2）。从试验的结果能够判断，目前对各密封面的加工方法合适，粗糙度满足气密封的要求。

③ 金属件防腐蚀处理。

为防止井压密封部位腐蚀，造成气密封失效，对各密封部位均采取了堆焊防腐层的工艺措施。具体部位有侧门的闸板轴密封件安装孔、侧门密封槽、钢圈槽等。

表 5-2　金属件密封面检测结果

| 检测项目 | 与侧门贴合的壳体面 | 与壳体贴合的侧门面 | 侧门密封槽外侧面直端 | 侧门密封槽外侧面圆弧端 |
|---|---|---|---|---|
| 铣加工表面粗糙度 | 0.78～0.8 | 0.28～1.8 | 0.4～0.82 | 0.5～1.12 |
| 平面度 | 0.02 | 0.02 | | |

（4）表面处理工艺。

气井用环空动密封系统开关频繁，更换动密封频率较高，对壳体动密封腔室的耐磨性提出了较高的要求，在壳体动密封腔室表面进行 QPQ 处理。QPQ 盐浴氮化复合表面处理技术，是在氮化盐浴和氧化盐浴两种盐浴中对工件进行表面处理，实现渗氮和氧化两种工序的复合，使工件表面具有较强的耐磨性和抗蚀性以及具有一定的韧性。QPQ 复合处理技术与单一提高耐磨性的传统热处理技术和单一提高抗蚀性的表面处理相比，它在耐磨性和耐蚀性等方面具有一定优势。

（5）抗应力腐蚀开裂。

硫化氢应力腐蚀开裂和氢致开裂是一种低应力破坏，甚至在很低的拉应力下都可能发生开裂。一般来说，随着钢材强度（硬度）的提高，硫化氢应力腐蚀开裂越容易发生，甚至在百分之几屈服强度时也会发生开裂。硫化氢腐蚀时材料因素的影响作用最为显著。环空动密封系统的壳体、中间法兰、侧门和动密封本体均采用了 AISI 4130 材料，为低合金钢锻造成型，并经调质热处理，在锻造过程中严格控制材料的化学成分，符合 API Spec 16A 和 NAME MR 01 75 要求，机械性能执行 API Spec 16A 中 75K 要求。并经硫化物应力开裂（SSC）试验和高温高压下应力腐蚀开裂（SCC）试验，AISI 4130 材料符合 NACE TM 0177—2005 标准的要求。

## 二、1100kN 带压作业主机

1. 主要技术参数及特点

1100kN 带压作业主机主要技术参数见表 5-3。

表 5-3　1100kN 带压作业主机技术参数表

| 名称 | 参数 |
|---|---|
| 最大提升载荷，kN | 1100 |
| 最大下压载荷，kN | 650 |
| 最大静态工作压力，MPa | 70 |
| 最大动态工作压力，MPa | 35 |
| 液压系统压力，MPa | 21 |
| 提升速度，m/s | ≥0.2 |
| 下压速度，m/s | ≥0.3 |
| 最大行程，m | 3.5 |

续表

| 名称 | 参数 |
| --- | --- |
| 井口垂直通径，mm | 186 |
| 柴油机功率，kW | 399 |
| 液压伸缩桅杆额定起吊载荷，kgf | 1500 |

1100kN带压作业机各部件协调性高，功能强大，设置了高低速可选择的液压转盘、伸缩式工作平台、可旋转大钳支架、可拆卸桅杆绞车、可调节固定卡瓦安装板等，以保证其整体性能的先进性；主体承载装置与液压缸合二为一，节省空间、降低成本，工作平台具有伸缩功能，可在运输时收缩，作业时伸出提供更大的操作空间；液压控制系统中举升油缸可选择两液缸、四液缸模式，差动和正常模式，且举升泵压力与负载构成负载敏感回路；卡瓦具有液压互锁和紧急制动功能，防止误操作带来的事故。液压转盘通过切换手柄可选择高速低扭矩和低速大扭矩两种模式；带压作业机在作业过程中，对胶芯更换时，液压部分全封闭，达到零排放，符合HSE要求。

2. 主体承载方案

主体承载装置主要由承载板、举升油缸、固定卡瓦连接板、上连接板和举升板等组成。与井口中心连接的通径升高短节与承载板相连，承载板上圆孔中心周围均布4个举升油缸，举升油缸上端由上连接板整体连接固定，活塞杆上连接举升板，在举升油缸缸筒上设有支撑板，与固定卡瓦连接板连接固定，如图5-5所示。

图5-5　固定卡瓦连接板连接固定

主承载装置中间连接固定卡瓦安装板，该板可以上下移动，每段移动距离在300mm或者300mm的整数倍，以此来适应不同的工况要求。同时油缸缸筒的外端可连接安装板，以固定阀块、管线等。

3. 液压转盘

为降低转盘总体高度，采用卡瓦组件内置在游动窗板内部的结构形式，游动窗板的上下面各钻一个与轴承外壳相配合的圆孔，用于固定轴承的外圈。

（1）轴承主参数选择：转盘旋转过程中主要承受轴向载荷，考虑到转盘旋转过程中的径向冲击额，选用圆锥滚子轴承。液压转盘的设计承载为1100kN，冲击载荷系数选取1.5。

（2）马达主参数选择：液压转盘设计扭矩为10000kN，根据转盘外形结构尺寸限制，齿轮系的减速比选取4.1，马达数量2个。

4. 液压卡瓦

液压卡瓦采用对开翻转式结构，操作简单快捷，卡瓦打开后，卡瓦体全部收回，不占用卡瓦通径区域的内部空间，不影响井下工具作业。卡瓦体与卡瓦座之间采用锥形楔紧的结构形式，自紧性能好，管重越重，卡瓦夹持越紧。卡瓦座的平均应力 470MPa，卡瓦体的平均应力 400MPa，取全系数 1.5 倍，卡瓦座和卡瓦体的材料最小屈服强度分别为 700MPa 和 600MPa，卡瓦座和卡瓦体的材料均选取 30GrNiMo（或 4130）材料。

5. 可伸缩工作平台

带压作业工作平台至少需要两人操作，平台空间越大越好，以保证作业的安全和便利，同时兼顾运输要求，因此，工作平台采用可伸缩式的，运输时缩回至公路运输限制以内，作业时伸开到最便利操作空间尺寸以上。可伸缩式工作平台包括上工作平台、平台伸缩装置、逃生装置连接架、伸缩铝梯安装架和操作台等。平台伸缩装置由 4 只伸缩油缸、翻转装置、伸缩滑轨构成，如图 5–6 所示。

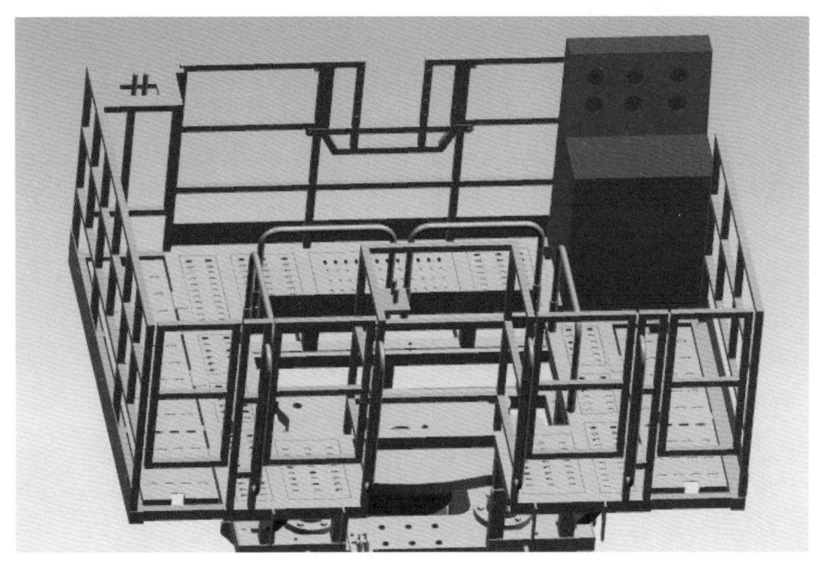

图 5–6　可伸缩式工作平台

6. 桅杆绞车连接

带压作业机功能要求有 3 个绞车、1 个桅杆，考虑到绞车由液压马达和钢丝绳滚筒构成，3 个绞车将占据较大的空间，而桅杆结构简单，故设计将绞车固定在桅杆上，以节约主机的空间。同时将桅杆绞车设计成与主机快速连接，可整体从主机上拆卸桅杆绞车。

7. 液压控制系统

液压控制系统方案主要从带压作业工况和需求进行设计。为提高带压作业效率降低能耗，在低压力轻负载使用两液缸模式，其中，某一对角布置的两液缸为主动缸，另外一对液缸为从动缸，对应的液压泵处于卸荷状态，降低能耗。在高压和重负载时采用四液缸模式，即四液缸全部为主动缸。

同时在两液缸和四液缸模式下，主阀与泵通过控制管线构成负载敏感回路，保证泵的输出压力比负载压力高出 2MPa，如此泵的输出压力随着负载的变化而相应变化，减低溢流产生的热量，提高能量的利用率，降低带压作业机的能耗。

四个卡瓦在工作过程中两个承重卡瓦不能同时关闭，两个下压卡瓦不能同时关闭，之间需要设置互锁，即一个承重卡瓦在打开时，另一个不能打开，即使误操作也不会实现相应动作。该互锁功能因不能使用电磁换向阀，故全部用液压换向阀来实现互锁。

## 三、密封切割装置

针对气井带压作业时，在不压井前提下对复杂管柱进行起下钻作业过程中，存在复杂管柱难以卸扣、大直径装置串难以起出等技术难题，研制了带压切割油管装置，装置具有安装、使用方便、切割后的管柱易于抓取的特点。

1. 密闭切割装置结构原理

（1）结构构成。密闭切割装置主要由上壳体、下壳体、刀架、扶正轮、刀头、复位弹簧、旋转座、轴承、齿轮、主动轴、冷却环以及密封件组成；在上壳体、下壳体、刀架、刀头及旋转座形成的空腔内充满液压油，如图 5-7 所示。

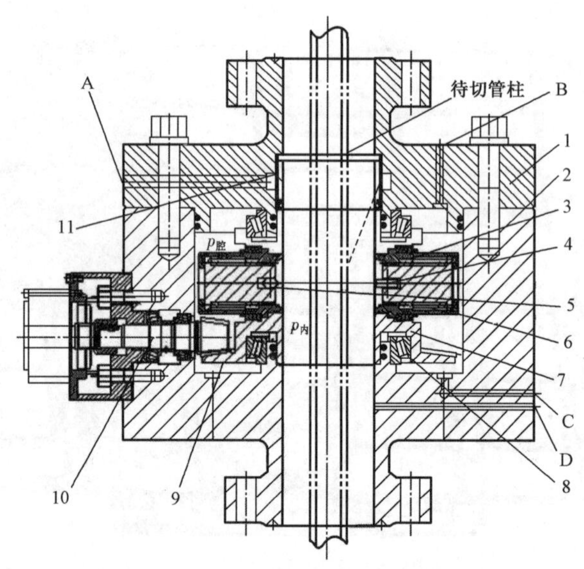


图 5-7　气井带压切割装置方案细图

1—上壳体；2—下壳体；3—刀架；4—扶正轮；5—刀头；6—复位弹簧；7—旋转座；8—轴承；9—齿轮；10—主动轴；11—冷却环；A—注水口；B、C—注油口；D—切割腔接口

（2）工作原理。装置的刀头 5 固定在刀架 3 上，刀架 3 固定在旋转座 7 上，旋转座 7 与主动轴 10 通过齿轮 9 连接，使用时刀头 5 在主动轴 10 的带动下随旋转座 7 旋转，同时通过控制注油口 C 与切割腔接口 D 之间的压差，使刀头 5 径向运动实现进刀。在切割时，冷却环 11 将通过注水口 A 注入冷却液喷淋在管柱及刀头上，实现冷却。当切割完成后卸掉油腔压力 $p_{腔}$，刀头 5 在复位弹簧 6 及内压 $p_{内}$的作用下复位，完成一次切割。

（3）技术参数。

技术参数见表 5-4。

**表 5-4　密闭切割装置参数表**

| 名称 | 承压等级，MPa | 工作压力，MPa | 公称通径，mm | 切割尺寸，in | 连接尺寸，in |
|---|---|---|---|---|---|
| 设计参数 | 35 | 14 | 180 | $2^3/_8$、$2^7/_8$、$3^1/_2$ | 法兰 $7^1/_{16}$ |

2. 刀具的选择

刀具有多种形式（图 5-8），通过多次刀具选择试验，并根据室内试验中存在的问题，对刀具及进刀机构进行了改进。试验表明圆形挤压刀具具有切口整齐，不易打刀的特点，更适合切割作业。

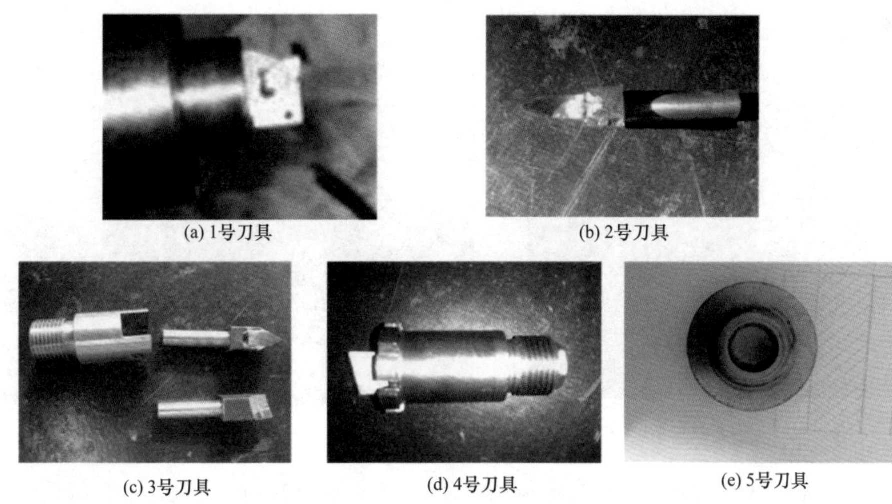

(a) 1号刀具　(b) 2号刀具　(c) 3号刀具　(d) 4号刀具　(e) 5号刀具

图 5-8　多种形式的刀具

3. 带压切割试验

试验使用材质为 N80 的 $2^{7}/_{8}$in 油管，油管下端与盲板法兰采用螺纹固定，上部用三抓卡盘固定。并用盲板法兰、密封垫环密封装置上下法兰端面，使用氮气加压。试验装置如图 5-9 所示。试验步骤如下：

（1）通过切割腔接口 D 用氮气将切割腔压力增加至 2.6MPa。

（2）快速进刀，直至进刀油压至 2.8MPa。

（3）启动液压马达旋转座旋转。

（4）进刀油压至 3.0MPa 时，降低进刀速度，继续进刀，直至油管被切断。

（5）切割期间，从进刀油压至 3.0MPa 时开始，压力每升高 0.4MPa，喷淋冷却 1 次。

（6）油管切断后，泄压退刀，1min 后停止旋转。

（7）缓慢泄去切割腔内压力。

（8）打开上法兰，查看刀具完全收回。

（9）刀具完全收回后，将油管取出，查看切割及刀具情况。

试验完成后，油管断面整齐，如图 5-10 所示。刀具完好，装置无明显泄漏现象。

4. 现场应用

（1）井的基本情况。

苏 14-0-9C4 井于 2009 年 8 月 18 日完井，同年 12 月 8 日投放节流器，气嘴 1.9mm，下深 1900m，由于该井 2012 年被定为自动注剂试验井，需打捞出节流器方能进行试验。但前期打捞节流器时，打捞颈在距离井口 40m 处拉断，打捞失败。目前，油压 1.09MPa，套压 9.65MPa，日产气 $0.805 \times 10^{4}m^{3}$，累计产气 $846.438 \times 10^{4}m^{3}$。

完井井口采用 KQ-65/70 六阀采气树，井内留有 $2^{7}/_{8}$in（N80 EUE）油管 388 根 + 双

封压裂管柱 1 套，结构为：管挂 ×0.30m+$2^7/_8$ in（N80 EUE）油管 381 根 ×3641.86m+ 安全接头 ×0.62m+ 上水力锚 ×0.35m+ 上 K344-112 封隔器 ×1.43m+$2^7/_8$ in（N80 EUE）油管 4 根 ×37.72m+ 喷砂器 ×0.31m+ 下水力锚 ×0.35m+ 下 K344-112 封隔器 ×1.27m +$2^7/_8$ in（N80EUE）油管 3 根 ×27.83m+ 气井压裂底阀 ×0.255m。

图 5-9　带压切割试验装置

图 5-10　被切开的油管

拟定工艺流程：探节流器位置—管串内堵塞—拆卸采气井口—安装安全防喷器组和带压作业机—管汇连接及试压—管柱试提—导出悬挂器—导出井内节流器油管—管串堵塞—起油管—导出上水力锚 + 封隔器装置串—带压切割—带压起出下滑套喷砂 + 下水力锚封隔器装置串—带压起尾管—下 2 根带堵塞器油管—坐悬挂器—拆卸带压作业装置、安全防喷器组—带压下速度管柱—打开堵塞器—完井。

（2）切割方案。

带压切割装置安装位置，如图 5-11 所示。带压起出上水力锚和上封隔器及其以上油管后，再采用带压作业装置带压起出油管 2 根（调整短节共 4 根），带压起下第三根油管至带压油管切割装置上部时，关闭卡瓦防喷器，采用带压油管切割装置进行带压切割。

（3）切割过程。

将带压切割安装在井口上，安装位置如图 5-12 所示。现场施工中发现由于上水力锚和封隔器存在泄漏，无法正常带压起出上封隔器，于是，决定在起至安全接头上部留有 1 根油管时，采用带压油管切割装置对油管进行带压切割。

带压切割实施步骤：

① 打开注水泵，注水 10L，读取切割腔初始压力 0.3MPa；

② 快速进刀，直至进刀油压至 0.5MPa；

③ 启动液压马达旋转座旋转，初始转速 26r/min，稳定转速 33r/min；

④ 进刀油压至 0.6MPa 时，降低进刀速度，继续进刀；

⑤ 切割期间，从进刀油压至 0.6MPa 时开始，压力每升高 0.3MPa，喷淋冷却 1 次，直至进刀至油压至 4.0MPa，转速降至 26.8r/min 后突然升至 28.0r/min，进刀油压降至 3.6MPa，判断管柱已切开，停止旋转，退刀后试提管柱，验证管柱已切开；

⑥ 确认切割完成后，带压起装置串至环形防喷器下部，要确保装置串已过全封防喷器，关闭全封防喷器，起出安全接头 + 上水力锚 + 上封隔器；

⑦ 下捞矛抓取下部油管，带压起出滑套喷砂器上部油管，直至下封隔器下方相连油管至带压油管切割装置上部时，关闭卡瓦防喷器，采用带压油管切割装置对油管再次进行带压切割，过程如第一次切割，40min 后管柱被切开，确认切割完成后，带压起装置串至环形防喷器下部，要确保装置串已过全封防喷器，关闭全封防喷器，起出滑套喷砂器 + 下水力锚 + 下封隔器；

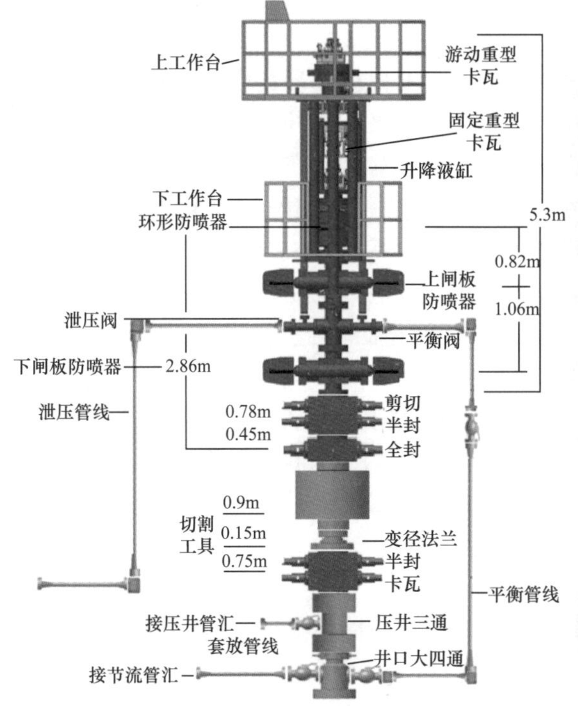


图 5-11　井口安装位置示意图

图 5-12　井口装置安装现场

⑧ 用电缆作业在最后一根尾管内打永久式油管桥塞，带压下油管打捞装置带压起出尾管；

⑨ 最后一根油管起过全封后，关闭全封防喷器。起管柱作业顺利完成。起出的装置串如图 5-13 所示，切割后的油管如图 5-14 所示。

图 5-13　切开后起出的装置串

图 5-14　被切油管切口

## 第二节　气井带压作业工艺技术

2003 年中国石油从加拿大进口了一台 150K 型（S–9）带压作业机，从 2005 年起，先后在邛西气田、白马庙气田等中浅层气藏成功地实施了 9 井次现场应用，这些井井口压力控制在 7MPa 以下，总起下管柱 60000m 以上，可见，气井带压作业工艺发展缓慢，基本上处于试验阶段，远未形成规模效益。

在中国石油的高度重视下，在 2010—2013 年重大工程技术现场实验项目《气井带压作业技术与装备现场实验》以及 2014—2017 年完成的《高压气井试油测试与带压作业装备研制》的带动下，极大地推进了气井带压作业工艺的发展与完善。从施工压力上，气井带压作业工艺实现了从低压到高压的突破，已经形成了 35MPa 动密封作业能力，目前，国内气井带压作业最高工作压力是由美国 CUDD 公司完成的乌参 1 井（工作压力高达 86MPa），完全自主完成最高工作压力 32MPa（JY59–6HF 井）；在带压作业工作量上，随着中国石油带压作业技术的推广应用，以及页岩气和致密油气开发的需要，带压作业工作量突飞猛进，2015 年完成 92 井次，是 2011 年 30 井次的 3 倍，“十二五”期间共完成 384 井次。在作业工艺上，实现了从起下简单光油管完井到起下复杂管柱、从常规完井到带压修井的突破，主要包括更换完井管柱、钻磨、打捞、起下射孔管柱、配合压裂、起下封隔器管柱、钻进等；最大作业井深 4540m（威 204H11–5），最大提升负荷 1100kN[2]。

### 一、起下光油管工艺技术

随着国内页岩气和致密油气开发，都需要经过大规模体积压裂，通常采用桥塞分段、套管压裂工艺，排采到一定阶段时，需要下入小直径油管，提高携液能力。作业压力先后从不超过 7MPa，再提升至 7～14MPa、14～21MPa，再超过 21MPa，逐渐实现技术、安全的突破，最高作业压力达到 32MPa（JY59–6HF 井）。

#### 1. 油管内堵工艺

气井带压作业风险较大，一般根据井口压力的大小，采用不同级别的两级机械屏障，对于井口压力小于 7MPa 的采用一道屏障，如采用陶瓷堵塞器、盲堵堵塞器等，另外一级屏障采用坐放工作筒；对于井口压力大于 7MPa 或含硫化氢井，一般采用两道屏障，如陶瓷堵塞器 + 陶瓷堵塞器或定压接头 + 陶瓷堵塞器，另外一级屏障采用坐放工作筒。对于需要进入大斜度段或水平段的管柱上，一般还会在造斜点以上再增加一级坐放工作筒。起油管时，对有坐放工作筒的管柱优先采用坐放式堵塞器，没有工作筒的一般采用钢丝桥塞或电缆桥塞。

内堵塞工具结构原理见本书第三章。

#### 2. 起下作业工艺

带压作业要结合作业管柱尺寸、接箍类型、作业压力来选择环空压力控制方法，通常有通过环形防喷器直接控制起下、环形防喷器和闸板工作防喷器倒换控制起下、闸板工作防喷器和闸板工作防喷器倒换控制起下 3 种方式。每种方式适应不同的管柱、不同的压力，详见表 5–5。需要注意的是闸板和闸板倒换控制起下这种方式可以用于环形防喷器直接控制起下、环形防喷器和闸板倒换控制起下，环形防喷器和闸板倒换控制起下可用于直接用环形防喷器控制起下，反之则不能。

具体操作见本书第四章。

表 5–5　不同规格管柱作业环空动密封装置使用条件表

| 管柱规格型号及接箍通过方式 | 工作压力范围，MPa | | |
|---|---|---|---|
| | 条件一 | 条件二 | 条件三 |
| $\phi$60.3mm 外加厚油管 | <13.8 | 13.8～21.0 | ≥21.0 |
| $\phi$73.0 mm 外加厚油管 | <12.25 | 12.25～21.0 | ≥21.0 |
| $\phi$88.9 mm 外加厚油管 | <4.0 | 4.0～21.0 | ≥21.0 |
| 管柱接箍通过方式 | 直接推过 / 提出环形 | 环形 + 闸板式分段导出 / 入管柱接箍 | 上闸板 + 下闸板分段过接箍和工具短节 |

注：（1）其他管柱接箍比照油管接箍尺寸执行；

（2）不建议在 $\phi$60.3mm 及以下管柱使用通径 280mm 的环形防喷器。

## 二、带压起下复杂管串工艺技术

由于压裂分层施工，井下管柱通常带有单封隔器、双封隔器、三封隔器、四封隔器以及滑套、喷砂器等配套工具，有时还需起下射孔枪管柱，这些管柱外径不规则，无法实现有效封隔环空压力；管柱内通径也不规则且内径较小，给油管内堵作业带来极大困难。中国石油通过多年技术攻关，逐渐实现了多封隔器的内堵和起下工艺。

下面以苏 6–9–9 井为例描述带压起下复杂管柱工艺。

（1）苏 36–9–9 井基本情况。

苏 36–9–9 井基本情况见表 5–6。

表 5–6　苏 36–9–9 井基本情况表

| 项目 | 参数 |
|---|---|
| 井别 | 开发井 |
| 开钻日期 | 2007.5.19 |
| 完钻日期 | 2007.5.31 |
| 地理位置 | 内蒙古自治区鄂托克旗苏米图苏木额尔和图 |
| 构造位置 | 鄂尔多斯盆地伊陕斜坡 |
| 完钻层位 | 山西组 |
| 完钻井深，m | 3475.00 |
| 人工井底，m | 3457.28 |
| 联入，m | 6.25 |
| 表层套管 | 外径 244.50mm，壁厚 8.94mm，内径 226.62mm，下入深度 504.72m，水泥返至地面 |
| 气层套管 | 外径 139.7mm，壁厚 9.17mm，内径 121.36mm，下入深度 3474.28m，水泥返高 2314.58m |

续表

| 项目 | 参数 |
| --- | --- |
| 短套管位置，m | 3305.93～3311.62 |
| 地层压力 | 借鉴苏 37-7 井盒 8 地层压力 27.3874MPa，估算该井地层压力系数 0.82 |
| $H_2S$ 含量，$mg/m^3$ | 0～4 |

注：地层压力和 $H_2S$ 含量数据来源于《苏 36-6-9 井试气地质设计》。

（2）施工设计。

苏 36-6-9 井正处于投产中，根据产建任务需求，决定在该井 2920m 进行侧钻打水平井，需封堵产层，最终达到能满足侧钻井施工的目的。由于井内有节流器，压井困难，利用带压作业装置，起出井内油管及工具串，打电缆桥塞封堵盒 8，山 1 层后，再进行后续施工。

设计工艺流程：管串内暂堵塞—拆卸采气井口—安装安全防喷器组和带压作业机—管汇连接及试压—管柱试提—导出悬挂器—起油管—导出井内节流器油管—管串堵塞—起剩余油管及工具串（水力锚封隔器组合）—套管腐蚀检测—套管打电缆桥塞—拆卸带压作业装置、安全防喷器组—常规作业打水泥塞。

（3）现场施工。

苏 36-6-9 井带压作业前井口油压 3.18MPa、套压 9.73MPa，日产气 $0.5644\times10^4m^3$，日产水 $0.288m^3$。自作业开始，DY10122 队对该井进行通井、打捞可捞式油管桥塞、打捞节流器、打油管桥塞、带压起钻、套管桥塞等作业，顺利完成施工。

具体施工过程：钢丝作业采用 $\phi$59mm 油管刮削器带压通井至 2055m，确定节流器位置 2055m，打油管可捞式桥塞，位置 320m，分 4 次均匀卸油压至 0MPa，观察无异常，说明封堵合格；拆井口，拆采气流程，安装带压作业装置，接流程，验收合格；用带压作业装置试提井内管柱 2.7m 遇阻，上下活动钻具。最大拉力 45kN，上下活动钻具解卡，起钻 15 根，油管悬挂器 1 个（图 5-15）；打捞可捞式油管桥塞，电缆传输打油管桥塞，位置 1897m，分 4 次均匀卸油压至 0MPa，观察无异常，封堵合格，起钻准备。起钻 201 根，倒出节流器。

钢丝作业采用 $\phi$59mm 油管刮削器带压通井至 1269m，确定安全接头位置 1269m，打永久式油管桥塞 3 个，位置分别为 1265.0m、1320.0m、1346.0m，分 4 次均匀卸油压至 0MPa，观察无异常，封堵合格；起钻 139 根，Y342-114 机械分层压裂钻具 1 套；电缆传输可钻式套管桥塞至 3000m（图 5-16），点火坐封，试压 25MPa，历时 30min，最终压力 25MPa ；上覆水泥浆 $1.5m^3$（图 5-17）；卸带压作业装置，装采气树，完井。

## 三、带压钻磨工艺技术

带压钻磨包括钻磨桥塞、水泥塞、磨铣或套铣封隔器、锻铣、裸眼钻进、开窗侧钻以及磨铣小件落物等作业。带压作业旋转作业方案设计时应从钻磨套铣作业底部钻具组合、钻磨工具选择、防喷器组布置、地面流程设计、优化磨铣套铣参数，完善作业程序。

下面以宁 201 井为例说明带压钻磨工艺。

图 5-15　带压起钻

图 5-16　打电缆桥塞

（1）基本情况。

宁 201 井 2010 年 8 月完钻，2011 年 1 月 12—2011 年 1 月 20 日对第一层龙马溪组试油，测试气量 $1 \times 10^4 m^3/d$，不含硫化氢，地层压力 48.282MPa、压力系数 1.96。电缆下 $\phi$111.252mm SIZE438 型实心复合桥塞至 2443.74m 坐封桥塞，封闭第一层。2011 年 1 月 21 日—2011 年 4 月 1 日对第二层龙马溪组试油，电缆射孔后未压裂前井口就起压，最高达 31.57MPa，通过两天两次排液测试气量分别为（1.0182～4.8907）$\times 10^4 m^3/d$ 和（0.4327～1.2311）$\times 10^4 m^3/d$，判断第一层未封住，因而电缆补下 $\phi$105mm MAP 金属桥塞至 2440.16m 点火坐封。连续油管压裂后，测井遇阻深度 2418.2m；下电子压力计至 2410m 遇阻（射孔井段：2424～2436m）。

图 5-17　注水泥塞作业

本井采用带压作业方式冲洗电缆桥塞上下砂柱。并选用带压作业钻铣 2 个电缆桥塞，避免事故发生。

（2）施工设计。

① 关闭 2 个液动平板阀拆卸采气树。

② 在液动平板阀从下至上分别安装 18/105×18/70 变径法兰 +18/70 试压四通 + 2FZ18/70 双闸板防喷器（上 $2^7/_8$in 闸板，下剪切闸板）+2FZ18/70 闸板防喷器（下 $2^7/_8$in 闸板，上 $3^1/_2$in 闸板）+18/70×18/35 的变径法兰等安全防喷器组（图 5-18）。

③ 在防喷器组上安装带压作业设备。

④ 在带压作业设备和防喷器组与试压管汇、压井管汇、节流管汇连接并固定好。

⑤ 下入连接油管旋塞阀油管 1 根至液动平板阀之上，用带压作业设备防顶卡瓦抱紧，对防喷器组和带压作业设备试压 35MPa。

⑥ 带压下入冲砂管柱下探至遇阻处，悬重下降小于 20kN，记录长度。管柱上装旋塞阀，然后连接水龙头，用修井机大钩吊起连接。

⑦ 带压冲砂至 2440.16m 处的 $\phi$105mm 的电缆桥塞位置，循环一周后带压起出冲砂管

柱，关闭液动平板阀。

⑧ 带压下入磨铣管柱钻具下探至遇阻处，管柱上装旋塞阀，然后连接轻便水龙头，用修井机吊起连接，开始钻塞。

⑨ 带压下入冲砂管柱下探至遇阻处，带压冲砂至人工井底。循环一周后带压起出冲砂管柱，关闭液动平板阀。

⑩ 拆卸带压作业设备和防喷器组，安装采气树完成作业。

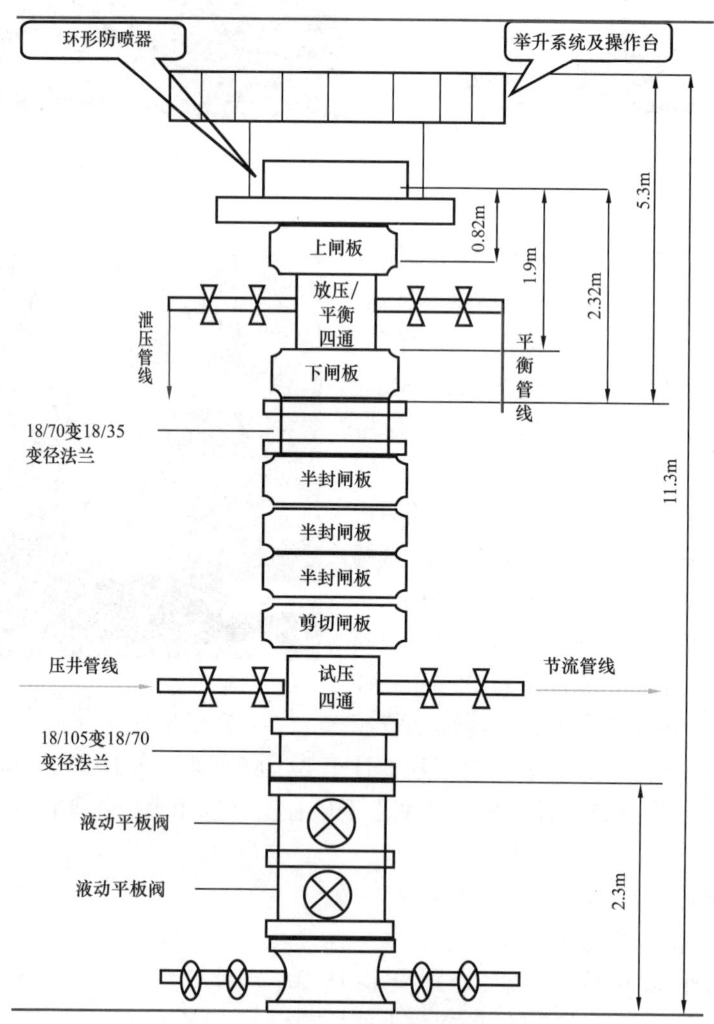


图 5-18　宁 201 井带压钻磨铣井口装置

（3）现场施工。

该井于 2011 年 5 月 12 日—2011 年 6 月 5 日，完成带压作业装置安装、带压冲砂、磨铣、起钻及完井等工序（图 5-19）。

① 安装井口装置、带压作业装置。安装井口装置及带压作业设备，液动平板阀、上下半封闸板防喷器（独立式带压机上下半封板闸）试压 35MPa 合格。

② 下冲砂磨铣管柱。下钻具组合：$\phi$114mm 磨鞋 + 回压阀 +$3^1/_2$ in DC × 8.82m+ 回压阀 + $3^1/_2$ in DC × 53.45m +$2^7/_8$ in DP。探得砂面，循环冲砂至井深 2440.16m，探得桥塞位置。

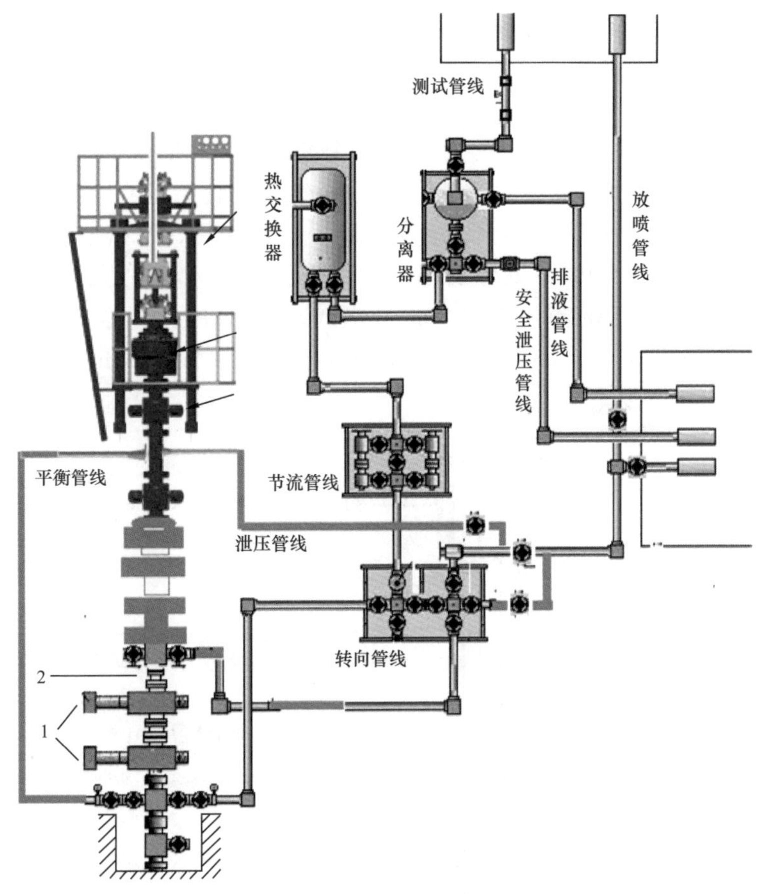


图 5-19 宁 201 井带压钻磨铣井口装置及地面流程图

1—180-105 大闸门；2—转换法兰

③ 钻塞。钻塞，井深 2440.16～2441.66m（桥塞长度 0.5m），纯钻 6.83h，进尺 1.5m，钻压 100～120kN，转速 80r/min，泵压 17～19MPa，排量 10～11.7L/s，套压由 8.00MPa 下降至 1.00MPa。上桥塞（WAM 可钻电桥塞）钻掉，并下落至下桥塞（塑料复合桥塞）上。第二次钻磨划眼，井深 2441.66～2462.73m，进尺 21.07m，钻压 20～50kN，转速 70～80r/min，泵压 17～23MPa，排量 10～13.3L/s，套压由 5.7MPa 下降至 3.8MPa。第三次下钻、划眼井深 2497～2516.52m 遇阻，钻速 80r/min，最大扭矩 2500kN，泵压 12～13MPa，排量 10～11L/s，套压由 2.3MPa 下降至 1.6MPa。第四次划眼至 2542.41m，泵压 14.0MPa，排量 9～10L/s，套压由 3.6MPa 下降至 2.2MPa，焰高 4～5m。

④ 起钻。带压起出全部钻塞管柱，套压 2.35MPa，点火焰高 4～5m。

⑤ 拆带压作业装置及防喷器组完井。拆除带压作业装置及防喷器组，安装采气井口，完成全部作业。

## 四、带压打捞作业

带压打捞可减少储层受到二次污染，尽可能不影响已有的生产能力，作业过程安全环保。带压打捞遵循“抓得住、封得严、取得出”的作业思路，按照井下落物的类型和特点，设计入井打捞管串和密封方式，并结合井口带压装置类型，配套必要的防喷器、防喷管、悬挂装置，实现带压井下打捞、井口密封取出。

下面以靖57-25井带压打捞为例介绍打捞过程：

（1）基本情况。

本井设计为带压更换生产管柱，管柱示意图如图5-20所示，起出失效节流器及打捞工具串，后期进行柱塞气举排水采气。但是钢丝作业打铅印在1496m遇阻，印模显示压裂砂，产生的原因是在天然气开采过程中由于节流作用，使得节流器上部产生压裂砂沉淀所致。在1492m、1490m处分别打过油管桥塞封堵，无法完全泄压，怀疑油管穿孔或者断脱。下钢丝可捞桥塞，在1000m处坐封，起出油管54根518m。下钢丝+油管头寻找器在963m遇阻，二次封堵后起钻100根，断油管0.24m。如图5-21为断脱油管。

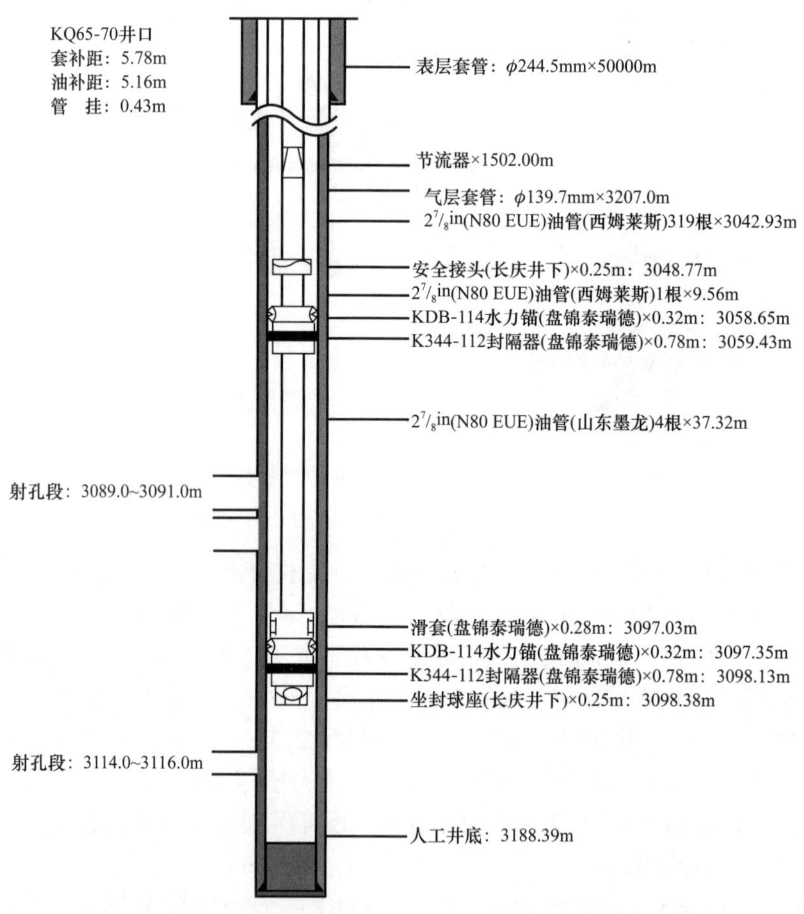


图5-20　靖57-25井管柱示意图

经过钢丝作业下95mm铅印印证，如图5-22（a）所示，鱼头基本规整，为打捞创造了有利条件。鱼头处油管壁明显减薄。鱼头处无接箍、无法内捞。经讨论决定采用加长密封外捞的方案，如图5-22（b）所示。

（2）施工步骤。

本次采用带压打捞、倒扣、钻孔等方式起出落井油管、节流器等工具，打捞出落井油管1490m。

图 5-21　靖 57-25 井断脱油管

(a)铅印

(b)打捞筒

图 5-22　铅印与打捞工具

① 加压 5tf 打捞落井油管，试提最大上提 41.7tf，带压起油管 2.38m 遇阻。

② 对管柱上提 34tf 倒扣，起出 $2^7/_8$ in 油管，卡瓦打捞筒 1 个，单流阀 1 个，导出电缆桥塞 2 个。起出的油管内被压裂砂填满，如图 5-23 所示。

图 5-23　打捞出井油管

③ 用油管对扣，验证节流器位置。钢丝作业通井至井内油管2m处遇阻，验证油管头以下20m处被压裂砂填满，无法用钢丝桥塞和电缆桥塞封堵。由于油管内部圈闭压力值无法确定，利用松扣法导出油管风险较高。

④ 在油管头上部接全通径油管旋塞，利用带压开孔工具在油管上钻$\phi$16mm孔，泄压。在带压装置腔室里进行带压倒扣作业，导出含节流器油管。在油管上部被节流器及砂子堵住、下部未封堵的情况下，安全起出工具串。

⑤ 用带压装置下安全接头、预置工作筒及堵塞器，与井内油管对扣，打捞出堵塞器，恢复生产。

## 第三节　带压作业井口处理技术

带压钻孔与冷冻暂堵技术被称为带压作业井口配套技术的两姊妹。带压钻孔技术是对有压力的油井、气井、水井井口装置闸阀或管柱实施钻孔，建立泄压或循环通道的作业；冷冻暂堵技术是在需要压力隔离的位置注入暂堵剂，通过冷冻介质低温冷冻形成冷冻暂堵桥塞隔离压力。其应用广泛，可用于更换井口、处理管柱憋压或其他需要暂时压力隔离的工况。

### 一、带压钻孔

带压钻孔是一种安全、环保、经济高效的抢险技术，适用于管线、油管、套管、采油（气）树等部件的维修改造和突发事故的抢险，如对在两个桥塞之间的油管内压力不能泄掉，或者报废封堵井想重新打开，或者主阀门的闸板脱落、锈蚀不能打开等问题可实施带压钻孔作业。

目前，已经应用的带压钻孔施工工况有：

（1）管线带压钻孔；

（2）油管带压钻孔；

（3）套管带压钻孔；

（4）采油树带压闸板钻磨；

（5）防喷器带压闸板钻磨；

（6）连续油管事故处理；

（7）钢丝作业事故处理；

（8）修井作业事故处理；

（9）带压安装堵头；

（10）带压油管内剪切；

（11）采油树带压内清蜡；

（12）报废井重新开采等。

#### 1. 带压钻孔流程

典型的管柱带压钻孔及阀门带压开孔流程如图5-24和图5-25所示。

带压钻孔密封抱箍是在管柱或管道上带压钻孔时，将密封抱箍左右两瓣安装在被钻孔管道上，利用其内部定位固定和密封设计，固定安装位置和密封钻孔部位，并为主控阀的连接提供条件。

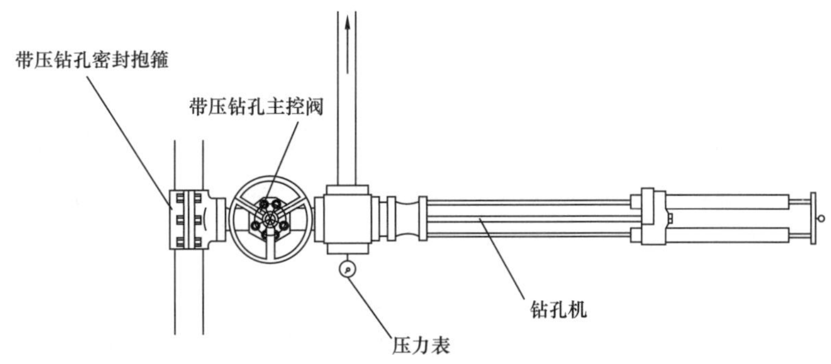


图 5-24　管柱带压钻孔流程图

一般采用闸板阀或旋塞阀作为带压钻孔的主控阀，用于带压钻孔后控制管道或井内压力。带压在管道上钻孔时，主控阀与密封抱箍连接；在井口钻孔时，将主控阀与井口钻孔部位对应法兰连接。

四通与主控阀连接，用于带压钻孔后提供泄压或后续处理的循环通道。

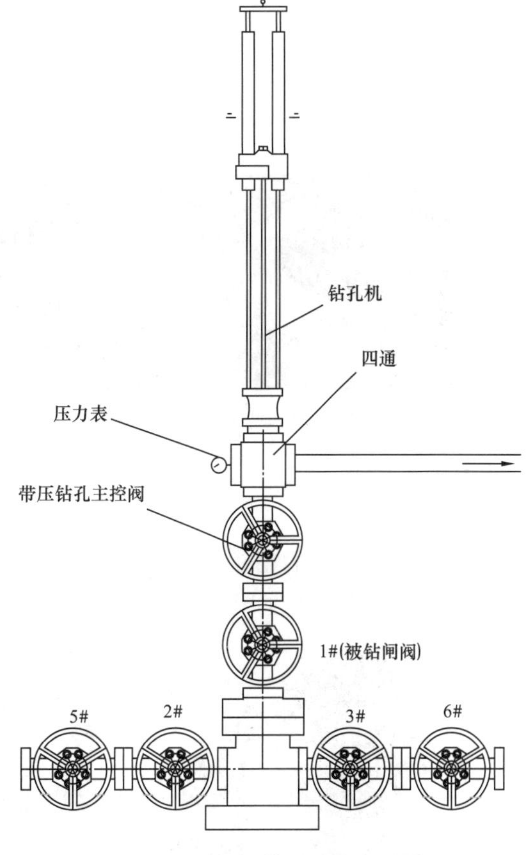


图 5-25　阀门带压开孔流程图

2. 带压钻孔设备

（1）钻孔机。

目前，常用的带压钻孔设备有手动钻孔机及液压钻孔机。通常情况下，手动钻孔机行程短、开孔直径小，适用管柱钻孔及小孔径开孔泄压。液压钻孔机又可分为液缸加压和螺纹加压。下面以一种典型的液压螺纹加压式钻孔机说明其结构及工作原理。

该钻孔机主要由动力站、进给液压马达、减速器、轴承、齿轮箱、导向轴、钻孔液压马达、丝杆、滑动支架、井压密封连接机构、钻杆等组成，结构原理如图 5-26 所示。

进给液压马达通过减速器减速，带动螺杆旋转，螺杆驱动滑动支架沿导向轴移动，实现带压钻孔进给。导向轴与螺杆通过螺母与减速箱、井压密封连接结构连接在一起。钻孔马达驱动钻杆旋转，实现钻孔旋转切割。

（2）管柱钻孔密封抱箍。

管柱带压钻孔密封抱箍主要是在管柱带压钻孔时将钻孔机连接固定在被钻管柱上，同时密封被钻部位。管柱抱紧有链条、哈弗抱箍和 U 型螺栓等方式；管柱钻孔密封抱箍与管柱的密封采用矩形密封圈、密封带、填料式密封圈等形式。其机构形式多种多样，但主要都是为了实现两个功能：管柱密封，连接固定钻孔机。图 5-27 所示的管柱钻孔密封抱箍其密封方式采用的是填料式。

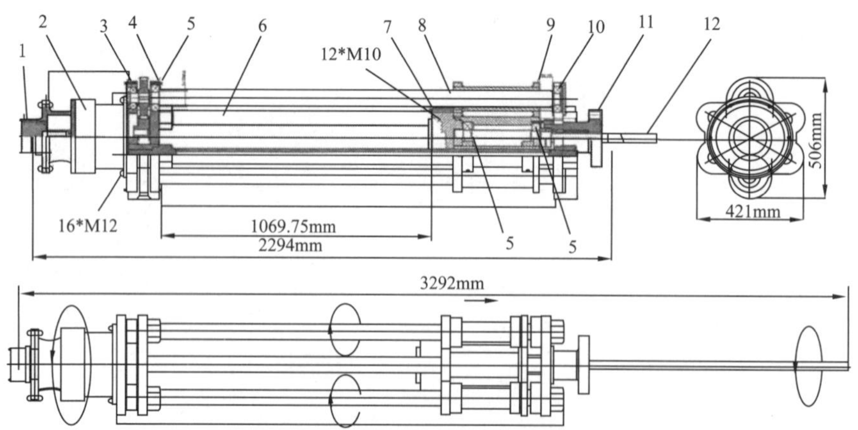


图 5-26　液控螺纹加压钻孔机

1—进给液压马达；2—减速器；3—轴承；4—齿轮支架；5—轴承；6—导向轴；7—钻孔液压马达；8—丝杆；9—滑动支架；10—轴承；11—井压密封连接机构；12—钻杆

(a) 哈弗抱箍　(b) 链条式管柱密封抱箍　(c) U型螺栓式密封抱箍

图 5-27　带压钻孔密封抱箍

（3）钻头。

带压钻孔使用的钻头有麻花钻头、扩孔钻头、磨铣钻头及套铣钻头等，如图 5-28 所示。可以根据不同的工况、作业类型等选择不同类型的钻头。

(a) 麻花钻头　(b) 扩孔钻头　(c) 磨铣钻头　(d) 套铣钻头　(e) 自带扶正器钻头

图 5-28　带压钻孔各型钻头

麻花钻一般只用做小孔径开孔。需要较大孔径时，采用磨铣钻头或开小孔后采用扩孔钻头扩孔。但是，先钻小孔后实施扩孔时，需要在钻头上部增加扶正器或采用自带扶正器的钻头，以保证孔位居中。

套铣钻头一般只用做大孔径开孔，使用套铣钻时，需要预先钻小孔，并在套铣钻头上配备相应工具抓取套铣后的铁芯。

3. 作业程序

（1）设备安装。

① 检查与带压钻孔主控阀（或带压钻孔密封抱箍）连接的密封面，评估是否能进行有效密封，如损坏锈蚀，应进行修复；

② 带压钻孔主控阀（带压钻孔密封抱箍）、四通和带压钻孔机安装时，应保证通孔轴线一致，防止钻偏或钻杆、钻头损坏；

③ 钻孔机平装时，应在下部将设备垫平或应起吊设备吊平；

④ 泄压管线每隔 10～15m 及弯头两端应固定，出口位置应单独固定。

（2）设备试压。

① 采用清水试压；

② 带压钻孔主控阀（带压钻孔密封抱箍）与井口装置闸阀（管柱）间试压，需要按照施工设计要求执行；

③ 作业前应对钻孔机液控系统试压：调节溢流阀，将控制系统压力调至额定工作压力，观察各液压阀件、接头和液压软管等有无渗漏；

④ 设备安装完成后应对钻孔机实施动密封压力测试（仅试旋转动密封），动密封部位无渗漏为合格。

（3）带压钻孔。

① 带压钻孔作业前钻孔机应进行旋转、提升和下压试运转，各操作手柄灵活可靠、钻孔机各执行单元无阻卡方可进行下步作业；

② 钻头接近被钻对象时，应旋转钻进；

③ 钻头钻入被钻对象后可适当提高转速和钻压；

④ 应记录钻孔深度及腔室内压力变化，并适时调整钻压；

⑤ 钻通初期停止钻进，观察压力变化，如压力高于预估值，应开泄压通道泄压；

⑥ 压力趋于平稳后继续钻进；

⑦ 钻孔结束，将钻头退至带压钻孔主控阀之外，并根据需要关闭主控阀。

4. 安全注意事项

（1）可接钻杆类钻孔机应在被钻对象与钻孔机之间注入清水，保持腔内压力与井内压力一致，如井口压力不明应根据历史最高关井压力或地层压力设置压力；

（2）在含硫井作业时应在钻孔机与被钻对象腔室内注入碱性液体；

（3）设备安装时应考虑钻头的长度，确保钻头不影响主控阀的开关；

（4）作业压力大于 70MPa 时，带压钻孔动密封建议采用两级屏障；

（5）必要时，可以在钻杆上安装扶正器；

（6）设备选型时应考虑钻杆的最大无支撑长度满足作业要求。

5. 相 8 井带压钻孔技术及装备试验

（1）基本情况。

相 8 井 1977 年 4 月 2 日完钻，施工前井口为简易井口，如图 5–29 所示。井口盲板法兰表面腐蚀较严重，井内无油管，井口压力 4MPa，开井口考克阀测得井内气体中 $H_2S$ 含量 35mg/L，距井口 100m 范围内无居民及房屋，井口周围树木较多，距井口 2km 处有一煤矿。

（2）带压钻孔过程。

① 清理盲板法兰表面，使其光洁平整，为安装密封圈和特殊法兰创造条件。

② 逐颗拆掉 4 颗底法兰与盲板法兰连接螺栓，利用特殊螺栓连接底法兰、盲板法兰和特殊法兰，利用特殊法兰压密封圈，在特殊法兰和盲板法兰间形成可靠密封。

③ 在特殊法兰上连接钻孔流程和放喷流程，如图 5–30 所示。

图 5–29　相 8 井施工前井口情况

图 5–30　带压钻孔设备安装图

④ 从钻孔四通处利用液压泵对特殊法兰与盲板法兰间密封和各连接部位试压 10MPa，30min 无压降，试压合格。

⑤ 调整钻孔参数，对盲板法兰实施远程带压钻孔。

⑥ 钻穿盲板法兰，退出钻头，利用放喷流程，放喷泄压

⑦ 井内压力泄压至 0MPa，火焰高度 6～7m；

⑧ 向井内泵入清水 50m³ 压井后，拆除带压钻孔特殊法兰，安装新井口装置，转入常规修井作业施工。

（3）效果分析。

本次带压钻孔在盖板法兰上钻一直径 30mm 的孔，通过该孔泄掉井内 4.5MPa 的气压，并注入清水 50.7m³ 压井后成功更换井口装置，为下一步井下修井作业创造了条件。

在老井治理工作中，常遇到井口不规范，需要钻通表面形状不一，使用常规的密封方式通常较困难，准备、加工的周期较长。使用聚合物密封件不但准备周期短、工艺简单，

对密封面要求低，可以满足带压钻孔密封要求。

## 二、冷冻暂堵

冷冻暂堵技术有以下特点：

（1）能在环境温度 -35～+50℃范围作业；

（2）能实施环空和管柱内的同时封堵；

（3）暂堵成功后，安全系数高，只要持续保持低温冷冻，冷冻桥塞就不会失效；

（4）暂堵压力高，目前国内最高暂堵压力到达了 70MPa；

（5）解堵方便，解除冷冻后，可加热升温解堵或自然升温解堵，通过放喷排出暂堵剂；

（6）多层冷冻的必须遵从从外到内逐层冷冻的原则。

1. 参数推荐

通常情况下，封堵的压力越高，冷冻桥塞的长度设计得就更长。加拿大 SNUBCO 公司根据现场应用经验，对各种管柱尺寸以及封堵压力对应的冷冻桥塞长度参数提供了一些经验参考，详见表 5-7。计算暂堵剂用量时，应考虑管内容积、暂堵剂非致密段等因素，一般按管柱容积的 1.5～2 倍计算。同时，推荐冷冻时间按 1h/in 的管柱直径计算。

**表 5-7　不同管径及压力的冷冻高度推荐值**

| 序号 | 管径，mm | 冷冻高度，mm | | |
|---|---|---|---|---|
| | | 7MPa | 14MPa | 35MPa |
| 1 | 178mm | 305 | 460 | 610 |
| 2 | 244.5mm | 460 | 610 | 762 |
| 3 | 280mm | 610 | 762 | 762 |
| 4 | 340mm | 762 | 762 | 914 |

2. 冷冻暂堵设备

冷冻设备主要由暂堵剂注入设备、暂堵剂搅拌设备等组成。

（1）暂堵剂注入设备。

目前，常用的暂堵剂注入设备的注入压力等级有 70MPa 和 105MPa。按驱动方式又可分为泵车驱动的暂堵剂注入设备和液压驱动的暂堵剂注入设备。本节以典型的液压驱动方式的冷冻暂堵设备为例介绍其机构原理。该类冷冻暂堵装置主要由动力源、液压控制系统、暂堵剂注入系统和高温高压清洗装置等组成，如图 5-31 所示。

动力系统主要由发电机组（部分设备配备）、电机、液压泵等组成，可以给暂堵剂注入系统提供液压源。暂堵剂注入系统包括增压缸、注入缸、螺杆泵等，压力油通过增压缸增压后推动注入缸活塞移动，将暂堵剂经注入管汇注入井内（或管柱内）。

注入缸内的暂堵剂用完后，调整注入管汇的控制阀，使暂堵剂储备缸与注入缸连通，用螺杆泵将暂堵剂储备缸内的暂堵剂推入注入缸内，其原理如图 5-32 所示。

暂堵剂注入装置内的高温高压清洗装置主要由加热式高压清洗机和水罐组成，主要用于解冻、设备清洗和储备作业用水。

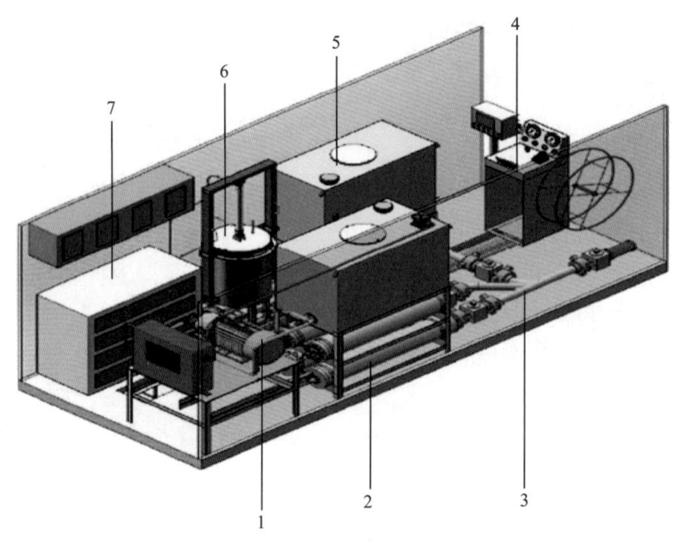


图 5-31　液压驱动暂堵剂注入装置

1—动力系统；2—暂堵剂注入系统；3—注入管汇；4—液控系统；5—高温高压清洗装置；6—储备缸；7—工具柜

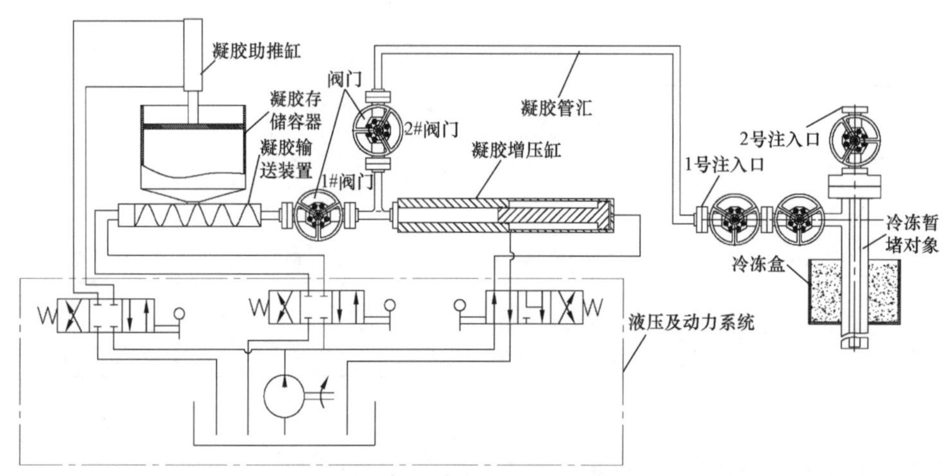


图 5-32　暂堵剂注入装置原理图

（2）冷冻介质。

冷冻暂堵作业常用的冷冻介质有干冰和液氮，干冰使用简单，但不方便存储，且储存过程中损耗较大。液氮的存储体积小，但使用时需要专门的温控装置。不管使用哪一种冷冻介质，选用的原则是便于传热，且不会影响被冷冻部位钢材的机械性能。

① 干冰冷冻。

使用干冰作为冷冻介质时，需要添加适量的甲醇，使干冰快速吸热和均匀导热，如图 5-33 所示。

② 液氮冷冻。

使用液氮作为冷冻介质时，将液氮的传输管（一般使用铜管）缠绕在需要冷冻的部位，并用保温装置将其包裹住。利用液氮汽化吸热达到冷冻的目的，在常压下液氮温度

为 -196℃，所以需要控制液氮的流量来控制冷冻的温度，冷冻部位应有温度传感器监控冷冻温度，防止冷冻温度过低影响管材机械性能，其原理如图 5-34 所示。液氮冷冻可以用在规则的和不规则的作业部位，以及在需要进行精确控温冷冻的部位，在狭小、封闭（不宜空气流通）的空间内使用具有一定的优势。

图 5-33　干冰混合甲醇冷冻作业

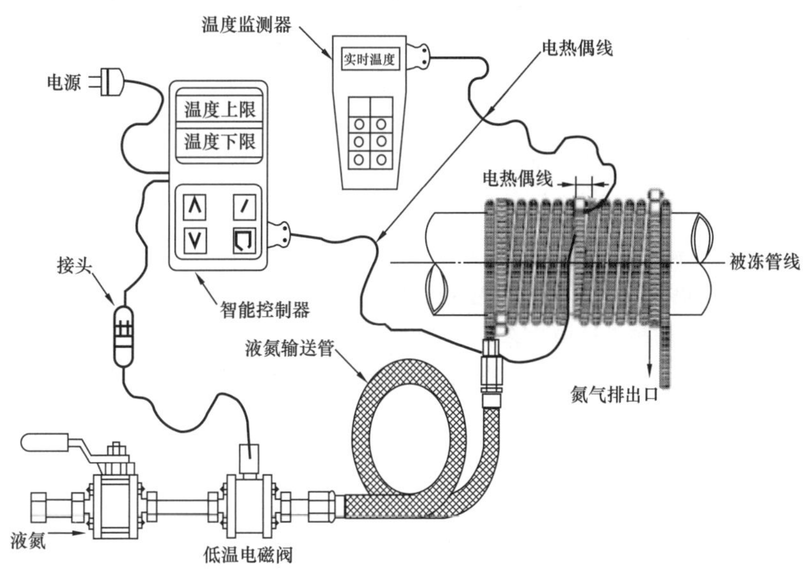


图 5-34　液氮冷冻作业原理

（3）暂堵剂搅拌器。

暂堵剂搅拌器用于搅拌暂堵剂，使暂堵剂与水均匀混合。搅拌暂堵剂时应先加水，然后按一定比例缓慢添加暂堵剂，防止暂堵剂结块影响冷冻暂堵的效果。常用的暂堵剂搅拌器如图 5-35 所示。

3. 作业程序

（1）设备安装。

① 暂堵剂注入设备应安装于作业区的上风方向；

图 5-35　暂堵剂搅拌器

② 设备摆放位置应方便操作手观察冷冻暂堵作业部位；

③ 暂堵剂注入口应安装单流阀及泄压三通；

④ 用液氮作为冷冻介质时，应该注意出口位置及方向，防止低温伤人及人员窒息；

⑤ 使用干冰作为冷冻介质时，根据现场情况确定安装冷冻盒位置和冷冻盒尺寸；

⑥ 应配备排风装置，防止人员窒息。

（2）冷冻暂堵作业。

① 将搅拌好的暂堵剂装入暂堵剂储备缸；

② 用冷冻介质在需要压力隔离的位置实施冷冻；

③ 按设计要求注入暂堵剂：多层环截面冷冻暂堵时，从外到里，逐层注入暂堵剂，直到需要的目的层；如果外层环空确认有传热介质水，可不用额外注入暂堵剂；

④ 形成冷冻暂堵桥塞后，用注入暂堵剂的方式试压，试压时考虑管耗及桥塞两端的压差；

⑤ 泄压观察一个施工周期，如无任何泄漏现象，说明冷冻暂堵成功，可实施下步作业；

⑥ 作业完成后，解冻放喷，排出暂堵剂。

4. 安全注意事项

（1）作业过程中禁止敲击或震击。震击会导致冷冻塞形成裂缝或与管壁剥离，作业过程应避免敲击作业，拆装螺栓作业应使用液动扳手等避免敲击的工具。

（2）形成冷冻桥塞前，避免桥塞两端压差太大。冷冻暂堵过程中应实时监测压力变化，如果压力涨得过高，可以通过三通适当泄压。如果形成冷冻桥塞过程中两端压差过大将影响冷冻桥塞的承压效果。

（3）作业过程保持低温冷冻，保证桥塞承压效果。

（4）使用液氮冷冻时，注意控制温度，防止温度太低影响金属机械性能。

（5）应注意作业区的通风。不论是采用干冰作为冷冻介质还是采用液氮作为冷冻介质，都可能会因作业区缺氧而导致作业人员窒息，所以作业区应注意通风，防止氮气或二氧化碳聚集。

（6）防止冻伤。不论是采用干冰作为冷冻介质还是采用液氮作为冷冻介质，都容易发生人员冻伤，作业期间严禁直接触碰低温介质。

5. 塘 17 井冷冻暂堵技术现场应用

（1）基本情况。

该井为蜀南气矿的一口报废井，井口压力为 8MPa，井内 7in 套管充满地层盐水。井口组合从下往上依次为盖板法兰、变径短节、1 号闸阀、4 号闸阀、盲板法兰及压力表（如图 5-36 所示）。1 号闸阀因锈蚀严重无法打开，已钻开孔径为 40mm 的孔，4 号闸阀以下为1967年完钻后所安装的简易井口，锈蚀十分严重，尤其是变径短节，经测量，变径短节最小外径为52mm，壁厚约为2.1mm。变径短节与1号闸阀间法兰连接处存在泄漏，泄漏物为地层水并微含气体，取样检测地层水$Cl^-$含量为40058.4mg/L。泄漏气体含$H_2S$和$SO_2$等有毒有害气体。

图5-36　塘17井原井口

（2）冷冻暂堵过程。

在确定$10^3/_4$in表层套管与7in环空水泥返到地面后，开始进行冷冻暂堵作业，冷冻盒高750mm，实际冷冻高度约为560mm。

2011年11月5日：

19：00：加入冷冻介质开始冷冻，井口压力8MPa，井口泄漏速度1滴/s，每半个小时添加一次干冰，每次一桶，如图5-37（a）所示。

2011年11月6日：

00：00：井口压力8MPa，井口泄漏速度1滴/s，$10^3/_4$in表层套管上霜高220mm；

02：00：井口压力8MPa，井口泄漏速度1滴/s，每一个小时添加一次干冰，每次一桶；

05：57：井口压力为7.6MPa，井口泄漏速度1滴/s；

06：20：井口压力为7MPa，井口泄漏速度1滴/s，$10^3/_4$in表层套管上霜高250mm；

06：37：井口压力为6.5MPa，井口泄漏速度1滴/s；

07：00：井口压力为6MPa，井口泄漏速度1滴/s；

07：42：井口压力为5.5MPa，井口泄漏速度1滴/s；

08：09：井口压力为5MPa，井口泄漏速度1滴/s；

08：45：打开井口压力表考克阀泄压到3.5MPa，观察10min后压力未恢复，说明已形成冰冻桥塞，冷冻成功，可进行新井口更换作业；

12：45：逐颗更换井口锈蚀螺栓，为快速换装井口创造条件；

12：50：除旧井口盖板法兰，更换新井口，如图 5-37（b）所示；

14：00：对新井口试压 17MPa，稳压 30min 压力未降，试压合格，作业成功。

(a) 冷冻作业

(b) 新井口

图 5-37　塘 17 冷冻作业现场及新井口

（3）效果分析。

本次技术服务克服了井口泄漏、井口锈蚀严重的困难，成功地利用冷冻技术拆换了塘 17 井井口盖板法兰及闸阀，排除了该井安全隐患，避免了井口失控带来的人员伤害、环境污染及经济损失，为后续作业打下了基础。

塘 17 井井口压力 8MPa，产盐水和天然气，含 $H_2S$ 和 $SO_2$ 等有毒气体，井口附近方圆数千米为园林。该井法兰连接处泄漏。采用带压更换井口技术拆换法兰及闸阀，减少盐水排放和 $H_2S$ 泄漏带来的危害，避免环境污染及经济损失。

## 参考文献

[1] 胡守林，等. 带压作业机［M］. 北京：石油工业出版社，2018.

[2] 胡守林，等. 带压作业工艺［M］. 北京：石油工业出版社，2018.

# 第六章　带压作业设计与风险控制

带压作业是高风险作业，因此在作业前对作业难度的划分、工程参数的计算和严谨的方案设计，是带压作业成功开展的前提。“十二五”期间，中国石油带压作业技术快速发展，装备、工具及工艺等“硬件”技术逐渐成熟配套。与此同时，带压作业设计、风险评估与控制及应急预案等“软件”技术也逐步完善。为确保带压作业顺利实施，带压作业选井必须遵循一定的原则：

（1）油水井井口压力超过35MPa，气井井口压力超过70MPa不宜进行带压作业；

（2）硫化氢含量超过150mg/m$^3$不应进行带压作业；

（3）井下管柱腐蚀程度、管柱结构、管柱通径等能满足带压作业要求；

（4）最大关井压力低于安全防喷器额定工作压力，施工压力低于工作防喷器额定工作压力；

（5）套管短节承载能力不能满足作业要求的不宜进行带压作业；

（6）完井油管直接悬挂到井口上法兰的不宜进行带压作业。

根据施工井关井压力、介质成分、气液比、井下工具长度、施工工艺复杂程度和施工环境，按施工难易程度将带压作业施工井由高到低的顺序划分为三类。符合下列条件之一的，按就高原则划分井的作业难度类型，具体见表6-1。

**表6-1　带压作业井作业难度类型划分**

| 井的分类 | | 一类井 | 二类井 | 三类井 |
| --- | --- | --- | --- | --- |
| 关井压力，MPa | 气井 | 关井压力＞21 | 10～21 | 关井压力＜10 |
| | 油水井 | 关井压力＞21 | 7～21 | 关井压力＜7 |
| 硫化氢含量，mg/L | | 硫化氢含量≥100 | 10≤硫化氢含量＜100 | 0 |
| 井下工具长度，m | | 井下工具管串连续长度＞7，或单个工具长度＞3 | 单个工具长度介于2～3之间 | 单个工具长度＜2 |
| 施工工艺 | | 射孔；配合压裂酸化 | 钻塞、磨铣；打捞；冲砂 | 其他工艺 |
| 施工井周围环境 | | 距离井场周围50m有居民区、学校等人口密集场所、滩海 | 沙漠腹地、高山、森林、沼泽等环境敏感地 | 除一类、二类井外的其他区域 |

## 第一节　带压作业工程参数与计算

地层压力、井底压力和井口压力是带压作业设计和施工的基本参数。在带压作业过程中，这些力又转化到作业管柱的受力上来，直接关系到管柱的最大下压力、中和点长度、无支撑长度的计算，在操作过程中也会影响到轻管柱、重管柱的工作状态，因此带压作业设计、施工作业都应了解管柱的受力分析与计算[1]。

## 一、管柱受力分析

在带压作业过程中，要实现管柱、工具的起下，必须解决管柱内防喷、管柱外密封以及管柱的喷出或落井3个方面的问题，其实质是克服井筒的压力以及压力引起的作用力。解决方式主要是通过采用各种形式的堵塞器使管柱内压力得到控制，而管柱外的密封通过环形防喷器和/或闸板防喷器实现管柱外密封，同时通过卡瓦的合理使用来防止管柱的喷出或落井。

带压作业是在井口有压力的情况下进行起下、钻磨、打捞等作业。对生产井或井口有压力的井，起下较轻管柱时，若没有限制阻力，管柱就会从井内“飞出”，这种条件下起下管柱的过程就叫作强行起下钻作业，它对应的往往是轻管柱状态；当管柱的重量足够大，即使是生产井或井口有压力的井，也不可能使管柱“飞出”井口，这种条件下起下管柱的过程叫作带压起下钻作业，它对应的往往是重管柱状态。在带压作业过程中一般都要经历轻管柱、中和点（平衡点）、重管柱3个状态，也就是强行起下钻作业、平衡点作业和带压起下钻作业3个状态，这是由管柱受到5个作用力大小所决定的。

带压作业时，作用在井下管柱上通常有5个作用力，如图6-1所示。

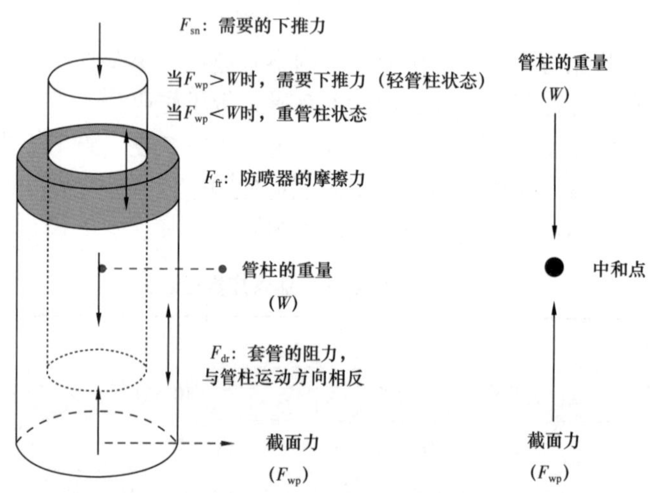


图6-1 带压作业管柱受力分析

（1）由井内压力与大气压力之间的差值产生，井内压力作用在管柱与防喷器组密封面最大横截面积上的向上推力，即截面力，也称之为上顶力。

（2）管柱在井内流体中的重力，即管柱的浮重。

（3）管柱通过密封防喷器时所受的摩擦力，与管柱运动方向相反。

（4）带压作业机对管柱所施加的轴向力。

（5）在定向井、斜井和狗腿度大的井起下过程中套管对管柱产生的摩擦力，该摩擦力在工程计算中通常忽略不计。

## 二、参数计算

### 1. 截面力计算

井内压力作用在管柱密封横截面积上的向上推力，用符号$F_{wp}$表示，截面力计算见公式（6-1）：

$$F_{wp}=\frac{S\times p_{wh}}{1000}=\frac{\pi D^2 p_{wh}}{4000} \tag{6-1}$$

式中　$F_{wp}$——管柱的上顶力，kN；

$S$——管柱截面积，$mm^2$；

$D$——防喷器密封管柱的外径，mm；

$p_{wh}$——井口压力，MPa。

常见管柱截面积可通过表 6-2 查询。

**表 6-2　常见管柱截面积**

| 油管尺寸，mm | 外径，mm | 截面积，$mm^2$ |
|---|---|---|
| 19.05 | 26.67 | 559 |
| 25.4 | 33.401 | 876 |
| 31.75 | 42.164 | 1396 |
| 38.1 | 48.26 | 1829 |
| 52.3875 | 52.3875 | 2155 |
| 60.325 | 60.325 | 2857 |
| 73.025 | 73.025 | 4187 |
| 88.9 | 88.9 | 6205 |
| 114.3 | 114.3 | 10256 |
| 127 | 127 | 12662 |
| 139.7 | 139.7 | 15321 |

计算实例：31.75mm 的 CS-Hydril N80 管柱，管柱每米重量 4.494kg，油管外径为 42.16mm，接头外径为 48.95mm，井口压力为 8.4MPa，如图 6-2 所示，那么管体和接头处的截面力是多少？

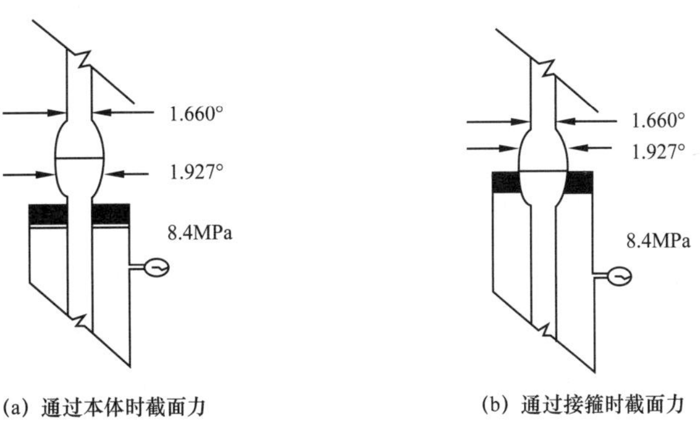


(a) 通过本体时截面力　　(b) 通过接箍时截面力

图 6-2　密封本体与接箍时截面力示意图

（1）管体的截面力为：

$$F_{wp}=\frac{\pi\times D^2\times p_{wh}}{4000}=3.14\times42.16^2\times8.4/4000=11.72(\text{kN})$$

（2）接头的截面力为：

$$F_{wp}=\frac{\pi\times D^2\times p_{wh}}{4000}=3.14\times48.95^2\times8.4/4000=15.8(\text{kN})$$

通过上述的计算实例可知，接头处截面力远大于本体处截面力。因此，截面力的计算，如果进行的是闸板对闸板的作业，计算是使用管柱本体的外径；如果用自封芯子或环形防喷器进行带压作业，则使用管柱接箍或工具接头的外径。

2. 摩擦力计算

摩擦力的计算非常复杂，用符号 $F_{fr}$ 表示，它包括管柱通过密封防喷器时所受的摩擦力、管柱与套管的摩擦力，它的大小与井眼轨迹、管柱尺寸、管柱新度系数、防喷器类型、井口压力、防喷器工作压力有关。摩擦力现场可以实测得到，为简化计算，通常取管柱截面力的 20%，见公式（6–2）：

$$F_{fr}=20\%F_{wp} \tag{6–2}$$

3. 最大下压力计算

带压作业在轻管柱状态时，管柱受到的截面力大于其自重，需要利用带压作业机液缸向管柱施加下压力，将管柱压入井筒内。此时，管柱向下运动受到的力主要有液缸的下压力、截面力、浮重以及防喷器对管柱的摩擦力，下压力计算见公式（6–3）：

$$F_{sn}=F_{wp}+F_{fr}-W \tag{6–3}$$

式中 $F_{sn}$——液压缸的下压力，kN；

$F_{wp}$——管柱的截面力，kN；

$W$——井筒内管柱浮重，kN；

$F_{fr}$——防喷器对管柱产生的摩擦力，kN。

在管柱刚下入至井口防喷器时，管柱在井筒内没有重量，浮重为 0，带压作业需施加的下压力最大，见公式（6–4），即最大下压力为：

$$F_{sn_{max}}=F_{wp}+F_{fr} \tag{6–4}$$

按公式（6–4）对摩擦力的计算，因此最大下压力为：

$$F_{sn_{max}}=1.2F_{wp} \tag{6–5}$$

4. 最大举升力计算

最大举升力计算是对管柱预计最大上提拉力的计算，是管柱强度计算的重要内容，也是设置上提液缸压力的重要参数。起管柱时，举升力应该是管柱在井筒流体下的浮重、管柱受到的截面力以及管柱在井筒受到的摩擦力之和。对天然气井来说，管柱受到的浮力可以忽略不计。

通常设置上提液缸压力时一般按管柱在流体介质中的重量折算到液缸的压力，但是由于井下种种原因，可能导致管柱不能按预计的举升力提起管柱，如井口悬挂器粘卡、顶丝未退完、井下封隔器卡、套管变形卡、砂卡等，常规压井修井作业时，管柱解卡措施就是在管柱抗拉强度范围内直接活动管柱解卡，而带压作业遇到管柱遇卡时必须保证管柱的抗拉强度、抗外挤强度都必须在安全范围内。

当管柱处于自由状态时，最大举升力就是管柱在流体中的重量，这个计算较为简单。最大举升力计算时需要结合以下几种参数计算：

（1）管体屈服强度。

管体屈服强度是使管柱屈服所需的轴向载荷，也就是现场常说的抗拉强度，用符号 $p_y$ 表示，对于某个特定钢级的管子，其屈服强度为管子横截面积与材料规定屈服强度的乘积，见公式（6–6）：

$$p_y = 0.7854\left(D^2 - d^2\right)Y_p \qquad (6\text{–}6)$$
$$Y_p = 6.8947\times \text{钢级}$$

式中 $p_y$——管体屈服强度，N；

$Y_p$——管柱材料最小屈服强度，MPa；

$D$——规定外径，mm；

$d$——规定内径，mm。

上述公式是现场经常使用的管柱本体抗拉强度计算公式。对于管柱接头，根据接头形式不同，其连接强度差别较大。参考加拿大 IRP 15《带压作业推荐做法》，对于外加厚油管（EUE）接头，其屈服强度可以取 100% 管体强度；对于平式油管（NUE）接头，其屈服强度取 60% 管体强度；对于整体接头（IJ），其屈服强度取 80% 管体强度。

（2）屈服挤毁强度。

屈服挤毁强度并不是真正的挤毁压力，它实际上是使管子内壁产生最小屈服应力 $Y_p$ 而施加的外压力，也就是现场常说的抗外挤强度。对于无轴向拉伸应力的管柱，用符号 $p_{yp}$ 表示，其抗外挤强度计算见公式（6–7），即：

$$p_{yp} = 2Y_p\left[\frac{D/t - 1}{\left(D/t\right)^2}\right] \qquad (6\text{–}7)$$

式中 $p_{yp}$——管柱挤毁压力，MPa；

$Y_p$——管柱屈服应力，MPa；

$D$——管柱外径，mm；

$t$——管柱壁厚，mm。

对于存在轴向拉伸应力作用的管柱，用符号 $p_{pa}$ 表示，管柱的挤毁强度计算见公式（6–8），即：

$$p_{pa} = \left[\sqrt{1 - 0.75\left(\frac{S_a}{Y_p}\right)^2} - 0.5\frac{S_a}{Y_p}\right]p_{yp} \qquad (6\text{–}8)$$

式中 $p_{pa}$——在轴向应力下的管柱挤毁压力，MPa；

$S_a$——管柱轴向应力，MPa。

带压作业管柱遇卡后，活动解卡过程中，管柱不仅受到轴向的拉应力，还受到环空压力的挤压，因此管子的抗外挤强度会降低，这也是不同于常规压井后的解卡作业。

（3）管柱内屈服强度。

管柱内屈服强度也就是现场常说的抗内压强度，用符号 $p$ 表示，计算见公式（6–9），即：

$$p = 0.875\left(\frac{2Y_p t}{D}\right) \tag{6–9}$$

式中 $p$——管柱最小内屈服压力，MPa。

根据以上公式的计算结果，可绘制出不同规格和材质管柱的许用抗拉载荷与挤毁压力关系曲线。参考加拿大 IRP 15《带压作业推荐做法》，推荐抗内压安全系数为 1.20，抗拉安全系数为 1.25，抗外挤安全系数 1.10。图 6–3 为外径 73mm J55 油管和 N80 油管的许用拉力与压力的函数关系图。

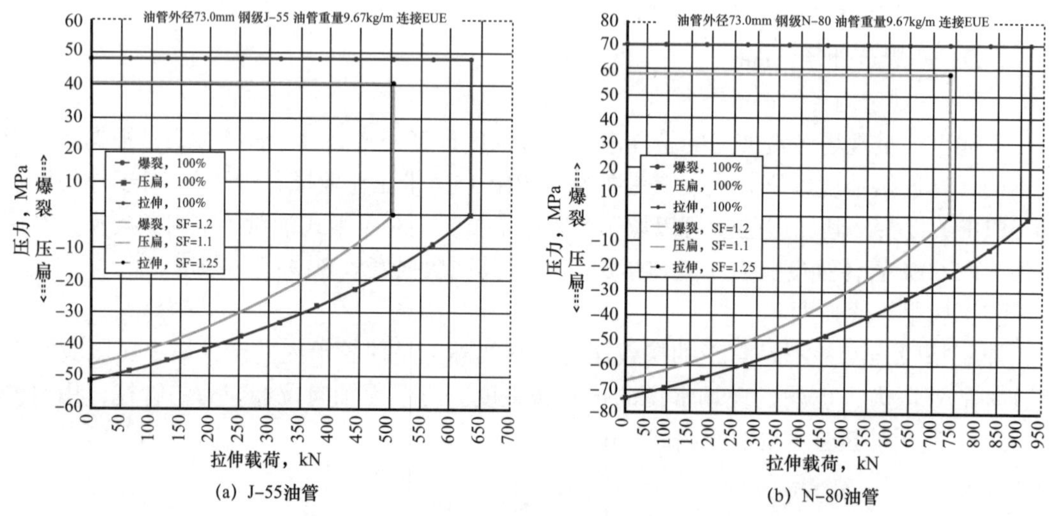


图 6–3　许用拉力与压力的函数关系图

关于带压作业工作管柱强度设计安全参数，抗拉强度设计安全系数推荐采用不小于 1.25，抗挤强度设计安全系数不小于 1.25，抗内压强度设计安全系数不小于 1.25，抗压缩强度设计安全系数不小于 1.43。

5. 中和点计算

根据中和点定义可知，当管柱起下一定深度后，井筒内管柱自重将与截面力相等，此时井内管柱长度即为中和点，又称平衡点，计算见公式（6–10），即：

$$F_{wp} = W + \Delta W \tag{6–10}$$

式中 $W$——管柱浮重，kN；

$F_{wp}$——管柱的截面力，kN；

$\Delta W$——管柱内流体重量，kN。

管柱浮重是管柱井筒流体中的重量，计算见公式（6–11），即：

$$W = mgL - \rho_1 g\pi LD^2 / 4 = (mg - \rho_1 g\pi D^2 / 4)L \tag{6–11}$$

式中　$m$——管柱的重量，kg/m；

$D$——管柱的外径，m；

$\rho_1$——井筒内流体的密度，$10^3$kg/m$^3$；

$g$——重力加速度，取 9.8，无量纲；

$L$——中和点长度，m。

管柱内流体重量计算见公式（6–12），即：

$$W = L\rho_2 g\pi d^2 / 4 \tag{6–12}$$

式中　$d$——管柱的内径，m；

$\rho_2$——管内流体的密度，$10^3$kg/m$^3$。

如果管柱内为空气时，重量计算可以忽略。

结合现场应用，将公式整理后，得出中和点长度计算：

$$L = \frac{7.854\times10^{-2} p_{wh} D^2}{m - 7.854\times10^{-4}\rho_1 D^2 + 7.854\times10^{-4}\rho_2 d^2} \tag{6–13}$$

式中　$L$——中和点长度，m；

$p_{wh}$——井口压力，MPa；

$D$——管柱外径，mm；

$d$——管柱内径，mm；

$\rho_1$——井筒流体的密度，$10^3$kg/m$^3$；

$\rho_2$——管柱内灌入流体的密度，$10^3$kg/m$^3$。

当管柱内没有灌注流体时，$\rho_2$ 为 0 则 $\Delta W$ 为 0，则管柱的中和点计算见公式（6–14），即：

$$L = \frac{7.854\times10^{-2} p_{wh} D^2}{m - 7.854\times10^{-4}\rho_1 D^2} \tag{6–14}$$

对于天然气井，由于通常情况下天然气密度变化范围为 0.55～0.90 kg/m$^3$，在 0℃及标准大气压下密度为 0.7174kg/m$^3$，相对于空气的密度 0.5548kg/m$^3$，密度非常小，因此 $\rho_1$ 基本可以忽略为 0，管柱受到的浮力可以忽略不计，可以等同于管柱内没有灌注流体的情况。所以管柱的中和点计算见公式（6–15），即：

$$L = \frac{7.854\times10^{-2} p_{wh} D^2}{m} \tag{6–15}$$

计算实例：下入 60.3mm（内径 50.3mm）油管，油管每米重量为 6.99kg，井内有相对密度为 1.07 的盐水且井口压力 10.5MPa，通过 BOPs 的摩擦力为 453.59kgf，那么：最大下压力是多少？油管内不灌入液体时，下入多少长度达到中和点？油管内灌入 $1.44\times10^3$kg/m$^3$ 的盐水时，下入多少长度达到平衡点？

（1）最大下压力为：

$$F_{\mathrm{sn}} = 105 \times \pi \times 6.03^2 / 4 + 453.59 = 3450.64\mathrm{kgf}$$

（2）油管内不灌入液体时，油管达到中和点下入长度按式（6–14）计算为：

$$L = \frac{7.854 \times 10^{-2} p_{\mathrm{wh}} D^2}{m - 7.854 \times 10^{-4} \rho_1 D^2} = \frac{7.854 \times 10^{-2} \times 10.5 \times 60.3^2}{6.99 - 7.854 \times 10^{-4} \times 1.07 \times 60.3^2} = 777.6\mathrm{m}$$

（3）油管内灌入 $1.44 \times 10^3\mathrm{kg/m^3}$ 的盐水时，按照公式（6–13）中和点计算为：

$$L = \frac{7.854 \times 10^{-2} p_{\mathrm{wh}} D^2}{m - 7.854 \times 10^{-4} \rho_1 D^2 + 7.854 \times 10^{-4} \rho_2 d^2}$$

$$= \frac{7.854 \times 10^{-2} \times 10.5 \times 60.3^2}{6.99 - 7.854 \times 10^{-4} \times 1.07 \times 60.3^2 + 7.854 \times 10^{-4} \times 1.44 \times 50.3^2} = 442\mathrm{m}$$

带压作业中和点的计算非常重要，是预防井喷事故和防止管柱落井的重要环节。下管柱时，在中和点以上为防止管柱从井内“飞出”，主要靠两副防顶卡瓦转换使用来下入管柱；一旦超过中和点，主要防止管柱“落井”，需要两副承重卡瓦转换使用来下入管柱，这时辅助式带压作业机就可以利用修井机或钻机游车大钩来下入管柱了。同样，起管柱时在中和点以下可以利用修井机或钻机游车大钩来起出管柱了，一旦大于中和点就必须利用带压作业机的两副防顶卡瓦转换使用来起出管柱。

因为中和点计算仅是理论计算，实际工作中由于管柱自身重量不均、井筒压力的变化、管柱与防喷器的摩擦力、管柱与套管的摩擦力、液压系统的摩擦力等因素，中和点的计算难免与实际有一定误差，因此在起下管柱接近管柱中和点时都应逐根进行轻管柱、重管柱测试，以免发生“飞出”和“落井”事故。

6. 最大无支撑长度计算

最大无支撑长度是指带压下入管柱时，管柱在轴向上受压不产生弯曲变形的长度，它与下压力和管柱强度有关。根据材料力学知识，横截面和材料相同的压杆，由于杆的长度不同，其抵抗外力的性质将发生根本的改变，短粗的压杆是强度问题，细长压杆则是稳定问题。细长杆件受压时，其承载能力远低于短粗压杆，强度不是影响其工作能力的主要因素。

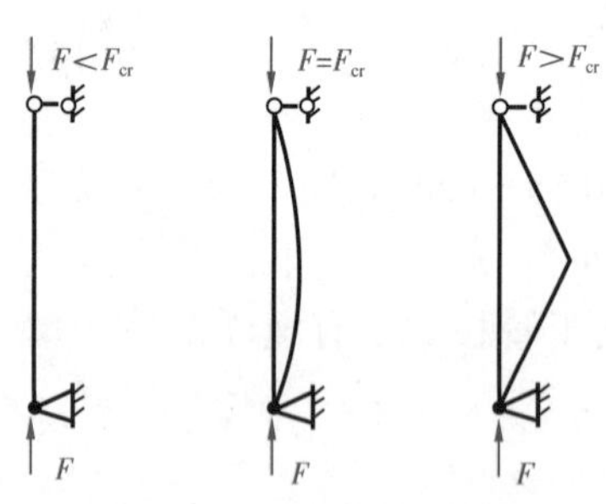

图 6–4　细长杆失稳示意图

如图 6–4 所示，图中 $F$ 为细长杆实际受到的压力，$F_{\mathrm{cr}}$ 为细长杆稳定状态时的临界压力，对于压杆来说，当压力 $F$ 达到或超过 $F_{\mathrm{cr}}$ 时，在外来扰动的作用下，压杆不能保持原有的直线平衡状态，而丧失继续承载的能力，这种现象称为失稳，这个临界载荷 $F_{\mathrm{cr}}$ 是压杆保持直线平衡构形所能承受的最大载荷。

设在轴向力 $F$ 作用下，压杆处于微弯平衡状态。当杆内应力不超过材料的比例极限时，求解挠曲轴方程可以得到：

$$F = \frac{n^2 \pi^2 EI}{L^2} \left( n = 0,1,2 \cdots \right)$$

在带压作业计算时，在确定长轴屈曲时 $n=1$。因此对于两端为铰支座的理想压杆，失稳状态在弹性范围内的压杆临界力 $F_{cr}$ 可采用欧拉公式（6–16）计算：

$$F_{cr}=\frac{\pi^2 EI}{L^2}$$
$$I=\frac{\pi}{64}\left(D^2-d^2\right) \tag{6-16}$$

式中　$F_{cr}$——压杆失稳的临界压力，N；

$E$——压杆钢级下的弹性模量，一般取 200GPa，即 $200\times10^3\mathrm{N/mm^2}$；

$I$——压杆的惯性矩，$\mathrm{mm^2}$；

$D$——压杆的外径，mm；

$d$——压杆的内径，mm；

$L$——细长杆的长度，mm。

带压作业过程中，一般不需要对短粗压杆的强度进行计算，细长压杆才是分析计算的重点。由于油管或钻杆是在防喷器关闭的情况下下钻，这个关闭的防喷器和井筒压力产生的截面力会阻碍管柱的下入，这样就在管柱上形成了两个类似两端铰支细长压杆，只是带压下入管柱时，只要井口压力、管柱尺寸确定，那么按照公式（6–4）和公式（6–5），管柱的最大下压力是可以确定的，也是不能减少的，否则管柱就无法下入井内，这里 $F_{cr}$ 也就是最大下压力 $F_{sn}$。因此带压下入管柱的重点就是通过下支链（关闭环形或半封防喷器）以及上支链（移动卡瓦高度、采用防弯导管）来调整“细长杆”的长度，这个“细长杆”的长度就是无支撑长度。通过欧拉公式变形就得到无支撑长度，见公式（6–17），即：

$$L=\sqrt{\frac{\pi^2 EI}{F_{sn}}} \tag{6-17}$$

需要注意的是，最大下压力计算不仅要计算通过管体的最大下压力，更要考虑通过管柱接箍的最大下压力。前述的最大下压力计算中，管柱受到的摩擦力是按经验计算的，因此无支撑长度还需采用一定的安全系数来确保作业安全，这个长度就是安全无支撑长度。参考加拿大 IRP 15《带压作业推荐做法》，一般按以下 3 种方式取安全系数：

（1）$\phi$33.4mm、$\phi$42.2mm、$\phi$48.3mm、$\phi$52.4mm 等较小外径的管柱一般采用整体接头。其中 $\phi$33.4mm、$\phi$42.2mm、$\phi$48.3mm 的整体接头强度大概为管体强度的 83%，这三种管柱尺寸采用 60% 的安全系数；$\phi$52.4mm 整体接头强度大概是管体强度的 95%，因此采用 65% 的安全系数。

（2）$\phi$60.3mm、$\phi$73.0mm、$\phi$88.9mm 等较大外径的管柱一般采用外加厚（EUE）或特殊螺纹接头。外加厚和特殊螺纹接头的强度与管体强度相同，因此这 3 种尺寸采用 70% 的安全系数。

（3）如果油管为 N–80 旧油管，井筒压力大于 35MPa 或者 $H_2S$ 浓度高于 1.0％（10000mg/L）时，则还要把无支承长度减小 25%，即取计算值的 52.5%。

根据作业管柱和井筒压力，可以计算出下压力、无支撑长度，对同一管柱按照不同的压力就可以绘制出井筒压力与下压力、屈曲力与无支撑长度的关系曲线图，作业时可以直接用查表或查图法进行有关计算。表 6–3～表 6–14 列出钢级分别为 J55、L80，外径为

60.3mm、73mm、88.9mm 油管的最大下压力与井筒压力、屈曲力与无支撑长度的对应数据表。图 6-5～图 6-10 绘制了钢级分别为 J55、L80，外径为 60.3mm、73mm、88.9mm 油管的井筒压力与最大下压力、屈曲力与无支撑长度的关系曲线图。

其中，J-55 选用的管材的基础数据分别为：

外径 60.3mm，内径 50.67mm，接头外径 77.8mm，管材最小屈服强度 379MPa，弹性模量 200GPa，单位重量 6.99kg/m；

外径 73 mm，内径 62mm，接头外径 93.2mm，管材最小屈服强度 379MPa，弹性模量 200GPa，单位重量 9.67kg/m；

外径 88.9mm，内径 76mm，接头外径 114.3mm，管材最小屈服强度 379MPa，弹性模量 200GPa，单位重量 13.84kg/m。

L-80 选用的管材的基础数据分别为：

外径 60.3mm，内径 50.67mm，接头外径 77.8mm，管材最小屈服强度 551MPa，弹性模量 200GPa，单位重量 6.99kg/m；

外径 73 mm，内径 62 mm，接头外径 93.2 mm，管材最小屈服强度 551MPa，弹性模量 200GPa，单位重量 9.67kg/m；

外径 88.9 mm，内径 76 mm，接头外径 114.3 mm，管材最小屈服强度 551MPa，弹性模量 200GPa，单位重量 13.84kg/m。

**表 6-3　外径为 60.3mm 油管、钢级为 J55 外加厚油管最大下压力与井筒压力的数据关系表**

| 井口压力<br>kPa | 最大下压力，kgf | | 本体对应的中和点<br>m | 接头对应的中和点<br>m |
|---|---|---|---|---|
| | 本体在环形防喷器中 | 接头在环形防喷器中 | | |
| 0 | 0 | 0 | 0 | 0 |
| 2500 | 856 | 1430 | 124.9 | 208.5 |
| 5000 | 1713 | 2860 | 249.8 | 417.1 |
| 7500 | 2569 | 4290 | 374.6 | 625.6 |
| 10000 | 3425 | 5720 | 499.5 | 834.2 |
| 12500 | 4281 | 7150 | 624.4 | 1042.7 |
| 15000 | 5138 | 8580 | 749.3 | 1251.2 |
| 17500 | 5994 | 10010 | 874.1 | 1459.8 |
| 20000 | 6850 | 11440 | 999.0 | 1668.3 |
| 22500 | 7707 | 12870 | 1123.9 | 1876.8 |
| 25000 | 8563 | 14300 | 1248.8 | 2085.4 |
| 27500 | 9419 | 15730 | 1373.6 | 2293.9 |
| 30000 | 10276 | 17160 | 1498.5 | 2502.5 |
| 32500 | 11132 | 18590 | 1623.4 | 2711.0 |

续表

| 井口压力<br>kPa | 最大下压力，kgf | | 本体对应的中和点<br>m | 接头对应的中和点<br>m |
|---|---|---|---|---|
| | 本体在环形防喷器中 | 接头在环形防喷器中 | | |
| 35000 | 11988 | 20020 | 1748.3 | 2919.5 |
| 40000 | 13701 | 22880 | 1998.0 | 3336.6 |
| 42500 | 14557 | 24310 | 2122.9 | 3545.1 |
| 45000 | 15413 | 25740 | 2247.8 | 3753.7 |
| 47500 | 16270 | 27170 | 2372.6 | 3962.2 |
| 50000 | 17126 | 28600 | 2497.5 | 4170.8 |

注：（1）最大下压力包含了管柱通过环形防喷器的摩擦力，取值为截面力的 20%；
（2）假设井筒中天然气相对密度为 1。

**表 6-4　外径为 60.3mm 油管、钢级为 J55 外加厚油管屈曲力与无支撑长度的数据关系表**

| 无支撑长度<br>mm | 长度直径比 | 屈曲力，kgf | |
|---|---|---|---|
| | | 普通油管 | 外加厚油管 |
| 0 | 0 | 31794 | 22256 |
| 50 | 2.54 | 31784 | 22249 |
| 100 | 5.08 | 31754 | 22228 |
| 200 | 10.16 | 31636 | 22145 |
| 300 | 15.24 | 31439 | 22007 |
| 400 | 20.31 | 31163 | 21814 |
| 600 | 30.47 | 30375 | 21263 |
| 800 | 40.63 | 29272 | 20490 |
| 1000 | 50.79 | 27854 | 19498 |
| 1200 | 60.94 | 26120 | 18284 |
| 1400 | 71.10 | 24071 | 16850 |
| 1600 | 81.26 | 21707 | 15195 |
| 1800 | 91.41 | 19028 | 13319 |
| 2000 | 101.57 | 16033 | 11223 |
| 2200 | 111.73 | 13251 | 9276 |
| 2400 | 121.89 | 11135 | 7794 |
| 2600 | 132.04 | 9488 | 6641 |

续表

| 无支撑长度<br>mm | 长度直径比 | 屈曲力，kgf | |
|---|---|---|---|
| | | 普通油管 | 外加厚油管 |
| 2800 | 142.20 | 8181 | 5727 |
| 3000 | 152.36 | 7126 | 4988 |
| 3500 | 177.75 | 5236 | 3665 |
| 4000 | 203.14 | 4009 | 2806 |
| 4500 | 228.54 | 3167 | 2217 |
| 5000 | 253.93 | 2565 | 1796 |
| 5500 | 279.32 | 2120 | 1484 |
| 6000 | 304.71 | 1782 | 1247 |

**表 6-5　外径为 60.3mm 油管、钢级为 L80 外加厚油管最大下压力与井筒压力的数据关系表**

| 井口压力<br>kPa | 最大下压力，kgf | | 本体对应的中和点<br>m | 接头对应的中和点<br>m |
|---|---|---|---|---|
| | 本体在环形防喷器中 | 接头在环形防喷器中 | | |
| 0 | 0 | 0 | 0 | 0 |
| 2500 | 856 | 1430 | 124.9 | 208.5 |
| 5000 | 1713 | 2860 | 249.8 | 417.1 |
| 7500 | 2569 | 4290 | 374.6 | 625.6 |
| 10000 | 3425 | 5720 | 499.5 | 834.2 |
| 12500 | 4281 | 7150 | 624.4 | 1042.7 |
| 15000 | 5138 | 8580 | 749.3 | 1251.2 |
| 17500 | 5994 | 10010 | 874.1 | 1459.8 |
| 20000 | 6850 | 11440 | 999.0 | 1668.3 |
| 22500 | 7707 | 12870 | 1123.9 | 1876.8 |
| 25000 | 8563 | 14300 | 1248.8 | 2085.4 |
| 27500 | 9419 | 15730 | 1373.6 | 2293.9 |
| 30000 | 10276 | 17160 | 1498.5 | 2502.5 |
| 32500 | 11132 | 18590 | 1623.4 | 2711.0 |
| 35000 | 11988 | 20020 | 1748.3 | 2919.5 |
| 40000 | 13701 | 22880 | 1998.0 | 3336.6 |

续表

| 井口压力<br>kPa | 最大下压力，kgf | | 本体对应的中和点<br>m | 接头对应的中和点<br>m |
|---|---|---|---|---|
| | 本体在环形防喷器中 | 接头在环形防喷器中 | | |
| 42500 | 14557 | 24310 | 2122.9 | 3545.1 |
| 45000 | 15413 | 25740 | 2247.8 | 3753.7 |
| 47500 | 16270 | 27170 | 2372.6 | 3962.2 |
| 50000 | 17126 | 28600 | 2497.5 | 4170.8 |

注：（1）最大下压力包含了管柱通过环形防喷器的摩擦力，取值为截面力的 20%；

（2）假设井筒中天然气相对密度为 1。

**表 6–6 外径为 60.3mm 油管、钢级为 L80 外加厚油管屈曲力与无支撑长度的数据关系表**

| 无支撑长度<br>mm | 长度直径比 | 屈曲力，kgf | |
|---|---|---|---|
| | | 普通油管 | 外加厚油管 |
| 0 | 0 | 46222 | 32356 |
| 50 | 2.54 | 46202 | 32341 |
| 100 | 5.08 | 46139 | 32297 |
| 200 | 10.16 | 45889 | 32123 |
| 300 | 15.24 | 45473 | 31831 |
| 400 | 20.31 | 44890 | 31423 |
| 600 | 30.47 | 43224 | 30257 |
| 800 | 40.63 | 40893 | 28625 |
| 1000 | 50.79 | 37895 | 26525 |
| 1200 | 60.94 | 34230 | 23961 |
| 1400 | 71.10 | 29900 | 20930 |
| 1600 | 81.26 | 24903 | 17430 |
| 1800 | 91.41 | 19795 | 13857 |
| 2000 | 101.57 | 16034 | 11224 |
| 2200 | 111.73 | 13251 | 9276 |
| 2400 | 121.89 | 11135 | 7794 |
| 2600 | 132.04 | 9488 | 6641 |
| 2800 | 142.20 | 8181 | 5727 |
| 3000 | 152.36 | 7126 | 4988 |

续表

| 无支撑长度<br>mm | 长度直径比 | 屈曲力，kgf | |
|---|---|---|---|
| | | 普通油管 | 外加厚油管 |
| 3500 | 177.75 | 5236 | 3665 |
| 4000 | 203.14 | 4009 | 2806 |
| 4500 | 228.54 | 3167 | 2217 |
| 5000 | 253.93 | 2565 | 1796 |
| 5500 | 279.32 | 2120 | 1484 |
| 6000 | 304.71 | 1782 | 1247 |

表 6–7　外径为 73mm 油管、钢级为 J55 外加厚油管最大下压力与井筒压力的数据关系表

| 井口压力<br>kPa | 最大下压力，kgf | | 本体对应的中和点<br>m | 接头对应的中和点<br>m |
|---|---|---|---|---|
| | 本体在环形防喷器中 | 接头在环形防喷器中 | | |
| 0 | 0 | 0 | 0 | 0 |
| 2500 | 1255 | 2052 | 132.3 | 216.3 |
| 5000 | 2150 | 4104 | 264.6 | 432.6 |
| 7500 | 3765 | 6156 | 396.9 | 649.0 |
| 10000 | 5020 | 8208 | 529.2 | 865.3 |
| 12500 | 6275 | 10261 | 661.5 | 1081.6 |
| 15000 | 7530 | 12313 | 793.8 | 1298.0 |
| 17500 | 8785 | 14365 | 926.1 | 1514.3 |
| 20000 | 10040 | 16417 | 1058.4 | 1730.6 |
| 22500 | 11295 | 18469 | 1190.6 | 1946.9 |
| 25000 | 12550 | 20521 | 1322.9 | 2163.3 |
| 27500 | 13805 | 22573 | 1455.2 | 2379.6 |
| 30000 | 15060 | 24625 | 1587.5 | 2595.9 |
| 32500 | 16315 | 26678 | 1719.8 | 2812.2 |
| 35000 | 17570 | 28730 | 1852.1 | 3028.6 |
| 40000 | 20080 | 32834 | 2116.7 | 3461.2 |

续表

| 井口压力<br>kPa | 最大下压力，kgf | | 本体对应的中和点<br>m | 接头对应的中和点<br>m |
|---|---|---|---|---|
| | 本体在环形防喷器中 | 接头在环形防喷器中 | | |
| 42500 | 21335 | 34886 | 2249.0 | 3677.5 |
| 45000 | 22590 | 36938 | 2381.3 | 3893.9 |
| 47500 | 23845 | 38990 | 2513.6 | 4110.2 |
| 50000 | 25100 | 41042 | 2645.9 | 4326.5 |

注：(1)最大下压力包含了管柱通过环形防喷器的摩擦力，取值为截面力的20%；

(2)假设井筒中天然气相对密度为1。

**表6-8　外径为73mm油管、钢级为J55外加厚油管屈曲力与无支撑长度的数据关系表**

| 无支撑长度<br>mm | 长度直径比 | 屈曲力，kgf | |
|---|---|---|---|
| | | 普通油管 | 外加厚油管 |
| 0 | 0 | 44181 | 30927 |
| 50 | 2.09 | 44172 | 30920 |
| 100 | 4.18 | 44144 | 30901 |
| 200 | 8.35 | 44033 | 30823 |
| 300 | 12.53 | 43848 | 30693 |
| 400 | 16.71 | 43589 | 30512 |
| 600 | 25.06 | 42848 | 29994 |
| 800 | 33.41 | 41811 | 29268 |
| 1000 | 41.76 | 40478 | 28335 |
| 1200 | 50.12 | 38849 | 27194 |
| 1400 | 58.47 | 36923 | 25846 |
| 1600 | 66.82 | 34702 | 24291 |
| 1800 | 75.18 | 32184 | 22529 |
| 2000 | 83.53 | 29370 | 20559 |
| 2200 | 91.88 | 26259 | 18381 |
| 2400 | 100.23 | 22853 | 15997 |
| 2600 | 108.59 | 19495 | 13647 |

续表

| 无支撑长度<br>mm | 长度直径比 | 屈曲力，kgf | |
|---|---|---|---|
| | | 普通油管 | 外加厚油管 |
| 2800 | 116.94 | 16810 | 11767 |
| 3000 | 125.29 | 14643 | 10250 |
| 3500 | 146.17 | 10758 | 7531 |
| 4000 | 167.06 | 8237 | 5766 |
| 4500 | 187.94 | 5608 | 4556 |
| 5000 | 208.82 | 5272 | 3690 |
| 5500 | 229.70 | 4357 | 3050 |
| 6000 | 250.59 | 3661 | 2563 |

表 6–9　外径为 73mm 油管、钢级为 L80 外加厚油管最大下压力与井筒压力的数据关系表

| 井口压力<br>kPa | 最大下压力，kgf | | 本体对应的中和点<br>m | 接头对应的中和点<br>m |
|---|---|---|---|---|
| | 本体在环形防喷器中 | 接头在环形防喷器中 | | |
| 0 | 0 | 0 | 0 | 0 |
| 2500 | 1255 | 2052 | 132.3 | 216.3 |
| 5000 | 2150 | 4104 | 264.6 | 432.6 |
| 7500 | 3765 | 6156 | 396.9 | 649.0 |
| 10000 | 5020 | 8208 | 529.2 | 865.3 |
| 12500 | 6275 | 10261 | 661.5 | 1081.6 |
| 15000 | 7530 | 12313 | 793.8 | 1298.0 |
| 17500 | 8785 | 14365 | 926.1 | 1514.3 |
| 20000 | 10040 | 16417 | 1058.4 | 1730.6 |
| 22500 | 11295 | 18469 | 1190.6 | 1946.9 |
| 25000 | 12550 | 20521 | 1322.9 | 2163.3 |
| 27500 | 13805 | 22573 | 1455.2 | 2379.6 |
| 30000 | 15060 | 24625 | 1587.5 | 2595.9 |
| 32500 | 16315 | 26678 | 1719.8 | 2812.2 |
| 35000 | 17570 | 28730 | 1852.1 | 3028.6 |

续表

| 井口压力<br>kPa | 最大下压力，kgf | | 本体对应的中和点<br>m | 接头对应的中和点<br>m |
|---|---|---|---|---|
| | 本体在环形防喷器中 | 接头在环形防喷器中 | | |
| 40000 | 20080 | 32834 | 2116.7 | 3461.2 |
| 42500 | 21335 | 34886 | 2249.0 | 3677.5 |
| 45000 | 22590 | 36938 | 2381.3 | 3893.9 |
| 47500 | 23845 | 38990 | 2513.6 | 4110.2 |
| 50000 | 25100 | 41042 | 2645.9 | 4326.5 |

注：（1）最大下压力包含了管柱通过环形防喷器的摩擦力，取值为截面力的 20%；

（2）假设井筒中天然气相对密度为 1。

**表 6–10　外径为 73mm 油管、钢级为 L80 外加厚油管屈曲力与无支撑长度的数据关系表**

| 无支撑长度<br>mm | 长度直径比 | 屈曲力，kgf | |
|---|---|---|---|
| | | 普通油管 | 外加厚油管 |
| 0 | 0 | 64231 | 44962 |
| 50 | 2.09 | 64212 | 44948 |
| 100 | 4.18 | 64153 | 44907 |
| 200 | 8.35 | 63918 | 44743 |
| 300 | 12.53 | 63527 | 44469 |
| 400 | 16.71 | 62979 | 44085 |
| 600 | 25.06 | 61414 | 42990 |
| 800 | 33.41 | 59223 | 41456 |
| 1000 | 41.76 | 56405 | 39484 |
| 1200 | 50.12 | 52962 | 37073 |
| 1400 | 58.47 | 48892 | 34224 |
| 1600 | 66.82 | 44796 | 30937 |
| 1800 | 75.18 | 38874 | 27212 |
| 2000 | 83.53 | 32926 | 23048 |
| 2200 | 91.88 | 27229 | 19060 |
| 2400 | 100.23 | 22880 | 16016 |
| 2600 | 108.59 | 19495 | 13647 |
| 2800 | 116.94 | 16810 | 11767 |

续表

| 无支撑长度<br>mm | 长度直径比 | 屈曲力，kgf | |
|---|---|---|---|
| | | 普通油管 | 外加厚油管 |
| 3000 | 125.29 | 14643 | 10250 |
| 3500 | 146.17 | 10758 | 7531 |
| 4000 | 167.06 | 8237 | 5766 |
| 4500 | 187.94 | 5608 | 4556 |
| 5000 | 208.82 | 5272 | 3690 |
| 5500 | 229.70 | 4357 | 3050 |
| 6000 | 250.59 | 3661 | 2563 |

表 6-11　外径为 88.9mm 油管、钢级为 J55 外加厚油管最大下压力与井筒压力的数据关系表

| 井口压力<br>kPa | 最大下压力，kgf | | 本体对应的中和点<br>m | 接头对应的中和点<br>m |
|---|---|---|---|---|
| | 本体在环形防喷器中 | 接头在环形防喷器中 | | |
| 0 | 0 | 0 | 0 | 0 |
| 2500 | 1861 | 3086 | 137.1 | 227.3 |
| 5000 | 3722 | 6173 | 247.2 | 454.7 |
| 7500 | 5584 | 9259 | 411.3 | 682.0 |
| 10000 | 7445 | 12346 | 548.3 | 909.3 |
| 12500 | 9306 | 15432 | 685.4 | 1136.7 |
| 15000 | 11167 | 18519 | 822.5 | 1364.0 |
| 17500 | 13028 | 21605 | 959.6 | 1591.3 |
| 20000 | 14890 | 24692 | 1096.7 | 1818.7 |
| 22500 | 16751 | 27778 | 1233.8 | 2046.0 |
| 25000 | 18612 | 30865 | 1370.8 | 2273.3 |
| 27500 | 20473 | 33951 | 1507.9 | 2500.6 |
| 30000 | 22334 | 37038 | 1645.0 | 2728.0 |
| 32500 | 24196 | 40124 | 1782.1 | 2955.3 |
| 35000 | 26057 | 43211 | 1919.2 | 3182.6 |
| 40000 | 29779 | 49384 | 2193.4 | 3637.3 |
| 42500 | 31641 | 52470 | 2330.4 | 3864.6 |

续表

| 井口压力 kPa | 最大下压力，kgf | | 本体对应的中和点 m | 接头对应的中和点 m |
|---|---|---|---|---|
| | 本体在环形防喷器中 | 接头在环形防喷器中 | | |
| 45000 | 33502 | 55557 | 2467.5 | 4092.0 |
| 47500 | 35363 | 58643 | 2604.6 | 4319.3 |
| 50000 | 37224 | 61730 | 2741.7 | 4546.6 |

注：（1）最大下压力包含了管柱通过环形防喷器的摩擦力，取值为截面力的 20%；

（2）假设井筒中天然气相对密度为 1。

**表 6-12 外径为 88.9mm 油管、钢级为 J55 外加厚油管屈曲力与无支撑长度的数据关系表**

| 无支撑长度 mm | 长度直径比 | 屈曲力，kgf | |
|---|---|---|---|
| | | 普通油管 | 外加厚油管 |
| 0 | 0 | 63288 | 44301 |
| 50 | 1.71 | 63279 | 44295 |
| 100 | 3.42 | 63252 | 44276 |
| 200 | 6.84 | 63145 | 44202 |
| 300 | 10.26 | 62968 | 44077 |
| 400 | 13.68 | 62719 | 43903 |
| 600 | 20.52 | 62007 | 43405 |
| 800 | 27.36 | 61011 | 42708 |
| 1000 | 34.20 | 59731 | 41812 |
| 1200 | 41.04 | 58166 | 40716 |
| 1400 | 47.88 | 56316 | 39421 |
| 1600 | 54.72 | 54182 | 37927 |
| 1800 | 61.56 | 51763 | 36234 |
| 2000 | 68.40 | 49060 | 34342 |
| 2200 | 75.24 | 46072 | 32251 |
| 2400 | 82.08 | 42800 | 29960 |
| 2600 | 88.92 | 39243 | 27470 |
| 2800 | 95.76 | 35402 | 24781 |
| 3000 | 102.60 | 31280 | 21896 |
| 3500 | 119.70 | 22981 | 16087 |
| 4000 | 136.80 | 17595 | 12317 |

续表

| 无支撑长度<br>mm | 长度直径比 | 屈曲力，kgf | |
|---|---|---|---|
| | | 普通油管 | 外加厚油管 |
| 4500 | 153.90 | 13902 | 9732 |
| 5000 | 171.00 | 11261 | 7883 |
| 5500 | 188.10 | 9306 | 6515 |
| 6000 | 205.20 | 7820 | 5474 |

表 6-13　外径为 88.9mm 油管、钢级为 L80 外加厚油管最大下压力与井筒压力的数据关系表

| 井口压力<br>kPa | 最大下压力，kgf | | 本体对应的中和点<br>m | 接头对应的中和点<br>m |
|---|---|---|---|---|
| | 本体在环形防喷器中 | 接头在环形防喷器中 | | |
| 0 | 0 | 0 | 0 | 0 |
| 2500 | 1861 | 3086 | 137.1 | 227.3 |
| 5000 | 3722 | 6173 | 247.2 | 454.7 |
| 7500 | 5584 | 9259 | 411.3 | 682.0 |
| 10000 | 7445 | 12346 | 548.3 | 909.3 |
| 12500 | 9306 | 15432 | 685.4 | 1136.7 |
| 15000 | 11167 | 18519 | 822.5 | 1364.0 |
| 17500 | 13028 | 21605 | 959.6 | 1591.3 |
| 20000 | 14890 | 24692 | 1096.7 | 1818.7 |
| 22500 | 16751 | 27778 | 1233.8 | 2046.0 |
| 25000 | 18612 | 30865 | 1370.8 | 2273.3 |
| 27500 | 20473 | 33951 | 1507.9 | 2500.6 |
| 30000 | 22334 | 37038 | 1645.0 | 2728.0 |
| 32500 | 24196 | 40124 | 1782.1 | 2955.3 |
| 35000 | 26057 | 43211 | 1919.2 | 3182.6 |
| 40000 | 29779 | 49384 | 2193.4 | 3637.3 |
| 42500 | 31641 | 52470 | 2330.4 | 3864.6 |
| 45000 | 33502 | 55557 | 2467.5 | 4092.0 |
| 47500 | 35363 | 58643 | 2604.6 | 4319.3 |
| 50000 | 37224 | 61730 | 2741.7 | 4546.6 |

注：（1）最大下压力包含了管柱通过环形防喷器的摩擦力，取值为截面力的 20%；

（2）假设井筒中天然气相对密度为 1。

表 6-14　外径为 88.9mm 油管、钢级为 L80 外加厚油管屈曲力与无支撑长度的数据关系表

| 无支撑长度<br>mm | 长度直径比 | 屈曲力，kgf | |
|---|---|---|---|
| | | 普通油管 | 外加厚油管 |
| 0 | 0 | 92009 | 64406 |
| 50 | 1.71 | 91990 | 64393 |
| 100 | 3.42 | 91934 | 64354 |
| 200 | 6.84 | 91709 | 64196 |
| 300 | 10.26 | 91333 | 63933 |
| 400 | 13.68 | 90806 | 63564 |
| 600 | 20.52 | 89303 | 62512 |
| 800 | 27.36 | 87197 | 61039 |
| 1000 | 34.20 | 84491 | 59144 |
| 1200 | 41.04 | 81184 | 56829 |
| 1400 | 47.88 | 77274 | 54092 |
| 1600 | 54.72 | 72764 | 50935 |
| 1800 | 61.56 | 67651 | 47356 |
| 2000 | 68.40 | 61938 | 43357 |
| 2200 | 75.24 | 55623 | 38936 |
| 2400 | 82.08 | 48707 | 34095 |
| 2600 | 88.92 | 41646 | 29152 |
| 2800 | 95.76 | 35908 | 25136 |
| 3000 | 102.60 | 31280 | 21896 |
| 3500 | 119.70 | 22981 | 16087 |
| 4000 | 136.80 | 17595 | 12317 |
| 4500 | 153.90 | 13902 | 9732 |
| 5000 | 171.00 | 11261 | 7883 |
| 5500 | 188.10 | 9306 | 6515 |
| 6000 | 205.20 | 7820 | 5474 |

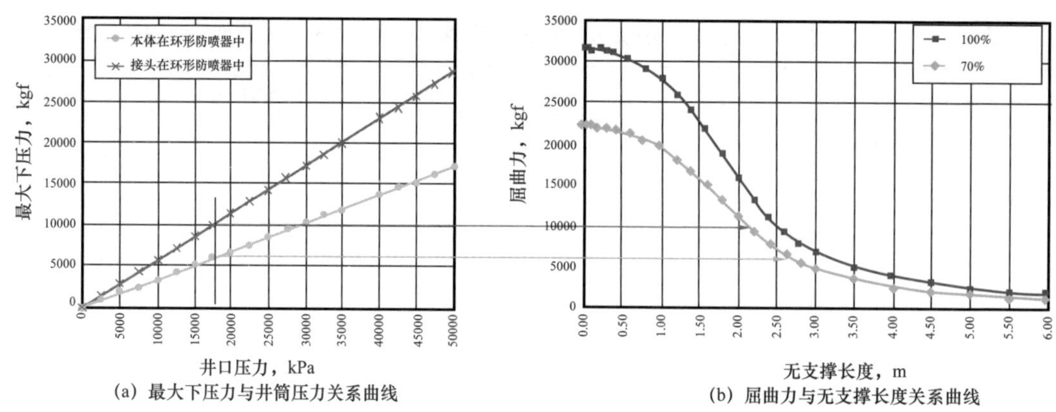

(a) 最大下压力与井筒压力关系曲线　(b) 屈曲力与无支撑长度关系曲线

图 6-5　外径为 60.3mm 油管、钢级为 J55、重量为 6.99kg/m 的外加厚油管最大下压力与井筒压力、屈曲力与无支撑长度的关系曲线图

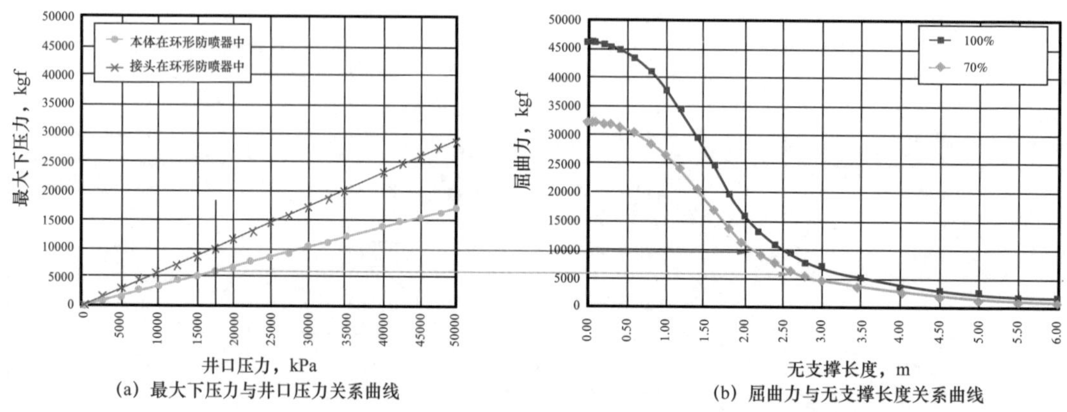

(a) 最大下压力与井口压力关系曲线　(b) 屈曲力与无支撑长度关系曲线

图 6-6　外径为 60.3mm 油管、钢级为 L80、重量为 6.99kg/m 的外加厚油管最大下压力与井筒压力、屈曲力与无支撑长度的关系曲线图

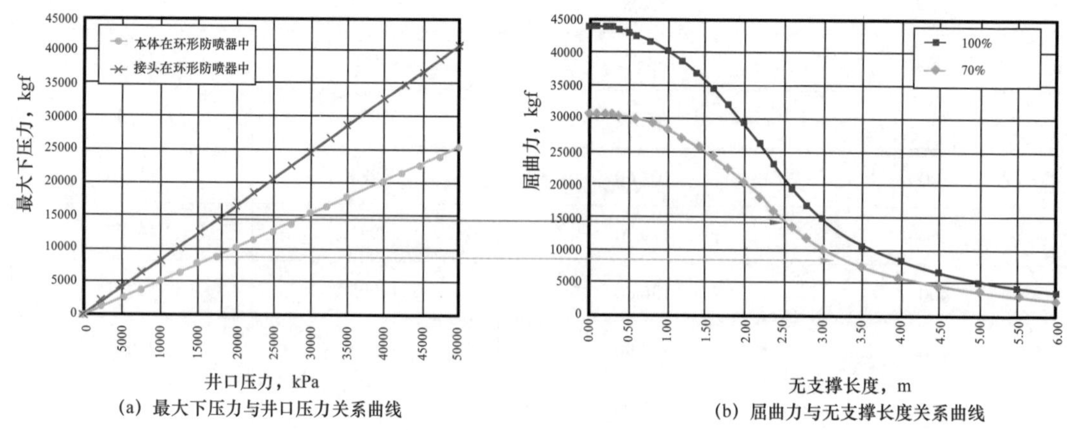

(a) 最大下压力与井口压力关系曲线　(b) 屈曲力与无支撑长度关系曲线

图 6-7　外径为 73mm 油管、钢级为 J55、重量为 9.67kg/m 的外加厚油管最大下压力与井筒压力、屈曲力与无支撑长度的关系曲线图

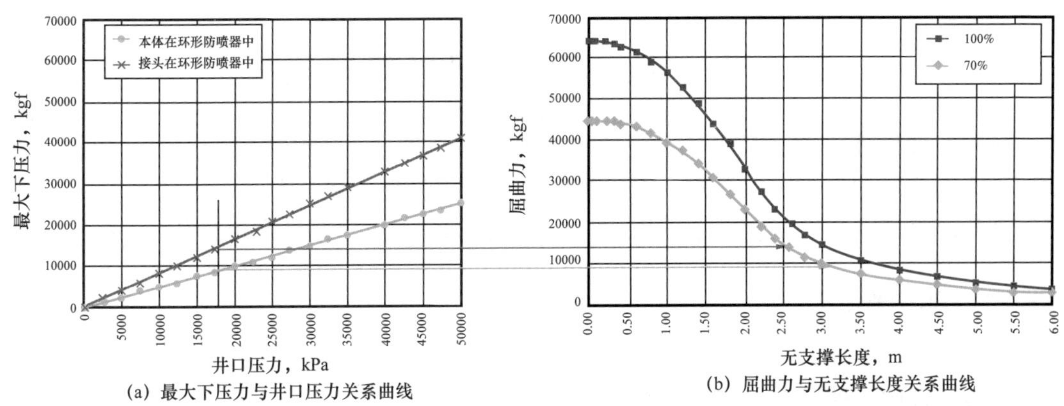


图 6-8　外径为 73mm 油管、钢级为 L80、重量为 9.67kg/m 的外加厚油管最大下压力与井筒压力、屈曲力与无支撑长度的关系曲线图

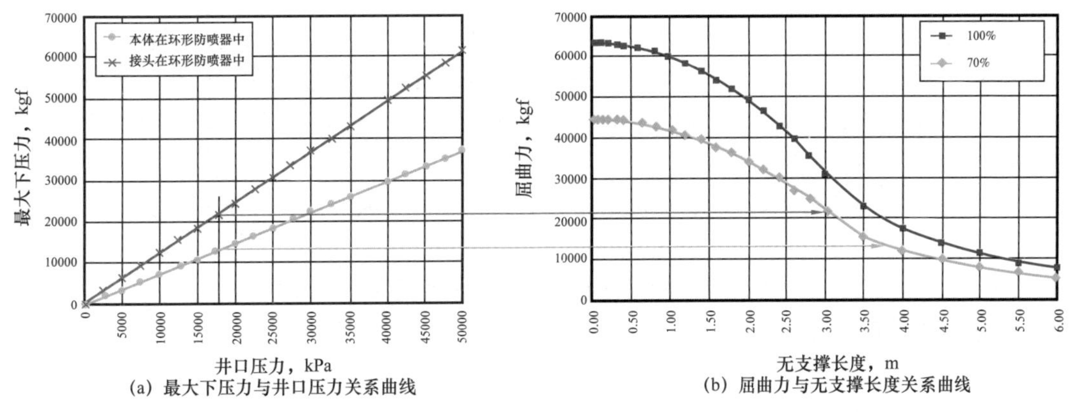


图 6-9　外径为 88.9mm 油管、钢级为 J55、重量为 13.84kg/m 的外加厚油管最大下压力与井筒压力、屈曲力与无支撑长度的关系曲线图

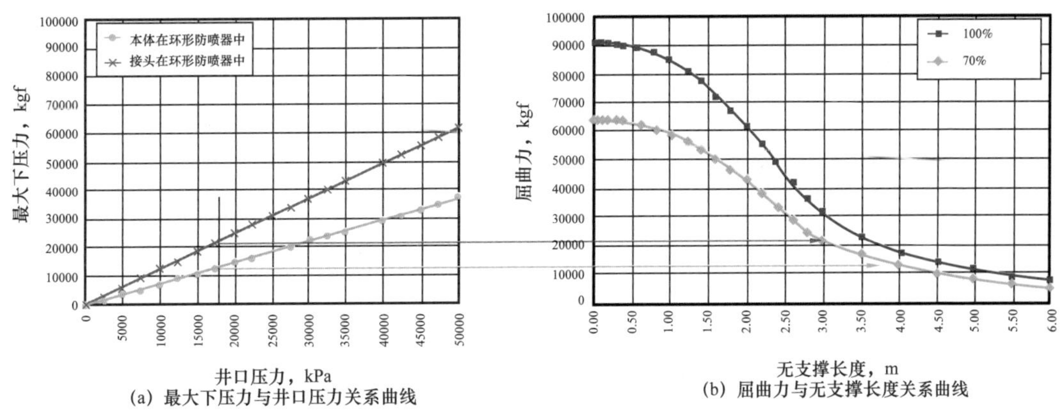


图 6-10　外径为 88.9mm 油管、钢级为 L80、重量为 13.84kg/m 的外加厚油管最大下压力与井筒压力、屈曲力与无支撑长度的关系曲线图

## 第二节　带压作业设计要求与模版

带压作业设计主要包括地质设计、工程设计与施工设计。地质设计主要提出施工要求，并给出井况的基本资料及重点风险提示等。工程设计主要是根据地质设计进行编写，提供设备、工具及井控要求。施工设计要求提供具体施工程序及风险预案等。

### 一、地质设计

1. 地质设计要求

地质设计中应提供但不限于以下资料：

（1）井场周围人居情况调查资料：包括井场周围一定范围内的居民住宅、学校、工厂、矿山、国防设施、高压电线、地质评价、水资源情况以及风向变化等环境勘察评价的文字和图件资料，并标注说明；

（2）流体性质及组分：本井或邻井气油比、流体性质资料，流体组分（特别是 $H_2S$ 和 $CO_2$ 浓度）、产出水含盐量、水合物的形成、凝析油以及其他水垢、蜡、沥青含量等；

（3）地层情况：目前包括地层压力、原始地层压力、地层温度、地温梯度，塑性地层、易垮塌层等特殊地层应提示；

（4）井身结构，井内各层套管钢级、壁厚、尺寸、下入井深，水泥返高，固井情况，试压情况；

（5）邻井生产情况，地层互相连通情况，注水、注汽（气）情况资料；

（6）重点风险提示等。

2. 地质设计模版

1）油水井基本数据表

（1）井场周围调查表见表 6–15。

表 6–15　井场周围调查表

<table>
<tr><td>该井所属油气田或区块名称</td><td></td><td>地理位置</td><td></td></tr>
<tr><td>周围人居情况调查</td><td colspan="3"></td></tr>
</table>

（2）基础数据表见表 6–16。

表 6–16　基础数据表

<table>
<tr><td colspan="2">开钻日期</td><td></td><td>完钻日期</td><td></td><td>完井日期</td><td></td></tr>
<tr><td colspan="2">完钻井深，m</td><td></td><td></td><td>人工井底，m</td><td></td><td></td></tr>
<tr><td rowspan="3">钻井液性能</td><td>密度，g/cm³</td><td></td><td>最大井斜，（°）</td><td></td><td>井段，m</td><td></td></tr>
<tr><td>黏度，mPa·s</td><td></td><td>造斜点，m</td><td></td><td>方位，（°）</td><td></td></tr>
<tr><td>浸泡时间，d</td><td></td><td>固井质量</td><td colspan="3"></td></tr>
<tr><td colspan="2">油补距，m</td><td colspan="2"></td><td>联入，m</td><td colspan="2"></td></tr>
</table>

（3）完井套管数据见表 6–17。

**表 6–17　完井套管数据表**

| 名称 | 规范 | 钢级 | 壁厚，mm | 抗内压，MPa | 内径，mm | 深度，m | 水泥返深，m |
|---|---|---|---|---|---|---|---|
| 表层套管 | | | | | | | |
| 技术套管 | | | | | | | |
| 油层套管 | | | | | | | |
| 特殊说明 | | | | | | | |

（4）油层基本数据表见表 6–18。

**表 6–18　油层基本数据表**

| 层位 | 层号 | 解释井段<br>m | 厚度<br>m | 孔隙度<br>% | 渗透率<br>mD | 含油饱和度<br>% | 泥质含量<br>% | 岩性 | 解释结果 |
|---|---|---|---|---|---|---|---|---|---|
| | | | | | | | | | |
| | | | | | | | | | |
| | | | | | | | | | |

（5）射孔数据表见表 6–19。

**表 6–19　射孔数据表**

| 层位 | 层号 | 射孔井段，m | 厚度，m | 射孔日期 | 射孔枪型 | 射孔孔密 | 射孔孔数 |
|---|---|---|---|---|---|---|---|
| | | | | | | | |
| | | | | | | | |
| | | | | | | | |

2）生产情况

（1）地层情况数据表见表 6–20。

**表 6–20　地层情况数据表**

| 目前地层压力 | | 原始地层压力 | |
|---|---|---|---|
| 地层温度 | | 地温梯度 | |
| 特殊地层提示 | | | |

（2）流体情况数据表见表 6–21。

**表 6–21　流体情况数据表**

| 流体组分 | | 油气比 | |
|---|---|---|---|
| 含盐量 | | 水合物 | |
| 特殊情况提示 | | | |

（3）本井生产情况数据表见表 6-22、表 6-23。

① 油井。

表 6-22 油井生产情况数据表

| 层位 | 日产量 | | | 含水，% | 取值时间 |
|---|---|---|---|---|---|
| | 产液，t | 产油，t | 产气，$m^3$ | | |
| | | | | | |
| | | | | | |
| | | | | | |

② 水井。

表 6-23 水井生产情况数据表

| 层位 | 日注量，$m^3$ | 累注量，$m^3$ | 投注日期 |
|---|---|---|---|
| | | | |
| | | | |
| | | | |

（4）邻井生产情况数据表、连通水井受益情况数据表分别见表 6-24、表 6-25。

① 相邻油井生产情况。

表 6-24 相邻油井生产情况数据表

| 井号 | 层位 | 日产量 | | | 含水，% | 取值时间 |
|---|---|---|---|---|---|---|
| | | 产液，t | 产油，t | 产气，$m^3$ | | |
| | | | | | | |
| | | | | | | |
| | | | | | | |

② 连通水井受益情况。

表 6-25 连通水井受益情况数据表

| 注水井号 | 投转注日期 | 注水层号 | 与本井连通层号 | 累计注水 | 受益情况 |
|---|---|---|---|---|---|
| | | | | | |
| | | | | | |
| | | | | | |

3）历次相关作业情况简述

4）施工目的及要求

（1）施工目的。

（2）施工要求。

（3）完井建议。

5）与井控相关的情况提示

（1）与周围连通油井有没有气窜记载；

（2）本井及周围邻井有没有硫化氢等有毒有害气体的记载，本次作业要求检测硫化氢等有毒有害气体；

（3）根据井口压力选择合适的带压作业装备，防止井喷管窜现象发生；

（4）选择合适的油管内压力控制工具进行油管内压力的控制，防止井喷现象发生；

（5）连接好压井管线、放喷管线，准备好压井液、压井设备，配备齐全由提升短节，旋塞阀、油管挂等组成的简易防喷装置，防止井喷事故发生，保证人员、设备安全。

6）井况、井身结构及生产管柱数据

（1）井况描述。

（2）生产管柱情况。

（3）井身结构及生产管柱示意图。

## 二、工程设计

1. 工程设计要求

工程设计应提供但不限于以下资料：

（1）井口油管压力及油套环空压力，油管头、套管头、采油树型号及压力等级，采油（气）树闸门通径和连接方式，油管悬挂方式、油管悬挂器规格及扣型；

（2）原井及完井管串结构，油管钢级、壁厚、下入深度、内径、外径、扣型，各种工具型号、结构、内径、外径、扣型、长度、下入深度等；

（3）历次作业简况；

（4）带压作业油管压力控制、施工工艺及技术要求等；

（5）带压作业机、安全防喷器及地面流程等设备设施的要求；

（6）压井液等应急物资准备；

（7）HSE、井控及质量要求。

2. 工程设计模版

1）上修原因及施工目的

（1）上修原因。

（2）施工目的。

2）基本资料

（1）基本数据表见表 6–26。

（2）井下管柱及配件数据表见表 6–27。

（3）井下技术状况统计表见表 6–28。

（4）上次作业情况描述。阐明上次作业日期，修井原因，井下管柱情况及井况等。

3）本次作业管柱配置

本次作业管柱配置情况统计表见表 6-29。

表 6-26　基本数据表

<table>
<tr><td>上次作业时间</td><td></td><td>生产方式</td><td></td><td>井口油管压力</td><td></td><td>井口油套环空压力</td><td></td></tr>
<tr><td>套管头型号</td><td></td><td>压力等级</td><td></td><td>油管头型号</td><td></td><td>压力等级</td><td></td></tr>
<tr><td>采油树型号</td><td></td><td>压力等级</td><td></td><td>油管悬挂器规格</td><td></td><td>扣型</td><td></td></tr>
<tr><td>联入</td><td></td><td>完钻井深</td><td></td><td>人工井底</td><td></td><td>水泥返深</td><td></td></tr>
<tr><td>特殊套管位置</td><td colspan="2"></td><td>最大井斜</td><td colspan="2"></td><td>造斜点</td><td></td></tr>
<tr><td>名称</td><td colspan="2">规范</td><td>钢级</td><td>壁厚，mm</td><td>抗内压，MPa</td><td>内径，mm</td><td>深度，m</td></tr>
<tr><td rowspan="2">油层套管</td><td colspan="2" rowspan="2"></td><td></td><td></td><td></td><td></td><td></td></tr>
<tr><td></td><td></td><td></td><td></td><td></td></tr>
</table>

表 6-27　井下管柱及配件数据表

| 封隔器型号 | | | | | |
|---|---|---|---|---|---|
| 位置，m | | | | | |
| 配水器型号 | | | | | |
| 位置，m | | | | | |
| 高压丝堵型号 | | 位置，m | | | |
| 洗井器型号 | | 位置，m | | | |
| 油管钢级 | | 规范，mm | | 数量，根 | |
| 长度，m | | 内衬情况 | | 涂层情况 | |

表 6-28　井下技术状况统计表

| 套变 / 套漏情况<br>（时间、诊断、位置） | |
|---|---|
| 套返情况 | |
| 落物情况 | |

表 6–29　本次作业管柱配置情况统计表

| 封隔器型号 | | | | | |
|---|---|---|---|---|---|
| 封隔器外径，mm | | | | | |
| 封隔器内径，mm | | | | | |
| 封隔器长度，mm | | | | | |
| 位置，m | | | | | |
| 配水器型号 | | | | | |
| 配水器外径，mm | | | | | |
| 配水器内径，mm | | | | | |
| 配水器长度，mm | | | | | |
| 位置，m | | | | | |
| 高压丝堵型号 | | 位置，m | | | |
| 洗井器型号 | | 位置，m | | | |
| 油管钢级 | | 规范，mm | | 数量，根 | |
| 长度，m | | 内衬情况 | | 涂层情况 | |

4）油管压力控制工艺

带压作业前，选择合适的油管压力控制工具进行油管内堵塞（堵塞器、桥塞、单流阀、破裂盘）。

（1）选取原则。

① 井下管柱带有预置工作筒且完好情况下，优先选取与工作筒匹配的堵塞器；

② 井下管柱无预置工作筒，优先选取钢丝桥塞或电缆桥塞；

③ 工作管柱宜选取单流阀等油管内压力控制工具；

④ 完井管柱宜选用尾管堵或可捞式堵塞器；

⑤ 天然气井带压作业禁止使用挂壁式堵塞器；

⑥ 油套环空封堵宜采用液体胶塞、冷冻塞或过油管桥塞等方法封堵；

⑦ 完井时应下入预置工作筒。

（2）检查与试压。

① 油管内压力控制工具下井前应测量钢体外径和长度，并检查各部件是否完好；

② 在地面安装的油管内压力控制工具，下井前应从油管内压力控制工具底部进行试压，试压压力为井底压力的 1.1 倍。

（3）工艺要求。

以油管堵塞为例，具体工艺要求如下：

① 电缆、钢丝输送作业按照相关技术要求执行；

② 用小于油管内径 2～4mm、长度不小于堵塞器长度的通井规通油管内径，验证管柱通径；

③ 通井如达不到预定深度或管柱内有砂子、蜡、结垢的井，用钢丝（连续油管）下带刮削器对油管进行除垢（蜡）或冲洗作业，直至油管通径及深度符合油管堵塞器的下入及坐封要求；

④ 将油管内压力控制工具下至坐封位置，进行油管封堵，油管压力控制工具坐封后，放掉油管内压力，观察30min以上，油管压力为0，油管封堵合格；

⑤ 如果油管堵塞失效，应分析原因，重新进行油管堵塞作业，直至油管堵塞合格；

⑥ 天然气井油管堵塞后，可向油管内灌入一定量的清水；

⑦ 对于天然气井，进行油管堵塞前应测试油管深度及根数，确定油管实际深度。

5）工艺要求

（1）搬迁时，与井组交接注水井口、井场、井口压力状况描述并做好交接记录；

（2）检查井口、套管接箍、套管短节连接密封性，井口腐蚀、对中、渗漏等情况，发现异常通知工艺所；

（3）在领取新配件的同时将起出的封隔器和配水器及其他所有配件全部交回一区检泵。如果更换新水井井口，必须将原井口交回本区物资库房。

6）施工要求

（1）试提油管，发现卡阻现象立即停止施工，通知工艺所确定下步施工方案。

（2）探砂面，若砂面高于5m，冲砂至人工井底，冲砂过程中发现异常，停止施工，及时上报工艺所。

（3）起出的油管及配件要按顺序摆放，便于检查油管及配件腐蚀、结垢、破损、弯曲等异常情况。尾管起出后，检查尾管内是否有沉淀物，记录沉淀物返深、取样保存。起出井内全部管柱、工具、配件，用高温车清蜡。

（4）井下配件下井前进行地面检验，封隔器外观是否有磨损、螺纹是否松动、腐蚀，内通径是否有异物，发现其中一项必须更换；配水器必须到试井队地面投试死嘴子，保证投捞自如，无卡阻现象。试投捞后到维修队检泵班试压，检泵班填写《新民采油厂配水器试压记录》，保证配水器密封良好。

（5）下井油管必须进行地面检查，更换不合格油管，保证管内无异物及凝油，必要时使用高温清蜡车清洗油管，保证下井管柱符合要求。

（6）认真丈量油管及井下配件的配管柱数据，按卡层参数配准分层注水管柱下入，封隔器下入位置避开套管接箍位置。要求：使用防腐涂料油管；油管必须涂密封胶，确保注水时管柱不漏失；配水器上部第一根必须是整根管。

（7）管柱下放过程中保持速度平稳，管柱下放速度小于每分钟下放10m油管的速度，不准撞击井口。到射孔段以上300m时下放速度应该控制在5m/min之内，缓慢平稳下放，直至管柱下到设计要求位置。

（8）施工完成后，对井口重要部件（套管接箍、钢圈等）涂密封胶，保证井口密封良好，杜绝恢复注水后出现井口渗漏情况。

（9）完井后，通知采油队队干部和小队质检员现场验收，验收合格，签字后方可交井。验收完成后方可搬家。施工单位胀封前必须通知工艺所注水组，并且将封配的实际位置数据交给工艺所注水组。胀封时工艺所注水作业管理人员到现场监督。胀封时从油管打压3次，每次压力升到16MPa后，稳压5min，每次都将压力降到0后再打压。

7）带压作业注意事项

（1）施工井套管短节应连接牢固、密封良好；

（2）封井器的工况温度范围在 -29～121℃；

（3）液控岗位人员应经过企业培训合格后，持证上岗；

（4）液压缸额定下压力应不小于最大下压力的 120%，额定上提力应不小于最大上提力的 140%；

（5）高压软管在温度 750℃、压力 28MPa 时，至少能够连续工作 15min，高压软管应采用带防尘罩的快速接头连接；

（6）液压油量应不少于关 / 开 / 关所有井控装置所需液压油量的 125%；

（7）闸板防喷器、固定卡瓦及游动卡瓦应安装锁紧装置；

（8）中途停止施工时，应关闭半封封井器、固定卡瓦、游动卡瓦，并手动锁紧；

（9）应急情况下，手动开关时应使用带保护的防喷杆开关；

（10）带压作业井控装置主要部件性能应根据具体施工井而定，表 6-30 给出了井控装置主要部件性能。

**表 6-30　井控装置技术指标统计表**

| 井口压力 $p$<br>MPa | 额定工作压力，MPa | | |
|---|---|---|---|
| | 闸板防喷器 $p_{闸}$ | 环形防喷器 $p_{环}$ | 游动、固定卡瓦<br>管柱轴向夹紧力 $F$，kN |
| $p<7$ | $p_{闸}\geqslant 21$ | $p_{环}\geqslant 21$ | $F>280$ |
| $7\leqslant p<12$ | $p_{闸}\geqslant 21$ | $p_{环}\geqslant 21$ | $F>480$ |
| $12\leqslant p\leqslant 14$ | $p_{闸}\geqslant 35$ | $p_{环}\geqslant 35$ | $F>560$ |

8）井控要求

（1）作业过程中，做好现场环境保护，施工应注意防止周边区域环保污染，做出必要的井控预防工作，制定井控相关应急预案，施工结束后，及时清理井场。

（2）预测最高关井压力。

（3）阐明是否有产硫化氢气体历史，在本次施工中加强监测，如发现含硫化氢等有毒有害气体，应严格执行 SY/T 6137—2017《硫化氢环境天然气与处理安全规范》、SY/T 6610—2017《硫化氢环境井下作业场所作业安全规范》和 SY/T 6277—2017《硫化氢环境人身防护规范》的有关规定，防止硫化氢气体溢出，最大限度减少管内管材、工具和地面设备的损害，避免人身伤亡。

（4）现场备齐：标准水井井口，井口安装 2FZ18-21、FH18-21 防喷器组（提升短节、旋塞、油管挂等组成）、保证随时可以实现关井。施工前安装防喷器并进行现场试压，试压要求：闸板防喷器在井上安装完成后，要用清水进行试压，在套管设计允许抗内压强度的 80%、闸板防喷器额定工作压力、测试用压井管汇额定工作压力、防喷管线额定工作压力和特殊四通额定工作压力 5 者中选择最小者进行试压，稳压时间不应少于 10min，压降不大于 0.7MPa 为合格。安装压井管汇、放喷管线及相匹配的闸门，其通径不小于 50mm。

（5）压井液类型要求：射孔压井液用清水；有溢流或井涌采用盐水；井口关井压力在

2MPa以上，压井液采用钻井液。压井液密度要求：射孔清水密度1.0g/cm$^3$；井口关井压力在0.5～1.2MPa之间，采用密度1.17g/cm$^3$的NaCl盐水；井口关井压力在1.2MPa以上，联管线泄压，或井口关井压力在2MPa以上，采用密度1.4g/cm$^3$以上的钻井液。

（6）井控装备试压：试压介质为液压油和清水（冬季使用防冻液）。除环形防喷器试压稳压时间不少于10min外，其余井控装置稳压时间不少于30min，密封部位无渗漏，压降不超过0.7MPa为合格。低压密封试压稳压时间不少于10min，密封部位无渗漏，压降不超过0.07MPa为合格。采油（气）井口装置上井安装后，试压稳压时间不少于30min，密封部位无渗漏，压降不超过0.5MPa为合格。现场试压要求：闸板防喷器在套管抗内压强度80%、套管四通额定工作压力、闸板防喷器额定工作压力3者中选择最小值进行试压；环形防喷器封闭钻杆或油管（禁止无管柱封零）在不超过套管抗内压强度80%、套管四通额定工作压力、闸板防喷器额定工作压力的情况下，试其额定工作压力的70%；防喷器控制系统在现场安装好后按21MPa压力做一次可靠性试压；放喷管线和测试流程的试压值不小于10MPa；分离器现场安装后，其试压值为分离器最近一次检测时所给的最高允许工作压力（新分离器按照额定工作压力试压）；采油（气）井口装置按其额定工作压力试压；以组合形式安装的井控装置，按各部件额定工作压力的最小值进行试压；井控装置在现场更换配件后还应进行试压。

（7）现场井控装备的安装：现场安装使用的井控装备，必须经有资质的井控车间进行检验，合格后方可使用。

（8）起下管柱作业的要求：安装防喷器后，起下管柱作业前必须检查防喷器闸板应完全打开，严禁在未完全打开防喷器闸板的状况下进行起下管柱作业。起下封隔器等大直径工具时，应按照相关操作规程控制起下作业速度，平稳操作，不得猛提猛放，距射孔井段300m以内，起下管柱速度不得超过5m/min，防止产生压力波动等情况；如出现抽汲现象，每起10根管柱要循环或挤压井一周；起下管柱过程中，若液面不在井口，视情况向井内补灌压井液，保持井内压力平衡；起下作业过程中，根据施工管柱、配件及入井工具的尺寸规范，及时更换闸板。

（9）冲砂作业的井控要求：冲砂作业必须安装闸板防喷器和自封封井器（有钻台井装导流管），冲砂单根安装单流阀或旋塞阀；冲砂前用能平衡目的层地层压力的压井液进行压井；冲砂作业时资料员或三岗位（场地工）坐岗观察、计量循环罐压井液量，并填写坐岗记录；冲砂至设计井深后循环洗井一周以上，停泵观察，确定井口无溢流时方可进行下一步作业。

9）安全要求

（1）每项工序应严格按照设计施工，遇特殊情况及时请示现场指挥人员。

（2）各项工序严格按照HSE作业程序进行施工，严禁盲目施工。

（3）各种井下工具在下井前彻底检查，经检验合格后方可下井。

（4）施工中，随时检查井架基础、钻台基础，观察修井机、井架、绷绳和游动系统运转情况，发现问题立即停车处理，待正常后才能继续进行。

（5）施工作业人员应经相应的岗位技能培训，并持证上岗。

（6）进入现场人员应正确穿戴和使用劳动防护用品及其他防护用具，并做好安全防护设施维护。

（7）井场布局要求：值班房、发电房应在井场盛行季节风的上风处，值班房、工具房、锅炉房、发电房和储油罐距井口不小于 30m，且相互间距不小于 20m。在井场入口或值班房应设置明显的防火、防爆、防硫化氢等有毒有害气体安全标志，设置危险区域图及逃生路线图。

（8）井场内严禁烟火：井场内严禁吸烟、接打手机；进入井场的车辆应配备防火帽，在井场检测有可燃气体或井口发生油气溢流时，必须关闭防火帽旁通；井场内若需动火，应执行 Q/SY 1241—2009《动火作业安全管理规范》中安全规定，其中工业动火等级划分和工业动火作业审批程序及权限也可以执行 SY/T 6276—2014《石油天然气工业健康、安全与环境管理体系》，做到申请报告书没有批准不动火、监护人不在现场不动火、防火措施不落实不动火；钻台（操作台）等重要设施周围禁止堆放易燃、易爆等物品，并保持清洁。

（9）井场电器设备、照明器具及输电线路的安装应符合 SY 5727—2014《井下作业安全规程》、SY 5225—2012《石油与天然气钻井、开发、储运防火防爆安全生产技术规程》标准要求。井场必须按消防规定备齐消防器材，并定岗、定人、定期检查、维护和保养。

10）环保要求

（1）施工前验收。

① 施工现场保证场地干净，无积水和油污，现场周围要有排水设施。

② 施工现场井口四周应有围堰，围堰内铺设防渗布，防止现场污油水等液体溢出围堰之外。

③ 施工单位要严格按照作业工程设计要求，保证施工现场的井口、杆管桥下方使用环保操作平台，保证油水不落地；有风天气起下作业时，必须在操作台迎风面安装阻风布；施工现场使用回收罐，倒运至油气处理站（联合站）统一处理，冬季做好回收罐保温。

④ 油、水井作业前采油队与作业队应在交接书中填写环境保护内容，对现场情况进行影像和写实记录，并由现场双方相关负责人员签字。

⑤ 达不到以上要求的施工队伍，不允许开工。

（2）施工过程监督。

① 施工人员在防渗布上行走、摆放杆管桥或搬运工具设备等活动时要轻拿轻放，防止防渗布破损。

② 用防渗支架等进行防渗时尽可能避免防渗布弯折影响防渗效果。

③ 作业机出现跑冒滴漏等情况时，应及时采取措施进行治理，治理合格后方可继续施工，否则停止施工。

④ 施工现场所有废料、垃圾应分类集中堆放，污油、污水、油土和垃圾等完工前回收处理。

⑤ 根据施工井的情况准备方箱、储罐等容器，做好防渗措施，完井后及时清理回收；起下杆管作业过程中安装油杆（管）刮油器。冲砂过程应密闭冲砂，洗压井、冲砂等作业必须进流程、进罐或进池，一律不得乱排乱放；压裂、酸化、防砂、堵水等措施井施工，使用的各种化学药剂应严格控制落地，不得向环境排放。压后返排须用罐车将返排液运至指定地点。

⑥ 作业现场必须做好防渗措施；防渗布具有防水、防油、防渗功能；施工现场的防

渗布应铺设规范，污油、污水不得溢出防渗布范围，且不得渗透到防渗布下面。

⑦ 施工过程中出现以上问题时，要求施工单位停工整改。

（3）完井后验收要求。

① 完井后在 24h 内将配件、油管收净，做到工完料净场地清；

② 施工单位完井 3 日内完成交井验收。

11）管柱结构示意图

需要标明油层深度、管柱结构、工具位置及相应接箍位置。

## 三、施工设计

1. 施工设计要求

（1）核实地质设计、工程设计提供的数据，重点对井身结构、井口装置、油管悬挂方式、井下管柱结构、管柱变径接头、工具内径、井口压力、流体性质、凝析油含量等进行核实；

（2）进行工程力学计算与核实，包括最大下推力、中和点深度、带压作业条件下管柱的临界弯曲载荷（无支撑长度）和油管的抗外挤强度等；

（3）根据井筒压力、井下管柱结构、下入管柱结构、井口装置型号等选择压力等级、设备通径、举升（下推）力符合要求的带压作业机；

（4）明确安全防喷器组、工作防喷器组以及其他地面设备的配套；

（5）根据井内管柱通径、压力、温度、流体性质和工艺要求等，选择油管内压力控制工具；

（6）明确施工准备、油管压力控制工艺、设备安装、带压作业工序、完井收尾等内容；

（7）HSE、井控及质量要求，制定应急预案。

注意应按照就高原则明确设计审批权限，井口压力超过 35MPa 或者高含硫井须经局级单位审批。

2. 施工设计模版

1）施工目的

阐述施工目的。

2）基本数据

基本数据表见表 6–26。

3）井下管柱结构

井下管柱及配件数据表见表 6–27。

4）带压作业工程力学计算

带压作业工程力学计算统计数据表见表 6–31。

表 6–31　带压作业工程力学计算统计数据表

| 管柱中和点，m | 液压缸下推力，kN | 油管抗挤压载荷，MPa | 油管无支撑长度，m |
| --- | --- | --- | --- |
|  |  |  |  |

计算方法依据第一节工程参数计算。

5）施工前准备工作

（1）物资准备统计表见表 6–32。

**表 6–32　物资准备统计表**

| 序号 | 名称 | 型号、规格 | 单位 | 数量 | 备注 |
|---|---|---|---|---|---|
| | | | | | |
| | | | | | |
| | | | | | |
| | | | | | |
| | | | | | |

（2）施工准备。

① 准备具有 40t 及以上作业机及配套设备，根据现场实际情况，合理摆放作业机，现场必须设置风向标、安全疏散通道和紧急集合点，要求风向标设置在现场人员和将要进入现场的人员容易观察的位置，紧急集合点设置 2 处，一处设置在主导风向上风向的方位上，一处设置在与主导风向成 90° 的方位上；

② 作业队伍在施工之前，要对地质、工程和施工设计中提出的井控要求和技术措施在班前会上对全队职工进行交底，明确作业班组各岗位分工，并做好班前会议记录；

③ 认真检查施工井井口装置是否齐全、完好，若发现问题，应及时与甲方联系更换；

④ 确认现场施工作业设备，尤其是井控设备和井控辅助仪器配备齐全，检测报告齐全，井控装备处于完好状态，闸门灵活好用。

6）施工工艺

（1）根据现场实际情况选择适合的堵井方式，堵井之前需使用大于堵塞器直径的通管规，通管过井口悬挂器以下 5m 后方可下入油管堵塞器。确认油管无溢流后拆除采油树，安装防喷器组。泵车打压使堵塞器过油管挂后先试提管柱，活动自如后继续打压使堵塞器至一封上；如果拔不动则倒扣将含有堵塞器的油管起出后，与采油厂联系确认下步施工方案。施工准备时，注意做好安全环保及井控工作。

（2）起出原井注水管柱，重新丈量套管短节和四通高度，校核出真实的油补距。注意查看管柱腐蚀结垢情况，如有破损、结垢、腐蚀、弯曲等异常情况的油管必须更换。

（3）探砂面，则用热水彻底冲砂至人工井底，并冲洗井筒和井底返清水水质合格为止，保证管壁清洁无油污。

（4）用通井规通井，在没有合适通井规的情况下，用 2 个适当的封隔器夹 1 个 2～4m 短节代替通井规通井至人工井底，刮削至人工井底，如遇阻打印证实，及时通知工艺所修改设计。

（5）配下注水管柱。

① 认真丈量油管 3 次，检查油管，不合格油管严禁下井。

② 高温清管，油管规通管；地面接配件，螺纹上满上严，保证承压后不渗不漏。坐井口配件齐全，各部螺丝紧固好，保证承压后不渗不漏。

③ 认真丈量数据，配好分注管柱数据，并按下井顺序排列好管柱和配件，对所送配件进行检查验收，交接好。按照图示完井工艺管柱，配下管柱。

④ 井下配件下井前进行地面检验，按设计要求把各级死芯子投入到相应级别的配水器内，试压合格后方可下井。丈量油管及井下配件，配管柱数据，封隔器下入位置避开套管接箍位置。

⑤ 配注管柱总长计算方法，即：井下管柱总长 = 油管总长 + 封隔器总长 + 配水器总长 + 底部阀长—套管四通长—套管头距地面长。丈量油管时，封隔器卡点位置确定为封隔器胶筒的中部位置，对于压缩式封隔器确定为中间胶筒的中部位置。

要求：注意误差控制在设计要求之内；管柱下放过程中注意控制下放速度，注意误差控制在设计要求之内；下井管地面必须用通管规通管。管柱下放速度不能过快，操作要平稳、缓慢，下放速度不超过每分钟 10m，到射孔段以上 50m 时下放速度应该控制在 5m/min 之内，上满上紧螺纹。

（6）井口大四通和油管挂接触面是否完好并且更换井口密封圈。坐好井口，打压胀封，胀封前必须通知工艺所注水组，并且将分层注水管柱数据单交到工艺所注水组。胀封时打开外套闸门，从油管打压 3 次，每次压力升到 16MPa 后，稳压 5min，每次都将压力降到 0 后再打压。

（7）管柱不渗不漏情况下，通知试井队捞死嘴堵塞器，验其余的封隔器；确定封隔器密封后，通知采油队连井口注水。

（8）收拾井场收尾，交井搬家。

7）施工质量要求

（1）下井钻具、工具、配件要认真丈量（差错率≤0.3‰）、严格检查，严禁不合格钻具、工具下入井内，防止造成事故；

（2）严格按照设计施工，遇有与设计不符的情况，应及时向技术部门负责人汇报，严禁私自更改设计，由工艺及工程技术人员根据井的不同情况，做出相应的设计变更；

（3）起下管柱操作要平稳，打捞造扣时，操作要平稳，掌握好钻压和扭矩，避免出现意外事故；

（4）施工过程中的每道工序操作时，必须有工程技术人员在现场予以指导严格把好质量关；

（5）井场各类装置要按有关规定合理摆放，便于施工；

（6）在领取新配件的同时将起出的封隔器和配水器及其他所有配件全部交回一区检泵。如果更换新水井井口，必须将原井口交回本区物资库房；

（7）作业队在接井时与采油队交接好水井井口是否能正常注水，如有问题通知注水科以便在修井过程中及时处理，在完井后交井时必须保证水井井口完好，可正常注水。

8）井控、健康、安全和环境要求

（1）安全环保要求。

① 施工前检查要求。

a. 施工现场保证场地干净，无积水和油污，现场周围要有排水设施；

b. 施工现场四周应有围堰，防止现场污油水等液体溢出围堰之外；

c. 在施工现场安装铺设环保作业平台；

d. 各项工序应严格按照 QHSE 作业程序进行施工，严禁盲目施工；

e. 施工现场须准备消防器材，对消防器材及安全检查点进行全面验收；做好防喷、防火、防爆炸、防工伤、防触电工作；

f. 施工中，随时检查井架基础，钻台基础，观察修井机、井架、绷绳和游动系统运转情况，发现问题立即停车处理，待正常后才能继续进行；

g. 各种井下工具在下井前彻底检查，经检验合格后方可下井；

h. 油、水井作业前采油队与作业队应在交接书中填写环境保护内容，对现场情况进行影像和写实记录，并由现场双方相关负责人员签字；

i. 达不到以上要求的施工队伍，不允许开工。

② 施工过程监督。

a. 施工人员在环保作业平台上行走、摆放杆管或搬运工具设备等活动时要轻拿轻放；

b. 作业机出现跑冒滴漏等情况时，应及时采取措施进行治理；

c. 施工现场所有废料、垃圾应分类集中堆放，污油、污水、油土和垃圾等完工前回收处理；

d. 现场做好防渗措施，完井后及时清理回收，冲砂过程应密闭冲砂，洗压井、冲砂等作业必须进流程、进罐或进池，一律不得乱排乱放；

e. 作业现场必须做好防渗措施，施工现场的环保作业平台铺设要规范，污油、污水不得溢出。

③ 完井后验收要求。

a. 完井后将被污染的采油树清理干净；

b. 完井搬迁前必须将环保作业平台内的油水清理干净。

④ 上修之前踏查好井场，和采油队联系好，在他们同意并亲自引领的情况下，方可进入。

a. 观察好待修井的周边环境（房屋、水塘、养殖区等），如果距离过近，现场要和采油队敲定有效防护措施，待措施落实完了方可施工；

b. 有效做好堵井工作，保证油管不喷，同时井口要准备好闸门及闸门扳手，发现有溢喷可能马上带好闸门；

c. 开工之前检查好球型防喷器、半封、全封是否好用，井口是否和防喷器匹配；

d. 施工时要保证溢流有效排放。特殊地带要做好防渗措施。发生井喷时马上抢装井口闸门，同时第一时间通知队里，必要时启动井喷应急预案。

（2）安全要求。

① 作业安全要求。

a. 按设计要求做好施工前准备，经开工验收合格方可开工；

b. 每项工序应严格按照设计施工，遇特殊情况及时请示现场指挥人员；

c. 各项工序严格按照 HSE 作业程序进行施工，严禁盲目施工；

d. 各种井下工具在下井前彻底检查，经检验合格后方可下井；

e. 施工中，随时检查井架基础、钻台基础，观察修井机、井架、绷绳和游动系统运转情况，发现问题立即停车处理，待正常后才能继续进行；

f. 施工作业人员应经相应的岗位技能培训，并持证上岗；

g. 进入现场人员应正确穿戴和使用劳动防护用品及其他防护用具，并做好安全防护设施的维护。

② 井场布局要求。

a. 值班房应在井场盛行季节风的上风处，值班房、工具房距井口不小于 30m，且相互间距不小于 20m ；

b. 在井场入口或值班房应设置明显的防火、防爆、防硫化氢等有毒有害气体安全标志，设置危险区域图及逃生路线图。

③ 井场内防火要求。

a. 对井架之前要将井场内的杂草、油污及易燃物处理干净；

b. 检查灭火器是否完好，数量是否够用，并把灭火器摆放在井口附近明显位置；

c. 施工现场禁止烟火，禁止吸烟，要观察好井口气体的大小，板房要摆放在距离井口 20m 以外的侧风位置；

d. 车辆施工时要带好防火帽。发现火灾时马上采取自救并启动防火预案；

e. 进入井场的车辆应配备防火帽，在井场检测有可燃气体或井口发生油气溢流时，必须关闭防火帽旁通；

f. 井场内若需动火，应执行 Q/SY 1241—2019《动火作业安全管理规范》中安全规定，做到申请报告书没有批准不动火、监护人不在现场不动火、防火措施不落实不动火；

g. 钻台（操作台）等重要设施周围禁止堆放易燃、易爆等物品，并保持清洁；

h. 井场电器设备、照明器具及输电线路的安装应符合 SY 5727—2014《井下作业安全规程》、SY 5225—2015《石油天然气钻井、开发、储运防火防爆安全生产技术规程》标准要求。井场必须按消防规定备齐消防器材并定岗、定人、定期检查、维护和保养。

④ 防硫化氢中毒要求。

施工中加强硫化氢监测，如发现含硫化氢等有毒有害气体，应严格执行 SY/T 6137—2017《硫化氢环境天然气与处理安全规范》、SY/T 6610—2017《硫化氢环境井下作业场所作业安全规范》的有关规定，防止硫化氢气体溢出，最大限度减少管内管材、工具和地面设备的损害，避免人身伤亡。

⑤ 现场安全规避工作。

防落物伤人：

a. 对井架之前要详细检查井架各部是否开焊，各部绳卡子螺丝是否上紧，天车、大钩螺丝、销子是否紧固，要求工人操作时必须戴好安全帽；

b. 检查作业大绳有无破股、断丝情况；

c. 检查吊卡、吊环、绳套及吊卡销子完好情况；

d. 液压起管时井口人员要撤离井口，待液压倒完一整根停稳后方可上去卸管操作；

e. 司钻起下操作要平稳，精力集中，发现情况马上采取有效措施；

f. 用吊车装卸管时，要戴好安全帽，由专人指挥，注意配合。

防机械伤害：

a. 使用液压钳时精力要集中，一定要按操作规程操作；

b. 修液压钳时要先停车，防止咬伤手指；

c. 起下操作时钻机上严禁站人，修车时必须停车，并把刹车刹死。

防井架倒塌：

a. 前后千斤脚必须打牢，锁帽上紧；

b. 堰木标准齐全；

c. 绷绳要用 1.8m 地锚，特殊松软地带要达到 1.5m 以上深；

d. 强拔时要有现场负责人现场指挥，同时要检查作业大绳、千斤脚、堰木、绷绳情况，要有专人监护；

e. 司钻要精力集中，看好指重表显示吨位，强拔要缓慢，不能过猛。

（3）井控要求。

① 作业现场配备有效的通信器材，发现井喷预兆及时上报有关部门；

② 施工中，采取防喷措施进行带压作业；

③ 作业现场配备完整的带压作业装置，并保证其性能灵活好用；

④ 若出现井喷，应立即关闭防喷器采取压井措施；

⑤ 平台上配备与油管型号相符的旋塞阀；

⑥ 井控装备、防喷工具必须在试压合格后方可使用；

⑦ 起下钻过程中各级防喷器配合使用，防止井喷；

⑧ 若出现井喷，各岗位人员严格遵守操作规程，控制井喷；

⑨ 现场备齐：标准水井井口，井口安装 2FZ18-21、FH18-21 防喷器组（提升短节、旋塞、油管挂等组成）、保证随时可以实现关井。施工前安装防喷器并进行现场试压，试压要求：闸板防喷器在井上安装完成后，要用清水进行试压，稳压时间不应少于 10min，压降不大于 0.7MPa 为合格。

9）井控、健康、安全和环境要求编制依据

（1）Q/CNPC 119—2006《油水井带压修井作业安全操作规程》；

（2）GB/T 22513—2013《石油天然气工业　钻井和采油设备　井口装置和采油树》；

（3）SY/T 6989—2014《油水井带压作业方法》；

（4）SY/T 6731—2014《石油天然气工业　油气田用带压作业机》；

（5）SY 6554—2011《石油工业带压开孔作业安全规范》；

（6）SY/T 6751—2016《电缆测井与射孔带压作业技术规范》；

（7）中油工程字〔2006〕247 号《中国石油天然气集团公司石油与天然气井下作业井控规定》；

（8）SY/T 5106—1998《油气田用封隔器通用技术条件》；

（9）SY/T 5733—2016《注水井完井作业及分层注水测试调配方法》；

（10）SY/T 6690—2016《井下作业井控技术规程》；

（11）SY/T 6160—2014《防喷器检查和维修》。

10）健康、清洁、环保执行标准

（1）SY/T 5727—2014《井下作业安全规程》；

（2）SY/T 6610—2017《硫化氢环境井下作业场所作业安全规范》。

11）资料录取要求

（1）按 SY/T 6127—2017《油气水井井下作业资料录取项目规范》取全、取准各项数据资料；

（2）认真丈量下井油管、工具，误差小于0.3‰；
（3）下井工具留草图备查；
（4）认真填写施工工序记录。
12）井内完井状况示意图
需要标明油层深度、管柱结构及工具位置等。

## 第三节　带压作业风险评估与控制

带压作业施工前，要对施工环境、施工井、带压作业机、施工工艺等因素进行风险分析和评估，找出作业过程中可能存在的各类风险，并针对每类风险，结合具体情况，制定出相应的消除、削减和控制措施。

### 一、风险因素[1]

风险评估应考虑的主要因素
1. 环境因素
（1）施工井的井场尺寸、位置、交叉作业等；
（2）施工井场周边环境（村庄、学校、地表水、海洋、山地、森林、植被等）；
（3）作业时的极端气候条件［大风、沙尘暴、暴风雪、大雾、极低（高）温度等］。
2. 施工井因素
（1）套管、油管的承压能力；
（2）地层出水问题、出砂情况；
（3）油管内结垢情况；
（4）硫化氢含量；
（5）油气藏中流体含有挥发性或腐蚀性成分；
（6）地层压力和关井压力；
（7）井筒和地面设备内有爆炸性混合物；
（8）井下工具串复杂程度。
3. 施工工艺
（1）工艺技术的成熟情况；
（2）工艺技术的适用条件；
（3）施工过程的风险控制措施可靠程度。
4. 人员因素
（1）作业人员的素质和经验；
（2）作业人员状态；
（3）作业人员培训与持证情况。
5. 设备因素
（1）设备负荷；
（2）设备检测与认证；
（3）地面设备安全隐患；
（4）设备配套的完整性。

## 二、风险清单[1]

带压作业主要风险清单见表 6–33。

表 6–33　带压作业主要风险清单

| 序号 | 主要风险 | 危害因素 | 后果 | 控制措施 |
| --- | --- | --- | --- | --- |
| 1 | 人员伤害 | 安全意识不强；<br>施工安全常识不懂；<br>违章指挥；<br>违章施工；<br>操作失误；<br>配合不当；<br>思想麻痹 | 人员伤亡；<br>设备损坏 | 增强职工的安全意识；<br>加强安全施工的学习；<br>逃生设备安全有效并明确逃生路线；<br>现场指挥和现场监督要及时沟通；<br>参与施工人员必须持证上岗；<br>正常起下作业操作台上最好要有 2 人在场并相互提醒；<br>施工期间不准喝酒 |
| 2 | 安装伤害 | 钢丝绳套老化；<br>其他连接件不紧固；<br>地面潮湿、光滑；<br>配合不好；<br>指挥不当、操作失误 | 人员伤亡；<br>设备损坏 | 安装前召开安全会，明确分工；<br>使用专用、合格的钢丝绳套，使用前认真检查，超过使用期限的坚决不用；<br>安装前检查带压作业机的连接件，确保连接紧固；<br>安装前清理井口，确保井口周边不滑；<br>安装过程中有专人指挥 |
| 3 | 高压伤害 | 高压管线刺漏；<br>施工时跨越高压管线；<br>高压管线未固定；<br>紧管线时未放压；<br>高压管线未试压；<br>管线不能满足压力要求；<br>施工时压力激动过大 | 人员伤亡；<br>设备损坏 | 施工前召开安全会，明确分工，提出施工安全预案；<br>使用合格的满足压力要求的管线，施工前试压合格；<br>除特殊施工外不使用软管线；<br>管线固定牢靠；<br>施工期间严禁跨越管线，非工作人员远离施工区域 |
| 4 | 油管飞出 | 卡瓦或配件损坏；<br>有关根数不清；<br>平衡点不准；<br>同时打开 2 个防顶卡瓦；<br>井口压力不准；<br>思想麻痹 | 人员伤亡；<br>设备损坏；<br>井喷 | 召开安全会明确目的和要求，分工明确；<br>操作台要保持 2 人并相互检查提醒；<br>起钻要在保证安全的前提下再追求速度，开始 50 根速度不要超过每小时 20 根；<br>操作手保证不能同时打开 2 个防顶卡瓦；<br>根据井口压力确定平衡点并要考虑安全系数 |
| 5 | 油管落井 | 思想麻痹；<br>油管质量差；<br>操作失误；<br>卡瓦及其配件损坏 | 设备损坏；<br>井喷 | 施工前召开安全会，明确要求和分工；<br>施工前检查卡瓦及配件，发现损坏或磨损严重要及时更换；<br>和修井机操作手统一手势，明确要求；<br>使用合格的符合要求的新油管 |
| 6 | 卡瓦失灵 | 卡瓦使用时间过长；<br>卡瓦磨损严重；<br>牙槽杂物塞死；<br>其他部件老损失效；<br>液压件密封不严；<br>卡瓦和牙槽不符 | 人员伤亡；<br>设备损坏；<br>井喷 | 建立卡瓦使用记录，实行强制报废制度；<br>施工前检查卡瓦及相关部件，发现磨损严重及时更换；<br>施工前及施工过程中清理牙槽内的赃物 |

续表

| 序号 | 主要风险 | 危害因素 | 后果 | 控制措施 |
| --- | --- | --- | --- | --- |
| 7 | 井喷 | 思想麻痹；<br>防喷器刺漏、失灵；<br>操作失误；<br>堵塞器失灵；<br>液压管线刺漏，防喷器不正常工作；<br>蓄能器的氮气压力不够，防喷器不正常工作；<br>放压阀密封失效；<br>防喷器关闭压力设置不正确；<br>井况不了解，油管根数或井下工具不清楚；<br>套管头断脱；<br>油管断裂；<br>套管破损 | 人员伤亡；<br>设备损坏 | 操作人员接受井控培训，提高防喷意识。保证合格人员持证上岗；<br>建立防喷器使用记录，实行闸板、胶芯强制报废；<br>施工前对防喷器认真全面检查；<br>使用合格的油管堵塞器并由专业施工队伍下入；<br>施工中注意检查液压管线、蓄能器压力及液压油，保证液压系统正常工作；<br>施工前一定要按照规定试压；<br>施工前检查套管头连接质量，加固不合格的套管头，并将带压作业井口装置进行稳固支撑；<br>施工前，对油管和套管进行检测 |
| 8 | 硫化氢中毒 | 未按要求将硫化氢推入地层内；<br>无硫化氢监测设施；<br>硫化氢监测设施损坏；<br>无空气呼吸器；<br>空气呼吸器气压不够；<br>员工未接受硫化氢应急知识培训；<br>无施工应急预案或应急预案不完善 | 人员伤亡 | 用液氮或氮气将硫化氢推回地层；<br>可能出 $H_2S$ 的井一定要配有 $H_2S$ 检测仪；<br>$H_2S$ 检测仪要定期检验确保正常工作；<br>接受 $H_2S$ 逃生培训并取得相应的资格证；<br>井场配备有合格空气呼吸器；<br>呼吸器要定期检验确保正常工作；<br>施工前要检验呼吸器的密封性；<br>施工前召开安全会，明确分工，清楚应急措施；<br>出现紧急情况听从指挥；<br>制定完善的 $H_2S$ 应急预案 |
| 9 | 高空坠落 | 6 级以上大风作业；<br>护栏损坏；<br>未系安全带；<br>安全带损坏；<br>安全带固定不牢固；<br>配合不当；<br>安全带老化 | 人员伤亡 | 6 级以上大风停止作业；<br>修井机操作手要密切注意观察滑车和操作台；<br>施工前巡回检查护栏和攀梯，发现损坏及时修理或更换；<br>超过 2m 以上的作业必须系安全带，系安全带前应认真检查安全带；<br>将安全带固定在牢固的地方 |
| 10 | 噪声伤害 | 酸化、压裂洗井施工时未带听力防护装置 | 影响工作人员听力 | 噪音超过 85dB 时佩戴听力保护装置 |
| 11 | 液压钳绞手 | 液压钳无防护装置；<br>维修时未分开离合器；<br>思想麻痹 | 人员伤亡 | 液压钳必须安装防护装置；<br>维修液压钳时必须将离合器分开；<br>工作台操作人员注意力要集中；<br>不准 2 人同时操作液压钳 |

续表

| 序号 | 主要风险 | 危害因素 | 后果 | 控制措施 |
| --- | --- | --- | --- | --- |
| 12 | 提升短节断脱 | 顶丝未完全退出；<br>油管挂卡；<br>井内管柱卡；<br>提升短节损伤；<br>提升短节强度不够；<br>提升短节未上紧；<br>提升短节上斜扣 | 设备损坏；<br>人员伤亡 | 提升管柱前完全松开顶丝；<br>提升管柱前应先进行试提；<br>使用提升短节前应认真检查；<br>选择与管柱重量相匹配的提升短节；<br>按上扣标准上紧螺纹；<br>提升油管挂时要匀速缓慢并注意观察重力变化 |
| 13 | 落物砸伤 | 吊卡销未拴保险绳；<br>井架及游车太脏；<br>水龙带未拴保险绳；<br>吊环断；<br>大钩、大绳断 | 设备损坏；<br>人员伤亡 | 起下作业前检查吊卡销拴好保险绳；<br>作业机的游动滑车必须清理干净；<br>高空作业的小件物品必须拴好保险绳；<br>检查井架、游车、带压作业装置，发现松动及时整改；<br>严禁吊环、大勾超负荷和带病工作 |
| 14 | 交通伤害 | 非司机驾车；<br>不遵守交通规则；<br>头手伸出窗外；<br>未系安全带；<br>超速行驶；<br>司机精力不集中 | 人员伤亡；<br>设备损坏 | 非司机不要驾驶；<br>遵守交通法规；<br>司机和乘客必须要系好安全带；<br>行车时不要和司机交谈；<br>行车时司机和乘客头手不要伸出窗外；<br>不要在车厢内来回走动；<br>不能超速行驶；<br>通过村庄和闹市区时要减速行驶；<br>车未停稳，不要急于开门下车 |
| 15 | 着火爆炸 | 管线腐蚀开焊；<br>分离器分离不彻底；<br>管线不密封；<br>井场吸烟；<br>井场使用手机；<br>违章动火；<br>静电火花；<br>雷电火花；<br>撞击火化；<br>施工车辆火化；<br>井内可燃性气体（可燃性液体）在井筒内与空气混合达到爆炸极限；<br>井内可燃性气体（可燃性液体）逸出地表与空气混合达到爆炸极限 | 设备损坏；<br>人员伤亡 | 管线使用前要试压合格；<br>巡回检查焊接处，发现开焊及时处理；<br>井场内严禁吸烟；<br>进入井场关闭所有手机和呼机；<br>分离器、储油罐和发电机等大型设备要按规定正确接地；<br>所有人员要穿戴纯棉劳保用品；<br>雷雨天气不能施工；<br>施工车辆要戴好防火帽；<br>井场照明必须采用防爆措施；<br>动火时必须按规定申请；<br>起下管柱过程中使用隔离液（或置换液）将井内可燃性气体（可燃性液体）与空气隔离（或置换出可燃性物质） |

续表

| 序号 | 主要风险 | 危害因素 | 后果 | 控制措施 |
| --- | --- | --- | --- | --- |
| 16 | 泄漏 | 大四通法兰损坏；<br>防喷器法兰损坏；<br>防喷器胶圈坏；<br>环形防喷器芯子坏；<br>水泥车漏；<br>管线连接接头胶圈坏；<br>管线漏失、管线质量不合格；<br>溢流罐密封失效 | 环境污染；<br>经济损失 | 设备在上井作业前要进行检查；<br>井下防喷器吊装前要进行试压，确保密封；<br>认真检查所有法兰连接和钢圈槽及连接螺栓，保证符合要求；<br>开工前用清水严格按设计进行逐级试压，发现有漏失点及时进行处理；<br>管线连接必须加密封垫并保证连接牢固；<br>全部使用硬管线连接；<br>水泥车在上井前要检查；<br>操作要平稳，不要猛提猛放<br>溢流管线要固定牢并直接排放到罐内；<br>加强安全会的作用，注意环境保护 |

## 三、工艺过程风险控制[1]

（1）下管柱过程风险危害及防控措施见表 6–34。

**表 6–34　下管柱过程风险危害及防控措施清单**

| 序号 | 作业步骤 | 潜在危害 | 防控措施 |
| --- | --- | --- | --- |
| 1 | 完成设备安装和测试 | | |
| 2 | 读取并记录井口压力，计算上顶力，调节液缸压力 | ① 油管弯曲；<br>② 油管射出 | ① 调节液缸压力满足克服上顶力、摩擦力、节箍过环形防喷器的力；<br>② 定期保养带压作业装置，并做好记录 |
| 3 | 召集现场所有人员召开安全会议，讨论操作油管方法，如从场地吊起油管、从井架上下油管等，讨论堵塞器渗漏或失效的处理方法。<br>注意：将油管吊起后使用带压作业装置工作篮坡道 | ① 夹伤；<br>② 堵塞器失效造成气体或井筒流体泄漏；<br>③ 重物下工作 | ① 保证相关作业人员之间良好的交流；<br>② 必须讨论堵塞器失效情况并提出控制措施；<br>③ 正确穿戴个人防护用品；<br>④ 清楚无论是从地面或是井下上吊油管的危险性 |
| 4 | 连接 BHA 并在管柱上部安装旋塞阀，送入防喷器内，关闭防喷器和卡瓦，环形防喷器设置关闭压力，用井筒压力平衡防喷器内压力，在环形防喷器上淋油减少摩擦。<br>注意：设置环形关闭压力时，保证既能确保管柱容易起下又要保证密封管柱，缓冲瓶压力必须为 2.4MPa | ① 地面设备带压；<br>② BHA 管柱射出 | ① 规定作业人员进入带压作业区域；<br>② 平衡压力前，必须关闭卡瓦并调节压力，关闭环形防喷器，液缸压力也做相应的调节 |
| 5 | 慢慢下入 BHA 管柱。<br>注意：查管柱技术参数、计算无支撑长度，液缸冲程长度合适，防止压弯油管。<br>注意：测量 BHA 管柱长度及注明 BHA 管柱进入套管的长度 | 油管弯曲 | ① 每冲程应缓慢通过，确保顺利通过防喷器，防止遇阻压坏管柱；<br>② 与操作手沟通管柱下入位置 |

续表

| 序号 | 作业步骤 | 潜在危害 | 防控措施 |
|---|---|---|---|
| 6 | 随着 BHA 管柱的下入，吊起下一根油管并连接，慢慢下入，安全、稳定的依次下入油管接近中和点。<br>注意：结合计算的中和点长度；频繁测试管柱是否进入重管柱状态 | ① 夹伤；<br>② 重物下工作；<br>③ 轻管柱变成重管柱 | ① 正确使用卡瓦、吊卡、液压钳，并保持良好的沟通；<br>② 油管起吊区域无障碍物遮挡；<br>③ 保证计算正确，如果井筒有液体，则计算浮力。加强重管柱测试 |
| 7 | 一旦管柱进入重管柱状态，调节液缸压力以推动节箍通过环形防喷器，操作手控制好速度。以安全、平稳的速度下入，确保冲程长度以便节箍过环形。<br>注意：一旦管柱重量多 2t，则节箍能自由通过环形 | ① 油管晃动；<br>② 管柱或节箍挂在环形防喷器上 | ① 操作手保持良好沟通，安全平稳的速度作业；<br>② 检查润滑环形防喷器 |
| 8 | 节箍一旦能自由通过环形，继续以安全平稳的速度下至设计井深。<br>注意：管柱足够重不借助液缸的力量情况下，应启动气体锁定装置 | ① 夹伤；<br>② 重物下工作；<br>③ 堵塞器失效导致井筒流体泄漏 | ① 正确使用卡瓦、吊卡、液压钳；<br>② 油管作业区域无障碍物；<br>③ 堵塞器失效情况下的控制措施准备就绪 |

（2）起管柱过程风险危害及防控措施见表 6–35。

**表 6–35　起管柱过程风险危害及防控措施清单**

| 序号 | 作业步骤 | 潜在危害 | 防控措施 |
|---|---|---|---|
| 1 | 完成设备安装和测试 | | |
| 2 | 读取并记录井口压力，计算上顶力，调节液缸压力。<br>注意：不需要进行起下管柱作业时，确保用空气锁定系统锁住卡瓦 | ① 油管弯曲；<br>② 油管喷出 | ① 调节液缸压力满足上顶力、摩擦力、节箍过环形防喷器的力；<br>② 定期保养带压作业装置，并做好记录 |
| 3 | 起出油管挂。起第一根时缓慢进行，防止挂到油管头、防喷器等 | ① 地面设备带压；<br>② 损坏顶丝或油管挂；<br>③ 井筒流体泄漏 | ① 规定作业人员进入带压作业区域；<br>② 顶丝完全退出，计算并记录管柱重量；<br>③ 泄压管线安装连接正确 |
| 4 | 调节环形防喷器关闭压力，保证能密封和摩擦力较小，操作手起管柱安全平稳，当节箍过环形时缓慢进行。直到起油管至中和点。<br>注意：缓冲瓶压力保持 2.4MPa；油管吊下地面时确保通过带压作业工作篮坡道 | ① 夹伤；<br>② 重物下工作；<br>③ 堵塞器失效导致井筒流体泄漏 | ① 正确使用卡瓦、吊卡、液压钳；<br>② 油管作业区域无障碍物；<br>③ 必须就堵塞器失效进行讨论并将控制措施准备就绪 |
| 5 | 一旦管柱在起的过程中在吊卡里有轻微窜动，必须下放管柱，进行轻管柱测试，多次检查是否为轻管柱。<br>注意：参考前期中和点计算 | ① 油管喷出；<br>② 堵塞器失效造成气体或井筒流体泄漏 | ① 正确计算举升力及油管内有流体时的举升力；<br>② 必须就堵塞器失效进行讨论并将控制措施准备就绪 |

续表

| 序号 | 作业步骤 | 潜在危害 | 防控措施 |
|---|---|---|---|
| 6 | 确定轻管柱后，辅助式作业机操作手就替换司钻上提油管，用液缸安全平稳起出管柱。<br>注意：当接箍通过环形后，目测接箍位置，确保关闭固定防顶卡瓦在油管位置，而不是接箍 | ① 油管喷出；<br>② 油管内的井筒流体；<br>③ 井筒流体伤人 | ① 调节液缸压力满足克服上顶力、摩擦力、接箍过环形防喷器的力；<br>② 必须将作业过程中溢出的井筒流体汲掉；<br>③ 穿戴好个人防护用品 |
| 7 | 继续带压起出油管直到管尾位于全封闸板以上，关闭并锁定全封闸板，泄掉全封上部压力 | ① 油管管鞋或 BHA 直接起出环形防喷器；<br>② 全封闸板关到油管或工具上；<br>③ 释放天然气或井筒流体时造成污染或伤害 | ① 查资料或丈量弄清楚管柱长度；<br>② 正确安装连接泄压管线 |

（3）下油管挂过程风险危害及防控措施见表 6-36。

**表 6-36　下油管挂过程风险危害及防控措施清单**

| 序号 | 作业步骤 | 潜在危害 | 防控措施 |
|---|---|---|---|
| 1 | 组织现场所有人员参加安全会议。设置液缸压力、记录下压力 | | |
| 2 | 在油管挂底部安装好死堵并拧紧，并连接到联顶节下部，在联顶节顶部连接好旋塞阀并关闭。测量最上部固定卡瓦至油管头的距离，在联顶节上做好标记；将油管挂送到工作闸板防喷器的闸板腔处 | ① 死堵渗漏、压力等级不够；<br>② 防喷器组内油管挂密封渗漏 | ① 保证所有的螺纹都按要求拧紧；<br>② 确保油管挂在工作闸板腔室内，进而保证油管挂上下部的压力平衡 |
| 3 | 关闭环形防喷器，关闭固定防顶卡瓦，液缸轻微上起，关闭移动防顶卡瓦和承重卡瓦，转移载荷至固定防顶卡瓦并确保卡紧 | 管柱在防顶卡瓦上滑动 | 将管柱载荷转移到固定卡瓦内并卡紧 |
| 4 | 缓慢平衡防喷器组内压力，观察下压力表。手动解锁并打开全封闸板，松开吊绳，并下放油管挂进入油管头，确认标记位置和座入位置对应，液缸下压油管挂并上紧顶丝。轻微上提油管挂确保顶丝到位。<br>注意：确保液缸刹车安装并正确使用（控制下放速度）；压力测试过程中防顶卡瓦必须处于关闭 | ① 油管弯曲或拉伸；<br>② 损坏吊绳；<br>③ 损伤油管挂或顶丝 | ① 上提油管或油管总量增加时，要注意观察表的读数变化；<br>② 管柱移动前取下吊绳；<br>③ 抓牢联顶节，并紧好顶丝，务必在联顶节上标记与座入位置对应；调节好液缸压力，使其大于井口压力的上顶力 |
| 5 | 关闭套管阀，缓慢释放油管挂上部部分压力，关闭泄压阀，观察一段时间，如果压力稳定，则泄掉油管挂上的剩余压力 | ① 油管挂渗漏或密封破坏；<br>② 地面管线带压 | ① 利用好控制面板的压力计泄压；<br>② 确保现场人员对平衡管线和泄压管线认知清楚 |
| 6 | 开始对防喷器进行试压。一旦完成试压，用井内压力平衡油管挂上部压力。用液缸下压联顶节，退出丝到位，上提联顶节，直到油管挂进入工作防喷器闸板腔内 | ① 油管弯曲；<br>② 损坏顶丝或油管挂 | ① 保证油管挂上下端压力平衡；<br>② 测量顶丝退出到位 |

续表

| 序号 | 作业步骤 | 潜在危害 | 防控措施 |
|---|---|---|---|
| 7 | 关闭并手动锁紧全封闸板，缓慢释放压力、同时观察下压力表。一旦压力释放完毕，打开环形防喷器，吊绳吊起联顶节重量，并打开防顶卡瓦重量。吊下油管挂管柱并放倒，开始下一步操作 | ① 损坏油管挂、油管或全封闸板；<br>② 圈闭压力伤人 | ① 保证油管挂位于全封闸板以上；<br>② 泄压或油管意外移动时，注意观察带压作业设备上的压力计 |

（4）起油管挂过程风险危害及防控措施见表 6–37。

**表 6–37　起油管挂过程风险危害及防控措施清单**

| 序号 | 作业步骤 | 潜在危害 | 防控措施 |
|---|---|---|---|
| 1 | 带压作业设备安装到位并进行压力测试 | | |
| 2 | 联顶节上安装旋塞阀，吊联顶节上带压作业设备，送入全封闸板上，打开全封闸板，继续下至油管挂内，上紧扣，在液缸位置的油管上做好标记。<br>注意：记录联顶节上扣圈数，确保螺纹正确连接，略微上提联顶节，验证连接到位 | ① 夹伤；<br>② 吊卡未扣合、接头滑脱、遮挡；<br>③ 撞击、损坏全封闸板；<br>④ 圈闭压力、阀门或油嘴冻结、硫化氢泄漏；<br>⑤ 错扣，未正确地拧紧，工具掉落，钳牙落入油管或防喷器内，油管位置标记错误 | ① 检查并清洁管钳，切忌将手指放到液压钳内；<br>② 吊卡上装安全销；<br>③ 保证作业人员头脑清醒并善于沟通，指派专人执行安全控制；<br>④ 测量到全封闸板的距离，下放速度缓慢；<br>⑤ 清场、解冻，戴上防毒面具，熄灭火源；<br>⑥ 用手引扣、按规定扭矩紧扣，开全封前检查、清点所有钳牙和工具 |
| 3 | 关闭环形防喷器和移动防顶卡瓦，下压油管挂，打开套管阀门，平衡压力至防喷器内，松开油管挂顶丝。<br>注意：上提油管挂时使平衡阀处于打开状态 | ① 损坏冷冻设备；<br>② 夹伤，卡瓦脱落；<br>③ 油管弯曲，损坏油管；<br>④ 气体泄漏，$H_2S$ 泄漏；<br>⑤ 顶丝及密封件损坏 | ① 开关多次，如果温度低，则利用蒸汽加热；<br>② 液缸上无杂物，根据向下作用力的大小调节液缸压力；<br>③ 在液缸进行首次压力测试的同时测试施压管线，穿戴好个人防护用品，作业人员相互协作，指派专人执行安全控制；<br>④ 活动开关环形防喷器，平衡压力时要缓慢，在低压和高压时都要检查是否有泄漏；<br>⑤ 顶丝松出到位，并测量长度 |
| 4 | 打开移动防顶卡瓦，关闭移动承重卡瓦，用游车（辅助式）或液缸（独立式）上提悬挂器，使悬挂器位于环形防喷器以下的升高法兰短节内，关闭移动防顶、关工作闸板，释放工作闸板以上的压力，打开环形防喷器，上提油管挂至环形防喷器以上，关闭环形防喷器，平衡下工作闸板和环形防喷器的压力，打开下工作闸板 | ① 夹伤；<br>② 油管拉断；<br>③ 油管挂位置有误；<br>④ 油管挂在防喷器内密封导致上下压力不平衡；<br>⑤ 测试设备回压；<br>⑥ 油管挂或油管损坏 | ① 保持卡瓦清洁；<br>② 观察油管是否移动、管柱重量是否用变化；<br>③ 测量油管挂位置；<br>④ 关闭移动防顶卡瓦，慢慢泄压，监测管柱重量以及下压力变化；<br>⑤ 泄压管线上安装单流阀，防止压力通过泄压管线气体回流；<br>⑥ 在起油管前，确保油管挂和闸板位置适当 |

续表

| 序号 | 作业步骤 | 潜在危害 | 防控措施 |
|---|---|---|---|
| 5 | 起出拆卸油管挂，并吊开油管挂，进入下步作业 | ① 损坏卡瓦或油管挂；<br>② 损坏油管；<br>③ 滑倒；<br>④ 油管掉落 | ① 经过卡瓦慢慢上提油管挂，必要情况下拆掉卡瓦板牙，调节好位置；<br>② 关闭卡瓦时，确保油管居中；<br>③ 选择使用的管钳，穿戴个人防护用品；<br>④ 吊出时套牢 |

（5）油管堵塞器泄漏风险危害及防控措施见表 6–38。

**表 6–38　油管堵塞器泄漏风险危害及防控措施清单**

| 序号 | 作业步骤 | 潜在危害 | 防控措施 |
|---|---|---|---|
| 1 | 油管堵塞器为不压井作业的关键部分，坐封或取出必须小心，每次坐封堵塞器后，必须检查是否渗漏 | ① 堵塞器脱落；<br>② 井筒气体或液体通过管柱流到地面 | ① 必须遵守堵塞器坐封程序；<br>② 确保堵塞器试压合格；<br>③ 确保安全会已经举行并有记录，所有的操作人员明白在带压作业期间堵塞器失效时各自的职责 |
| 2 | 堵塞器入井前在地面应进行试压。堵塞器开始承受井筒压力之前，堵塞器管柱上部应有一个处于开位的旋塞阀 | ① 堵塞器脱落；<br>② 井筒气体或液体通过管柱流到地面 | ① 堵塞器安装在管柱或 BHA 前，必须试压合格；<br>② 堵塞器第一次承受井筒压力之前，管柱上部应有一个处于开位的旋塞阀。<br>③ 确保安全会已经举行并有记录，所有的操作人员明白在带压作业期间堵塞器失效时各自的职责 |
| 3 | 带压起管柱时，必须座堵塞器后，泄掉管柱内压力并监测一段时间，确保堵塞器完好。<br>注意：如果管柱内有液体，要留足够的时间让气体脱离出来，并判断堵塞器是否完好 | ① 堵塞器脱落；<br>② 井筒气体或液体通过管柱到地面 | ① 当测试堵塞器时，应有足够的时间来判断堵塞器完好性；<br>② 确保安全会已经举行并有记录，所有的操作人员明白在带压作业期间堵塞器失效时各自的职责 |
| 4 | 带压起下作业时，如果发现管内气体泄漏，必须立即安装旋塞阀，同时监测管内压力，判断堵塞器完好性。<br>注意：用旋塞阀下入或起出管柱的条件要根据泄漏情况和位置决定，并立即向负责人汇报；如果不能确定堵塞器完好性，必须安装钢丝作业设备，起出堵塞器或直接再下入一个堵塞器，起出失效的堵塞器可以重新装配后再下入。当两个堵塞器下入同一管柱内时，必须特别注意它们之间的圈闭压力，需要进行带压开孔泄压。管柱内有砂子或不清洁时，可以泵入液体或氮气清洁管柱或使用工作筒刷子清理 | ① 堵塞器脱落；<br>② 井筒气体或液体通过管柱到地面；<br>③ 重物下作业；<br>④ 堵塞器之间圈闭高压伤害 | ① 旋塞阀试压合格，位置便于应急拿到，连接时用管钳紧固；<br>② 遵循钢丝作业要求，并确保管内干净；<br>③ 遵循带压钻孔技术要求；<br>④ 堵塞管柱之前确保管柱或坐放短节内干净；<br>⑤ 确保安全会已经举行并有记录，所有的操作人员明白在带压作业期间堵塞器失效时各自的职责 |

续表

| 序号 | 作业步骤 | 潜在危害 | 防控措施 |
| --- | --- | --- | --- |
| 5 | 有多种原因导致管内泄漏，而不是堵塞器泄漏，如螺纹泄漏、油管挂密封泄漏、封隔器丢手密封泄漏、滑套泄漏等。如果不能确定泄漏情况，需立即汇报 | ① 堵塞器脱落；<br>② 井筒气体或液体通过管柱到地面 | 熟悉所有井下工具以及油管堵塞器的位置 |
| 6 | 在不含硫井眼和井底压力小于 30MPa 时，可以只有一个屏障（一个堵塞器和止滑器）。对 $H_2S$ 浓度大于 100mg/L 或井底压力超过 30MPa 的不含硫井眼，要求采用双屏障 | | |

（6）含硫化氢井作业风险危害及防控措施见表 6-39。

**表 6-39　含硫化氢井作业风险危害及防控措施清单**

| 序号 | 作业步骤 | 潜在危害 | 防控措施 |
| --- | --- | --- | --- |
| 1 | 管理人员与操作人员一起，辨识下步工作尽可能多的危害，并按照程序进行施工 | 物理的和化学的未知风险 | ① 氮气塞，双重屏障，剪切闸板，$H_2S$ 控制；<br>② 作业经理、HSE 经理确保所有的危害已识别和控制措施已到位；<br>③ 去工作现场之前，在办公室和现场监督，操作员和助理操作员讨论工作参数和危险；<br>④ 审查所有相关的工作任务，并确保带压作业人员熟悉所有核心程序 |
| 2 | 现场所有人员一起召开岗前安全会议，并制定逃生路线及紧急集合点位置，应急救援措施及救援人员的职责，包括人员在操作台中毒的应急措施；所有作业人员的职责必须完全理解，所有人员必须掌握在应急救援时他们的职责；<br>检查空气呼吸器，并对 $H_2S$ 浓度进行测量及检测。注意：必须知道 $H_2S$ 的浓度和级别，必须连续检测 $H_2S$ 含量；应有 $H_2S$ 救护资质人员在现场进行安全指导；确保所有人员会使用空气呼吸器并知道摆放位置；确保所有人员明确逃生路线和紧急集合点；每项作业必须有同伴陪护；确保联系畅通及知晓人员位置 | ① 紧急情况下摔倒；<br>② $H_2S$ 泄漏；<br>③ 新增风险 | ① 确保逃生路线及紧急集合点没有绊倒的危险；<br>② 确保操作台逃生着陆点没有障碍；<br>③ 现场配备充足的空气呼吸器；<br>④ 现场的所有员工必须持有 $H_2S$ 有效证件；<br>⑤ 现场呼吸设备检验合格；<br>⑥ 检查现场逃生路线到紧急集合点；<br>⑦ 安装风向标、防爆风扇；<br>⑧ 气体检测仪；<br>⑨ 工作程序发生变化，现场人员全部一起重新辨识风险及确定控制措施 |
| 3 | 所有在带压作业设备上操作的人员必须使用全身式救援带；会使用逃生装置逃生 | 滑倒的危险（爬楼梯到作业机平台） | 带压作业必须保证两条逃生路线 |

续表

| 序号 | 作业步骤 | 潜在危害 | 防控措施 |
|---|---|---|---|
| 4 | 试压：在作业前，所有承压设备必须使用低黏度的非易燃液体或氮气进行试压。低压试压 1.4MPa 必须稳压 5min，高压试压必须稳压 10min（试压至少达到 1.1 倍的最大井底压力或最大井口工作压力）。<br>注意：绝不能直接用含 $H_2S$ 气体或含 $H_2S$ 的液体用于试压 | ①高压伤害；<br>②爆炸；<br>③ $H_2S$ 泄漏；<br>④化学物质泄漏 | ①作业前风险评估：审查与讨论所有带压且有泄漏风险的井口组件和连接部分（配件、接头、油管连接等）；<br>②确保所有的火源远离井控组件（使用黄铜锤等）；<br>③防火工作服；<br>④紧急熄火装置；<br>⑤安全护目镜，手套等；<br>⑥空气呼吸器；<br>⑦气体监测仪；<br>⑧风向标位置合理 |
| 5 | 平衡泄压管线试压：所有连接到平衡泄压管线的都必须经过试压，试压前缠好保险绳，和防喷器试压一样。<br>注意：避免使用活动弯头，因这种弯头的密封件可能冻结，引起井口或其附近 $H_2S$ 泄漏 | ①高压伤害；<br>②爆炸；<br>③ $H_2S$ 泄漏；<br>④化学物质泄漏 | ①作业前风险评估：审查与讨论所有带压且有泄漏风险的井口组件和连接部分（配件、接头、油管连接等）；<br>②确保所有的火源远离井控组件（使用黄铜锤等）；<br>③防火工作服；<br>④紧急熄火装置；<br>⑤安全护目镜、手套等；<br>⑥空气呼吸器；<br>⑦气体监测仪 |
| 6 | 泄压管线必须连接到分离器或燃烧池。与分离器连接时，必须安装背压阀，避免泄压后从分离器回流到井口 | ①泄压处高压伤害；<br>②爆炸；<br>③ $H_2S$ 泄漏；<br>④气体回流到防喷器组 | ①作业前风险评估：审查与讨论所有带压且有泄漏风险的井口组件和连接部分（配件、接头、油管连接等）；<br>②确保所有的火源远离井控组件（使用黄铜锤等）；<br>③防火工作服；<br>④紧急熄火装置；<br>⑤风向标位置合理；<br>⑥空气呼吸器；<br>⑦气体监测仪；<br>⑧背压阀（泄压到分离器或燃烧池） |
| 7 | 设备安装、试压完成后，允许井筒流体进入防喷器组。在更换胶芯、起下工具或油管挂（包括打开环形防喷器时）必须佩戴空气呼吸器，气体监测仪监测到处于安全环境时，才可以取下空气呼吸器。<br>注意：在打开侧门更换闸板时，可用清水或氮气吹扫防喷器组 | $H_2S$ 泄漏 | ①配备并使用空气呼吸器；<br>②采用气体监测仪（便携式和固定式气体监测仪）；<br>③风向标位置合理；<br>④检测空气中 $H_2S$ 含量；<br>⑤采用双屏障 |

续表

| 序号 | 作业步骤 | 潜在危害 | 防控措施 |
|---|---|---|---|
| 8 | 带压作业机工作防喷器打开或完整性破坏（闸板前端变化、重新座堵塞器等）时，必须关闭并锁紧安全半封闸板。关闭安全防喷器的环形作为一个补充，套管阀门处于关闭状态以隔离平衡管线 | ① $H_2S$ 泄漏；<br>② 井喷 | ① 配备并使用空气呼吸器；<br>② 采用气体监测仪（便携式和固定式气体监测仪）；<br>③ 风向标位置合理；<br>④ 检测空气中 $H_2S$ 含量；<br>⑤ 采用双屏障 |
| 9 | 暂停作业期间：当停等 1h 以上时，必须使用双重屏障以确保井眼安全。<br>方案一：井眼内有管柱：座油管挂并关闭联顶节上旋塞阀；关闭套管阀，卸掉油管挂上面的所有井眼压力；关闭并锁定工作闸板，安全闸板和联顶节上的承重和防顶卡瓦。<br>注意：如果考虑油管挂密封问题，或施加在油管挂上的上顶力极大，最好将压力圈闭在油管挂和最下面半封闸板防喷器装置之间<br>方案二：井眼内无管柱：有两个选项：<br>选项 #1：带压下入油管挂，随后遵照方案一的步骤，此外，锁定所有卡瓦。<br>选项 #2：关闭并锁紧全封闸板防喷器。关闭套管阀和放掉全封闸板上的所有井筒压力；下放联顶节（旋塞阀处于关闭状态）至全封闸板上 3.33cm（1 寸）寸位置，关上并锁定联顶节上的闸板，承重卡瓦和防顶卡瓦。<br>注意：确保选项 # 2 使用的管柱类型满足关闭闸板防喷器的尺寸要求。如果不是，使用选项 # 1，坐油管挂 | ① $H_2S$ 泄漏；<br>② 井喷 | ① 配备并使用空气呼吸器；<br>② 采用气体监测仪（便携式和固定式气体监测仪）；<br>③ 风向标位置合理；<br>④ 检测空气中 $H_2S$ 含量；<br>⑤ 采用双屏障 |
| 10 | 旋塞阀：至少两个全通径旋塞阀必须在现场，配套合适的转换接头。<br>旋塞阀应进行压力测试，与防喷器试压方式相同。带压作业机工作平台上应放一个旋塞阀和配套扳手，旋塞阀处于打开状态。<br>另一个阀门应打开，安装在防喷单根底部，放到随手可及的上风位置。<br>作业前安全会议上必须讨论应急对扣接头的使用和作业机平台旋塞阀位置。参与作业的所有人员必须了解各自的岗位职责和工作任务 | ① $H_2S$ 泄漏；<br>② 设备损坏；<br>③ 眼部、腰部、脚部等受伤 | ① 配备并使用空气呼吸器；<br>② 采用气体监测仪（便携式和固定式气体监测仪）；<br>③ 风向标位置合理；<br>④ 检测空气中 $H_2S$ 含量；<br>⑤ 采用双屏障；<br>⑥ 两人配合操作；<br>⑦ 戴护目镜；<br>⑧ 穿防砸鞋 |
| 11 | 双屏障：油管堵塞应遵循双屏障原则，两个堵塞器需很接近，防止出现单堵塞器存在的情况。如果只安装一个堵塞器，应在堵塞器上增加止滑器 | $H_2S$ 泄漏 | 作业前应明确堵塞器的合适位置 |
| 12 | 残留的 $H_2S$：从井内起出的管柱内有残留的 $H_2S$，应加入碱性流体（如除硫剂、氨溶液等）中和油管内 $H_2S$ 气体（氨只能中和气态 $H_2S$，不能中和液态内的 $H_2S$）。<br>作业人员必须穿戴空气呼吸器，避免过度处于残余氨水和 $H_2S$ 环境中。<br>注意：高浓度的氨气可以永久地损伤你的眼睛和肺，因此混合时要戴空气呼吸器和防护服 | ① $H_2S$ 泄漏；<br>② 氨泄漏；<br>③ 眼睛及肺部损伤 | ① 空气呼吸器；<br>② 气体监测仪；<br>③ 风向标位置合理；<br>④ 检测空气中 $H_2S$ 含量；<br>⑤ 护目镜 |

续表

| 序号 | 作业步骤 | 潜在危害 | 防控措施 |
| --- | --- | --- | --- |
| 13 | 工作后的维护：包括防喷器、闸板体、平衡 / 泄压管线、阀件等都要清洗、保养，闸板前密封、顶密封都应更换，用于 $H_2S$ 环境的设备，作业后必须进行维护保养 | ① 高水压导致皮肤刺伤、溅入眼睛；<br>② 地面湿滑导致滑倒；<br>③ 肥皂等化学伤害 | ① 护目镜及工作服；<br>② 熟悉化学品安全技术说明；<br>③ 场地保持清洁；<br>④ 移动设备时人员站稳 |
| 14 | 氢应力腐蚀开裂：当 $H_2S$ 溶于水或钢铁与 $H_2S$ 气体接触后形成硫化铁变黑（高浓度 $H_2S$ 作业后，闸板本体上能看到这种颜色）。硫化铁附着在金属表面形成涂层，氢原子存积在涂层里迁移到应力缝隙里。当两个原子相遇，它们立即形成氢分子，其大小是原子的 32 倍，这些爆炸体积膨胀分离原始应力裂纹处的钢铁，这可能会导致严重的点蚀和金属破坏和最终部件失效。在管柱上，如果锤击或大钳 / 卡瓦夹痕产生了压力，原始印痕周围会出现坑状，这可能会造成金属腐蚀穿孔，最终导致管柱的破断 | $H_2S$ 导致设备故障 | ① 设备用于 $H_2S$ 环境，必须进行全面检查；<br>② 进行设备清洗和外观检查；<br>③ 由专业人员检查带压作业设备及部件、井控设备 |

# 第四节　带压作业应急响应与处置

带压作业是一项高风险性作业，高风险是源于其发生险情后反应时间短、危害大、难于控制的特点。有效的风险识别和科学的应急响应是确保带压作业安全施工和发展的根本保障。风险控制包含两个方面的内容：风险预防和风险发生后的处置（应急响应）。

带压作业过程危害程度最大、最关键的风险事件主要有油管内压力控制工具失效、环空密封失效、卡瓦失效、动力源失效、硫化氢泄漏、管柱失稳等 6 项关键风险，其相应的预防措施和控制应急处置程序是带压作业过程风险控制关键，在现场中，推荐使用“疑似失效关井检查，发现失效立即关井”的做法。

## 一、油管内压力控制工具失效[1]

带压作业油管内压力控制是通过投放或安装管柱堵塞工具来实现压力控制，压力控制工具常简称为堵塞器，常见管柱堵塞器有：电缆桥塞、钢丝桥塞、单流阀、破裂盘、盲堵等。在实际使用过程中，因使用未检测、检测、未按规定使用、坐封方式不当、井下情况复杂、操作等原因，导致在实际使用过程中出现管柱内压力控制工具无法达到密封或完全失去效力的情况。如何进行预防、控制以及发生堵塞工具失效后的应急处置，是带压作业风险管控的一整套科学的应对处置措施。

1. 管柱内压力控制工具失效的原因

（1）未检测、检查、规范使用。

油管内压力控制工具种类较多，还未形成统一的行业标准。根据作业区块自身特点量身研制的产品，不同的生产厂家，不同的结构及坐封方式，如果未严格进行检测、检查及规范使用，极易发生堵塞工具失去密封效果，出现密封不良甚至完全失效的情况，从而增加带压作业风险。

① 用未检验或检验不合格堵塞器，导致在作业过程中堵塞器功能异常而失效；

② 入井前未检查堵塞器外观以及测量相应尺寸并校核，出现实际尺寸与设计尺寸不符的情况；

③ 地面堵塞工具入井前或井下堵塞工具坐封后未按规定试压检验；

④ 密封元件失效，如温度不合适、介质不匹配。含硫井未使用抗硫密封橡胶，含盐量高的井未使用抗盐及抗酸碱的堵塞工具；

⑤ 堵塞器工具承压能力过低。

（2）坐封工艺措施不当。

① 未按技术措施选用合理堵塞工具；

② 油管内壁结垢或腐蚀严重造成堵塞器锚定不牢固；

③ 未按标准执行双屏障堵塞方式。

（3）井下情况复杂。

随着带压作业方式不断扩展，由单一下完井管柱，扩展至带压打捞作业、带压钻磨、带压冲砂等多项带压修井作业，不同作业井况也就考验油管内压力控制工具的密封效果，常见复杂井况有以下几种：

① 筒内管柱穿孔、腐蚀或断落；

② 井筒内管柱结构复杂，带有多种工具串，堵塞工具坐封困难；

③ 井筒内沉砂超过设计要求。井内沉砂是因为在前期生产过程中出现地层砂或压裂砂进入井筒，致使砂面升高，作业前未进行测量或条件限制无法测量，对砂面具体位置不清楚等多方面原因所致。

（4）操作不当。

① 先期入井堵塞器连接过程操作不当，造成堵塞工具轻微损伤；

② 送入式坐封工具未按规程操作，坐封未完全到位，导致脱落；

③ 内防喷工具受较大冲击（井口落物、井下介质冲击、起下震动过大等）；

④ 坐封位置发生变动而未准确判断出坐封位置。坐封位置发生变动，往往发生在钢丝桥塞等移动性强的坐封工具，通常指锚定不牢固，堵塞工具在管柱内发生位置移动，造成提前起出卸开堵塞器所在管柱，发生失效；

⑤ 入井管柱未按规定扭矩上扣，螺纹未清洗干净，错扣，致使管柱螺纹泄漏。

2. 油管内压力控制工具失效后的应急程序

（1）发信号。操作手判断油管内压力控制工具失去控制功能，油、气、水从管柱内喷出，应立即按下声光报警装置，时间达到 15s 以上，警示参与带压施工的相关人员当前出现紧急状况，需立即进入应急响应状态。

（2）泄压、同时调整液缸至适当位置。地面通过套管闸阀对井筒进行紧急泄压，其目的是减轻抢装全通径旋塞的难度；调整液缸至适当位置是便于操作平台的作业人员抢装全通径旋塞阀。

（3）抢装全通径旋塞。抢装全通径旋塞阀、压力表、考克等，上紧螺纹并关闭旋塞。全通径旋塞便于下步下油管内压力控制工具，调整油管柱位置，使工作防喷器闸板或安全防喷器闸板关闭位置避开油管接箍。如果不具备抢装条件时，人员应紧急撤离操作台。

（4）关卡瓦组。轻管柱作业关闭另一组防顶卡瓦；中和点作业时关闭另一组防顶、承重卡瓦；重管柱作业关闭另一组承重卡瓦。

（5）关防喷器。关工作闸板防喷器，再关安全闸板防喷器，泄压。

3. 应急集合点集合

在集合点主要清点人数、检查人员受伤情况，判断、讨论险情程度，确定应急措施。

4. 油管内压力控制工具失效的预防措施

作业井型、压力和堵塞器坐封方式差异，避免失效的措施各不相同。有针对性地制定预防油管内压力控制工具失效措施，是降低带压作业风险的有效保障。

5. 规范使用堵塞器的预防措施

（1）严把产品质量关，入井堵塞工具有合格证明、产品序列号，使用产品可追溯，严格执行使用工具的操作程序及相应技术规程。终端用户选用的材料满足油、气、水井使用环境要求，接受制造商建议，具有制造商提供的产品合格证。

（2）入井前仔细检查卡瓦、胶筒以及各连接部位完整性。对于使用的新产品，入井前仔细测量刚体、胶筒外径，检查各连接部件无异常，如盲堵、破裂盘、桥塞、单流阀。组装重复使用产品，组装后检查、测量数据与原始产品数据校核无误，各连接部位可靠。

（3）按照相应堵塞工具要求，对入井堵塞工具进行严格的试压检验。地面安装的油管内压力控制工具，下井前应从油管内压力控制工具底部进行试压，试压压力为井底压力的1.2倍。电缆、钢丝等输送坐封工具坐封后，放掉油管内压力，观察30min以上，油管压力为0，油管封堵合格；对于高压油、气、水井封堵观察时间应大于换装井口时间。

（4）堵塞工具的密封元件适用介质必须与作业井介质相符。地层水含盐量高的井必须使用抗盐性强的胶筒，含硫井使用抗硫胶筒。

（5）选用堵塞器的抗压等级满足井压要求。选取原则按堵塞器抗压力大于作业井底压力的1.1倍以上。

6. 工艺措施不当的预防措施

（1）合理选用满足工艺技术措施要求的堵塞器。井下管柱带有预置工作筒且完好情况下，优先选取与工作筒匹配的堵塞器；井下管柱无预置工作筒，优先选取钢丝桥塞或电缆桥塞；工作管柱宜选取单流阀等油管内压力控制工具；完井管柱宜选用尾管堵塞器或可捞式堵塞器。

（2）管柱内壁结垢或腐蚀严重，采用通刮、电测方法清理和检验管柱内壁。用小于油管内径2～4mm、长度不小于堵塞器长度的油管规通井内管柱，验证管柱通径；通井如达不到预定深度或管柱内有砂子、蜡、结垢的井，用钢丝（连续油管）带刮削器对油管进行除垢（蜡）或冲洗作业，直至油管通径及深度符合油管堵塞器的下入深度及坐封要求；天然气井油管堵塞后，应向油管内灌入一定量的清水。

（3）设置相应数量的油管内压力控制工具。井下管柱带有坐放接头且完好情况下，优先选取与坐放接头匹配的堵塞器。井下管柱无坐放接头或者共同失效时，优先选取钢丝桥塞或电缆桥塞。

7. 井况复杂的预防措施

（1）腐蚀严重或穿孔管柱，在坐封油管内压力控制工具器前，电测或桥塞检验管柱腐蚀情况或准确判断穿孔位置，不具备坐封条件的井应放弃带压作业。能准确判断穿孔位置，在穿孔点上下各下入一个电缆桥塞且试压合格，起至井口时，需验证下部堵塞器移位造成堵塞失效。

（2）对于多工具串的管柱入井或起出，入井管柱可在底部安装双屏障堵塞器，起多工具串管柱，满足油管内压力控制工具下入管柱底部，或采用液体胶塞、冷冻塞达到油管内压力控制工具要求。

（3）防止沉砂让堵塞器破损失效的预防。具备条件应提前探得砂面深度，如试井车、连续油管等。管柱结构尽量采用筛管 + 盲堵 + 破裂盘，或者破裂盘应连接在最下一根油管的上部，预留一定管柱深度。

8. 操作不当的预防措施

（1）控制好起、下速度，平稳操作，在井斜度较大位置严格控制速度。

（2）钢丝、电缆、泵送、投入等坐封堵塞器严格执行相应产品技术操作规程。

（3）检查好井口工具，通井规等工具专人负责，严禁物体落入油管内。

（4）使用钢丝、电缆或泵送桥塞坐封后，因管柱震动，造成堵塞器发生位置变化，造成提前起出卸开堵塞器所在管柱，发生失效。

（5）向管柱内注入定量液体，发现液体后可判断堵塞器位置。

（6）使用示踪器判断堵塞器位置，即向管柱内投入一根质量较轻、长度大于单根管柱长度，当看到示踪杆时可预知堵塞器位置。

（7）入井管柱螺纹清洗干净，仔细检查螺纹；清洗干净管柱内壁；上扣扭矩达到相应规格管柱扭矩值；上扣时液压钳背钳与转动钳应咬合管柱本体。

## 二、环空密封失效[1]

带压作业环空密封失效即指管柱外与井眼之间的环形空间密封装置失效，通常表现的是环形防喷器密封失效和工作闸板防喷器密封失效。其失效往往是因为密封装置和控制系统失去效力。

1. 环空密封失效的原因

（1）密封件失效。

① 环形、闸板胶芯质量不满足作业要求，过快损坏，造成密封失效；

② 闸板芯子总成密封不严；

③ 闸板轴、侧门密封装置失效。

（2）控制系统失效。

① 动力源失效，不能及时补充液压油；

② 控制液压管线渗漏、爆管、脱落等造成控制油压不能进入防喷器关闭系统；

③ 未及时调整控制压力，致使控制压力不能满足密封要求。

（3）操作原因造成失效。

管柱接箍位置判断不准，闸板关闭在管柱接箍位置。

（4）其他原因造成失效。

① 因管柱外表面腐蚀严重，出现长槽段腐蚀；

② 产生水合物，使封井器关闭不严。

2. 环空密封失效后的应急程序

（1）发信号。

操作手判断管柱环空失去控制，油、气、水从管柱外环空喷出，应立即按下声光报警装置，时间达到15s以上，警示参与带压施工的相关人员当前出现紧急状况，需立即进入应急响应状态。

（2）关防喷器。

① 环形胶芯密封失效，关下工作闸板防喷器或调高环形防喷器关闭压力；

② 上工作闸板防喷器失效，关下工作闸板防喷器；

③ 下工作闸板防喷器失效，关上工作闸板防喷器。

（3）调整液缸至适当位置。

调整液缸至便于装旋塞阀的适当位置，使油管接箍避开工作防喷器闸板或安全防喷器闸板，同时有利于安装回压阀或旋塞阀。

（4）关安全闸板防喷器，释放安全防喷器以上压力。

关相应卡瓦：轻管柱作业关闭另一组防顶卡瓦；中和点作业时关闭另一组防顶、承重卡瓦；重管柱作业关闭另一组承重卡瓦。

（5）装旋塞阀，关闭旋塞。

抢装全通径旋塞阀、压力表、考克等，上紧螺纹并关闭旋塞。

（6）应急集合点清点人员。

在集合点主要清点人数、检查人员受伤情况，判断、讨论险情程度，确定应急措施。

3. 密封件原因的预防措施

（1）带压作业胶芯必须采用耐压值高、抗酸碱能力强、使用寿命长、与井内介质相符的橡胶件；

（2）定期试压检测，发现闸板总成磨损或密封件损坏及时更换；

（3）闸板轴和侧面密封位置加强检查，每井按设计要求试压合格。

4. 控制系统原因的预防措施

（1）做好功能测试，储能器储存压力在完成一个工作闸板防喷器、平衡 / 泄压旋塞阀开、关一次动作后，或只关闭环形防喷器，观察10min后蓄能器的压力至少保持在8.4MPa以上；

（2）控制液压管线定期试压，检测合格；

（3）环形防喷器、闸板防喷器控制压力根据使用时间及磨损情况，调试至3.5～8.4MPa。

5. 操作原因的预防措施

主操作手应清楚井下管柱结构，对管柱接箍与闸板相对位置做到心中有数；也可采用接箍探测仪辅助判断。

6. 其他原因的预防措施

（1）起老井油管时，应加强对管壁腐蚀情况的检查，发现外壁腐蚀严重，采用上下工作闸板倒换起管柱方式起出管柱；

（2）易产生水合物的井，对防喷器应进行保温或加入水合物抑制剂。

## 三、卡瓦失效[1]

卡瓦失效其实质就是卡瓦抱不住管柱，造成管柱打滑，或操作失误使管柱失去控制，或管柱断落、下压挤毁瞬时改变卡瓦受力方向，管柱失去控制；管柱下顿或上窜，损坏设备，甚至管柱落井或飞出，造成施工井失控等重大井控风险以及人员伤亡事故。

1. 卡瓦失效的原因

（1）卡瓦装置原因。

① 卡瓦牙、卡瓦座、卡瓦碗磨损严重；

② 卡瓦牙槽被填满；

③ 卡瓦总成超过使用期限。

（2）控制系统原因。

① 动力装置未提供液压动力能；

② 控制管线堵塞或脱落；

③ 开闭卡瓦液缸功能失效；

④ 开启或关闭压力调试过低。

（3）操作原因。

① 操作速度过快或误操作；

② 卡瓦夹持在管柱接箍位置。

（4）其他原因。

① 卡瓦牙硬度与管柱钢级不匹配；

② 卡瓦牙方向装反；

③ 冰雪致使卡瓦开关困难。

2. 卡瓦失效的应急程序

（1）发信号。操作手判断卡瓦无法正常卡住管柱，出现管柱无控制上窜或下落，应立即按下声光报警装置，时间达到 15s 以上，警示参与带压施工的相关人员当前出现紧急状况，需立即进入应急响应状态。

（2）关闭另一组卡瓦。主操作手迅速判断卡瓦失效是否得到控制，如未控制住，在判断油管接箍避开工作防喷器闸板关闭位置后，立即关闭相应的工作防喷器。如情况紧急，可直接将所有卡瓦开关控制手柄推至关位。

（3）关防喷器。关闭另外一个工作闸板防喷器或关闭安全防喷器，使环空密封可靠。

（4）释放防喷器压力。释放安全防喷器以上压力，确保更换卡瓦时人员操作安全。

（5）装旋塞阀。抢装全通径旋塞阀、压力表、考克等，上紧螺纹并关闭旋塞。

（6）应急集合点清点人员。在集合点主要清点人数、检查人员受伤情况，判断、讨论险情程度，确定应急措施。

3. 卡瓦失效的预防措施

（1）卡瓦装置的预防措施。

① 加强卡瓦牙、卡瓦座、卡瓦碗使用情况检查，发现卡瓦牙出现较大磨损时进行更

换。如果卡瓦牙尖或槽磨亮，就需要更换卡瓦牙；如果卡瓦碗和卡瓦座接合处锥度磨损超过使用期，应更换；托卡瓦碗内的接触锥度磨损，应更换；

② 在进行载荷转移操作过程中出现管柱打滑迹象时应检查、清洗或更换卡瓦牙；

③ 设备运行中发现卡瓦打开或关闭迟缓现象应停止运行并检查、分析。

（2）控制系统的预防措施。

① 操作手随时注意动力源储能器、控制管线压力；

② 确认各控制管线连接处无渗漏脱落；

③ 作业一定时间应对卡瓦液缸进行功能试验；

④ 作业过程中控制压力应无较大波动。

（3）操作原因的预防措施。

① 操作人员精力集中，操作速度不应过快，卡瓦载荷转移确定后方能开启另一组卡瓦；

② 操作人员清楚卡瓦与管柱接箍的相对位置，严禁卡瓦卡在管柱接箍上。

（4）其他原因的预防措施。

① 清楚卡瓦牙相应技术参数、使用范围，其硬度与管柱钢级匹配；

② 安装卡瓦牙时，确保牙齿方向正确；

③ 冰雪天气作业时，及时清理卡瓦上的冰块。

## 四、动力源失效[1]

动力源失效将会造成整个作业系统失去动力，危害是关不住井或管柱落井、飞出，会造成井喷等重大事故事件。虽然带压设备具有储能器等预防装置，但储能器液压油储量仅能满足短时间及关键作业需要，防止动力源失效才是根本。

### 1. 动力源失效的原因

（1）动力系统的原因。

① 柴油机突然停止运转。如柴油机缺油、缺水、气泵漏气、机械故障等原因致使动力设备突然停止运转；

② 液泵损坏；

③ 液压油油量不足。

（2）控制系统的原因。

① 控制管线磨损、脱落；

② 动力操作人员操作失误。

### 2. 动力源失效的应急程序

（1）发出信号。操作手判断控制系统出现异常，无法正常进行控制操作或出现动力源突然熄火，应立即按下声光报警装置，时间达到 15s 以上，警示参与带压施工的相关人员当前出现紧急状况，需立即进入应急响应状态。

（2）调整管柱位置。在重管柱状态下，尽可能调整液缸（管柱接头）至适当位置（便于装旋塞阀），关承重卡瓦；在轻重管柱状态下，关防顶卡瓦。

（3）关防喷器。根据管柱外径和接箍位置，关闭相应工作防喷器和安全防喷器并锁定。

（4）装旋塞阀。抢装全通径旋塞阀、压力表、考克等，上紧螺纹并关闭旋塞。

（5）撤离人员并分析查找原因。

3. 动力源失效的预防措施

（1）动力系统的预防措施。

① 加强柴油机运转情况检查：各运转部件压力、温度符合要求，及时清洗三滤；

② 确保液压油优质清洁，液压油运行温度适中，避免长期憋压，回油压力过高，检查清洗液压油滤子，安装时清理所有连接头干净；回油压力偏高时，应查找原因并排除；运行过程中使用好液压油散热风扇，散热风扇干净，散热有效；

③ 液压油箱内液面必须在规定油位范围内，避免因观察孔不清晰造成观察错误。

（2）控制系统的预防措施。

① 液压管线各接触部位均应采用橡胶板隔离，防止因摩擦造成管线损坏；快速接头连接管线避免受拉力过大脱落；

② 动力操作手在倒换液泵等作业时，应先与主操作手沟通，双方确认后方可进行倒换操作。

## 五、管柱落井或上窜[1]

管柱落井或飞出是带压作业风险较大，发生时间过程最短，难以控制的一种情况。如何避免管柱落井和飞出的发生显得尤为重要。带压作业操作人员操作失误，错误打开带压作业设备的防顶卡瓦或承重卡瓦；中和点计算误差引起的管柱坠落或飞出事故；设备卡瓦钝化也可能导致出现带压作业设备无法卡紧井下管柱而造成井下管柱飞出或掉井事故；管柱失稳等均会发生管柱落井或飞出。

1. 管柱落井或上窜的原因

（1）操作手误操作。误操作往往指同时打开两组卡瓦；设备互锁装置失灵同样会造成操作手操作失误。

（2）管柱中和点计算错误。井内液面深度掌握不准确，致使计算出的中和点深度与实际中和点深度差异过大；井内压力变化大，操作手未及时校核中和点深度位置，造成操作方式错误；操作手未进行中和点检测。

（3）管柱失稳折断造成落井或上窜。轻管柱状态操作过程中，环形防喷器端面距使用的一组游动卡瓦之间距离大于管柱无支撑长度，管柱发生失稳弯曲或折断，造成管柱落井或飞出。

（4）卡瓦机构钝化，钳牙打滑或开关不灵活。卡瓦牙、卡瓦座、卡瓦碗磨损严重或卡瓦牙槽被填满可能引起卡瓦打滑，卡瓦牙和管柱钢级比匹配等因素都有可能引起管柱上窜与落井。

2. 管柱落井或上窜的应急程序

（1）发出报警信号。操作手判断管柱出现无控制上窜或下落时，应立即按下声光报警装置，时间达到 15s 以上，警示参与带压施工的相关人员当前出现紧急状况，需立即进入应急响应状态。

（2）关闭相应另一组卡瓦。主操作手迅速关闭相应另一组卡瓦判断卡瓦失效是否得到控制，情况紧急可直接将所有卡瓦开关控制手柄推至关位。

（3）关闭所有可能的工作闸板防喷器。关闭另外一个工作闸板防喷器或关闭安全防喷器，使环空密封可靠。

（4）如油管落井等情况，应立即关闭全封闸板防喷器。

（5）释放防喷器压力。释放安全防喷器以上压力，确保更换卡瓦时人员操作安全。

（6）装旋塞阀。抢装全通径旋塞阀、压力表、考克等，上紧螺纹并关闭旋塞。

（7）应急集合点清点人员。在集合点主要清点人数、检查人员受伤情况，判断、讨论险情程度，确定应急措施。

3. 管柱落井或上窜预防措施

（1）操作手状态良好，严格执行操作规程；随时检测卡瓦互锁装置处于良好状态，定期进行功能测试。

（2）清楚井况，中和点深度计算准确，提前100m进入中和点操作方式；井口压力发生变化，操作手及时调整中和点深度；考虑因井内液面深度变化造成管柱中和点位置发生。

（3）计算好各压力等级状态下管柱的无支撑长度，清楚设备举升过程不同高度时，不应超过管柱无支撑长度。

（4）班组人员加强卡瓦机构检查，及时清理卡瓦牙槽。

## 六、硫化氢泄漏[1]

由于硫化氢对作业人员存在中毒或死亡的危害，因此在含硫井作业，对作业人员的资质、作业装备、作业工艺措施都有较高要求，必须具备相应条件，才能进行含硫井带压作业。同时制定完善的防硫化氢泄漏措施和泄漏后的应急处置程序，是进行含硫井带压作业的安全保障。

1. 硫化氢泄漏的原因

（1）使用检测或试压不合格的防喷器。防喷器组、油管内压力控制工具、平衡泄压闸阀及管线防硫等级不满足含硫井要求。防喷器组、油管内压力控制工具、平衡泄压阀及连接管线含硫等级低于施工井硫化氢含量时，会造成设备提前损坏、失效，发生泄漏或设备断裂造成井喷。

（2）无防止硫化氢进入井筒的隔离措施。含硫化氢井作业为确保安全，一般在管柱内、外采用氮气作为屏障，隔离有毒的硫化氢气体，作为一个缓冲区来抵消作业期间少量的硫化氢气体从工作防喷器内泄漏的风险，同时提供应急关井人员撤离的反应时间。

2. 硫化氢泄漏的应急程序

（1）发出报警信号。操作手判断含硫气体从井内溢出，气体监测发出报警信号，应立即按下声光报警装置，时间达到15s以上，警示参与带压施工的相关人员当前出现紧急状况，需立即进入应急响应状态。

（2）佩戴合适的个人呼吸保护设备。每班作业前将分配的空呼保护器放置专用位置，检查调试合适。

（3）采取紧急措施控制硫化氢泄漏点。

① 环形防喷器泄漏，立即关闭下工作防喷器，关安全防喷器，泄压。

② 工作防喷器泄漏，立即关闭安全闸板防喷器，泄压。

③ 油管内压力控制工具泄漏，立即抢装全通径旋塞，并关闭。

④ 防喷器侧门泄漏，立即关闭安全闸板防喷器，泄压。

⑤ 含硫井油管内压力控制工具失效，在抢装全通径旋塞无望的情况下，可按照规定程序关闭剪切闸板防喷器。

（4）撤离至紧急集合点。人员撤离时，向上风方向撤离。

（5）清点现场人数。根据清点人数情况，决定采取紧急求援行动，搜寻失踪人员。

（6）根据泄漏情况决定启动地企联动应急处置预案，实时监测周边硫化氢含量。

3. 防止硫化氢泄漏的控制措施

（1）作业前风险评估。审查与讨论所有带压且有泄漏风险的井口组件和连接部分（配件、接头、油管连接等）。

（2）召开岗前安全会议。现场所有人员一起召开岗前安全会议，并制定逃生路线及紧急集合点位置，应急救援措施及救援人员的职责，检查空气呼吸器，并对 $H_2S$ 浓度进行测量及检测。

（3）使用合格的防喷器。各防喷器及堵塞工具使用前进行检测、检验合格，现场安装后严格按设计要求试压合格。

（4）防喷器防硫等级满足要求。使用的防喷器组件和油管内压力控制工具的防硫等级必须高于施工井含硫等级，对设备性能严格把关，施工井含硫量应检测准确。

（5）采取隔离措施。对于满足要求，工艺要求中根据地层压力，可采用氮气等惰性气体将井筒内的含硫气体推入地层，让硫化氢气体不会因部分泄漏产生危害；也可采用植入碱性液体，中和部分含硫气体。

（6）试压合格。在作业前，所有承压设备必须使用低黏度的非易燃液体或氮气进行试压。低压试压必须稳压 5min，高压试压必须稳压 10min（试压至少达到 1.1 倍的最大井底压力或最大井口工作压力）。

（7）泄压装置满足规定。带压作业机泄压必须排放到分离器或燃烧池。与分离器连接时，必须安装止回阀，避免泄压后从容器回流到井口。

（8）采用双屏障油管内压力控制工具。油管堵塞应遵循双重屏障原则，两个堵塞器需很接近，防止出现单堵塞器存在的情况。

## 参考文献

[1] 胡守林，等. 带压作业工艺 [M]. 北京：石油工业出版社，2018.

# 第七章　带压作业效果评价方法

带压作业具有环保减排，保护储层，稳定产量，减少作业周期等优点，但是带压作业非增产增注技术，直接经济效益不明显。依托“带压作业技术推广”项目的支持，系统地开展带压作业效果评价方法的研究，主要采用与常规修井作业对比分析来凸显带压作业的优势及效果，目前，已形成注水井、采油井及天然气井带压作业效果方法。

## 第一节　注水井评价方法

### 一、评价原则

（1）采用与常规泄压及压井作业对比评价注水井带压作业效果。效果指标包括减少污水排放量、提前恢复注水量和少影响油量。

（2）经济效益采用成本折算的方式。

### 二、效果指标

（1）减少污水排放量，按式（7–1）计算：

$$Q_{水排}=Q_{水排1}T_{水排} \tag{7–1}$$

式中　$Q_{水排}$——注水井泄压作业污水排放量，$m^3$；

$Q_{水排1}$——注水井泄压作业污水日排放量，$m^3$；

$T_{水排}$——注水井泄压作业污水排放周期，d。

（2）提前恢复注水量，按式（7–2）计算：

$$Q_{恢复}=Q_{水排}+Q_{日注}（T_{水作}+T_{压恢}-T_{水带}） \tag{7–2}$$

式中　$Q_{恢复}$——注水井带压作业提前恢复注水量，$m^3$；

$Q_{水排}$——注水井泄压作业污水排放量，$m^3$；

$Q_{日注}$——注水井泄压修井作业前日注水量，$m^3$；

$T_{水作}$——注水井修井作业周期（停井至修井完毕），d；

$T_{压恢}$——注水井修井作业后注水压力恢复周期，d；

$T_{水带}$——注水井带压作业周期，d。

（3）少影响油量，按式（7–3）计算：

$$q_{水油}=\frac{Q_{水排}+Q_{日注}T_{压恢}}{v}(1-r)+\sum_{i=1}^{n}q_{连i} \tag{7–3}$$

式中　$q_{水油}$——注水井带压作业少影响油量，t；

$Q_{水排}$——注水井泄压作业污水排放量，$m^3$；

$Q_{日注}$——注水井泄压修井作业前日注水量，$m^3$；

$T_{压恢}$——注水井修井作业后注水压力恢复周期，d；

$v$——注采比；

$r$——井组平均含水；

$\sum_{i=1}^{n} q_{连i}$——注水井泄压修井作业连通水井停注影响井组产油量，t。

## 三、经济效益

（1）污水排放拉运及处理成本，按式（7–4）计算：

$$C_{水排}=Q_{水排}\ (X_{排}+X_{处}) \tag{7–4}$$

式中　$C_{水排}$——注水井污水排放及处理成本，元；

$Q_{水排}$——注水井泄压作业污水排放量，$m^3$；

$X_{排}$——污水排放拉运成本，元 /$m^3$；

$X_{处}$——污水处理成本，元 /$m^3$。

（2）泄压作业后回注水成本，按式（7–5）计算：

$$C_{回注}=\ (Q_{水排}+Q_{日注}T_{水作})\ X_{注} \tag{7–5}$$

式中　$C_{回注}$——注水井泄压修井作业后回注水成本，元；

$Q_{水排}$——注水井泄压作业污水排放量，$m^3$；

$Q_{日注}$——注水井泄压修井作业前日注水量，$m^3$；

$T_{水作}$——注水井修井作业周期（停井至修井完毕），d；

$X_{注}$——注水井注水成本，元 /$m^3$。

（3）泄压作业井组影响油量折算成本，按式（7–6）计算：

$$C_{井组}=\left[\frac{Q_{水排}+Q_{日注}T_{压恢}}{v}(1-r)+\sum_{i=1}^{n}q_{连i}\right]p_{油} \tag{7–6}$$

式中　$C_{井组}$——注水井泄压修井作业井组影响油量效益，元；

$Q_{水排}$——注水井泄压作业污水排放量，$m^3$；

$Q_{日注}$——注水井泄压修井作业前日注水量，$m^3$；

$T_{压恢}$——注水井修井作业后注水压力恢复周期，d；

$v$——注采比；

$r$——井组平均含水；

$\sum_{i=1}^{n} q_{连i}$——注水井泄压修井作业连通水井停注影响井组产油量，t；

$p_{油}$——国际原油价格，元 /t。

（4）注水井修井作业压井成本，按式（7–7）计算：

$$C_{水压}=W_{水液}X_{水液}+C_{水车} \tag{7–7}$$

式中　$C_{水压}$——注水井压井作业成本，元；

$W_{水液}$——注水井压井作业压井液用量，$m^3$；

$X_{水液}$——注水井压井液成本，元/$m^3$；

$C_{水车}$——注水井压井作业设备成本，元。

（5）注水井修井作业成本，按式（7-8）计算：

$$C_{水修}=C_{水小}+G_{水}f_{水} \tag{7-8}$$

式中 $C_{水修}$——注水井修井作业成本，元；

$C_{水小}$——注水井小修作业成本，元；

$G_{水}$——注水井大修成本，元/井次；

$f_{水}$——注水井大修发生率。

（6）注水井修井作业折算综合成本，按式（7-9）计算：

$$C_{水总}=C_{水排}+C_{回注}+C_{井组}+C_{水压}+C_{水修} \tag{7-9}$$

式中 $C_{水总}$——注水井泄压修井作业折算综合成本，元；

$C_{水排}$——注水井污水排放及处理成本，元；

$C_{回注}$——注水井泄压修井作业后回注水成本，元；

$C_{井组}$——注水井泄压修井作业井组影响油量效益，元；

$C_{水压}$——注水井压井作业成本，元；

$C_{水修}$——注水井修井作业成本，元。

（7）注水井带压作业综合成本，按式（7-10）计算：

$$C_{水带}=C_{水带1}+\frac{Q_{日注}T_{水带}}{v}(1-r)p_{油} \tag{7-10}$$

式中 $C_{水带}$——注水井带压作业综合成本，元；

$C_{水带1}$——注水井带压作业成本，元；

$Q_{日注}$——注水井泄压修井作业前日注水量，$m^3$；

$T_{水带}$——注水井带压作业周期，d；

$v$——注采比；

$r$——井组平均含水，%；

$p_{油}$——原油价格，元/t。

（8）经济效益，按式（7-11）计算，经济效益大于0认为带压作业有效。

$$E_{水}=C_{水总}-C_{水带} \tag{7-11}$$

式中 $E_{水}$——注水井带压作业经济效益，元；

$C_{水总}$——注水井泄压修井作业折算综合成本，元；

$C_{水带}$——注水井带压作业综合成本，元。

## 四、基础数据取值表

注水井带压作业效果评价基础数据取值见表7-1。

表 7–1　注水井带压作业效果评价基础数据取值表

| 项目 | 符号 | 单位 | 取值要求 |
|---|---|---|---|
| 污水日排放量 | $Q_{水排1}$ | $m^3$ | 取同一区块（相近注水压力和渗透率）上一年注水井污水日排放量平均值 |
| 污水排放周期 | $T_{水排}$ | d | 取同一区块（相近注水压力和渗透率）上一年注水井污水排放周期平均值 |
| 作业前日注水量 | $Q_{日注}$ | $m^3$ | 取作业前 30 日注水量的平均值：$Q_{日注}=\frac{1}{30}\sum_{i=1}^{30}Q_i$ |
| 注水井泄压作业周期 | $T_{水作}$ | d | 取同一区块（相近注水压力和渗透率）上一年注水井作业周期平均值 |
| 注水井泄压作业后压力恢复周期 | $T_{压恢}$ | d | 取同一区块（相近注水压力和渗透率）上一年注水井作业后压力恢复周期平均值 |
| 注水井带压作业周期 | $T_{水带}$ | d | 取同一区块（相近注水压力和渗透率）上一年注水井带压作业周期平均值 |
| 注采比 | $v$ | | $v=\frac{注入水量}{采出水量+采出油量\times相对密度}$ |
| 含水 | $r$ | % | |
| 连通停注水井影响油量 | $q_{连i}$ | t | 取同一区块（相近注水压力和渗透率）上一年停注水井井组产油下降量 |
| 污水排放（拉运）费用 | $X_{排}$ | 元 /$m^3$ | 由路途、人员及耗油等因素决定，公司定额 |
| 污水处理费用 | $X_{处}$ | 元 /$m^3$ | |
| 注水费用 | $X_{注}$ | 元 /$m^3$ | |
| 水井压井液用量 | $W_{水液}$ | $m^3$ | 一般为井筒的 1.5～2.0 容积量 |
| 水井压井液价格 | $X_{水液}$ | 元 /$m^3$ | 取同一区块上一年注水井压井作业压井液价格 |
| 压井设备费用 | $C_{水车}$ | 元 | 取同一区块上一年注水井压井作业压井设备费用 |
| 水井带压大修成本 | $G_{水}$ | 元 / 井次 | 由井深决定，公司定额 |
| 注水井大修发生率 | $f_{水}$ | % | 由应用单位工程部门提供 |
| 小修作业成本 | $C_{水小}$ | 元 / 井次 | 由井深决定，公司定额 |
| 带压作业成本 | $C_{水带1}$ | 元 / 井次 | 由井深决定，公司定额 |
| 吨油价格 | $p_{油}$ | 元 /t | 原油价格 |

## 五、计算实例

1. 基础数据

选择大庆油田 X4 区块的 X4–33–P48 井作为评价对象，基础数据见表 7–2。

表 7-2　X4-33-P48 井基础数据表

| 项目 | 符号 | 单位 | 取值 |
| --- | --- | --- | --- |
| 污水日排放量 | $Q_{水排1}$ | $m^3$ | 60 |
| 污水排放周期 | $T_{水排}$ | d | 4 |
| 作业前日注水量 | $Q_{日注}$ | $m^3$ | 40 |
| 注水井泄压作业周期 | $T_{水作}$ | d | 22 |
| 注水井泄压作业后压力恢复周期 | $T_{压恢}$ | d | 12 |
| 注水井带压作业周期 | $T_{水带}$ | d | 6.8 |
| 注采比 | $v$ |  | 1.14 |
| 含水 | $r$ | % | 0.93 |
| 连通停注水井影响油量 | $q_{连i}$ | t | 2.45 |
| 污水排放（拉运）费用 | $X_{排}$ | 元 /$m^3$ | 350 |
| 污水处理费用 | $X_{处}$ | 元 /$m^3$ | 0.75 |
| 注水费用 | $X_{注}$ | 元 /$m^3$ | 4.3 |
| 水井压井液用量 | $W_{水液}$ | $m^3$ | 12 |
| 水井压井液价格 | $X_{水液}$ | 元 /$m^3$ | 450 |
| 压井设备费用 | $C_{水车}$ | 元 | 3110 |
| 水井带压大修成本 | $G_{水}$ | 元 / 井次 | 430000 |
| 注水井大修发生率 | $f_{水}$ | % | 0.036 |
| 小修作业成本 | $C_{水小}$ | 元 / 井次 | 35000 |
| 带压作业成本 | $C_{水带1}$ | 元 / 井次 | 135000 |
| 吨油价格 | $p_{油}$ | 元 /t | 2395.99 |

2. 效果指标

（1）减少污水排放量：

$$Q_{水排}=Q_{水排1}T_{水排}=60\times 4=240\text{m}^3$$

（2）提前恢复注水量：

$$Q_{恢复}=Q_{水排}+Q_{日注}(T_{水作}+T_{压恢}-T_{水带})=240+40\times（22+12-6.8）=1328\text{m}^3$$

（3）少影响油量：

$$q_{水油}=\frac{Q_{水排}+Q_{日注}T_{压恢}}{v}(1-r)+\sum_{i=1}^{n}q_{连i}=\frac{240+40\times 12}{1.14}\times(1-0.93)+2.45=46.66\text{t}$$

3. 经济效益

（1）污水排放拉运及处理成本：

$$C_{水排}=Q_{水排}（X_{排}+X_{处}）=240\times（350+0.75）=84180\ 元$$

（2）泄压作业后回注水成本：

$$C_{回注}=（Q_{水排}+Q_{日注}T_{水作}）X_{注}=（240+40\times 22）\times 4.3=4816\ 元$$

（3）泄压作业井组影响油量折算成本：

$$\begin{aligned}C_{井组}&=\left[\frac{Q_{水排}+Q_{日注}T_{压恢}}{v}(1-r)+\sum_{i=1}^{n}q_{连i}\right]p_{油}\\&=\left[\frac{240+40\times 12}{1.14}\times(1-0.93)+2.45\right]\times 2395.99=111796.89\ 元\end{aligned}$$

（4）注水井修井作业压井成本：

$$C_{水压}=W_{水液}X_{水液}+C_{水车}=12\times 450+3110=8510\ 元$$

（5）注水井修井作业成本：

$$C_{水修}=C_{水小}+G_{水}f_{水}=35000+430000\times 0.036=50480\ 元$$

（6）注水井修井作业折算综合成本：

$$\begin{aligned}C_{水总}&=C_{水排}+C_{回注}+C_{井组}+C_{水压}+C_{水修}\\&=84180+4816+111796.89+8510+50480=259782.89\ 元\end{aligned}$$

（7）注水井带压作业综合成本：

$$C_{水带}=C_{水带1}+\frac{Q_{日注}T_{水带}}{v}(1-r)p_{油}=135000+\frac{40\times 6.8}{1.14}\times(1-0.93)\times 2395.99=175017.82\ 元$$

（8）经济效益：

$$E_{水}=C_{水总}-C_{水带}=259782.89-175017.82=84765.07\ 元$$

# 第二节　采油井评价方法

## 一、评价原则

（1）采用与常规泄压作业对比评价采油井带压作业效果。效果指标包括减少污水排放量和少影响油量。

（2）经济效益采用成本折算的方式。

## 二、效果指标

（1）减少污水排放量，按式（7–12）计算：

$$Q_{油排}=Q_{油排1}T_{油排} \quad (7-12)$$

式中 $Q_{油排}$——采油井泄压作业污水排放量，$m^3$；

$Q_{油排1}$——采油井泄压作业污水日排放量，$m^3$；

$T_{油排}$——采油井泄压作业污水排放周期，d。

（2）少影响油量，按式（7-13）计算：

$$q_{油油}=q_{油前}T_{油作}+(q_{油前}-q_{油后})T_{油减} \quad (7-13)$$

式中 $q_{油油}$——采油井带压作业少影响油量，t；

$q_{油前}$——采油井带压作业前日产油量，t；

$T_{油作}$——采油井泄压小修作业周期（停井至修井完毕），d；

$q_{油后}$——采油井带压作业后日产油量，t；

$T_{油减}$——采油井作业后产油量恢复期，d。

## 三、经济效益

（1）污水排放拉运及处理成本，按式（7-14）计算：

$$C_{油排}=Q_{油排}(X_{排}+X_{处}) \quad (7-14)$$

式中 $C_{油排}$——采油井污水排放及处理成本，元；

$Q_{油排}$——采油井泄压作业污水排放量，$m^3$；

$X_{排}$——污水排放拉运成本，元；

$X_{处}$——污水处理成本，元。

（2）泄压作业影响油量折算成本，按式（7-15）计算：

$$C_{油井}=[q_{油前}T_{油作}+(q_{油前}-q_{油后})T_{油减}]p_{油} \quad (7-15)$$

式中 $C_{油井}$——采油井泄压小修作业影响油量效益，元；

$q_{油前}$——采油井带压作业前日产油量，t；

$T_{油作}$——采油井泄压小修作业周期（停井至修井完毕），d；

$q_{油后}$——采油井带压作业后日产油量，t；

$T_{油减}$——采油井作业后产油量恢复期，d；

$p_{油}$——原油价格，元/t。

（3）采油井修井作业压井成本，按式（7-16）计算：

$$C_{油压}=W_{油液}X_{油液}+C_{油车} \quad (7-16)$$

式中 $C_{油压}$——采油井压井作业成本，元；

$W_{油液}$——采油井压井作业压井液用量，$m^3$；

$X_{油液}$——采油井压井液成本，元/$m^3$；

$C_{油车}$——采油井压井作业设备成本，元。

（4）采油井修井作业成本，按式（7-17）计算：

$$C_{油修}=C_{油小}+G_{油}f_{油} \quad (7-17)$$

式中　$C_{油修}$——采油井修井作业成本，元；

$C_{油小}$——采油井小修作业成本，元；

$G_{油}$——采油井大修成本，元 / 井次；

$f_{油}$——采油井大修发生率。

（5）采油井修井作业折算综合成本，按式（7–18）计算：

$$C_{油总}=C_{油排}+C_{油井}+C_{油压}+C_{油修} \tag{7–18}$$

式中　$C_{油总}$——采油井泄压修井作业折算综合成本，元；

$C_{油排}$——采油井污水排放及处理成本，元；

$C_{油井}$——采油井泄压修井作业影响油量效益，元；

$C_{油压}$——采油井压井作业成本，元；

$C_{油修}$——采油井修井作业成本，元。

（6）采油井带压作业综合成本，按式（7–19）计算：

$$C_{油带}=C_{油带1}+q_{油前}T_{油带}p_{油} \tag{7–19}$$

式中　$C_{油带}$——采油井带压作业综合成本，元；

$C_{油带1}$——采油井带压作业成本，元；

$q_{油前}$——采油井带压作业前日产油量，t；

$T_{油带}$——采油井带压作业周期，d；

$p_{油}$——原油价格，元 /t。

（7）经济效益，按式（7–20）计算，经济效益大于 0 认为带压作业有效。

$$E_{油}=C_{油总}-C_{油带} \tag{7–20}$$

式中　$E_{油}$——采油井带压作业经济效益，元；

$C_{油总}$——采油井泄压修井作业折算综合成本，元；

$C_{油带}$——采油井带压作业综合成本，元。

## 四、基础数据取值表

采油井带压作业效果评价基础数据取值见表 7–3。

**表 7–3　采油井带压作业效果评价基础数据取值表**

| 项目 | 符号 | 单位 | 取值要求 |
|---|---|---|---|
| 污水日排放量 | $Q_{油排1}$ | $m^3$ | 取同一区块（相近注水压力和渗透率）上一年采油井污水日排放量平均值 |
| 污水排放周期 | $T_{油排}$ | d | 取同一区块（相近注水压力和渗透率）上一年采油井污水排放周期平均值 |
| 作业前日产油量 | $q_{油前}$ | t | 取作业前 30 日产油量的平均值：$q_{油前}=\frac{1}{30}\sum_{i=1}^{30}q_{油前i}$ |
| 作业后日产油量 | $q_{油后}$ | t | $q_{油后}=\frac{1}{n}\sum_{i=1}^{n}q_{油后i}$（$n=T_{油减}$） |

续表

| 项目 | 符号 | 单位 | 取值要求 |
| --- | --- | --- | --- |
| 采油井泄压作业周期 | $T_{油作}$ | d | 取同一区块（相近井口压力和渗透率）上一年采油井泄压作业周期平均值 |
| 采油井产量恢复周期 | $T_{油减}$ | d | 取同一区块（相近井口压力和渗透率）上一年采油井泄压作业后产量恢复周期平均值 |
| 污水排放（拉运）费用 | $X_{排}$ | 元 /m$^3$ | 由路途、人员及耗油等因素决定，公司定额 |
| 污水处理费用 | $X_{处}$ | 元 /m$^3$ | |
| 采油井压井液用量 | $W_{油液}$ | m$^3$ | 一般为井筒的 1.5～2.0 容积量 |
| 采油井压井液价格 | $X_{油液}$ | 元 /m$^3$ | 取同一区块上一年采油井压井作业压井液价格 |
| 压井设备费用 | $C_{油车}$ | 元 | 取同一区块上一年采油井压井作业压井设备费用 |
| 小修作业成本 | $C_{油小}$ | 元 / 井次 | 由井深决定，公司定额 |
| 采油带压大修成本 | $G_{油}$ | 元 / 井次 | 由井深决定，公司定额 |
| 采油井大修发生率 | $f_{油}$ | % | 由应用单位工程部门提供 |
| 带压作业成本 | $C_{油带1}$ | 元 / 井次 | 由井深决定，公司定额 |
| 采油井带压作业周期 | $T_{油带}$ | d | 取同一区块（相近井口压力和渗透率）上一年采油井带压作业周期平均值 |
| 吨油价格 | $p_{油}$ | 元 /t | 原油价格 |

## 五、计算实例

1. 基础数据

选择吉林油田新立采油厂 III 区块吉 +12–012 作为评价对象，基础数据见表 7–4。

**表 7–4　吉 +12–012 基础数据表**

| 项目 | 符号 | 单位 | 取值 |
| --- | --- | --- | --- |
| 污水日排放量 | $Q_{油排1}$ | m$^3$ | 50 |
| 污水排放周期 | $T_{油排}$ | d | 3 |
| 作业前日产油量 | $q_{油前}$ | t | 2.3 |
| 作业后日产油量 | $q_{油后}$ | t | 1.4 |
| 采油井泄压作业周期 | $T_{油作}$ | d | 15 |
| 采油井产量恢复周期 | $T_{油减}$ | d | 10 |
| 污水排放（拉运）费用 | $X_{排}$ | 元 /m$^3$ | 15 |
| 污水处理费用 | $X_{处}$ | 元 /m$^3$ | 6 |
| 采油井压井液用量 | $W_{油液}$ | m$^3$ | 60 |

续表

| 项目 | 符号 | 单位 | 取值 |
|---|---|---|---|
| 采油井压井液价格 | $X_{油液}$ | 元/$m^3$ | 10 |
| 压井设备费用 | $C_{油车}$ | 元 | 2100 |
| 小修作业成本 | $C_{油小}$ | 元/井次 | 39680 |
| 采油井大修作业成本 | $G_{油}$ | 元/井次 | 534700 |
| 采油井大修发生率 | $f_{油}$ | % | 1.7 |
| 采油井带压作业周期 | $T_{油带}$ | d | 8 |
| 采油井带压作业成本 | $C_{油带1}$ | 元/井次 | 72000 |
| 吨油价格 | $p_{油}$ | 元/t | 2300 |

2. 效果指标

（1）少排放污水：

$$Q_{油排}=Q_{油排1}T_{油排}=50\times3=150\text{m}^3$$

（2）少影响油量：

$$q_{油油}=q_{油油}T_{油作}+（q_{油前}-q_{油后}）T_{油减}=2.3\times15+（2.3-1.4）\times10=43.5\text{t}$$

3. 经济效益计算

（1）污水排放拉运及处理成本：

$$C_{油排}=Q_{油排}（X_{排}+X_{处}）=150\times（15+6）=3150\text{元}$$

（2）泄压作业影响油量折算成本：

$$C_{油井}=[q_{油油}T_{油作}+（q_{油前}-q_{油后}）T_{油减}]p_{油}=[2.3\times15+（2.3-1.4）\times10]\times2300=100050\text{元}$$

（3）采油井小修作业压井成本：

$$C_{油压}=W_{油液}X_{油液}+C_{油车}=60\times10+2100=2700\text{元}$$

（4）采油井修井作业成本：

$$C_{油修}=C_{油小}+G_{油}f_{油}=39680+534700\times0.017=48769.9\text{元}$$

（5）采油井修井作业折算综合成本：

$$C_{油总}=C_{油排}+C_{油井}+C_{油压}+C_{油修}=3150+100050+2700+48769.9=154669.9\text{元}$$

（6）采油井带压作业综合成本：

$$C_{油带}=C_{油带1}+q_{油前}T_{油带}p_{油}=72000+2.3\times8\times2300=114320\text{元}$$

（7）经济效益：

$$E_{油}=C_{油总}-C_{油带}=154669.9-114320=40349.9\text{元}$$

## 第三节　天然气井评价方法

### 一、评价原则

（1）采用与常规压井作业对比评价天然气井带压作业效果。效果指标是少影响产气量。

（2）经济效益采用成本折算的方式。

### 二、效果指标

效果指标是指带压作业对天然气井少影响的产气量，用压井作业对比计算，按式（7-21）计算：

$$Q_{气井}=(q_{气前}-q_{气后})T_{气减} \tag{7-21}$$

式中　$Q_{气井}$——天然气井带压作业少影响的产气量，$m^3$；

$q_{气前}$——天然气井压井作业前日产气量，$m^3$；

$q_{气后}$——天然气井压井作业后日产气量，$m^3$；

$T_{气减}$——天然气井作业后产气量恢复期，d。

### 三、经济效益

（1）压井作业成本，按式（7-22）计算：

$$C_{气压}=W_{气液}X_{气液}+C_{气车} \tag{7-22}$$

式中　$C_{气压}$——天然气井压井作业成本，元；

$W_{气液}$——天然气井压井作业压井液用量，$m^3$；

$X_{气液}$——天然气井压井液成本，元 /$m^3$；

$C_{气车}$——天然气井压井作业设备成本，元。

（2）压井液返排成本，按式（7-23）计算：

$$C_{气排}=W_{气排}X_{处理}+C_{工艺} \tag{7-23}$$

式中　$C_{气排}$——天然气井压井作业后返排成本，元；

$W_{气排}$——天然气井压井液返排量，$m^3$；

$X_{处理}$——天然气井返排压井液处理成本，元 /$m^3$；

$C_{工艺}$——天然气井压井液返排工艺成本，元。

（3）压井作业影响产气量折算成本，按式（7-24）计算：

$$C_{气井}=(q_{气前}-q_{气后})T_{气减}p_{气} \tag{7-24}$$

式中　$C_{气井}$——天然气井压井作业影响产气量折算成本，元；

$q_{气前}$——天然气井压井作业前日产气量，$m^3$；

$q_{气后}$——天然气井压井作业后日产气量，$m^3$；

$T_{气减}$——天然气井作业后产气量恢复期，d；

$p_{气}$——天然气价格，元/m$^3$。

（4）天然气井压井小修作业折算综合成本，按式（7–25）计算：

$$C_{气总}=C_{气压}+C_{气排}+C_{气井}+C_{气修} \tag{7–25}$$

式中　$C_{气总}$——天然气井压井小修作业折算综合成本，元；

$C_{气压}$——天然气井压井作业成本，元；

$C_{气排}$——天然气井压井作业后返排成本，元；

$C_{气井}$——天然气井压井作业影响产气量折算成本，元；

$C_{气修}$——天然气井小修作业成本，元。

（5）天然气井投堵作业成本，按式（7–26）计算：

$$C_{投堵}=C_{投作}+C_{堵}+C_{取作} \tag{7–26}$$

式中　$C_{投堵}$——天然气井带压作业投堵作业综合成本，元；

$C_{投作}$——天然气井带压作业投堵塞器作业成本，元；

$C_{堵}$——天然气井带压作业堵塞器成本，元；

$C_{取作}$——天然气井带压作业捞堵塞器作业成本，元。

（6）天然气井带压作业综合成本，按式（7–27）计算：

$$C_{气带}=C_{气带1}+C_{投堵} \tag{7–27}$$

式中　$C_{气带}$——天然气井带压作业综合成本，元；

$C_{气带1}$——天然气井带压作业成本，元；

$C_{投堵}$——天然气井带压作业投堵作业综合成本，元。

（7）经济效益，按式（7–28）计算，经济效益大于0认为带压作业有效。

$$E_{气}=C_{气总}-C_{气带} \tag{7–28}$$

式中　$E_{气}$——天然气井带压作业经济效益，元；

$C_{气总}$——天然气井压井小修作业折算综合成本，元；

$C_{气带}$——天然气井带压作业综合成本，元。

## 四、基础数据取值表

天然气井带压作业效果评价基础数据见表7–5。

**表7–5　天然气井带压作业效果评价基础数据取值表**

| 项目 | 符号 | 单位 | 取值要求 |
|---|---|---|---|
| 污水日排放量 | $Q_{油排1}$ | m$^3$ | 取同一区块（相近注水压力和渗透率）上一年采油井污水日排放量平均值 |
| 污水排放周期 | $T_{油排}$ | d | 取同一区块（相近注水压力和渗透率）上一年采油井污水排放周期平均值 |
| 作业前日产油量 | $q_{油前}$ | t | 取作业前30日产油量的平均值：$q_{油前}=\frac{1}{30}\sum_{i=1}^{30}q_{油前i}$ |

续表

| 项目 | 符号 | 单位 | 取值要求 |
|---|---|---|---|
| 作业后日产油量 | $q_{油后}$ | t | $q_{油后}=\frac{1}{n}\sum_{i=1}^{n}q_{油后i}$ （$n=T_{油减}$） |
| 采油井泄压作业周期 | $T_{油作}$ | d | 取同一区块（相近井口压力和渗透率）上一年采油井泄压作业周期平均值 |
| 采油井产量恢复周期 | $T_{油减}$ | d | 取同一区块（相近井口压力和渗透率）上一年采油井泄压作业后产量恢复周期平均值 |
| 污水排放（拉运）费用 | $X_{排}$ | 元 /m$^3$ | 由路途、人员及耗油等因素决定，公司定额 |
| 污水处理费用 | $X_{处}$ | 元 /m$^3$ | |
| 采油井压井液用量 | $W_{油液}$ | m$^3$ | 一般为井筒的 1.5～2.0 容积量 |
| 采油井压井液价格 | $X_{油液}$ | 元 /m$^3$ | 取同一区块上一年采油井压井作业压井液价格 |
| 压井设备费用 | $C_{油车}$ | 元 | 取同一区块上一年采油井压井作业压井设备费用 |
| 小修作业成本 | $C_{油小}$ | 元 / 井次 | 由井深决定，公司定额 |
| 采油带压大修成本 | $G_{油}$ | 元 / 井次 | 由井深决定，公司定额 |
| 采油井大修发生率 | $f_{油}$ | % | 由应用单位工程部门提供 |
| 带压作业成本 | $C_{油带1}$ | 元 / 井次 | 由井深决定，公司定额 |
| 采油井带压作业周期 | $T_{油带}$ | d | 取同一区块（相近井口压力和渗透率）上一年采油井带压作业周期平均值 |
| 吨油价格 | $p_{油}$ | 元 /t | 原油价格 |

## 五、计算实例

1. 基础数据

选择西南油气田邛西构造区块邛西 13 井作业评价对象，基础数据见表 7–6。

表 7–6 邛西 13 井基础数据表

| 项目 | 符号 | 单位 | 取值 |
|---|---|---|---|
| 作业前日产气量 | $q_{气前}$ | m$^3$ | 35000 |
| 作业后日产气量 | $q_{气后}$ | m$^3$ | 25000 |
| 天然气井产量恢复周期 | $T_{气减}$ | d | 20 |
| 压井液用量 | $W_{气液}$ | m$^3$ | 120 |
| 压井液费用 | $X_{气液}$ | 元 /m$^3$ | 1500 |
| 压井设备费用 | $C_{气车}$ | 元 | 19200 |
| 压井液返排量 | $W_{气排}$ | m$^3$ | 120 |

续表

| 项目 | 符号 | 单位 | 取值 |
|---|---|---|---|
| 返排液处理费用 | $X_{处理}$ | 元 /m$^3$ | 50 |
| 返排工艺费用（液氮举升工艺） | $C_{工艺}$ | 元 | 50000 |
| 投堵塞器作业费用 | $C_{投作}$ | 元 | 30000 |
| 捞堵塞器作业费用 | $C_{取作}$ | 元 | 10000 |
| 堵塞器成本 | $C_{堵}$ | 元 | 30000 |
| 小修作业成本 | $C_{气修}$ | 元 / 井次 | 650000 |
| 带压作业成本 | $C_{气带1}$ | 元 / 井次 | 650000 |
| 天然气价格 | $p_{气}$ | 元 / m$^3$ | 1.58 |

2. 效果指标计算

$$Q_{气井}=（q_{气前}-q_{气后}）T_{气减}=（35000-25000）\times 20=200000\text{m}^3$$

3. 经济效益

（1）压井作业成本：

$$C_{气压}=W_{气液}X_{气液}+C_{气车}=120\times 1500+19200=199200\text{ 元}$$

（2）压井液返排成本：

$$C_{气排}=W_{气液}X_{处理}+C_{工艺}=120\times 50+50000=56000\text{ 元}$$

（3）压井作业影响产气量折算成本：

$$C_{气井}=（q_{气前}-q_{气后}）+T_{气减}p_{气}=（35000-25000）\times 20\times 1.58=31600\text{ 元}$$

（4）天然气井压井小修作业折算综合成本：

$$C_{气总}=C_{气压}+C_{气排}+C_{气井}+C_{气修}=199200+56000+31600+650000=936800\text{ 元}$$

（5）天然气井投堵作业成本：

$$C_{投堵}=C_{投作}+C_{堵}+C_{取作}=30000+10000+30000=70000\text{ 元}$$

（6）天然气井带压作业综合成本：

$$C_{气带}=C_{气带1}-C_{投堵}=650000+70000=720000\text{ 元}$$

（7）经济效益：

$$E_{气}=C_{气总}-C_{气带}=936800-720000=216800\text{ 元}$$

# 第八章　带压作业技术培训

带压作业相对于常规作业技术风险高，工序复杂，操作难度大。对操作人员素质的要求高，操作人员需经专业培训，取证上岗。“十二五”期间，中国石油通过项目的开展，研究形成了一套带压作业模拟仿真培训软件，并开展了多轮次操作人员培训，为带压作业输送了大批熟练操作技术人员，保障了带压作业现场操作的安全性。

带压作业模拟仿真系统即模拟带压作业设备操作和工艺设计，将三维可视化技术应用于仿真训练，可以真实地模拟带压作业设备动态情况，为学员提供一个逼真的操作环境，不受客观条件限制，让学员在较短时间内，从不熟悉到熟悉设备和工艺，从不合理的操作达到规范化操作，并从根本上克服现场培训所带来的负面影响。同时，并能追踪显示受训者的操作，准确再现实际培训过程。

## 第一节　培训系统布局

培训系统主要由操作台和三维图像两部分组成，如图 8-1 所示。

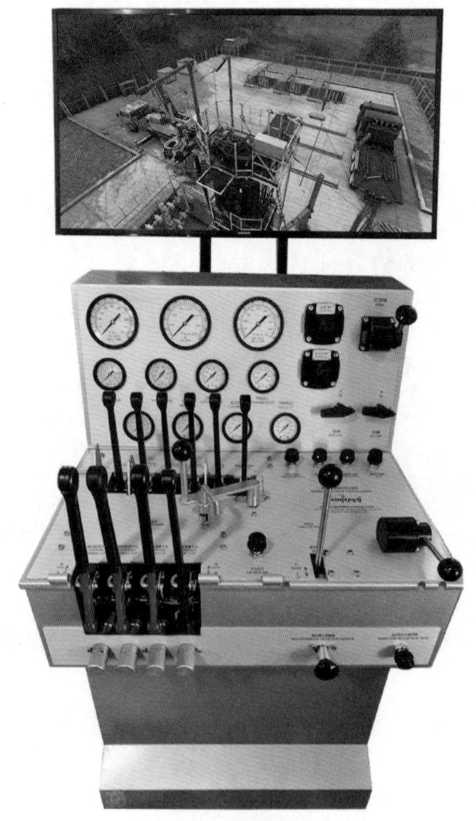

图 8-1　培训系统整体布局图

操作台完全按照实际操作台尺寸制作，由带压上面板（图 8–2）和带压下面板（图 8–3）构成。

图 8–2　带压上面板布置图

1—举升压力表；2—平衡泄压压力表；3—下压力压力表；4—系统压力表；5—环形压力表；6—上闸板压力表；7—下闸板压力表；8—备用表；9—卡瓦压力表；10—液压钳压力表；11—平衡腔体压力表；12—刹车阀压力调节；13—举升机压力调节；14—动力阀关断；15—刹车阀；16—防滑阀

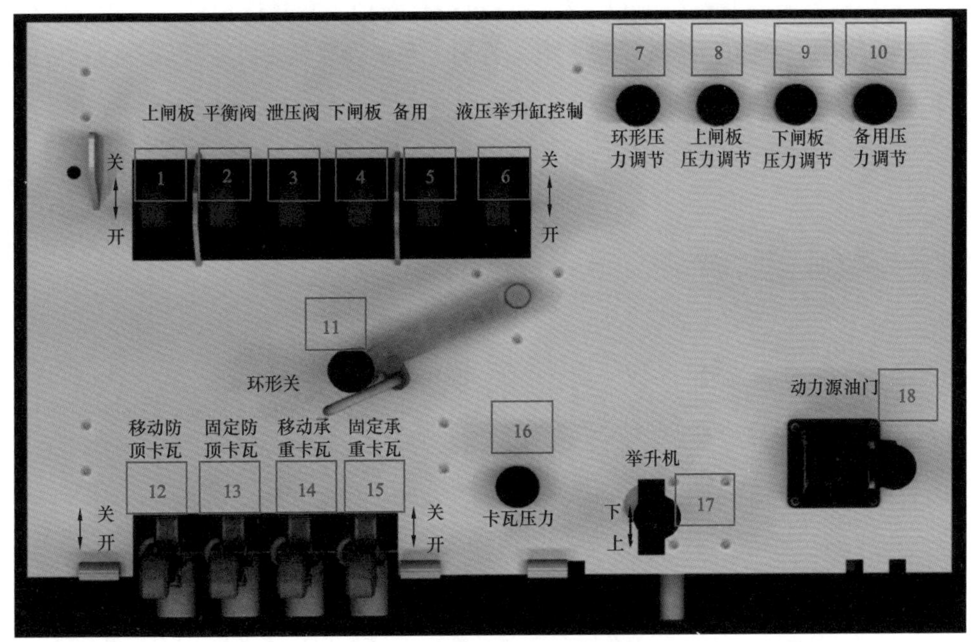


图 8–3　带压下面板布置图

1—上闸板操作杆；2—平衡阀操作杆；3—泄压阀操作杆；4—下闸板操作杆；5—备用操作杆；6—液压举升缸控制；7—环形压力调节；8—上闸板压力调节；9—下闸板压力调节；10—备用压力调节；11—环形控制杆；12—移动防顶卡瓦操作杆；13—固定防顶卡瓦操作杆；14—移动承重卡瓦操作杆；15—固定承重卡瓦操作杆；16—卡瓦压力调节；17—举升机控制杆；18—动力源油门

三维图像屏幕在操作台的上方，如图 8–4 所示。

图 8–4　三维图像屏幕

## 第二节　主控系统软件

主控系统软件负责对整个模拟系统进行组织和管理。其具体包括如下功能：作业管理、硬件自检、硬件校正、学员管理、成绩管理，系统设置。主控系统软件启动界面如图 8–5 所示。

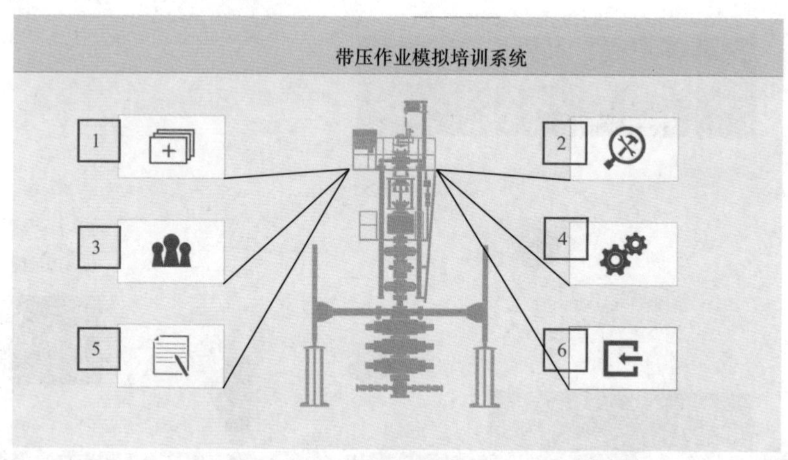


图 8–5　主控系统软件启动界面

1—作业管理；2—硬件自检 / 硬件校正；3—学员管理；4—系统设置；5—成绩管理；6—退出

### 一、学员管理

教师可以通过学员管理功能对参加模拟培训的学员进行个人信息管理和分班管理。点击主控界面上的学员管理按钮，进入学员管理界面，如图 8–6 所示。

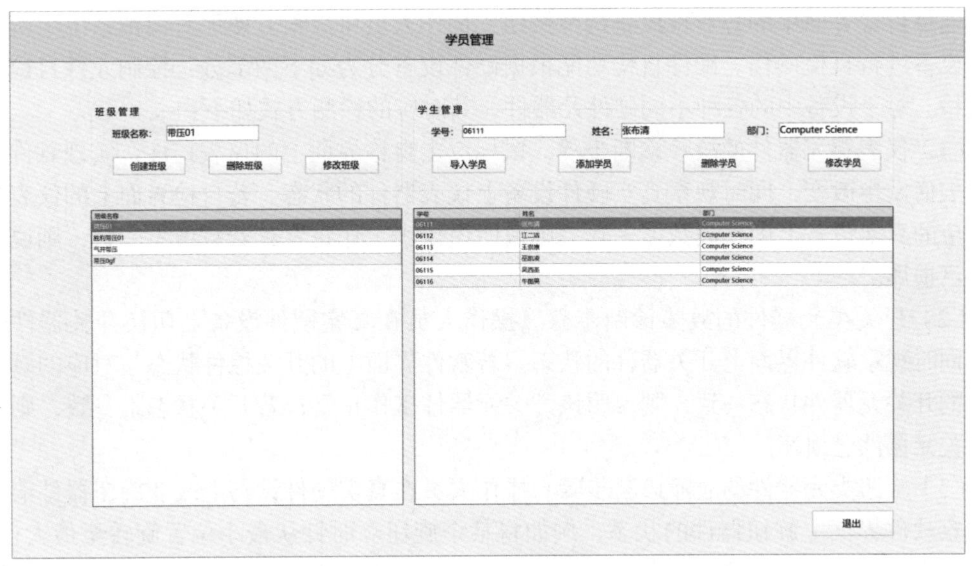


图 8-6　学员管理界面

学员管理分为班级管理与学生信息管理两大模块。教师可以利用班级管理功能，完成班级创建、班级删除以及班级清空操作；利用学员信息管理模块，完成学生的添加、删除以及清空操作。

## 二、硬件自检

硬件自检能全面诊断系统相关硬件设备元器件运行状态。操作人员可以很方便地判别出本模拟系统硬件设备上的各种控制元件（如按钮、旋钮、开关等）和显示元件（如仪表等）是否发生故障。点击主控界面的“硬件自检”按钮，即可进入“硬件自检选择”界面，如图 8-7 所示。

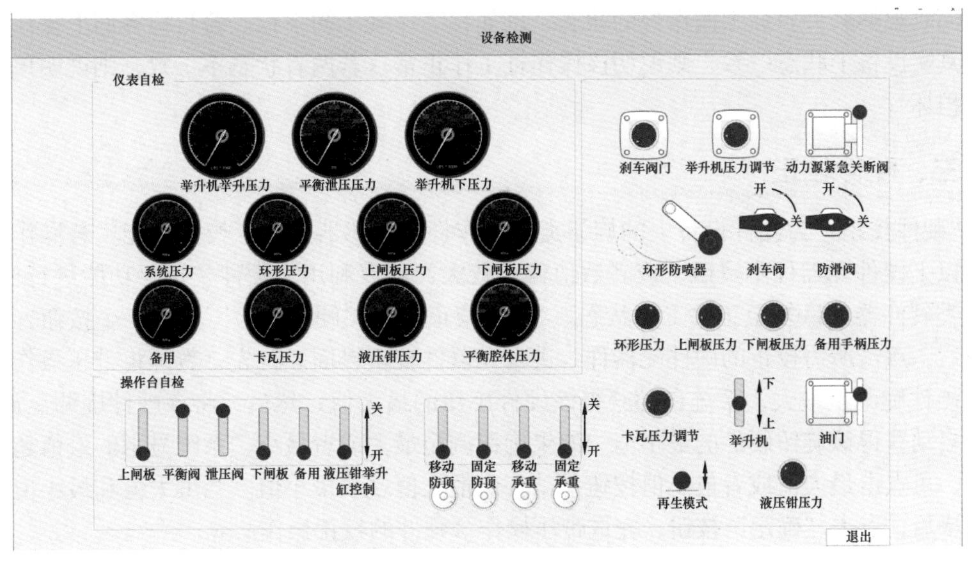


图 8-7　硬件自检界面

通过自检界面中的各自检设备选择按钮，操作人员可以很方便地对模拟系统中所选的硬件设备进行自检操作。硬件自检功能根据硬件设备分为如下两部分：控制元件自检、仪表自检。对于设备中的各种不同硬件元器件，其对应的检测方式如下：

（1）仪表类元器件的故障诊断步骤。鼠标点击自检界面上的仪表控件，实现软件界面上仪表值发生改变，同时观察真实硬件设备上仪表器件的状态。若自检界面上的仪表数值与对应的真实设备上的仪表数值一致，则说明该仪表工作正常；若数值不一致，则说明该仪表已损坏。

（2）开关类元器件的故障诊断步骤。操作人员在真实硬件设备上切换开关器件的状态，同时观察软件界面上开关器件的状态。若软件界面上的开关控件状态与对应的真实设备上的开关元器件状态一致，则说明该开关元器件工作正常；若开关状态不一致，则说明该开关元器件已损坏。

（3）旋钮类元器件的故障诊断步骤。操作人员在真实硬件设备上改变旋钮器件值，同时观察软件界面上旋钮器件的状态，例如将某个旋钮顺时针从最小位置旋转至最大位置。若软件界面上的旋钮控件状态与对应的真实设备上的旋钮旋转状态一致，则说明该旋钮元器件工作正常；若两者旋转状态不一致，则说明该旋钮元器件已损坏。

（4）阀门类元器件的故障诊断步骤。操作人员在真实硬件设备上改变阀门器件状态，同时观察软件界面上阀门的状态，例如将某个阀门顺时针旋转到关闭状态。若自检界面上的阀门状态与真实设备上的阀门状态一致，则说明该阀门工作正常；若两者状态不一致，则说明该阀门已损坏。

（5）手柄类元器件的故障诊断步骤。操作人员在真实硬件设备上改变手柄器件状态，同时观察软件界面上手柄的状态，例如将远控台上的环形手柄向左侧搬动到“开”状态。若自检界面上手柄状态与真实设备上的手柄状态一致，则说明该手柄工作正常；若两者状态不一致，则说明该手柄已损坏。

（6）操作杆类元器件的故障诊断步骤。操作人员在真实硬件设备上改变操作杆器件状态，同时观察软件界面上操作杆的状态，例如将工作刹车向下拉。若自检界面上操作杆状态与真实设备上状态一致，则说明该操作杆工作正常；若两者状态不一致，则说明该操作杆已损坏。

## 三、硬件校正

“硬件校正”为硬件设备上的旋钮类、操作杆类传感器提供了校正功能。若操作人员发现以上硬件元器件不灵敏，或者数值偏差较大，可以利用“硬件校正”功能进行校正，将此类硬件器件恢复至正常工作状态。“硬件校正”与“硬件自检”为同一个按钮，进入界面后，点击所需校正的硬件元器件，进入元器件校正界面。首先，教师将带压操作台设备上硬件旋调至最大，系统自动获得该硬件旋钮的最大值；然后，将该硬件旋调至最小，系统自动获得该旋钮硬件的最小值。如果旋钮调至最大或者最小，系统显示的最值超过当前值，可点击最大值或者最小值按钮手动获取最大值或者最小值。当最大值和最小值都获取完毕后，点击“确定”按钮，完成带压操作台硬件的校正操作。

## 四、系统设置

系统设置为本系统提供了一些常规的设置功能。点击主控界面的“系统设置”按钮，进入“系统设置”界面，如图 8–8 所示。

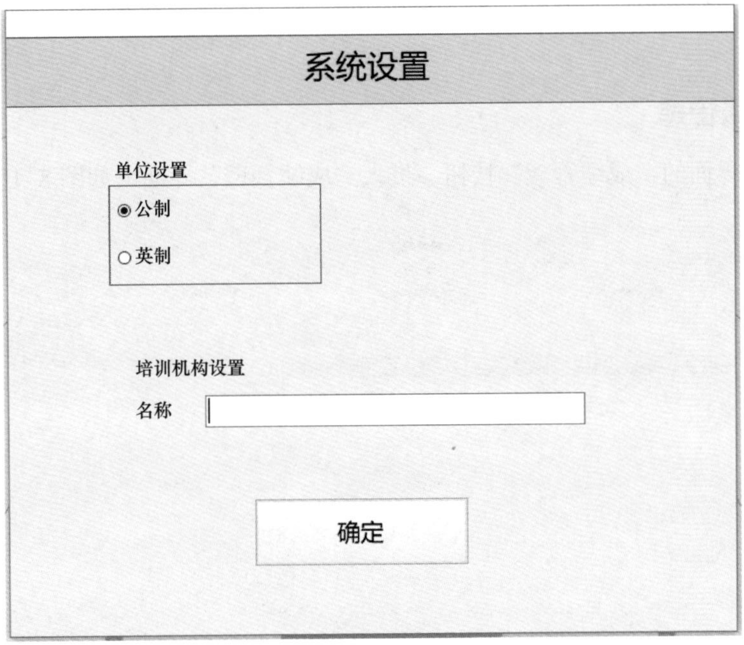

系统设置

单位设置

◉公制

○英制

培训机构设置

名称

确定

图 8–8　系统设置界面

系统设置里面主要包括单位设置和培训机构设置。主控系统中，默认的单位为“公制”。当单位选择为“英制”时，系统会将所有单位切换为英制。培训机构设置主要用于设置培训机构的名称，该名称设置后，在成绩输出的打印系统中将出现该培训机构名称。

## 五、作业管理

点击主控界面的“作业管理”按钮，进入“作业管理”界面，如图 8–9 所示。

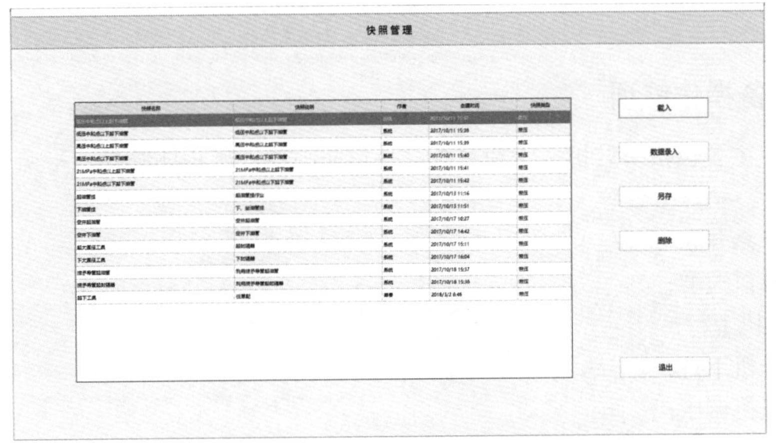


图 8–9　作业管理界面

通过作业管理功能，教师可以根据情况定制学员培训时的井况信息。通过设置井况中所需的各种参数，教师可以设计出不同情况的带压作业，极大地增加了带压作业模拟的灵活性和真实性。上述井况数据，将成为学员培训的基础数据，为后续的学员操作，以及核心数学模型模块的求值都有重要意义。教师通过载入作业文件，从而进入实质的带压作业模拟操作过程。作业的管理包括了如下基本功能：载入作业、数据录入、防喷器配置、工具配置等。

## 六、成绩管理

点击主控界面的“成绩管理”按钮，进入“成绩管理”界面，如图8–10所示。

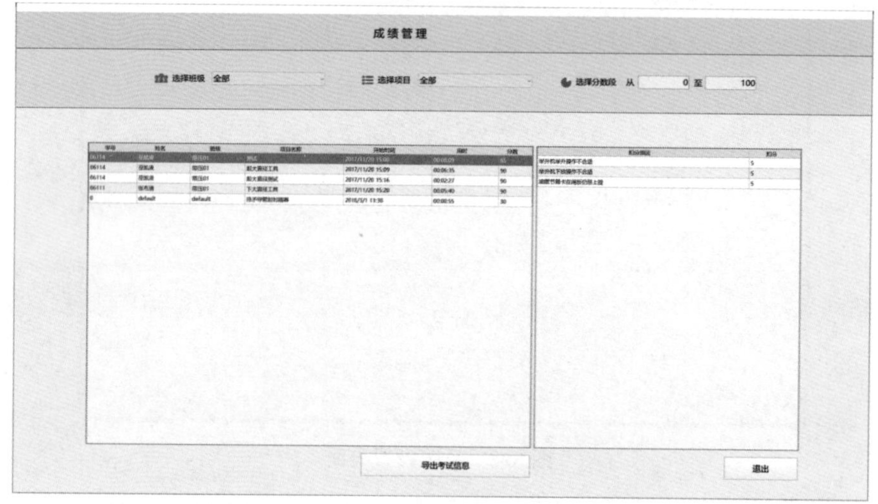


图8–10　成绩管理界面

成绩查询可以查询出一个班级某些项目和项目分数段对应的学员信息列表，以及扣分情况。可以选择打印个别学员或全部学员的成绩单，也可以删除选定成绩和删除所有成绩。

# 第三节　操作培训系统

## 一、设备操作培训

设备操作主要包括举升机、卡瓦系统、环形防喷器、闸板防喷器、平衡/泄压系阀等操作。

1. 举升机操作

（1）举升机速度；

（2）举升机上行；

（3）举升机下行；

（4）举升机调压；

（5）举升机差动控制。

2. 卡瓦系统操作

（1）卡瓦处于无管柱状态；

（2）卡瓦处于有管柱时。

3. 闸板防喷器操作

（1）向前推手柄，闸板防喷器关闭；

（2）手柄处于中位，保持前一状态；

（3）向回拉手柄，闸板防喷器打开。

4. 平衡阀 \ 泄压阀操作

（1）向前推手柄，平衡阀 \ 泄压阀立即关闭；

（2）手柄处于中位，保持前一状态；

（3）向回拉手柄，平衡阀 \ 泄压阀打开。

## 二、应急处理培训

1. 故障应急管理

（1）通过故障应急处理模块，培训各个岗位的应急处理能力；

（2）故障应急管理包括操作手误操作产生的故障和设置故障两部分。

2. 操作手误操作产生的故障及现象

（1）当从重管柱到轻管柱过中和点时，处于轻管柱后，即上顶力大于管柱浮重时，其中任意一个闸板防喷器关闭，如果没有关闭加压卡瓦，油管会上窜，直至油管接箍卡在闸板防喷器上；

（2）当从重管柱到轻管柱过中和点时，处于轻管柱后，即上顶力大于管柱浮重时，其中闸板防喷器全部打开，如果没有关闭加压卡瓦，所有油管会上窜飞出井口，造成严重事故，系统提示作业异常结束；

（3）当从轻管柱到重管柱过中和点时，处于重管柱后，即上顶力小于管柱浮重时，其中任意一个闸板防喷器关闭，如果没有关闭承重卡瓦，油管会下落，直至油管接箍卡在闸板防喷器上；

（4）当从轻管柱到重管柱过中和点时，处于重管柱后，即上顶力小于管柱浮重时，闸板防喷器全部处于开位，如果没有关闭承重卡瓦，油管会下落至井内，系统提示作业异常结束；

（5）如果井内有压力，所有防喷器处于开位或未完全关闭，会造成严重井喷事故，设备上会显示大量气体喷出状态，系统提示作业异常结束；

（6）闸板防喷器卡在接箍上，不能密封，压力不能放掉或者气体喷出；

（7）如果超过理论最大无支撑长度下压，则管柱会压弯，同时系统提示作业异常结束；

（8）如果接箍已经接触闸板下平面，举升机承重卡瓦夹住管柱继续往上提，会造成举升力增加，当最大举升力超过油管强度时，油管会被拉断，系统提示作业异常结束；

（9）如果接箍已经接触闸板上平面，举升机加压卡瓦夹住管柱继续往下放，会造成下压力增加，当最大下压力超过油管强度时，油管会被压弯，系统提示作业异常结束。

3. 可设置故障内容

（1）环空密封失效应急处理。当环空密封失效后发送泄漏事故，需要操作人员迅速地关闭工作半封。

（2）内堵失效应急处理。当内防喷工具失效后，管柱内气体喷出，此时需要下放油管并上旋塞阀。

## 三、作业操作培训[1]

1. 低压轻管柱下油管

油管位于中和点以上，井内压力较低，使用防顶卡瓦下油管。低压情况下，只使用环形控制环空压力。具体操作步骤为：

（1）吊油管。

① 点击图形命令键盘吊油管使用小钩吊一根油管至井口；

② 点击油管钳上扣按钮，对油管紧扣。

（2）下油管。

① 上提举升机到合适位置；

② 关闭移动防顶卡瓦；

③ 轻微下放举升机，将载荷转移到移动防顶卡瓦；

④ 打开固定防顶卡瓦；

⑤ 下放举升机，下油管；

⑥ 当举升机降到合适位置，关闭固定防顶卡瓦；

⑦ 轻微上提举升机，将载荷转移到固定防顶卡瓦，打开移动防顶卡瓦；

⑧ 重复① ～⑦ 步骤直到整根油管下完。

（3）完成作业。

下完整根油管后，可重复步骤（1）、步骤（2）继续下油管。也可点击结束作业按钮，结束本次作业。

2. 低压重管柱下油管

油管位于中和点以下，井内压力较低，使用承重卡瓦下油管。低压情况下，只使用环形控制环空压力。具体操作步骤为：

（1）接油管。

① 点击吊油管使用小钩吊一根油管至井口；

② 点击油管钳上扣按钮，对油管紧扣。

（2）下油管。

① 上提举升机到合适位置；

② 关闭移动承重卡瓦；

③ 轻微上提举升机，将载荷转移到移动承重卡瓦；

④ 打开固定承重卡瓦；

⑤ 下放举升机，下油管；

⑥ 当举升机降到合适位置，关闭固定承重卡瓦；

⑦ 轻微下放举升机，将载荷转移到固定承重卡瓦；

⑧ 打开移动承重卡瓦；

⑨ 重复① ~⑧ 步骤直到整根油管下完。

（3）完成作业。

下完整根油管后，可重复步骤（1）、步骤（2）继续下油管。也可点击结束作业按钮，结束本次作业。

3. 低压轻管柱起油管

油管鞋位于中和点以上，井内压力较低，使用防顶卡瓦起油管。低压情况下，只使用环形控制环空压力。具体操作步骤为：

（1）起油管。

① 关闭移动防顶卡瓦；

② 轻微下放举升机，将载荷转移到移动防顶卡瓦；

③ 打开固定防顶卡瓦；

④ 上提举升机，起油管；

⑤ 当举升机升到合适高度，关闭固定防顶卡瓦；

⑥ 轻微上提举升机，将载荷转移到固定防顶卡瓦；

⑦ 打开移动防顶卡瓦；

⑧ 下放举升机到合适位置；

⑨ 重复① ~⑧ 步骤直到整根油管起完。

（2）卸油管。

① 当油管钳对准接箍，点击油管钳卸扣按钮，对油管卸扣；

② 卸扣完成后，点击进杆按钮，将油管吊入油管架。

（3）完成作业。

起完整根油管后，可重复步骤（1）、步骤（2）继续起油管。也可点击结束作业按钮，结束本次作业。

4. 低压重管柱起油管

油管位于中和点以下，井内压力较低，使用承重卡瓦起油管。低压情况，只使用环形关闭井内压力。具体操作步骤为：

（1）起油管。

① 关闭移动承重卡瓦；

② 轻微上提举升机，将载荷转移到移动承重卡瓦；

③ 打开固定承重卡瓦；

④ 上提举升机，起油管；

⑤ 当举升机升到合适高度，关闭固定承重卡瓦；

⑥ 轻微下放举升机，将载荷转移到固定承重卡瓦；

⑦ 打开移动承重卡瓦；

⑧ 下放举升机到合适位置；

⑨ 重复① ~⑧ 步骤直到整根油管起完。

（2）卸油管。

① 当油管钳对准接箍，点击油管钳卸扣按钮，对油管卸扣；

② 待卸扣完成后，点击进杆按钮，将油管吊入油管架。

（3）完成作业。

起完整根油管后，可重复步骤（2）、步骤（3）继续起油管。也可点击结束按钮，结束本次作业。

5. 高压轻管柱下油管

油管位于中和点以上，井内压力较高，使用防顶卡瓦下油管。高压情况，使用环形、下闸板关闭井内压力；当油管接箍卡于下闸板时，需要处理平衡腔压力，开下闸板过接箍。具体操作步骤为：

（1）接油管。

① 点击吊油管使用小钩吊一根油管至井口；

② 点击油管钳上扣按钮，对油管紧扣。

（2）下油管。

① 上提举升机到合适位置；

② 关闭移动防顶卡瓦；

③ 轻微下放举升机，将载荷转移到移动防顶卡瓦；

④ 打开固定防顶卡瓦；

⑤ 下放举升机，下油管；

⑥ 在防喷器视角可以查看接箍是否到下闸板，当接箍接近下闸板，需开下闸板；

⑦ 当举升机降到合适位置，关闭固定防顶卡瓦；

⑧ 轻微上提举升机，将载荷转移到固定防顶卡瓦；

⑨ 打开移动防顶卡瓦。重复① ～⑧ 步骤直到整根油管下完。

（3）完成作业。

下完整根油管后，可重复步骤（1）、步骤（2）继续下油管。也可点击结束作业按钮，结束本次作业。

6. 高压重管柱下油管

油管位于中和点以下，井内压力较高，使用承重卡瓦下油管。高压情况，使用环形、下闸板关闭井内压力；当油管接箍卡于下闸板时，需要处理平衡腔压力，开下闸板过接箍。具体操作步骤为：

（1）接油管。

① 点击吊油管使用小钩吊一根油管至井口；

② 点击油管钳上扣按钮，对油管紧扣。

（2）下油管。

① 上提举升机到合适位置；

② 关闭移动承重卡瓦；

③ 轻微上提举升机，将载荷转移到移动承重卡瓦；

④ 打开固定承重卡瓦；

⑤ 下放举升机，下油管；

⑥ 在防喷器视角可以查看接箍是否到下闸板，当接箍接近下闸板，需开下闸板；

⑦ 当举升机降到合适位置，上推固定承重控制杆，关闭固定承重卡瓦；

⑧ 轻微下压举升机；下拉移动承重控制杆，打开移动承重卡瓦；

⑨ 重复① ～⑧ 步骤直到整根油管下完。

（3）完成作业。

下完整根油管后，可重复步骤（1）、步骤（2）继续下油管。也可点击结束作业按钮，结束本次作业。

7. 高压轻管柱起油管

油管位于中和点以上，井内压力较高，使用移动防顶卡瓦起油管。高压情况，使用环形、下闸板关闭井内压力；当油管接箍卡于下闸板时，需要处理平衡腔压力，开下闸板过接箍。具体操作步骤为：

（1）起油管。

① 关闭移动防顶卡瓦；

② 轻微下压举升机，将载荷转移到移动防顶卡瓦。打开固定防顶卡瓦；

③ 上提举升机，起油管；

④ 在防喷器视角可以查看接箍是否到下闸板，当接箍接近闸板时，需要开闸板过接箍；

⑤ 当举升机升到合适高度，关闭固定防顶卡瓦；

⑥ 轻微上提举升机，将载荷转移到固定防顶卡瓦；

⑦ 打开移动防顶卡瓦；

⑧ 下移举升机到合适位置；

⑨ 重复① ～⑧ 步骤直到整根油管起完。

（2）卸油管。

① 当油管钳对准接箍，点击油管钳卸扣按钮，对油管卸扣；

② 待卸扣完成，点击进杆按钮，将油管放入油管架。

（3）完成作业。

起完整根油管后，可重复步骤（1）、步骤（2）继续起油管。也可点击结束作业按钮，结束本次作业。

8. 高压重管柱起油管

油管位于中和点以下，井内压力较高，使用承重卡瓦起油管。由于是高压情况需使用环形、下闸板关闭井内压力；当油管接箍卡于下闸板时，需要处理平衡腔压力，开闸下闸板过接箍。具体操作步骤为：

（1）起油管。

① 关闭移动承重卡瓦；

② 轻微上提举升机，将载荷转移到移动承重卡瓦；

③ 打开固定承重卡瓦；

④ 上提举升机，起油管；

⑤ 在防喷器视角可以查看接箍是否到下闸板，当接箍接近闸板时，需要开下闸板过接箍；

⑥ 当举升机升到合适高度，关闭固定承重卡瓦；

⑦ 轻微下压举升机，将载荷转移到固定承重卡瓦；

⑧ 打开移动承重卡瓦；

⑨ 下移举升机到合适位置；

⑩ 重复① ~⑨步骤直到整根油管起完。

（2）卸油管。

① 当油管钳对准接箍，点击油管钳卸扣按钮，对油管卸扣；

② 卸扣完成后，点击进杆按钮，将油管放入油管架。

（3）完成作业。

起完整根油管后，可重复步骤（1）、步骤（2）继续起油管。也可点击结束作业按钮，结束本次作业。

9. 大于 21MPa 轻管柱下油管

油管位于中和点以上，井内压力超过 21MPa，使用防顶卡瓦下油管。超过 21MPa 情况，使用上闸板、下闸板关闭井内压力；当油管接箍卡于工作闸板时，需要处理平衡腔压力，开闸板过接箍。具体操作步骤为：

（1）接油管。

① 点击吊油管使用小钩吊一根油管至井口；

② 点击油管钳上扣按钮，对油管紧扣。

（2）油管。

① 上提举升机到合适位置；

② 关闭移动防顶卡瓦；

③ 轻微下压举升机，将载荷转移到移动防顶卡瓦；

④ 打开固定防顶卡瓦；

⑤ 下放举升机下油管，在下放过程中可以通过图形程序右下角防喷器视角查看接箍是否到闸板，如果接箍接近闸板，则需要开闸板；

⑥ 当举升机降到合适位置，关闭固定防顶卡瓦；

⑦ 轻微上提举升机，将载荷转移到固定防顶卡瓦；

⑧ 打开移动防顶卡瓦；

⑨ 重复① ~⑧ 步骤直到整根油管下完。

（3）完成作业。

下完整根油管后，可重复步骤（1）、步骤（2）继续下油管。也可点击结束作业按钮，结束本次作业。

10. 大于 21MPa 重管柱下油管

油管位于中和点以下，井内压力超过 21MPa，使用承重卡瓦下油管。高压情况，使用上闸板、下闸板关闭井内压力；当油管接箍卡于下闸板时，需要处理平衡腔压力，开下闸板过接箍。具体操作步骤为：

（1）接油管。

① 点击吊油管使用小钩吊一根油管至井口；

② 点击油管钳上扣按钮，对油管紧扣。

（2）下油管。

① 上移举升机到合适位置；

② 关闭移动承重卡瓦；

③ 轻微上提举升机，将载荷转移到移动承重卡瓦；

④ 打开固定承重卡瓦；

⑤ 下放举升机，下油管；

⑥ 当未下至低点举升机就不能移动，说明接箍卡在下闸板，需要开下闸板；

⑦ 当举升机降到合适位置，关闭固定承重卡瓦；

⑧ 轻微下压举升机，将载荷转移到固定承重卡瓦；

⑨ 打开移动承重卡瓦；

⑩ 重复① ～⑨步骤直到整根油管下完。

（3）完成作业。

下完整根油管后，可重复步骤（1）、步骤（2）继续下油管。也可点击结束作业按钮，结束本次作业。

11. 大于 21MPa 轻管柱起油管

油管位于中和点以上，井内压力超过 21MPa，使用移动防顶卡瓦起油管。高压情况，使用上闸板、下闸板关闭井内压力；当油管接箍卡于下闸板时，需要处理平衡腔压力，开下闸板过接箍。具体操作步骤为：

（1）起油管。

① 关闭移动防顶卡瓦；

② 轻微下压举升机，将载荷转移到移动防顶卡瓦；

③ 打开固定防顶卡瓦；

④ 上提举升机，起油管；

⑤ 当未起至高点就不能移动，说明接箍卡在下闸板，需要开下闸板过接箍；

⑥ 当举升机升到合适高度，关闭固定防顶卡瓦；

⑦ 轻微上提举升机，将载荷转移到固定防顶卡瓦；

⑧ 打开移动防顶卡瓦；

⑨ 下放举升机到合适位置；

⑩ 重复① ～⑨步骤直到整根油管起完。

（2）卸油管。

① 当油管钳对准接箍，点击油管钳卸扣按钮，对油管卸扣；

② 待卸扣完成，点击进杆按钮，将油管放入油管架。

（3）完成作业。

起完整根油管后，可重复步骤（1）、步骤（2）继续起油管。也可点击结束作业按钮，结束本次作业。

12. 大于 21MPa 重管柱起油管

油管位于中和点以下，井内压力较高，使用承重卡瓦起油管。由于是高压情况需使用上闸板、下闸板关闭井内压力；当油管接箍卡于下闸板时，需要处理平衡腔压力，开闸下闸板过接箍。具体操作步骤为：

（1）起油管。

① 关闭移动承重卡瓦；

② 轻微上提举升机，将载荷转移到移动承重卡瓦；

③ 打开固定承重卡瓦；

④ 上提举升机，起油管；

⑤ 当未起至高点就不能移动，说明接箍卡在下闸板，需要开下闸板过接箍；

⑥ 当举升机升到合适高度，关闭固定承重卡瓦；

⑦ 轻微下压举升机，将载荷转移到固定承重卡瓦；

⑧ 打开移动承重卡瓦，下放举升机到合适位置；

⑨ 重复① ~⑧ 步骤直到整根油管起完。

（2）卸油管。

① 当油管钳对准接箍，点击油管钳卸扣按钮，对油管卸扣；

② 卸扣完成后，点击进杆按钮，将油管放入油管架。

（3）完成作业。

起完整根油管后，可重复步骤（1）、步骤（2）继续起油管。也可点击结束作业按钮，结束本次作业。

13. 起油管挂

油管挂坐于四通，使用提升短节将油管挂起出。井口压力小于环形防喷器工作压力，使用环形、下闸板关闭井内压力，起出油管挂时，需要处理平衡腔压力。具体操作步骤为：

（1）接提升短节。

① 点击吊旋塞阀按钮使用小钩吊一根油管连接旋塞阀下放至油管挂；

② 点击管钳上扣按钮，将旋塞阀和提升短节与油管挂旋扣；

③ 关闭环形防喷器；

④ 关闭移动防顶卡瓦；

⑤ 点击卸小钩按钮，卸掉小钩。

（2）松顶丝。

① 打开平衡阀，平衡油管挂上下压力，压力平衡后关闭平衡阀；

② 轻微下压举升机，将顶丝载荷转移到移动防顶卡瓦上，使移动卡瓦状态变为红色；

③ 关闭移动承重卡瓦；

④ 点击顶丝操作按钮，将油管挂上顶丝松退出位置。

（3）起油管挂。

① 上提管柱，当载荷转移到移动承重卡瓦后，打开移动防顶卡瓦；

② 上提管柱直到油管挂至下闸板与环形防喷器之间；

③ 关闭下闸板；

④ 打开泄压阀；

⑤ 打开环形防喷器；

⑥ 将油管挂提出防喷器；

⑦ 当油管挂提至固定卡瓦时，点击固定卡瓦翻转按钮，将固定卡瓦外翻后，上提油管挂过固定卡瓦，再点击固定卡瓦翻转按钮，让固定卡瓦回正；

⑧ 当油管挂到井口需要过移动卡瓦时，点击移动卡瓦翻转按钮，将移动卡瓦外翻后，

下放举升机，让油管挂通过移动卡瓦组，再点击移动卡瓦翻转按钮，让移动卡瓦回正；

⑨ 上提油管挂到操作平台平面合适位置，点击管钳卸扣按钮，卸扣完成后，点击进杆按钮，卸下提升短节。

（4）完成作业。

点击结束作业按钮，结束本次作业。

14. 下、坐油管挂

将油管挂下入到四通，坐入四通内。井口压力小于环形防喷器工作压力，使用环形、下闸板关闭井内压力，通过倒换环形、下闸板下入油管挂，需要处理平衡腔压力。具体操作步骤为：

（1）接油管挂。

① 点击吊油管挂按钮，将油管挂与井口油管对接；

② 点击油管钳上扣按钮进行上扣；

③ 下放管柱至油管挂到平台面。

（2）接短节。

点击吊旋塞阀按钮，将短节和旋塞阀与油管挂对接。

（3）下放油管挂。

① 关闭下闸板；

② 打开泄压阀，卸掉下闸板以上压力；

③ 打开环形防喷器；

④ 下放油管挂至环形防喷器与下闸板之间；

⑤ 关闭环形防喷器；

⑥ 关闭泄压阀；

⑦ 打开平衡阀，平衡下闸板与环形防喷器之间压力，压力平衡后，关闭平衡阀；

⑧ 打开下闸板，下放管柱，将油管挂坐入四通。

（4）上顶丝。

① 当油管挂坐入四通后，点击顶丝操作按钮，让顶丝顶住油管挂；

② 下放举升机到平台面。

（5）提出短节。

① 打开下闸板；

② 关闭井口平板阀；

③ 打开平衡阀，打开泄压阀，泄掉油管挂以上压力；

④ 点击上小钩按钮，让小钩吊上短节；

⑤ 打开环形防喷器，打开所有卡瓦；

⑥ 点击管钳卸扣按钮，将短节卸扣；

⑦ 点击进杆按钮，提出短节。

（6）完成作业。

点击结束作业按钮，结束本次作业。

15. 空井下油管

在空井内，下入管柱。当井内为空井，需先下入筛管和内防喷工具，再下生产油管。

具体操作步骤为：

（1）下筛管与内防喷工具。

①点击吊筛管按钮使用小钩将筛管和短节与破裂盘吊上平台放入到井内大闸门以上；

②关闭固定防顶卡瓦；

③点击卸小钩按钮，卸除小钩。

（2）下入管柱。

①关闭环形防喷器；

②打开井口平板阀，打开平衡阀，平衡大闸门上下压力；

③打开大闸门；

④进入正常下管柱状态。

（3）完成作业。

可以继续下油管，也可以点击结束作业按钮，结束本次作业。

16. 空井起油管

起出井内最后一根管柱。起出最后一根管柱时，需关闭井口大闸门。具体操作步骤为：

（1）起管柱。

①起管柱，当筛管起出井口大闸门；

②点击大闸门操作按钮，关闭井口大闸门；

③打开下半封闸板，关闭井口平板阀，打开平衡阀，打开泄压阀，泄掉大闸门以上压力；

④点击上小钩按钮，使小钩吊上最后一根管柱；

⑤打开环形防喷器；

⑥打开所有卡瓦；

⑦点击进杆按钮，起出最后一根油管与筛管。

（2）完成作业。

点击结束作业按钮，结束本次作业。

17. 下大直径工具

大直径工具不能直接通过工作闸板，根据压力不同，选择不同的倒换方式使大直径工具通过防喷器。具体操作步骤为：

（1）接封隔器。

①点击吊封隔器按钮，使小钩吊封隔器与井口油管对接；

②点击管钳上扣按钮上扣。

（2）下封隔器。

①下管柱，当封隔器到达环形防喷器上方时；

②关闭下闸板；

③打开泄压阀，卸掉下闸板以上压力，泄压完成后关闭泄压阀；

④打开环形防喷器；

⑤下放封隔器到环形防喷器与下闸板之间；

⑥关闭环形防喷器；

⑦ 打开平衡阀，平衡下闸板与环形防喷器之间压力，压力平衡后关闭平衡阀；

⑧ 打开下闸板；

⑨ 下放封隔器通过下闸板；

⑩ 关闭下闸板，进入正常下管柱状态。

（3）完成作业。

点击结束作业按钮，结束本次作业。

18. 起大直径工具

大直径工具不能直接通过工作闸板，根据压力不同，选择不同的倒换方式使大直径工具通过防喷器。具体操作步骤为：

（1）起管柱。

起管柱，当封隔器起到闸板以下，需打开闸板。

（2）起封隔器。

① 打开平衡阀，平衡环形防喷器与下闸板之间的压力，压力平衡后关闭平衡阀；

② 打开下闸板；

③ 将封隔器起到下闸板与环形防喷器之间；

④ 关闭下闸板；

⑤ 打开泄压阀，泄掉下闸板与环形防喷器之间压力；

⑥ 打开环形防喷器；

⑦ 起出封隔器至平台合适位置，下放举升机到平台；

⑧ 点击管钳卸扣按钮，将封隔器卸扣；

⑨ 点击进杆按钮，将封隔器起出。

（3）完成作业。

点击结束作业按钮，结束本次作业。

19. 过中和点下油管

过中和点下油管（在中和点附近下油管）时，需要同时使用防顶卡瓦和承重卡瓦来起下管柱，当通过中和点以后，确定是重管柱状态的情况下，方能仅使用对应的承重卡瓦。具体操作步骤为：

（1）快速起下油管至中和点附近。

点击快速起下油管按钮，使油管下放到中和点附近。

（2）接油管。

① 点击吊油管按钮使用小钩吊一根油管至井口；

② 点击油管钳上扣按钮，对油管紧扣。

（3）下放管柱。

① 上提举升机到合适位置；

② 关闭移动防顶卡瓦和移动承重卡瓦；

③ 轻微下压举升机，将载荷转移到移动防顶卡瓦；

④ 打开固定防顶卡瓦；

⑤ 下放举升机下油管，在下放过程中可以通过图形程序右下角防喷器视角查看接箍是否到闸板，如果接箍接近闸板，则需要开闸板；

⑥ 当举升机降到合适位置，关闭固定防顶卡瓦；

⑦ 轻微上提举升机，将载荷转移到固定防顶卡瓦；

⑧ 打开移动防顶卡瓦和移动承重卡瓦；

⑨ 重复① ~⑧ 步骤；

⑩ 观察卡瓦状态，当通过中和点至重管柱状态时，移动防顶卡瓦会转为未受力状态，移动承重卡瓦转为承重状态。通过中和点以后，使用移动承重卡瓦和固定承重卡瓦继续下油管至井口。

20. 过中和点起油管

过中和点起油管（在中和点附近起油管）时，需要同时使用防顶卡瓦和承重卡瓦来起管柱，当通过中和点以后，确定是轻管柱的情况下，方能仅使用对应的防顶卡瓦。具体操作步骤为：

（1）快速起下油管至中和点附近。

点击快速起下油管按钮，使油管上提到中和点附近。

（2）起油管。

① 关闭移动承重卡瓦和移动防顶卡瓦；

② 轻微上提举升机，将载荷转移到移动承重卡瓦；

③ 打开固定承重卡瓦。上提举升机，起油管；

④ 在防喷器视角可以查看接箍是否到下闸板，当接箍接近闸板时，需要开下闸板过接箍；

⑤ 当举升机升到合适高度，关闭固定承重卡瓦；

⑥ 轻微下压举升机，将载荷转移到固定承重卡瓦；

⑦ 打开移动承重卡瓦和移动承重卡瓦；

⑧ 下放移举升机到合适位置；

⑨ 重复① ~⑧ 步骤；

⑩ 观察卡瓦状态，当通过中和点至轻管柱时，移动防顶卡瓦会转为承重状态，移动承重卡瓦转为未受力状态。通过中和点以后，使用移动防顶卡瓦和固定防顶卡瓦继续起油管。

## 参考文献

[1] 胡守林，等．带压作业工艺［M］．北京：石油工业出版社，2018.

# 第九章　带压作业技术展望

在中国石油的高度重视下，通过开展“油水井带压作业技术与装备现场试验”“气井带压作业技术与装备现场试验”和“带压作业技术推广”等项目的研究，极大地促进了国内的带压作业技术的快速发展。目前，年施工能力达5000井次以上。但是，目前的带压作业技术与国外带压作业技术相比，仍然有一定的差距。为了提高国内带压作业的技术水平，缩短差距，需要跟踪国外带压作业装备发展动态，结合国内的技术现状及水平，制定合理的攻关方向并付诸实施。

## 第一节　带压作业机智能化发展方向

目前，国内带压作业机自动化、智能化水平低。现场操作人员近井口作业，作业风险大。带压作业机向智能化方向发展，可以避免人身伤害，提高施工安全性，减少施工人员数量，节约施工人力成本，为人才的节约和充分利用提供后续保障；设备进行模块化设计，便于安装和拆卸。

### 一、智能化、模块化设计理念

（1）将带压作业井口装置、起下管机械手和操作控制装置等进行模块化处理，与其之间相连的液压电气管线均采用快速接头连接。

（2）起下管机械手操控方式采用电气远程控制、电脑程序控制和液压控制相结合的方式，实现施工现场无人化，杜绝井口作业导致的人员伤害。

（3）在机械手抓管装置和井口装置增设油管扶正机构，防止带压装置起下管和液压动力钳拧卸扣的过程中油管大幅度摆动以及油管倾倒事故的发生。

（4）液压动力源与该装置的链接，全部设计为快速接头，避免螺纹上扣和卸扣，在提高稳定性、安全性的同时，降低劳动强度及近距离长时间接触设备。

### 二、智能化、模块化设计结构

1. 起下管机械手

起下管机械手是由回转装置、机械手主臂、举升装置和抓管装置等部分组成，如图9-1所示。

（1）回转装置。回转装置是带动机械手主臂在水平方向上回转，主要设计参数是启停位置及其回转范围。根据施工现场具体情况回转装置的启停位置及其回转范围（0°～180°），可以加以调整，以适应实际施工条件。

（2）机械手主臂。机械手主臂是起下管机械手的主要载体，是机械手举升装置的承力主体，为抓管装置提供上下滑移轨道。机械手主臂在回转装置的驱动下带动举升装置和抓管装置水平方向回转。

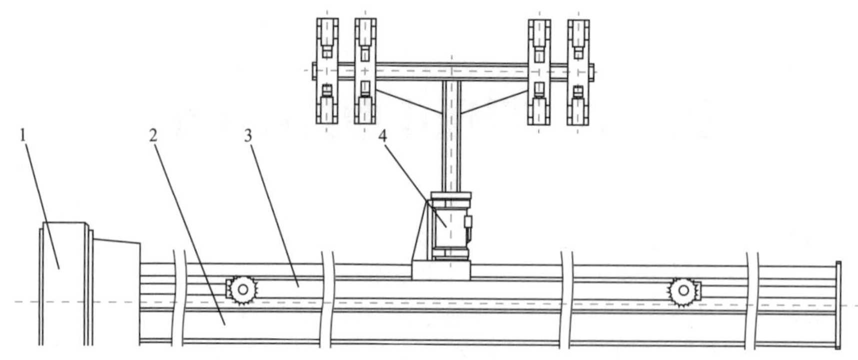


图 9-1　起下管机械手示意图

1—回转装置；2—机械手臂；3—举升装置；4—抓管装置

（3）举升装置。举升装置是由举升油缸和链条传动机构组成的倍速传动装置。

（4）抓管装置。抓管装置主要用来实现机械手在起下油管过程中对油管的夹持、扶正和垂直方向上回转。

2. 井口装置

井口装置是由卸扣装置和井口扶正装置等部分组成，如图 9-2 所示。

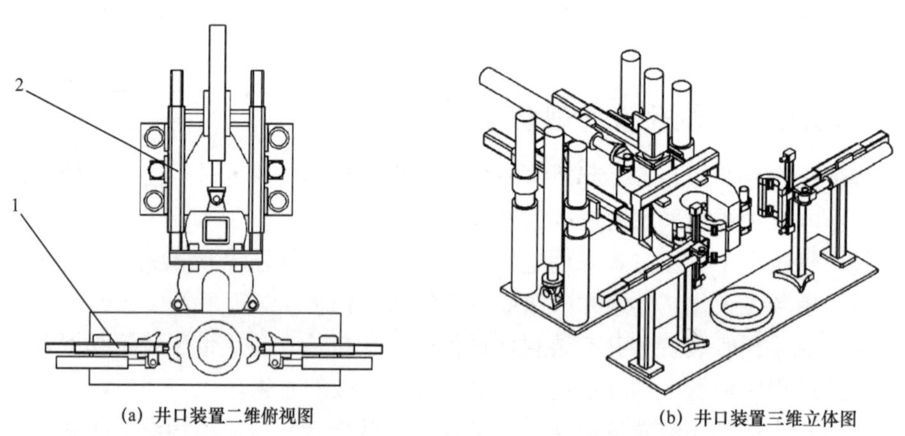


(a) 井口装置二维俯视图　　(b) 井口装置三维立体图

图 9-2　井口装置示意图

1—井口扶正装置；2—卸扣装置

（1）卸扣装置。卸扣装置是由固定滑架和液压动力钳等部分组成。固定滑架用于推动动力钳上下滑移及前后滑移，调整动力钳和油管接箍的相对位置；液压动力钳用于油管自动上扣或卸扣，关键技术是扭矩的控制和紧扣圈数读取与记录。

（2）井口扶正装置。井口扶正装置是由固定滑架、行程限位开关、扶正油缸和井口扶正器等组成。井口扶正装置主要是用来在起下油管过程中对油管的扶正，防止在起下油管过程中油管在井口有较大的摆动位移量。

3. 智能安全系统

智能安全系统具有卡瓦智能互锁和数据采集功能，该系统可与电 / 液控互锁系统连用，卡瓦功能和负荷转移可视化确认，可永久防止重轻管柱作业中管柱意外的飞出或落井。同时采用无线传感器监控带压作业机操作，可直接显示闸板开关状态、井口压力、卡瓦开关状态等参数，测量和记录所有操作参数，把所有数据传送到中心接收站，可生成用户所需的报告。如果有互联网，也可远程接入智能系统。

4. 液压系统

带压作业井口起下管机械手主要执行机构均为液压驱动，其中设备液压系统动力油源可以从带压作业设备动力源中取，也可设置独立动力。

5. 控制系统

带压作业井口起下管机械手操控方式为电气远程控制、电脑程序控制和液压控制相结合的方式，实现施工现场无人化。

## 第二节　带压作业施工能力发展状况

### 一、国内外带压作业机型号

1. 国外带压作业机型号

国外带压作业装备型号是根据液缸能提供的最大提升力（磅）将带压作业机进行划分，下压力是上提力的 1/2。可以控制的压力与下入管柱的尺寸、设备的提升力、防喷器的控制压力相关。国外带压作业装备参数见表 9–1。

表 9–1　国外带压作业装备参数

| 型号 | 70K | 95K | 120K | 150K | 170K | 200K | 225K | 230K | 340K | 420K | 460K | 600K |
|---|---|---|---|---|---|---|---|---|---|---|---|---|
| 最大提升，t | 31 | 43 | 54 | 68 | 77 | 90 | 100 | 105 | 150 | 190 | 210 | 270 |
| 工作压力，MPa | 3.5～140 | | | | | | | | | | | |

目前，加拿大、美国带压作业机举升力从 70K 到 600K 共约 15 个系列，主要产品系列包括 70K、95K、120K、150K、170K、200K、225K、240K、250K、285K、320K、340K、420K、460K、600K 等。工作防喷器组已经形成了 21～140MPa 额定工作压力，通径形成了 $3^1/_{16}$in、$4^1/_{16}$in、$7^1/_{16}$in、$9^5/_8$in 等系列。带压作业机已形成系列化，且最大举升力达 270t。

2. 国内带压作业机型号

按照 SY/T 6731—2014《石油天然气工业　油气田用带压作业机》的行业标准，国内带压作业机是根据液缸提供的额定举升载荷进行划分，见表 9–2。

表 9–2　国内带压作业机参数

| 型号 | DYJ40 | DYJ60 | DYJ80 | DYJ100 | DYJ120 | DYJ160 | DYJ200 | DYJ260 |
|---|---|---|---|---|---|---|---|---|
| 额定举升载荷，kN | 400 | 600 | 800 | 1000 | 1200 | 1600 | 2000 | 2600 |
| 额定下压载荷，kN | ≥180 | ≥280 | ≥360 | ≥480 | ≥560 | ≥720 | ≥980 | ≥1250 |
| 额定工作压力，MPa | 7、14、21、35、70、105、140 | | | | | | | |

目前，国内带压作业主机系列化程度不够，举升力一般设计为 600kN。工作防喷器多以 186mm 为主通径，压力等级一般小于 70MPa。转盘以被动转盘为主，最大转速 120r/min。卡瓦通径为 1～$5^1/_2$ in，通径较小，还不能适应多样化的需要。油缸升降速度大约只有国外产品 1/3～1/2；密封胶件寿命比国外产品低大约 1/2。

## 二、带压作业机作业能力发展方向

针对目前国内外带压作业机作业能力上的差距，下一步需要在举升力、耐压等级、防喷器及卡瓦通径、起下速度及胶件寿命等方面进行提升，形成系列化，以适应大修、超高压、特殊类型井带压作业需要。

（1）提升带压作业机举升力，并形成系列化。目前带压作业机的举升力以 400 kN 和 600 kN 为主，举升力低，不能满足深井及强拔大修井作业的需求。下一步需研发 DYJ80、DYJ100、DYJ120、DYJ160、DYJ200、DYJ260 等系列带压作业机，形成举升力 400～2600kN，满足更多井况的需求。

（2）提高工作防喷器组的耐压级别。国产带压作业机工作防喷器组以静密封压力 35MPa、动密封压力 21MPa 为主，极个别设备最高施工压力为 70MPa。下一步需要研发 70MPa、105MPa 和 140MPa 的工作防喷器组，配套高举升力的带压作机，满足高压复杂井况的带压作业需求。

（3）扩展设备通径。目前，国产带压作业机工作防喷器组内通径以 186mm 为主，卡瓦通径为 1～$5^1/_2$ in。下一步需将工作防喷器组及卡瓦通径进行扩展，形成 1～$9^5/_8$ in 等系列，以满足不同完井管柱井的带压作业需求。同时，井口其他配套装置的通径也需形成系列化，与防喷装置配套。

（4）提高油缸的升降速度。目前，国产带压作业机举升油缸升降速度大约为 3m/min，国外带压作业机升降速度大约为 8m/min，国产带压作业机举升油缸升降速度只有国外产品 1/3～1/2，极大地影响了管柱的起下速度和作业效率。下一步，需要开展举升油缸提速研究，以提高作业机的工作效率。

（5）提高选材及制造工艺。目前，国产带压作业机密封件的寿命比较低，大约为国外产品的 1/2。频繁地更换配件，不仅增加操作工人的劳动强度，而且影响作业效率。下一步，在带压作业设备材料及制造工艺上进行深入研究，尤其加强对密封材料的研究，提高密封件的使用寿命，进而提高设备的安全性能和作业效率。

# 第三节　带压作业配套技术新挑战

随着低渗透、煤层气及页岩气等非常规天然气的规模开发，在气井的带压完井、带压拖动压裂酸化、带压修井等方面对带压作业技术的需求，将更加旺盛，也对带压作业配套技术提出新的挑战。

（1）气井带压修井大有作为。

带压作业避免油气层污染、保护环境、缩短作业周期、维持地层的原始产能，是油气田长期开发和稳定生产重要技术。气井带压更换生产管柱进行日常维护作业很好地解决了

“产量”与“修井”的矛盾，减少修井难度、消除安全隐患，实现气井高效、安全的生产需要。致密气和页岩气的有效开发需要带压作业技术。近年来，气井带压作业技术水平的快速提升，助推了长庆致密气、川渝地区页岩气的高效开发，成为长庆油田 $5000 \times 10^4$t 持续稳产、川渝地区国家页岩气示范区建设的关键核心技术。

（2）带压大修解决修井难题。

目前，中国石油水井带压作业小修年工作量 5000 井次以上，由于拔不动、拔脱等原因导致需带压大修处理的井约占 10% 以上。在严峻的安全、环保形式及注水井大修作业工作量增加的情况下，研发完善带压大修装置及相关工艺技术已成为带压作业发展方向。带压大修技术主要解决高压油水井钻、磨、铣、捞等大修作业难题。带压大修作业设备是集修井机、顶驱（密闭转盘）和带压作业装置于一体的修井作业装备。顶驱安装在修井机井架大钩上，提供旋转动力。目前，吉林油田在用的 60t 带压大修设备是国内唯一一套初步具备带压大修功能的设备，可以对 5MPa 以内的注水井开展带压大修施工。下一步，需要提高修井机提升载荷，配套旋转防喷器及旋转卡瓦，提高带压作业配套装置耐压级别，提升作业能力，满足复杂井况带压大修需求。

（3）可控不压井作业普遍推广。

可控不压井作业是针对井口压力低于 5MPa 的油水井的带压作业技术，其设备具有结构简化，投资成本低等特点。该项技术应用于现场有三方面的技术优势：一是解决采油井作业时，因为井内压力突然释放，造成的管杆上窜或井喷的安全隐患；二是解决作业时不压井造成的环境污染问题；三是解决油层污染问题，油井“当天开抽，当天见油”，恢复产能快，经济效益好。目前，大港油田的可控不压井作业比较成熟，其次是吐哈油田和新疆油田，其余油气田单位应用较少。针对低压油水井的带压作业，可控不压井作业技术是一种高效、安全、环保及稳产的不压井作业技术，下一步将进一步研究、规范该项技术，可作为带压作业机的低载荷系列，针对低压油水井进行规模推广应用，从而降低投资成本，提高作业效率。

（4）连续油管带压作业技术前景广泛。

连续管作业技术是一项推动石油工程技术产生“革命性”变化的新技术，它以一根能盘卷的连续数千米钢制管沟通地面与井底，替代油管、钻杆、钢丝绳或者电缆向井下传递动力、介质或信息，实现安全、高效、便捷、环保地修复井筒、录取资料、改造储层等作业。与常规作业技术相比，连续管作业技术的最大优势是快速起下和带压作业。随着连续管作业技术的发展，如快速修井作业在缩短施工周期和提高效率方面效果显著。水平井、气井的带压作业相比压井作业或常规带压作业的优势更加明显。在“持续低油价、苛刻的环保要求、更复杂的作业条件”的局势下，加快连续管作业机与带压作业技术的有机结合，开展快速修井技术、加大储层改造技术、优化和完善连续管完井技术以及水平井作业技术，促进井下作业方式的持续转变，充分发挥其降本增效的作用。

（5）预置式油管堵塞技术是发展方向。

带压作业技术简单归纳即是“管内堵塞技术和管柱控制装置（带压作业设备）。”而管内堵塞技术是带压作业施工的前提和关键。自第一部带压作业机研制成功以来，油管内的堵塞问题一直成为困扰施工效果的直接技术难题。由于有些注水井常年失修，油管内结垢、结蜡十分严重，致使油管堵塞器投送不到指定位置或是不能完全起到密闭油管效果，从而造成了带压作业半途而废，重新回到了“放压”作业的窘境。因此，堵塞器的研制与应用是伴随着带压作业技术发展的不可分割的配套技术。国内的堵塞技术是基于现在井下工作油管而研发的堵塞工具，多数是针对目前的井况而配套研发，是一种被动的解决问题方式。未来，可借鉴国外的技术发展模式，采用预置式油管压力控制方式，带压完井和后期的带压修井，均能有效地控制油管压力，提高带压作业安全性和施工成功率。

# 解锁创造力

# 创意设计魔法书

张栋／著

中国青年出版社

**图书在版编目（CIP）数据**

解锁创造力:Photoshop创意设计魔法书／张栋著
. 一 北京：中国青年出版社，2020. 11
ISBN 978-7-5153-6147-5

I. ①解…　II. ①张…　III. ①图像处理软件　IV.①TP391.413

中国版本图书馆CIP数据核字（2020）第149470号

策划编辑 张　鹏
责任编辑 张　军
封面设计 杨　光

**解锁创造力:Photoshop创意设计魔法书**
张栋 / 著

出版发行：中国青年出版社
地　　址：北京市东四十二条21号
邮政编码：100708
电　　话：（010）59231565
传　　真：（010）59231381
企　　划：北京中青雄狮数码传媒科技有限公司
印　　刷：北京瑞禾彩色印刷有限公司
开　　本：635 x 965　1/8
印　　张：25
版　　次：2021年1月北京第1版
印　　次：2021年1月第1次印刷
书　　号：ISBN 978-7-5153-6147-5
定　　价：99.80元（附赠独家秘料，关注封底公众号获取）

本书如有印装质量等问题，请与本社联系
电话：（010）59231565
读者来信：reader@cypmedia.com
投稿邮箱：author@cypmedia.com
如有其他问题请访问我们的网站：http://www.cypmedia.com

Welcome to

# Photoshop Creative Annual

## 前言

对于设计师而言，深入了解并掌握自己所使用的软件是极其必要的，Adobe Photoshop作为当今世界上最流行的图形图像处理软件，因其全面的功能和简便的操作而被广泛应用于摄影、平面设计、网页设计、绘画艺术等众多领域，备受设计师们的青睐。通过Photoshop，设计师们能够轻松表达创意和概念，尽情挥洒自己的灵感，源源不断地创造出令人惊叹的作品，但是，决定作品最终品质的重要因素之一就在于能否最大限度地发挥Photoshop软件的作用。准确把握能够实现创意的软件使用技巧，并妥善地展现构思，这就是我们在这本魔法书里将要讲到的东西。

本书主要由基础知识、数字艺术、图片编辑和超现实主义艺术四个部分构成，针对当前的设计流行趋势，分门别类地讲解使用Photoshop处理图像的各种方式，让读者面对五花八门的软件功能时不再束手无策，能够有的放矢地选择最合适的设计思路和创作技巧，大大提升工作效率和设计水准，让设计变得更加轻松。

我们采用了最新版本的Adobe Photoshop 2020来进行这本书的编写，通过大量案例深入浅出地为读者讲解Photoshop的使用技巧。你可以在这本书中学习到如何从前辈艺术家们的作品中汲取灵感，如何打破僵化的创作思维、创作出别具一格的设计作品，对于设计师而言，最宝贵的永远是技巧和思路，而这就是你将从这本书中得到的。

最后，我要向正在阅读本书的各位读者致以真诚的谢意，希望这本书能够对各位的学习和工作有所帮助。

# Contents

## 基础知识



## 数字艺术

# 图片编辑

# 超现实主义艺术

# 回答那些困扰你的问题

## 那些一直困扰你的Photoshop创意设计方面的困惑，我们将以专业的角度回答你……

这是一个美妙的时代，尤其是在网络出现以后，我们每个人都能在网络上自由地表达观点，展示创意、提出问题或解决别人的疑惑，只需要有一部手机或一台电脑。

这就是我们设计这一章的原因——分享一些优秀的设计思路，或解答一些常见的疑难问题。我们挑选出了一些具有代表性的问题，并以问答的方式对其进行解答。

在接下来的几页中，将从数字绘画艺术跨度到超现实图像合成技术，解答那些会让你感到困惑的问题。

## 你将学到什么……

☞ 如何进行色彩搭配
☞ 比较和选择软件
☞ 如何有效地运用图层样式
☞ 如何使用图层蒙版
☞ 如何创作数字插画
☞ 如何使用智能对象
☞ 如何使用自定义画笔
☞ 如何创造飞行的岛屿
☞ 如何创建超现实图像

Q
对于色彩的选择和搭配，将给出怎样的建议？
使用色板
使用色板保存颜色是确保在工作中始终使用一致的颜色的好方法。
限制颜色
图像上的基础颜色最好不超过5种，以便于更好地控制图像的整体色彩。
#103B47
#539CBD
#27425f
#81504A
#554938

## Q

Photoshop和Elements应该选择哪一个?

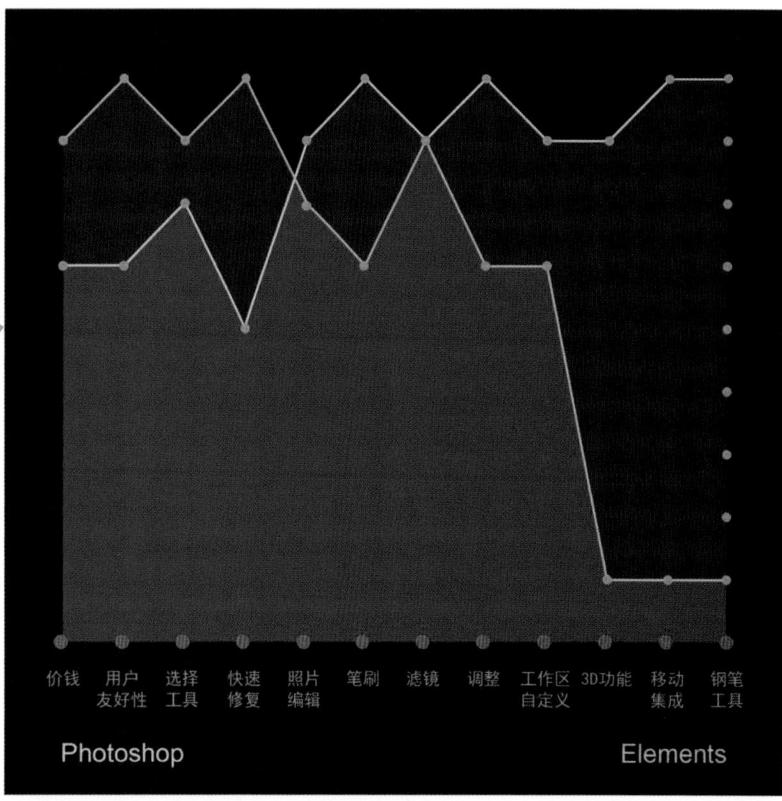


**正确的选择**

Photoshop和Elements有着不同的侧重方向，这张图比较了两者的优缺点。

*“Photoshop和Elements有着不同的侧重方向，比较它们的优缺点，选择更适合你的那个。”*

## Q

怎样才能在工作中有效地运用图层样式?

## A

可以尝试着制作这样的一幅插画，只使用图层样式来制作颜色和效果。设置图层填充为0%，并使用“内发光”、“外发光”、“投影”和“渐变叠加”样式制作插画效果。图层样式还可以和图层的混合模式相结合，创造出令人惊艳的效果。

## A

图层蒙版可以用来遮挡图像上多余的部分，只对需要强调的部分进行显示，使用图层蒙版可以很好地让图像素材相互融合，让图像表现得更加自然。

## Q

如何使用图层蒙版?

“图层蒙版是一个很有用的工具，使用图层蒙版可以在对图像修改的同时不损失原本图层上的像素。在这张图片中，我们使用图层蒙版功能在手机上放置一座城堡。”

### 多边形套索工具抠图

01 首先选中多边形套索工具，选中手机的屏幕，并将选区内的图像复制为新图层。

### 图层蒙版抠图

02 置入城堡素材，使用图层蒙版抠取出所需要的图像，建立新的图层，使用“柔光”混合模式更改图像的明暗。

### 修饰细节

03 为图像添加一些细节，并使用“色彩平衡”和“亮度/对比度”调整图层调整图像的颜色。

Q

怎样才能创作出线条简洁的数字插画？

A

使用钢笔工具进行数字插画的绘制时，如果对使用钢笔工具并不是特别得心应手，那就只绘制直线，用不规则的多边形色块组成图像，这反而会让图像形成一种特别的风格。

### 绘制基本线条

01 在工具箱中选择钢笔工具，用它多次在画布上单击，创造不规则的多边形轮廓。可以寻找一幅图像作为插画绘制的参考，也可以凭借自己的想象绘制图像。

### 填充色块

02 完成了基本轮廓的绘制后，需要将路径转换为选区，并在“图层”面板中新建一个图层，为每种形状填充不同的颜色，然后结合多边形套索工具，丰富色彩的层次。

### 制作背景

03 最后，为图像添加一个背景。可以选择一张照片并对其进行处理，将其作为图像的背景，也可以直接填充一种纯色或渐变，使用填充图层会更合适。

**Q**

如何在工作中正确地使用智能对象?

**A**

将图层转换为智能对象后，可以任意地对智能对象进行缩放、旋转、扭曲、斜切、变形、变换等操作，甚至可以在不影响图像原本质量的情况下添加滤镜效果，并保留滤镜的可编辑性。

**Q**

如何在Photoshop中使用自定义画笔?

“用你的签名创建一个画笔，这样就可以很容易地在自己的所有作品中都加上签名了。”

**A**

置入一个既有的图像，或新建一个图层绘制想要的图案用于创建画笔。选择图案的全部或其中一部分，在菜单栏中执行“编辑>定义画笔预设”命令，即可将新的图案制作成为画笔。可以使用这种方法制作签名，这样就可以很容易地为作品加上属于自己的标识了。

Q

怎样才能创造一个飞行的岛屿？

“创建一个飞行的岛屿能够很好地锻炼合成技巧，以提高*Photoshop*技能。”

A

创建一个漂浮的岛屿会是一个很好的合成技巧锻炼，能够有效地提高Photoshop技能。可以使用蒙版将不同的图像混合到同一个场景中，使用调整图层让画面颜色协调一致，并使用混合模式添加和增强细节。

## 制作岛屿

01 使用城镇和倒立的山峰制作岛屿，将城镇放在山峰下方，使用图层蒙版擦除多余的部分，并让图像结合得更紧密。选择一个具有艺术风格的画笔，擦出不规则的边缘，并适当露出湖泊。

## 处理岛屿

02 使用“色彩平衡”调整图层调整山峰的颜色，让其和城镇色调一致，然后使用“高斯模糊”滤镜对山峰进行处理，结合滤镜蒙版让山峰呈现出由上至下从清晰到模糊的效果。

## 变形岛屿

03 对岛屿的形状进行微妙的变形，让它在视觉上看起来更具美感。选中需要变形的图层，复制并合并它们，按下Ctrl+T组合键对图像进行自由变换。

## 添加背景

04 在岛屿下方添加背景素材，并使用调整图层将岛屿和背景的颜色调节一致，如“色相/饱和度”、“色彩平衡”、“自然饱和度”等。进行这一步的时候，需要通过图层蒙版控制色彩的调整范围。

## 添加帆船

05 抠出帆船素材和它的倒影，调整它的位置和大小，然后在蒙版上擦除多余的部分。可以将画笔的“硬度”设置为0%、“流量”设置为15%-25%，轻轻擦拭帆船的倒影，让影子和水面结合得更好。

## 更多细节

06 制作云雾、彩虹，或者从网络上下载合适的素材置入图像中，让漂浮在空中的岛屿看起来更缥缈，然后按下Shift+Ctrl+Alt+E组合键盖印图层，使用Camera Raw滤镜对图像进行最后的调整。

Q

怎样才能从一张照片中创建超现实的图像?

“创建超现实图像的诀窍是选择完美的素材。”

A

使用一张普通的照片创建出超现实图像的秘诀是选择完美的素材。记住，细节总是最重要的，建议搜索那些和你想象中的场景及色调更匹配的素材，然后将图像作为一个整体进行处理。

**制作背景**

01 新建一个尺寸为A4的文档，从文件夹中选择“海（1）”和“海2”图像文件置入，让“海（1）”作为背景的基底，将“海（2）”的混合模式设置为“叠加”，并且在它们之间插入一个颜色填充图层，填充颜色为#8290a9，并设置混合模式为“饱和度”，改善图像的色彩。

**抠取人物**

02 从文件夹中选择“人”图像文件并打开，综合使用Photoshop的“选择主体”和“选择并遮住”功能抠取人物。将抠取完成的人物放置在海底背景上，按下Ctrl+T组合键调整人物的位置和大小，并新建一个“色彩平衡”调整图层，将人物的颜色和背景调节一致。

**置入花朵**

03 从文件夹中选择“花（1）”、“花（2）”、“花（3）”、“花（4）”、“花（5）”图像文件置入，并调整它们的位置和大小，让一些花朵位于人物的下方、一些花朵位于人物的上方，让人物被花朵包围，制造出超现实的感受。

**调整颜色**

04 综合使用“色彩平衡”、“自然饱和度”和“色相/饱和度”调整图层，调整花朵的颜色，让花朵的色调同人物和背景保持一致。

**发光的月亮**

05 从文件夹中选择“月”图像文件置入，并调整其位置和大小。为月亮添加“外发光”图层样式，设置“外发光”的颜色为#f3baa6、“不透明度”为44%、“大小”为250像素。

**加强高光和阴影**

06 合并所有图层，在工具箱中选择减淡工具，在属性栏中设置“范围”为“高光”，增强图像的高光。选择加深工具，在属性栏中设置“范围”为“阴影”。增强图像的阴影。

# 掌握所有的27种混合模式

## 学习如何使用这些令人惊叹的功能为你的艺术创作增添活力

每个Photoshop使用者都能够从图层的混合模式中受益，数字艺术家们使用它创造奇妙的颜色效果，摄影师们使用它更好地润色图像，修图师们可以通过添加不同混合模式的新图层对肖像进行微妙的修改。混合模式的应用是如此广泛，功能又是如此强大，有什么理由不来了解和使用这一功能呢！

在接下来的几页里，我们将展示如何使用这27种混合模式中的每一个。也许你曾经使用过其中的一些，但这并不妨碍我们重新介绍它们。并不是所有的混合模式都是一样的，它们都有着自己最合适的用途。

让我们一头扎进这些迷人的艺术作品里吧！我们将创建从屏幕里一跃而出的人物，制作立方体篮球、光线轨迹和艺术肖像，混合模式将在其中起到至关重要的作用。

冲出屏幕

散景效果

城市摄影

让肖像变得充满活力

创意肖像设计

制作一个立方体篮球

创建引人注目的灯光轨迹

### 颜色加深

和“正片叠底”混合模式一样，这种混合模式能够使图像的颜色变暗，但会产生饱和度更高的结果，我们使用它加深暗部。

### 滤色

“滤色”混合模式的原理和“正片叠底”混合模式恰恰相反，它像是使用多个投影仪对彼此进行投影，总会在结果中产生较亮的颜色。

### 柔光

设置“柔光”混合模式，并对图层填充一个浅色，能够使场景看起来更加明亮，我们使用它来统一图像的色彩和亮度。

### 正常

“正常”模式是Photoshop默认的混合模式，它会正常地处理图层和图层之间的叠加关系，不会对颜色造成任何特殊的混合。

### 正片叠底

这种混合模式是创建阴影的完美选择，可以将投影和物体融为一体。

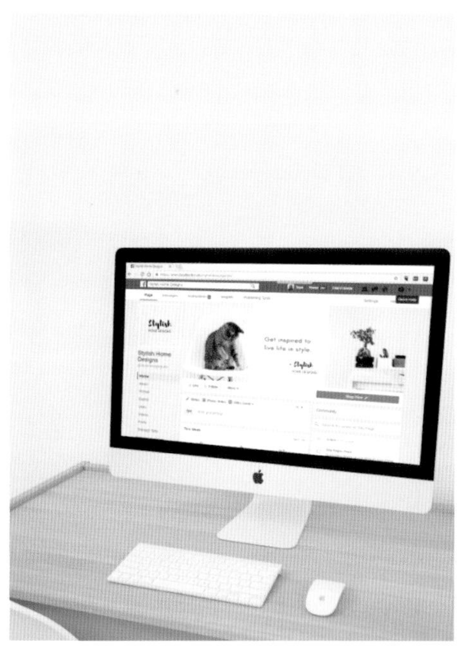

### 制作背景

01 新建一个预设为A4空白文档，命名为“合成”，填充背景颜色为#eeefef，并从文件夹中选择“屏幕”图像文件置入。新建一个图层，选择一个柔边圆画笔，使用颜色#eeefef涂抹图像和背景的交界线。

### 置入鸟

02 使用钢笔工具沿屏幕内侧绘制路径，并从路径建立选区，按下Shift+Ctrl+I组合键进行反选，为“屏幕”图层添加图层蒙版。从文件夹中选择“鸟”图像文件置入，并调整其大小和透视，使其位于屏幕下方。

### 突破屏幕

03 按下Ctrl+J组合键复制一层，并拖曳到“屏幕”图层上方，使用钢笔工具沿鸟的轮廓绘制路径，从路径建立选区，并为“鸟 拷贝”图层添加图层蒙版，使鸟的身体突破屏幕的限制。

### 制作投影

04 复制一层，栅格化图层，并将蒙版应用到图层，叠加颜色为黑色。按下Ctrl+T组合键对图像进行垂直方向的翻转和变形，设置混合模式为“正片叠底”、“不透明度”为40%，制作鸟在桌子上的投影。

### 高斯模糊

05 使用“高斯模糊”滤镜对投影进行“半径”为10像素的模糊处理，并为投影图层添加图层蒙版，选择一个柔边圆笔刷，设置画笔的“流量”为5%，使用黑色在蒙版上擦除多余的部分。

### 颜色加深

06 新建一个图层，设置混合模式为“颜色加深”，并设置画笔的“流量”为3%，从图像上选取一个深色，如#1e0c08，对需要加深颜色的部分轻轻进行涂抹，需要根据光源确定加深的具体位置。

### 滤色

07 新建一个图层，并设置混合模式为“滤色”，适当调整画笔大小，使用颜色#d2bea6轻轻涂抹口袋周围，制造出发光效果。

### 柔光

08 新建一个图层，并设置混合模式为“柔光”，使用黑色加深鸟翅膀内侧的部分，并注意避开口袋光芒所辐射的部分。

### 加入水珠

09 从文件夹中选择“水珠”图像文件，打开文件并按下Ctrl+Alt+2组合键载入选区，使用移动工具将选区内的图像复制到“合成”文档窗口中，按下Ctrl+T组合键调整其大小和位置，并添加图层蒙版，在蒙版上使用黑色遮盖多余的部分。

### 更多水珠

10 按下Ctrl+J组合键复制一层，移动其位置，并在蒙版上修改图像的显示范围。为图层添加“斜面和浮雕”和“内发光”图层样式，让水珠看起来更有层次感。

### 水珠投影

11 将水珠的混合模式设置为“滤色”，并在它们下方新建一个图层，设置混合模式为“柔光”，使用黑色轻轻在上面添加水珠的投影，这会让场景看起来更加真实。

## 操作指南

### 参考参数

**“斜面和浮雕”图层样式：**

样式：内斜面
方法：平滑
深度：700%
大小：250像素
软化：2像素
角度：-125度
高度：70度
光泽等高线：线性
高光模式：叠加
高光颜色：#eef4f9
不透明度：56%
阴影模式：正片叠底
阴影颜色：#040000
不透明度：27%

**“内发光”图层样式：**

混合模式：正常
不透明度：42%
颜色：#ffffff
方法：柔和
大小：30像素
等高线：线性
范围：60%

### 统一颜色

12 新建一个图层，并设置混合模式为“柔光”，填充颜色为#dac8b0，添加图层蒙版，使用黑色在蒙版上擦除和鸟身体重叠的部分。

### 置入吊灯

13 从文件夹中选择“灯”图像文件置入，并使其位于所有图层的上方，栅格化图层，并在菜单栏中执行“图像>调整>替换颜色”命令修改背景的颜色，使其色彩和当前背景保持一致。

### 制造光线

14 新建一个图层，并设置混合模式为“滤色”，选择一个柔边圆画笔，设置“流量”为10%，使用颜色#eed4c0绘制出光照效果。

**颜色减淡**

“颜色减淡”混合模式可以查看每个通道的颜色信息，并通过减小它们之间的对比度使基色变亮，以得到混合色。

**点光**

“点光”混合模式能够根据混合色替换颜色，灵活地增加或减小亮度，非常适用于为图像添加特殊效果。

**叠加**

这个混合模式可以对颜色进行正片叠底或过滤，具体结果取决于基色。

**变暗**

“变暗”混合模式能够在混合图层和下面图层颜色的同时，使用基色或混合色中较暗的颜色作为结果色。

**亮光**

“亮光”混合模式的基本原理和“点光”混合模式相似，不同的是它主要通过增加或减小对比度来加深或减淡颜色。

**变暗**

01 从文件夹中选择“猴子”图像文件并打开，添加一个“渐变”填充图层，选择“彩虹色_17”预设，并设置“角度”为120度，设置填充图层的混合模式为“变暗”。

**点光**

02 按下Ctrl+J组合键复制一层，更改混合模式为“点光”，并设置“不透明度”为20%，这一步骤的目的是统一整个图像的色彩风格。

混合模式是一个很有趣的实验，可以尝试用它来为自己的图像添加种种有趣的效果。

如何使用混合模式制造散景效果呢? 在这里，我们添加了一个“渐变”填充图层，设置了一个从黄色到绿色的渐变，并将它的混合模式设置为“变暗”，复制一层，改变“不透明度”为20%-30%，设置混合模式为“点光”。然后新建一些图层，分别设置其混合模式为“亮光”、“叠加”或“颜色减淡”，使用不同硬度和大小的圆形画笔制造散景光斑。还可以改变这些图层的不透明度，让颜色融合得更加和谐，接着使用“色彩平衡”或“曝光度”等调整图层调整它的色调和风格。

而如何调整一张城市摄影呢? 创建一个新的图层，并填充一个橙色，设置其混合模式为“色相”。再次新建一个图层，选择一种互补色，如深蓝色，设置其混合模式为“减去”。最后再新建一个图层，设置其混合模式为“差值”，填充一个较深的绿色，使图像暗部的颜色更加协调，从而你将得到一张别具格调的城市摄影照片。

**亮光**

03 新建一个图层，并设置混合模式为“亮光”，适当调整画笔的大小和硬度，设置前景色为#e1c58b，在画布上单击创造一个光斑。

**叠加**

04 新建更多图层，设置它们的混合模式为“叠加”，使用不同大小和硬度的圆形画笔，交替使用颜色#84dbd6和#e1c58b创造更多光斑。

**颜色减淡**

05 再次新建一个图层，并设置其混合模式为“颜色减淡”，添加一些攻击性没那么强的光斑。可以在图像上选取一个较深的颜色，如#2c4938来完成这一步。

**整体调整**

06 最后，使用“曝光度”调整图层使图像变暗，并使用“色彩平衡”调整图层为图像添加一些蓝色。蓝色看起来会更加冷静，也更符合这张图像的摄影主题。

**减去**
“减去”混合模式将查看每个通道中的颜色信息，并从基色中减去混合色。

**色相**
“色相”混合模式只会改变图像的色相，而不会影响其饱和度和亮度。

**差值**
“差值”混合模式能够视亮度决定是从基色中减去混合色、还是从混合色中减去基色。

### 色相

**01** 新建一个图层，填充颜色为#ed4f0e，并设置混合模式为“色相”，适当擦除多余的色彩，或使用“混合颜色带”调整混合范围。

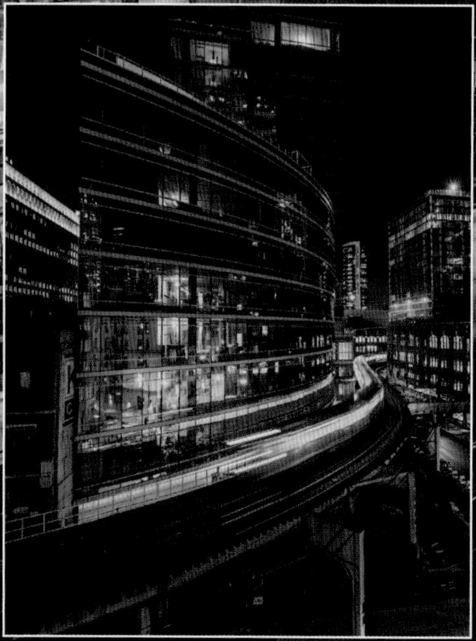

### 减去

**02** 新建一个图层，填充颜色为#0b1e30，并设置混合模式为“减去”，减去图像上多余的颜色，让色彩更加简洁。

### 差值

**03** 新建一个图层，填充颜色为#17382f，设置混合模式为“差值”，并设置“不透明度”为30%，使图像暗部色彩更加协调。

### 线性减淡（添加）
这一混合模式的作用与“线性加深”混合模式相反，主要通过增加亮度使基色变亮以反映混合色。

### 强光
“强光”混合模式能够对颜色进行正片叠底或过滤，具体结果取决于混合色。

### 变亮
“变亮”混合模式与“变暗”混合模式相反，会用基色或混合色中较亮颜色作为结果色。

### 明度
“明度”混合模式能够用基色的色相和饱和度以及混合色的明亮度创建结果色。

### 线性加深
“线性加深”混合模式能够通过减小亮度使基色变暗以反映混合色。

### 置入背景

01 新建一个预设为A4的文档，设置“颜色模式”为CMYK模式，命名为“合成”，并从文件夹中选择“银河”图像文件置入，适当调整其大小和位置。

### 线性减淡（添加）

02 从文件夹中选择“光”图像文件置入，适当调整其大小和位置，设置混合模式为“线性减淡（添加）”。

### 明度

03 从文件夹中选择“灯”图像文件置入，调整其位置和大小，适当倾斜一定的幅度。添加图层蒙版，在蒙版上擦除多余的黑色，并设置混合模式为“明度”。

### 抠出人物

04 从文件夹中选择“人”图像文件打开，并结合使用对象选择工具和“选择并遮住”功能抠取出人物主体。

**操作指南**

**“色彩平衡”调整图层**

**参考参数**

色调：中间调

青色-红色：-7

洋红-绿色：-15

黄色-蓝色：+25

勾选“保留明度”复选框

### 强光

05 使用移动工具将抠出的人物拖移到“合成”文档窗口中，并调整其大小和位置。添加“色彩平衡”调整图层，并将其设置为人物图层的剪贴蒙版，设置混合模式为“强光”，适当调整其参数，使人物色彩和背景协调一致。

### 叠加

06 按下Ctrl+J组合键复制“光”图层，并拖曳到所有图层上方，更改混合模式为“叠加”，适当移动位置，让人物和背景颜色更加统一。

### 线性加深

07 选择多边形工具，设置“边”为3，在画布上绘制一些大小不等的三角形，填充颜色为#81b3e0和#dfdeec，并设置它们的混合模式为“线性加深”。

### 变亮

08 继续绘制更多的三角形，填充颜色为#264a8f，并设置混合模式为“变亮”。使用Ctrl+T组合键对每个三角形进行变形，并不规则地排布在画布上。

### 圆形

09 选择椭圆工具，按住Shift键在画布上绘制一个正圆，填充颜色为#a1519b，并设置混合模式为“变亮”，让圆出现在人物手上，制造出视觉中心效果。

**线性光**

“线性光”混合模式能够通过减小或增加亮度对颜色进行加深或减淡，具体结果取决于混合色。

**饱和度**

“饱和度”混合模式可以用基色的明亮度和色相以及混合色的饱和度创建结果色。

**深色**

“深色”混合模式能够比较混合色和基色的所有通道值，并从中选取最小的通道值来创建结果色。

“‘排除’混合模式能够生成比‘差值’混合模式对比度更低的效果。”

**排除**

“排除”混合模式可以创造出一种对比度较低的颜色混合效果。

### 制作背景

01 用“渐变”填充图层制作从浅到深的蓝色径向渐变，使渐变出现从内向外扩散光晕的效果，制作出图像的背景。

### 绘制形状

02 设置钢笔工具和形状工具的工具模式为“形状”，结合使用钢笔工具和椭圆工具在画布上绘制一些基本的形状。

### 渐变叠加

03 使用“渐变叠加”图层样式为其中一个图层添加蓝色的线性渐变，长按Alt键并拖曳鼠标左键将图层样式复制到其他形状上。然后双击每一个图层，依次在打开的“图层样式”对话框中对“渐变叠加”的“角度”进行修改，并在画布上拖曳调整每个渐变的位置。

### 更多形状

04 按下Ctrl+G组合键将所有形状进行编组，并命名为1。新建一个组，并命名为2，在组中绘制更多的形状，按住Alt键将之前所制作的图层样式同样应用在每个形状上，并依次在“图层样式”对话框中对渐变的参数进行修改，让形状看起来层次分明。

### 更多形状

05 再次新建一个组，并命名为3，在组中继续绘制更多形状，丰富边界部分。在绘制这些纯粹由弧形组成的形状时，弯度钢笔工具往往会非常管用。只需要使用弯度钢笔工具绘制形状，应用图层样式，并修改参数让它们看起来更加层次分明。

### 操作指南

参考参数

**“渐变”填充图层：**

样式：径向

角度：90度

缩放：100%

色标1：颜色#00bfff、位置0%

色标2：颜色#00003b、位置70%

色标3：颜色#00003b、位置78%

色标4：颜色#000019、位置100%

**“渐变叠加”图层样式：**

混合模式：正常

不透明度：100%

缩放：88%

样式：线性

勾选“反向”和“与图层对齐”复选框

色标1：颜色#086f73、位置0%

色标2：颜色#1d7f8b、位置37%

色标3：颜色#1adcff、位置100%

### 更多形状

06 再次新建一个组，并命名为4，在组中绘制更多不规则的波浪形形状，同样按住Alt键复制并应用之前所设置的图层样式，然后对每一个形状的渐变都进行修改。

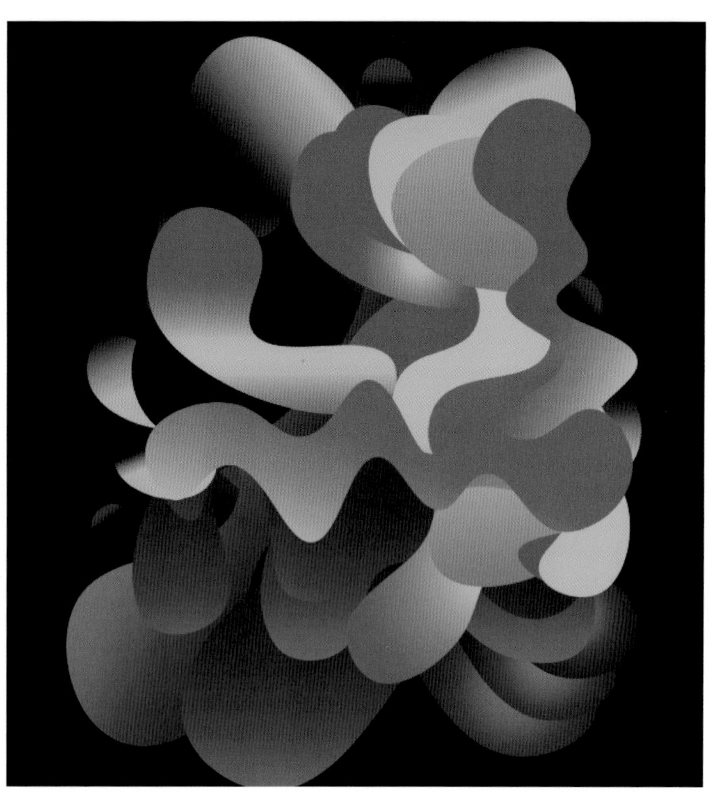

### 渐变叠加

07 为每个图层组都设置不同的“渐变叠加”图层样式，改变它们的色彩，让这四层形状看起来层次分明，呈现出从浅到深的叠加效果。

### 抠出人物

08 按下Ctrl+G组合键对4个图层组进行再次编组，并命名为“形状”。从文件夹中选择“人物”图像文件并打开，结合使用对象选择工具和“选择并遮住”功能抠出人物，重命名图层为“人物”，并按下Ctrl+T组合键调整其大小和位置，将“人物”图层放在“形状”图层组的上方。

### 操作指南

**“渐变叠加”图层样式参考参数**

**1（图层组）：**
混合模式：颜色加深
不透明度：100%
样式：菱形
角度：111度
缩放：137%
勾选“反向”和“与图层对齐”复选框
色标1：颜色#730849、位置0%
色标2：颜色#e10270、位置37%
色标3：颜色#ff0066、位置100%

**2（图层组）：**
混合模式：减去
不透明度：50%
样式：线性
角度：111度
缩放：124%
勾选“反向”和“与图层对齐”复选框
色标1：颜色#733508、位置0%
色标2：颜色#8b631d、位置37%
色标3：颜色#ffa200、位置100%

**3（图层组）：**
混合模式：颜色加深
不透明度：77%
样式：线性
角度：135度
缩放：150%
色标1：颜色#f6bf75、位置0%
色标2：颜色#d77185、位置35%
色标3：颜色#8766ac、位置65%
色标4：颜色#4150b1、位置100%

**4（图层组）：**
混合模式：变暗
不透明度：100%
样式：线性
角度：111度
缩放：124%
勾选“反向”和“与图层对齐”复选框
色标1：颜色#087333、位置0%
色标2：颜色#1d7f8b、位置37%
色标3：颜色#1affdc、位置100%

### 颜色调整

09 新建一个“色彩平衡”调整图层，并设置为“人物”图层的剪贴蒙版，适当调整其参数，改变人物的颜色。

### 深色

10 按下Ctrl+J组合键复制一层，同样设置为“人物”图层的剪贴蒙版，更改混合模式为“深色”，继续调整人物皮肤和阴影部分的颜色。

### 擦除多余图像

11 按下Ctrl+G组合键对“人物”图层和其调整图层进行编组，并为组添加图层蒙版，在蒙版上使用黑色依照形状遮盖不需要的部分。

## 操作指南

参考参数

**色彩平衡1:**

青色-红色：-31

洋红-绿色：0

黄色-蓝色：+45

勾选“保留明度”复选框

**色彩平衡2:**

青色-红色：-40

洋红-绿色：0

黄色-蓝色：+24

**色彩平衡3:**

青色-红色：-8

洋红-绿色：-6

黄色-蓝色：+23

### 饱和度

12 重命名组为“人物”，按下Ctrl+J组合键复制一层，并拖曳到“人物”图层组下方，更改其混合模式为“饱和度”，在蒙版上依照底层的形状大致修改图像的显示范围。

### 强光

13 再次按下Ctrl+J组合键复制“人物 拷贝”图层组，并将所复制的“人物 拷贝 2”图层组拖曳到“人物 拷贝”图层组的下方，更改其混合模式为“强光”，继续依照形状在蒙版上修改图像的显示范围，并选择一个柔边圆笔刷，大致在下方擦出柔和的过渡。

**小技巧**

在“图层”面板中按住Alt键拖曳需要复制的目标，即可在复制的同时改变图层的顺序。

**调整颜色**

14 在所有图层上方新建一个“色彩平衡”调整图层，加重图像上的蓝色。

**排除**

15 按下Ctrl+J组合键复制2图层组，并对其进行合并。按下Ctrl+T组合键对其进行垂直方向的翻转，适当改变大小和位置，并设置混合模式为“排除”、“不透明度”为15%。

**绘制虚线**

16 使用自由钢笔工具在“形状”图层组下方随意地绘制一些虚线，让画面看起来更加灵动。

**操作指南**

**参考参数**

**“色彩平衡”调整图层：**

青色-红色：-8

洋红-绿色：-6

黄色-蓝色：+23

**虚线形状：**

填充：无填充

描边颜色：#a3e7ff

描边宽度：5像素

单击“描边选项”中“更多选项”按钮，在弹出“描边”对话框中勾选“虚线”复选框，设置“虚线”为2、“间隙”为4。

**制作立方体**

01 使用矩形工具绘制出三个矩形，并按下Ctrl+T组合键进行自由变换，将它们组成一个立方体。

**篮球纹理**

02 按下Ctrl+G组合键对矩形进行编组，并置入篮球图像，使用剪贴蒙版将篮球纹理剪切在组上。

**篮球纹理**

03 新建一个图层，设置混合模式为“线性光”、“不透明度”为65%，使用黑色绘制出体积感。

**球筐**

04 使用钢笔工具沿球筐轮廓绘制路径，并从路径建立选区，抠出球筐部分，并放在篮球的上方。

# 创建引人注目的灯光轨迹

### 绘制路径

**01** 选择钢笔工具，设置工具模式为“形状”、“描边”为“无颜色”、“填充”为白色，在画布上绘制出光的轨迹。

### 渐变叠加和外发光

**02** 使用“渐变叠加”图层样式为每个形状叠加不同的渐变色彩，并使用“外发光”图层样式为每个形状添加和渐变色彩一致的发光效果。

### 更多轨迹

**03** 选择钢笔工具，更改“填充”为“无颜色”、描边宽度为5像素，绘制一些较细的光路，设置混合模式为“实色混合”，并为它们设置不同的色彩。

**溶解**

“溶解”可以在图层上制造出颗粒效果，有时候我们会用它为图像增加质感，在这里用于制造一些粉尘。

**实色混合**

“实色混合”混合模式能够在RGB颜色模式下将所有像素更改为主要的加色，或在CMYK颜色模式下将所有像素更改为主要的减色。

### 划分

“划分”混合模式能够查看每个通道中的颜色信息，并从基色中划分混合色。

### 浅色

“浅色”混合模式与“深色”混合模式相反，主要通过比较混合色和基色的所有通道值的总和，选取其中最大的通道值创建结果色。

使用标尺工具修正照片

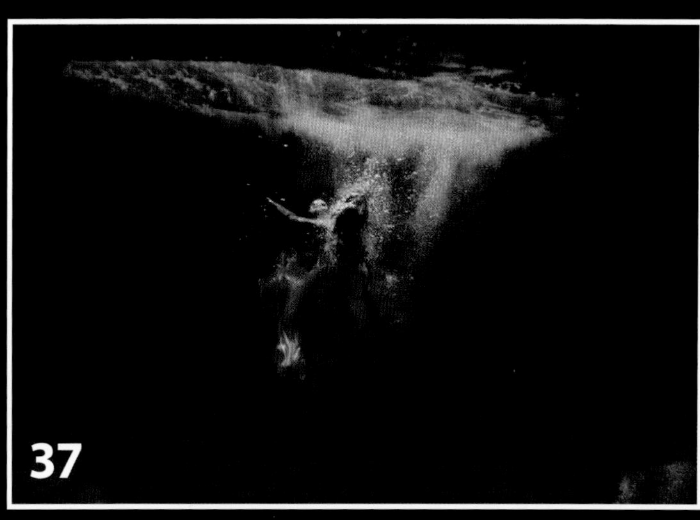


掌握渐变映射

创建霓虹灯文字

电影海报

增强原始图像效果的编辑技术

使用混合模式制造辉光效果

地平线

在校正图像时，沿着地平线走，可以使图像完美地水平放置。

这意味着什么？

拉直图层——使用标尺工具沿着地平线画一条线，单击属性栏中的“拉直图层”按钮，即可将图层拉直。

# 使用标尺工具修正照片

## 使用这个简单有效的工具快速调整图像

人工总会出错可能是Photoshop被发明的原因。没有得到最清晰的照片、完美的架构或最平直的地平线总是很常见的问题，即使是最优秀的摄影师有时也难免会需要Photoshop的帮助，这已经成为摄影界的一个常识。拉直图像是有必要的，一个更平直的地平线会让你的图像更引人注目，而这一切只需要一个小小的标尺工具。

尽管使用起来非常简单，标尺工具的作用却非常重要。拉直地平线有助于使图像更加平衡，结合裁剪工具，可以有效地重塑图片。它可以使图像所传达的情绪发生改变，虽然有时候这种改变十分微妙。

使用标尺工具重新确定地平线，比想象中更容易，即使在远处有障碍物遮挡视线，只要能确定图像的水平线，从图像的一边画一条线到另一边，整个图像就会变直。

标尺工具只是修饰图像的过程中会使用的工具之一，也许只会花几秒钟时间使用它，尽管如此，仍然有必要学习如何正确地使用这个工具。

# 拉直 了解各个选项并进行编辑

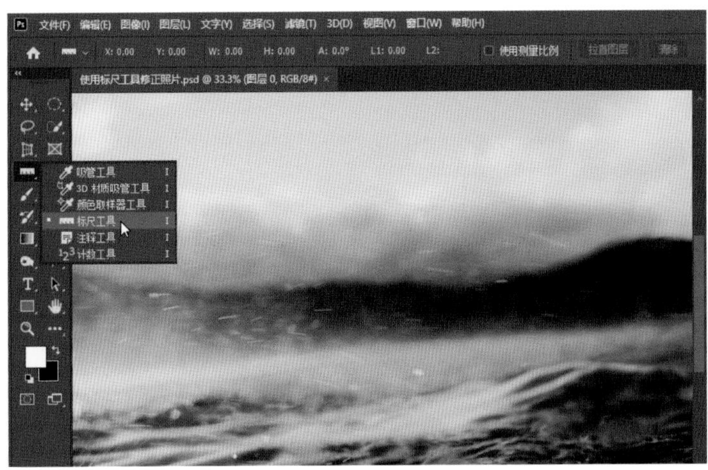


## 找到标尺工具

01 在工具箱的吸管工具上单击鼠标右键，在打开的列表中选择标尺工具。

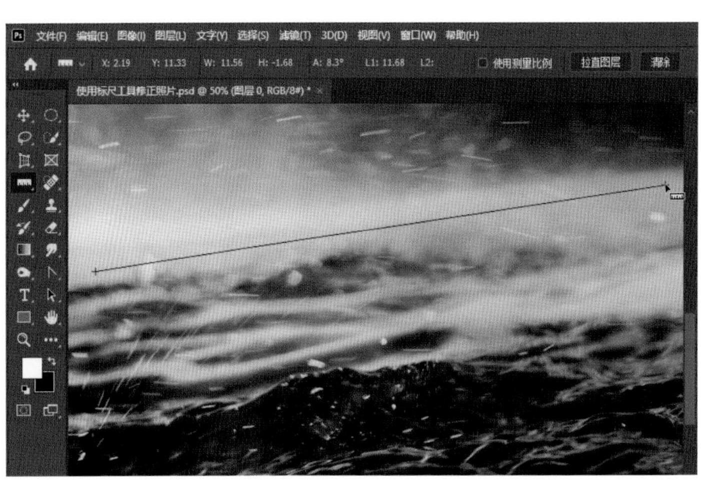


## 画一条线

02 在画布上长按并拖曳鼠标左键，沿海平面的边缘从左到右画一条线。

## 拉直图层

03 单击属性栏中的“拉直图层”按钮，即可快速将画面拉直，可以反复操作几次进行调整。

## 清除

04 单击属性栏中的“清除”按钮，即可快速清除所创建的标尺。

# 裁剪工具 用这些简单的选项改进你的图像

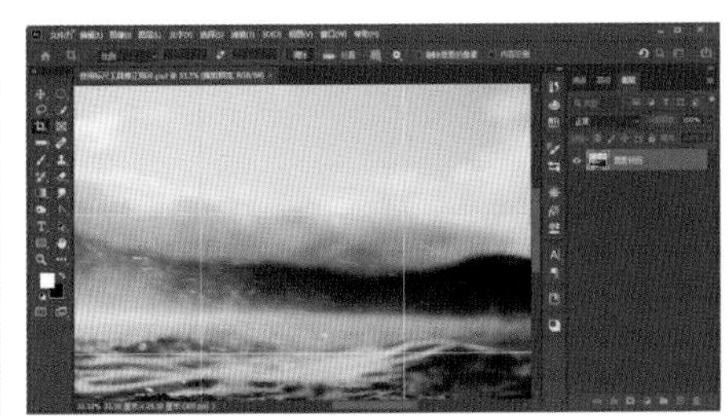

## 拉直选项

01 选择裁剪工具，在属性栏中单击“拉直”按钮，同样可以在画布上拉一条直线拉直图像，并同时进行裁剪。

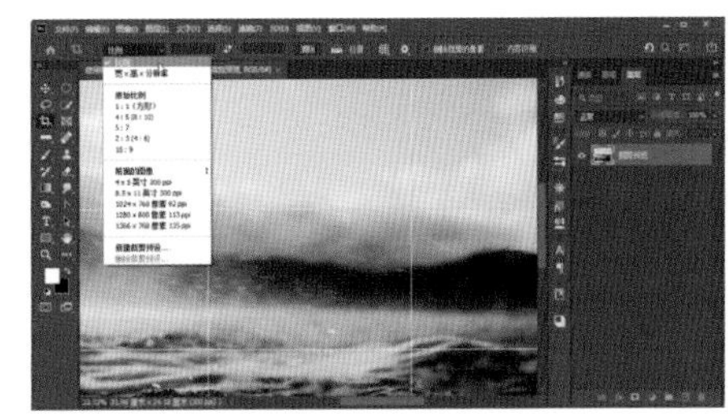

## 裁剪预设

02 裁剪工具有许多预设，可以在这些预设中选择适合这幅图像的裁剪比例，也可以在属性栏中输入自定义的比例和分辨率。

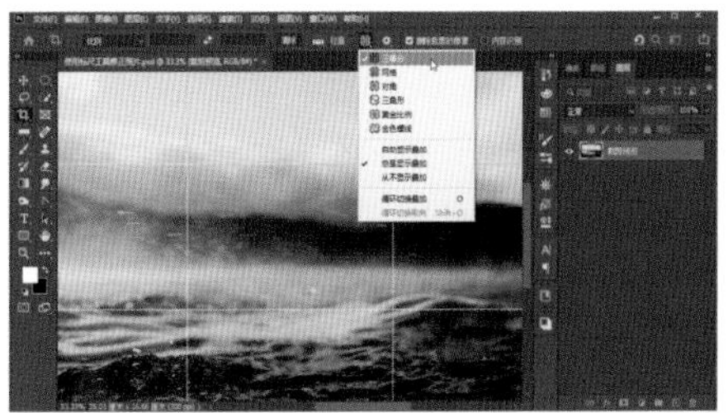

## 叠加选项

03 可以为裁剪工具设置不同的叠加选项，让画面上出现不同类型的裁剪参考线条，比如黄金比例或三等分，以便于优化图像构造。

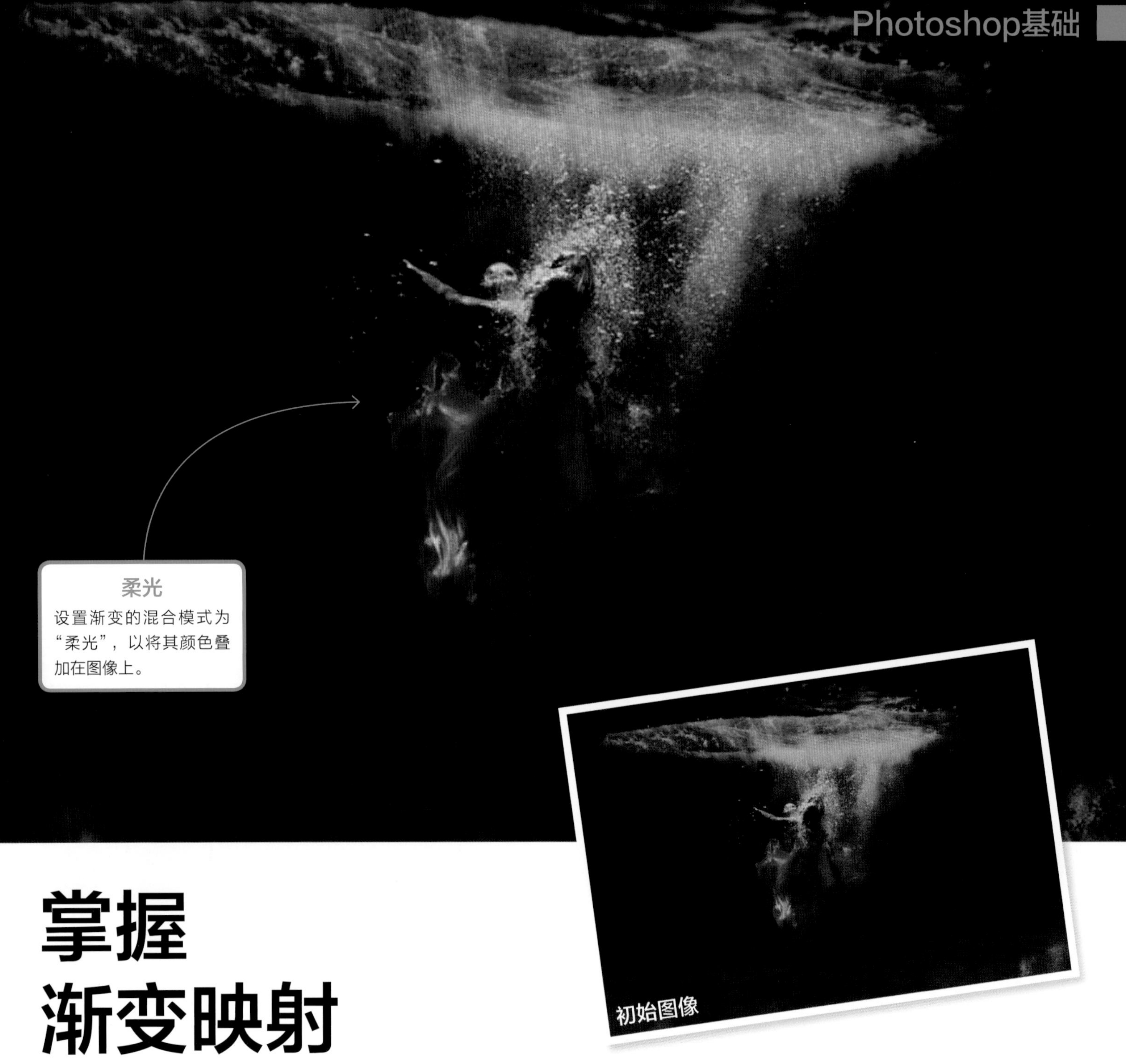


# 掌握渐变映射

## 通过渐变映射潜入一个色彩世界

色彩在设计、艺术和照片编辑中至关重要，在作品中颜色的组合能够传达出整个氛围，所以得到完美的色调是很重要的。

在颜色方面，渐变工具是一个值得信赖的朋友，原因有很多。可以使用渐变重塑场景的色彩，可以使用它们创造炫丽的天空，也可以用它们在图像上混合出梦幻的色彩。它们是Photoshop中颜色相互作用的基础，试着了解渐变吧，它们是非常有趣的。

渐变可以在你的工作过程中发挥巨大的作用，设置一个黑白渐变，并将其混合模式设置为“柔光”，可以完美地调节图像的明暗。渐变映射是Photoshop中提供的非常好用的调整工具之一，能够立竿见影地产生效果。另外，不要忘了那些渐变预设，它们可以快速为你塑造天空的色彩或制造彩虹的颜色。

让我们来看看这些选项的基本内容，它们是创作过程中频繁使用的工具，而且你会有很多理由使用它们，渐变是非常强大的，用起来也非常有趣。

# 涂上颜色 挑选、调整颜色并改变混合模式，使用渐变为图像增添色彩

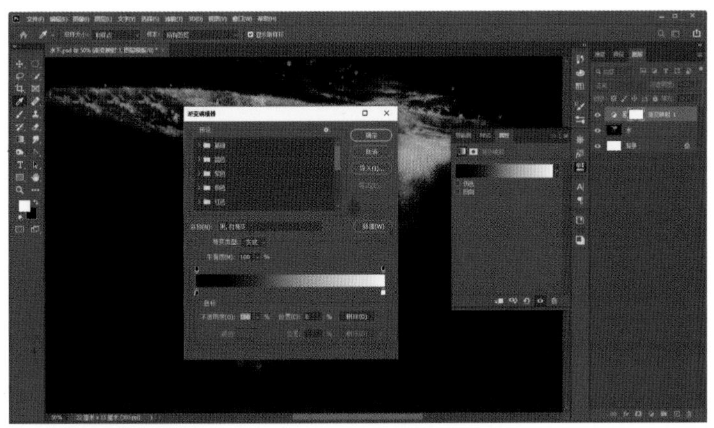

### 选择喜欢的颜色

01 新建一个“渐变映射”调整图层，在弹出的“渐变编辑器”对话框中单击渐变色条左下方的色标，并在“色标”区域中单击“颜色”右侧的按钮，在弹出的“拾色器（色标颜色）”对话框中将前景色更改为喜欢的颜色。

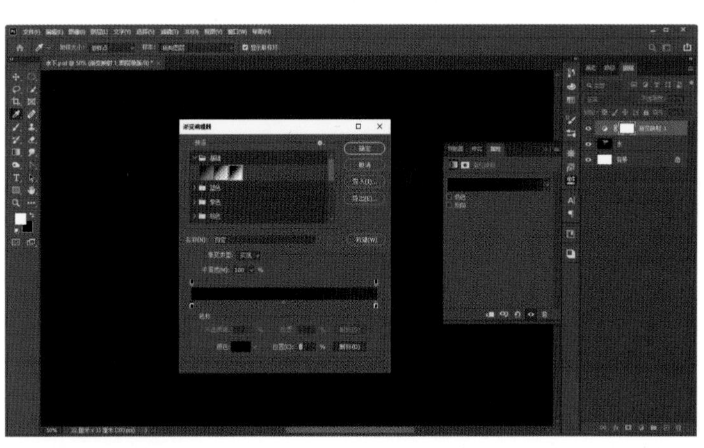

### 选择背景颜色

02 对另一个色标进行同样的操作，设置另一个喜欢的颜色。当改变渐变的颜色时，将看到渐变色条上的色彩发生改变。如果对渐变的色彩效果感到满意，单击“确定”按钮。

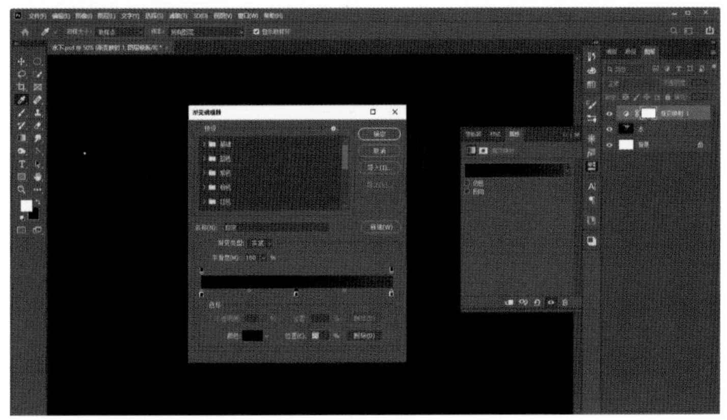

### 增加第三个色标

03 还可以在渐变中增加第三种颜色，在渐变色条上单击，即可增加一个色标。长按并拖曳色标，即可改变该颜色在渐变中所处的位置。

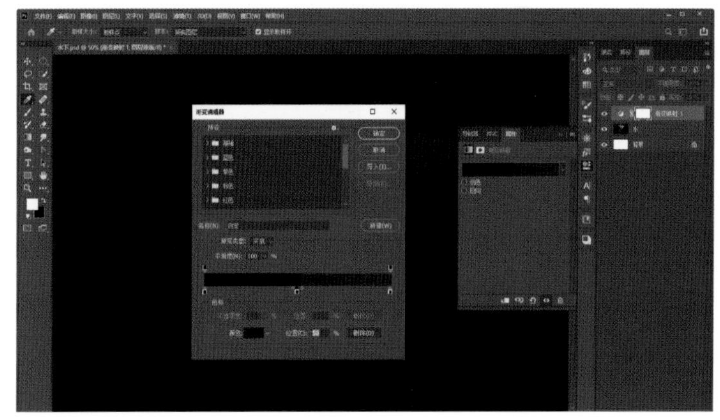

### 调整颜色中点

04 当选择一个色标时，会发现在它和其他色标之间有一个小小的菱形图标，这是颜色的中点，可以改变它的位置，但渐变就会变得不那么均匀了。

## 其他渐变选项 发现这个方便的颜色工具

### 杂色

01 在“渐变类型”右侧的下拉按钮中可以选择渐变是实底的还是依赖杂色的，杂色的效果很难控制，主要取决于通道而非颜色。

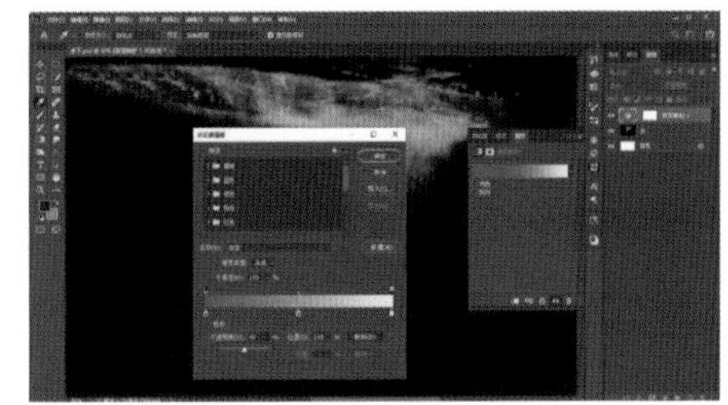

### 不透明度

02 有时候会希望渐变显示出半透明的形态，在“色标”区域中设置“不透明度”的参数即可改变颜色的不透明度。

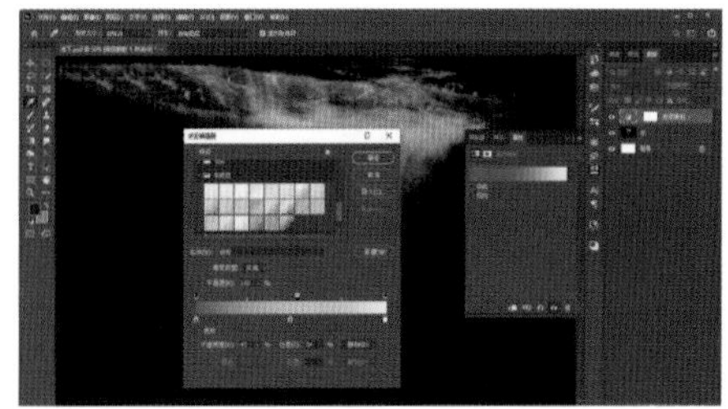

### 预设

03 如果想要在另一个项目中再次使用这一次所设置的渐变，可以单击“新建”按钮将其进行保存，并双击所保存的渐变对其进行命名。

### 这意味着什么？

亮度/对比度——这种调整通常用于使图片变亮，而不是像我们这里所做的使它们变暗。对比度滑块可以增强图像的明暗对比，而亮度滑块可以用于降低亮度，尽管您可能通常会用它增加亮度。

# 创建霓虹灯文字

## 使用画笔和图层样式让文字排版更加夺目

霓虹灯是辉煌的，明亮的，五颜六色的，无论在屏幕上还是现实生活中，它都显得非常夺目，你可以使用这种效果给文字排版赋予更多活力。

这是一种很容易在3D软件中创建的风格，但也可以将这种风格剥离出来，在2D平面上创建效果突出的霓虹灯海报，这就是我们在这个项目中需要做的。图层样式可以在2D平面上制造出具有3D效果的东西，只要用“斜面和浮雕”和“阴影”样式即可实现。我们将尝试着使用“外发光”图层样式在我们创造的形状周围发出光芒，并使用“亮度/对比度”调整图层调和构图的色彩，这会给最终完成的作品带来更多的真实感。

在这个项目中，可以随意地按自己的喜好排布文字和图案。选择文本，设置自己的字体风格，甚至添加一个与我们完全不同的背景。发挥创造力，看看你能想出什么来吧！

## 开始创建霓虹效果 创建文本，添加火箭，并使它们发光

**置入背景**

01 首先新建一个文档，并从文件夹中选择“墙”图像文件置入文档，并调整其位置和大小，使砖墙铺满画布。

**让砖墙变暗**

02 创建“亮度/对比度”调整图层，设置“亮度”为-90、“对比度”为100。创建“自然饱和度”调整图层，设置“自然饱和度”为-44、“饱和度”为-17。

**构建文本**

03 创建文本，设置一个合适的字体，并设置“不透明度”为30%。新建一个图层，选择一个硬边圆画笔，按住Shift键分别单击起点和终点，绘制霓虹灯条。

**复制**

04 使用多边形套索工具选中字母的笔画，并使用它们创建其他的字母，这样可以节省时间，并让字体风格保持一致。

**偏离字体**

可以在一定程度上随意改变字体，例如改变字母W的构成。

**保持画笔凝聚力**

通过复制部分笔画来构建新的字母，可以使所有笔画保持相同的大小，这样看起来更有凝聚力。

## 点石成金

### 制作霓虹灯带的工具

作为一个使用Photoshop的用户，可能更希望用钢笔工具创建这个教程中使用的全部形状。钢笔工具当然可以处理这张图上创建的形状的曲线，但画笔和选框工具可以更好地控制效果，处理笔画的边角。蒙版是整理这些形状的好办法，因为它可以隐藏任何不想显示的东西，这对于创建曲线图形特别方便。注意保持所有笔画两端的圆润，以使画面更加真实。

### 旋转

05 通过按下Ctrl+T组合键对笔画进行旋转，可以调整每个笔画的角度。使用选框工具选中一半笔画，并移动选区使其和另一半重合，可以用于缩短笔画。

### 形状曲线

06 创建带有弯曲的字母时，按住Shift键使用椭圆工具绘制一个正圆，并调整其位置和大小，使其和字母贴合。栅格化形状，并使用图层蒙版遮盖多余的部分。

### 置入火箭

07 从文件夹中选择“火箭”图像文件置入，并调整其位置和大小。这将成为我们绘制霓虹灯火箭的参考。

### 创造曲线

08 根据火箭的形状使用钢笔工具大致绘制霓虹灯的轮廓，注意形状的粗细和曲线的弧度，设置“填充”为“无颜色”、描边宽度为30像素。

### 增加线条

09 选择弯度钢笔工具，设置工具模式为“形状”、“描边”为黑色、描边宽度为10像素，在字母背后绘制一些连接带，提高霓虹灯的真实度。

**创造火箭**

使用弧线可以让火箭的形状更加卡通，若你愿意，同样可以创造一个直线的火箭。

**弯曲的火焰**

简化火箭底部火焰形状，但让它保持弯曲。

**霓虹文字**

可以直接从网上下载一些具有霓虹灯管形状的文字，以省去调整字体的时间。

**砖墙背景**

我们使用了一堵砖墙作为背景创建这个图像，但你也可以使用一个金属纹理的背景让它呈现出另一种感觉。

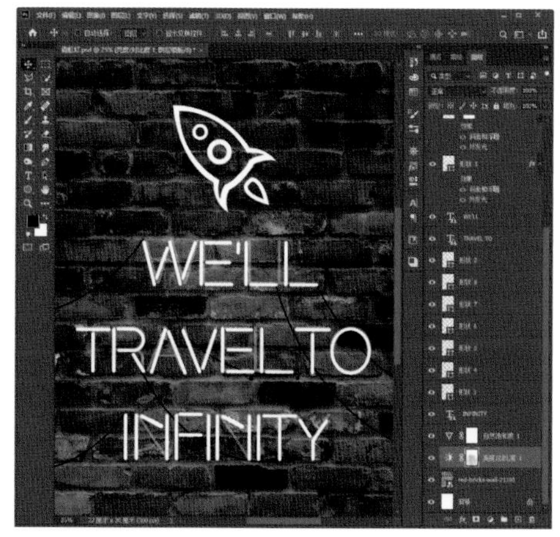


### 背景变亮

10 在开始这个项目的时候，我们调暗了背景，现在置入了文字，将在“亮度/对比度”调整图层的蒙版上使用一个柔边圆笔刷轻轻擦除一些效果，在文字周围增加亮度。

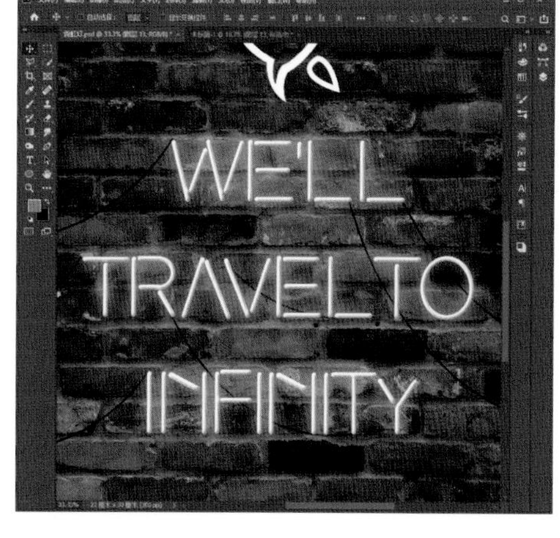


### 使用图层样式

11 双击文字图层，打开“图层样式”对话框，勾选“斜面和浮雕”复选框，适当地设置其参数，使文字呈现出立体效果。勾选“外发光”复选框，设置一个粉色的外发光。

### 刷上一些颜色

12 新建一个图层，并设置混合模式为“滤色”，选择一个柔边圆画笔，设置“流量”为10%，使用颜色#f27993轻轻涂抹字母周围，加强发光的感觉。

### 设置火箭颜色

13 使用同样的方法制作火焰的发光和浮雕效果，设置其外发光的颜色为#54b7aa，并新建一个图层，设置混合模式为“滤色”，使用颜色#b5f0e5为火箭刷上一些绿色。

### 调整图片

14 最后新建“色阶”调整图层，设置中间调滑块参数为0.6、亮调滑块参数为226，并新建“亮度/对比度”调整图层，设置“亮度”为-57、“对比度”为18。

## 操作指南

### 参考参数

**“斜面和浮雕”图层样式：**

样式：内斜面
方法：平滑
深度：95%
方向：上
大小：21像素
软化：10像素
角度：135度
高度：30度
光泽等高线：线性
高光模式：滤色
不透明度：52%
阴影模式：正片叠底
不透明度：46%

**“外发光”图层样式：**

混合模式：正常
不透明度：75%
颜色：#ff8d98
方法：柔和
扩展：8%
大小：100像素
等高线：线性
范围：66%
抖动：57%

## 改变效果

### 还有什么方法可以制造出特别的霓虹发光效果？

像这样的霓虹灯项目的特别之处在于可以重复地做上数百次，从而给予每个图像不同的效果。可以改变霓虹灯的颜色，把原本的色彩调换过来，也可以简单地使用“照亮边缘”滤镜，重新创建一个明亮的字体效果。

# 电影海报

创建一个照片拼贴海报非常简单，首先需要收集用于创建这样一张海报的全部照片，然后使用擅长使用的选择工具选中人物主体，应用图层蒙版并优化其边缘，使用柔边圆画笔涂抹人物身体的边缘，使图像边缘柔和自然。最后将所有元素放在一起，改变它们的前后次序，使用调整图层保证它们的色彩协调一致，共同融合成一张图片。

初始图像

# 肖像效果

为了创建这张图片，我们使用了蒙版、混合模式和调整图层。第一步是收集相关的素材，制作人物身后的背景，使用图层蒙版将它们混合起来，然后置入人物，添加装饰性素材，设置光源的混合模式为“滤色”，并加入文字，设置文字的混合模式为“颜色减淡”。

“用一个柔边圆画笔涂抹人物身体的边缘，让图像的融合更加柔和自然。”

# 增强原始图像效果的编辑技术

## 学习如何完美地增强原始图像的艺术效果，创建令人惊叹的图像修饰作品

什么是原始图像处理？这是照片润饰的关键一步，因为在一张图片拍摄完成之后，在使用Photoshop对其进行更多编辑处理之前，可以对图像先一步进行相关的修改，以作为之后编辑的基础。RAW文件格式保留了数码单反相机捕捉到的每一个细节，可以随心所欲地处理原始图像，而不必担心会损坏原始文件。通过这种灵活的工作方式，可以增强照片，甚至可以立即从照片中恢复丢失的细节。

可以用于处理RAW文件的软件包括Adobe的Lightroom、Phase One的Capture One、DxO的OpticsPro、PictureCode的Photo Ninja、Corel的AfterShot Pro、ON1的Photo RAW，以及免费的RawTherapee和GIMP等。我们将主要介绍Photoshop内置的RAW处理器，Camera Raw，即使这只是个简单的工具，不过可以很便捷地利用几个简单的滑块对原始图像进行非凡的调整。

### “基本”选项卡

01 在Photoshop中打开一个Raw文件时，它会自动启动Camera Raw。除了“色温”和“色调”之外，右边的滑块都将在中间排列成一条直线。此区域是你进行大部分编辑活动的地方。

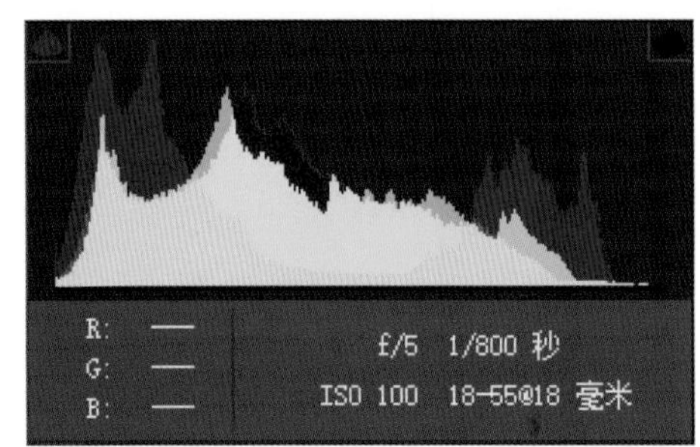


### 调整色调

02 在12.0版本的Camera Raw中，直方图里共包含5个区域，分别是黑色、阴影、曝光、高光和白色，和下方“基本”选项卡中亮度调整项里的滑块对应，在直方图的相应区域中长按鼠标左键进行拖曳，即可快捷调整相应的参数。

### 手动调整对比度

03 调整对比度滑块，并调整“黑色”和“白色”，分别滑动“白色”和“黑色”滑块，并使用“高光”和“阴影”滑块更好地控制图像的对比。

### 调整颜色

04 选择Camera Raw界面上方工具栏中的白平衡工具，在图像上单击中性色，然后开始手动调整“色温”和“色调”滑块。

### 调整饱和度和自然饱和度

05 饱和度会强化所有的颜色，而自然饱和度会强化最弱的颜色。在这张图片中，“自然饱和度”对天空影响最大，而“饱和度”对树木影响最大。

### 降低清晰度

06 降低清晰度会让整个图像变得柔和，注意不要减少太多，因为太低的清晰度会让图像看起来像是被浓雾覆盖了一样。

### 提高清晰度

07 增强图片的清晰度有利于让图像更加夺目，清晰度同时影响着图像的对比度、锐度和饱和度。向右拖动“清晰度”滑块，你可以让一张图片看起来更锐利，更夺人眼球。

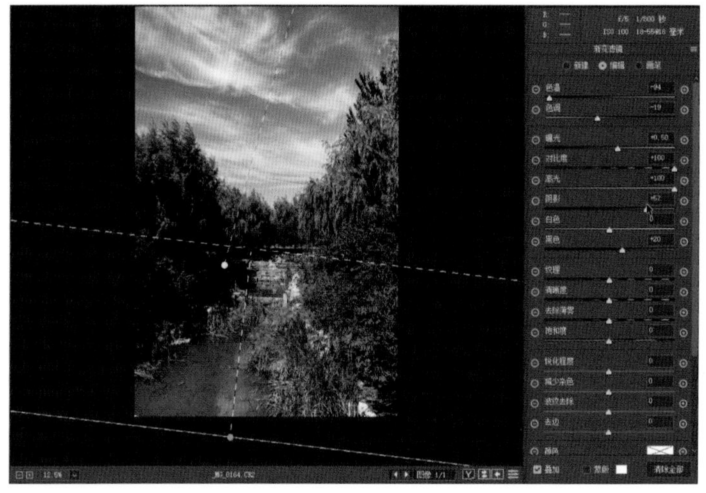

### 渐变调整

08 这里有3种局部调整工具，分别为调整画笔、渐变滤镜和径向滤镜，它们能够提供高水平的色彩控制。调整画笔可以精确地控制调整的范围，将渐变拖曳到想要编辑的地方，并在右侧区域中调整相应参数，即可对渐变所覆盖的范围进行调整。

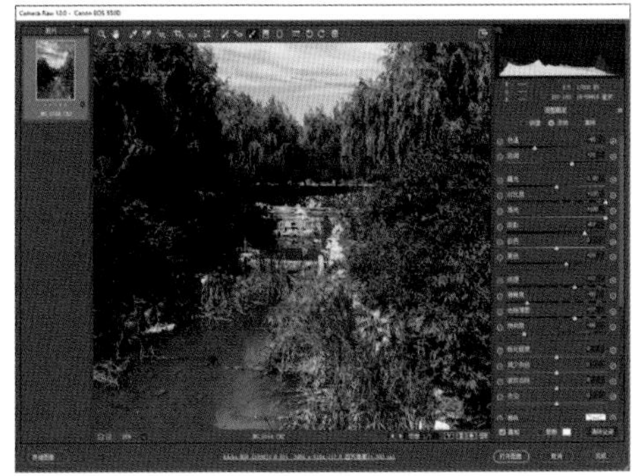

### 调整画笔

09 使用调整画笔画出想要调整的区域，移动滑块改变图像的色彩。不要把变化局限在浅色和深色上，你可以尝试着改变河水的颜色。

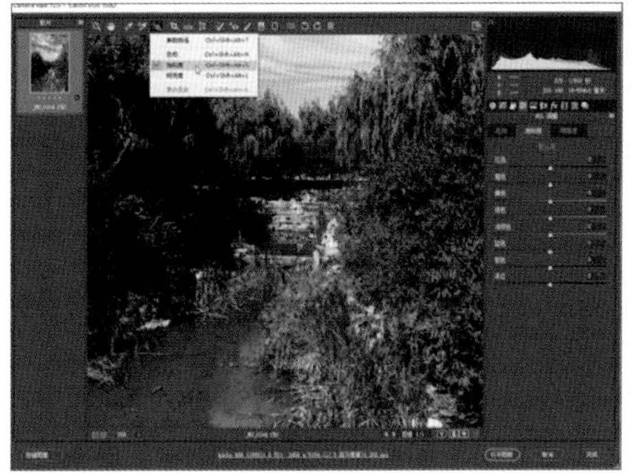

### 色相、饱和度和亮度

10 如果长按顶部工具栏中的第五个工具，将看到一个下拉菜单和它的几个选项。选择想进行的调整，在想要进行调整的区域长按并进行拖曳，即可快速进行调整。

## 点石成金

### 局部调整

通常会遇到这样一种情况，你希望在不影响调整其他区域的情况下对图像的特定部分进行修改，例如，如果图像的天空颜色太蓝，或人物的皮肤过于发红，希望只对这些特定的部分进行细微的调整，此时，可以使用调整画笔对图像进行选择和调整。

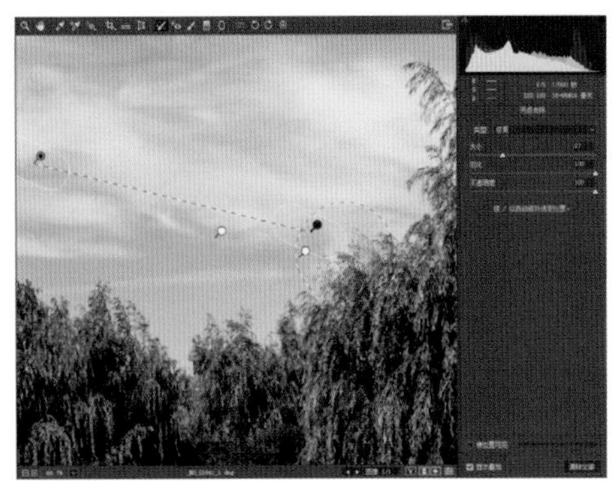

## 去除斑点

11 “仿制”是指一对一匹配，而“修复”是源点和目标的混合。Camera Raw中的污点去除工具同时包含了这两种选项，可以选择更适合图像的一个，在瑕疵上单击并拖动即可修复图像。

## 调整色调

12 第二个选项卡是“色调曲线”，它将图像亮度分为“高光”、“亮调”、“暗调”和“阴影”，选择目标调整工具，在图像的任意部分长按并左右拖曳，即可快捷调整色调曲线的参数。

## 锐化和去除杂色

13 第三个选项卡是“细节”，在这里可以调整锐化和减少杂色。在滑动滑块时按住Alt键，将会看到一个能够展示更多调整细节的视图，帮助你做出更好的调整。

## 分离色调

14 如果想更多地对颜色进行调整，可以在“分离色调”选项卡中对色彩进行改变，给予图像特定的色调和感觉。

## 镜头校正

15 “镜头校正”选项卡中的功能不如Lightroom中所能提供的相应调整丰富，尽管如此，还是可以用它调整一些镜头扭曲、失真和色彩，并添加晕影。

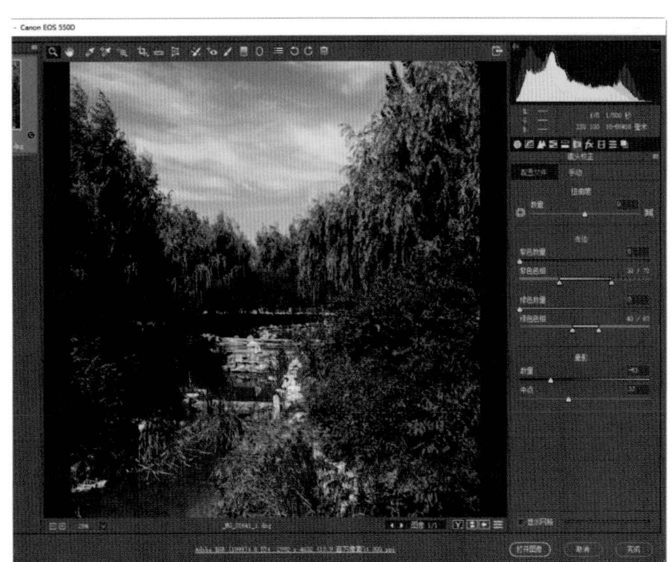

## 控制晕影

16 可以控制照片的边缘变得更前或更深，以此来确定照片的焦点。用镜头校正修正晕影不仅可以影响原始图像，在对图像进行裁剪后，仍然可以使用“镜头校正”中的晕影功能再次创造晕影。

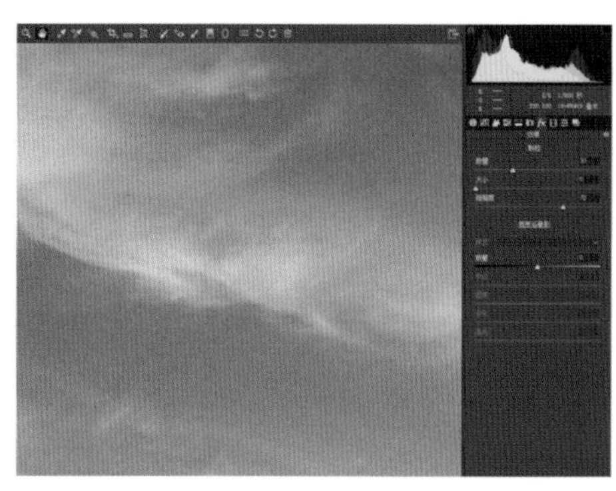

## 控制晕影

17 第7个选项卡是“效果”，它可以为图像增加噪点，穿透雾蒙蒙的图像，从另一个角度上增加了图像的对比度和锐化程度。

## 点石成金

### 局部调整

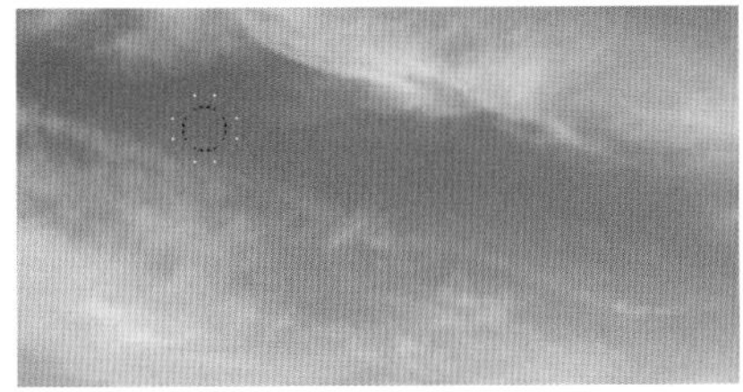

**画笔大小**

01 要调整笔刷大小，只需按下键盘的左右括号键就能相应放大或缩小。

**羽化**

02 如果想柔和选区边缘，按住Shift键和相应的括号键，即可调整羽化设置。

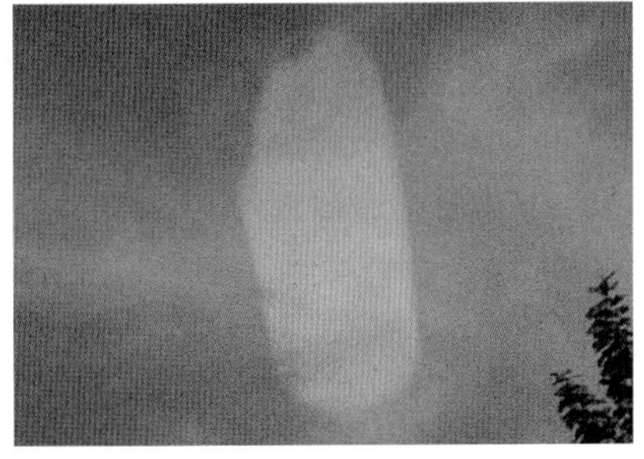

**蒙版**

03 调整画笔的作用是帮助分离图像的区域，即一种蒙版，使用调整画笔在特定的区域涂上蒙版。

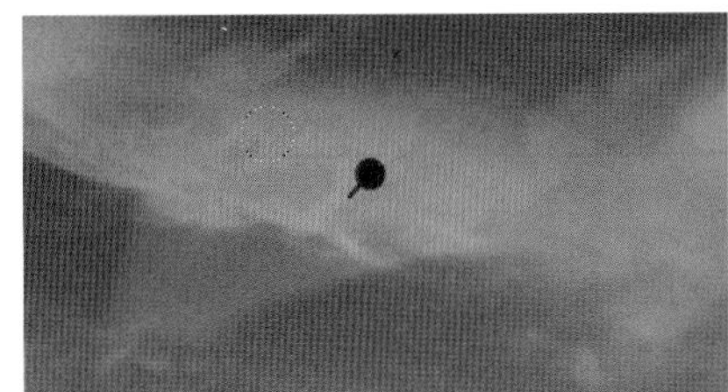

**添加和清除**

04 毫无疑问地，在尝试调整图像的过程中会出现一些失误，为了纠正这种失误，可以选择“添加”或“清除”单选按钮，使用画笔修改蒙版的范围。

### 颗粒和做旧效果

18 现在很流行复古照片，你可以在图像中添加一些颗粒，并调整数量、大小和粗糙度，以达到做旧的效果。

### 裁剪后晕影

19 裁剪图象后，在“效果”选项卡中的“裁剪后晕影”区域可以创建新的晕影效果，增加“高光”参数可以保留高光区域。

### 校准

20 默认情况下，Camera Raw对所有图像使用相同的Adobe颜色配置文件，可以使用它来校准图像的颜色。

### 预设和保存预设

21 可以在“预设”选项卡中将所有这些调整存储为一个预设，这样就不必对其他类似的照片重新进行调整。

### 预设的缺点

22 保存设置和预设的最大问题是，虽然它保留了面板的信息，却没有保留工具的信息，这意味着局部调整和渐变等在预设中消失了，但至少可以保留大部分信息。

## 自动

23 使用Camera Raw 12.0的“基本”选项卡中的“自动”功能可以比从前的版本更好地调整照片。虽然还无法达到完美，但只要单击“自动”按钮，就能让图像接近更好的平衡。

## “颜色”范围遮罩

24 新的范围遮罩功能可以用于调整局部区域，首先使用调整画笔涂抹出蒙版范围，然后更改“范围遮罩”的选项为“颜色”，单击“样本颜色”吸管，在想要修改的颜色上单击即可。

## 增强精确掩蔽

25 使用Camera Raw 12.0的范围遮罩工具可以检测到光线的变化，它还可以检测对比图像边缘的颜色和色调。

## 使用范围遮罩优化范围

26 例如，可使用调整画笔、径向滤镜或渐变滤镜部分修改图像，并用范围遮罩功能有效地细化这些工具作用的区域。

## “明亮度”范围遮罩

27 “明亮度”范围遮罩也是这样，使用调整画笔做一个初始选择，然后通过使用“明亮度”范围遮罩来完善选择，遮罩区域将根据选择的亮度范围进行细化。

## 点石成金

### 更多细节

尽管Photoshop中的Camera Raw拥有诸多优势，但它还有个更强大的盟友，即Adobe Lightroom。它有着各种各样的选项，可以很容易地调整它们。它可以像Camera Raw一样地工作，但作为一个DAM（数字资产管理）系统，Adobe Lightroom可以将图像显示为缩略图，并将其组织成集合和目录。甚至可以在Library选项卡中标记元数据。

也可以编辑和导出批量的网页、幻灯片，或进行打印。可以选择将照片以专业的方式导出为一本书、幻灯片、印刷品或网页——这是不能用Camera Raw来做的。总而言之，Adobe Lightroom可以为专业摄影师提供更好的图像润饰，也能对图像进行更多的控制。

Photoshop基础

# 使用混合模式制造辉光效果

## 探索如何从头开始使用混合模式创造光照和辉光效果，应用图层样式和其他技术混合图像

让我们看看如何使用几个简单的步骤创造出一个戏剧性的汽车燃烧场景。这里有两个常用的Photoshop功能，一个是图层样式，一个是混合模式。图层样式可以应用在每一个图层上，为其添加发光、投影、颜色等其他效果。混合模式的工作方式不同，其决定了一个图层的像素如何与另一个图层上的像素交互，以创造出一种颜色的混合。

在这个项目的第一部分，将使用自定义画笔和图层样式添加微妙的辉光，创建出真实的效果。在第二部分，将放置一些火焰图像，并使用混合模式将它们与场景相结合，然后使用其他技术让灯光看起来更有活力。使用混合模式的最佳方法就是滚动下拉菜单并测试每一个混合模式，找出效果最好的那个。现在，从文件夹中打开所提供的素材，开始创建汽车燃烧的场景吧。

**制作背景**

01 打开“街道”图像文件，并按Ctrl+J组合键复制一层，然后按下Ctrl+T组合键对图像进行水平方向的翻转。

**亮度调整**

02 新建一个“曲线”调整图层，在“属性”面板中单击添加一个点，设置“输入”为97、“输出”为138，适当调整图像的亮度。

**亮度调整**

03 从文件夹中选择“路面”图像文件并打开，使用多边形套索工具选中路面部分，并使用移动工具拖曳到“街道”文档窗口中，进行适当调整。

**清除瑕疵**

04 使用污点修复画笔工具移除道路中间的分界线，然后将图层转换为智能对象，命名为“路面”。

**改变亮度**

05 新建一个“色阶”调整图层，在“属性”面板中移动直方图中间的滑块加深图像，或设置其参数为0.5，使路面颜色变暗。

**调整大小**

06 按下Ctrl+T组合键对图像进行自由变换，缩放路面的大小，并按住Ctrl键拖动定界框四角的控制点，调整图像的透视。

**调整颜色**

07 新建“色相/饱和度”调整图层，并设置为“路面”图层的剪贴蒙版，勾选“着色”复选框，设置“色相”为220、“饱和度”为30、“明度”为-50。

**置入灯光**

08 从文件夹中选择“灯光”图像文件置入，调整其大小和位置，设置混合模式为“滤色”、“不透明度”为60%，添加图层蒙版，使用黑色在蒙版上擦除多余部分。

**改变颜色**

09 按下Ctrl+U组合键执行“色相/饱和度”命令，在弹出的“色相/饱和度”对话框中设置“色相”为+65、“饱和度”为+58，调整灯光颜色。

**绘制光轨**

10 新建一个图层，命名为“光”，选择画笔工具，设置画笔的“硬度”为0%、“流量”为95%，按住Shift键分别在画布上单击起点和终点，使用白色绘制光轨。

**更多光轨**

11 适当变换画笔大小，绘制更多的光轨，注意要把每一个光轨都放在一个单独的图层上，然后按下Ctrl+G组合键对所有光轨进行编组。

**更多光轨**

12 新建一个图层，并填充颜色为黑色，使用“镜头光晕”滤镜渲染镜头光晕，设置“镜头类型”为“50-300毫米变焦”，适当调整光晕位置，并设置混合模式为“滤色”。

**置入跑车**

13 从文件夹中选择“跑车”图像文件置入，并调整其大小和位置。添加图层蒙版，结合使用“选择主体”功能和快速选择工具抠出图像主体。

### 改变亮度

14 新建“曲线”调整图层，并设置为“跑车”图层的剪贴蒙版，适当降低跑车的亮度。

### 抠取车轮

15 使用弯度钢笔工具沿车轮绘制路径，并从路径建立选区，按下Ctrl+J组合键将车轮复制出来。

### 旋转模糊

16 将车轮图层转换为智能对象，应用“旋转模糊”滤镜对其进行一定的模糊，让车轮呈现出飞转的感觉。

### 模糊前轮

17 使用同样的方法抠出前轮的轮胎，并对其应用“旋转模糊”滤镜，适当调整旋转角度。

### 车身阴影

18 在车身下方新建一个图层，使用多边形套索工具大致框出选区，并将选区羽化25像素，填充为黑色。

### 置入火焰

19 从文件夹中选择“火焰”图像文件并打开，使用矩形选框工具选中其中的一朵火焰，并使用移动工具拖曳到“街道”文档窗口中，按下Ctrl+T组合键进行自由变换，调整其大小和位置，并设置混合模式为“滤色”。

## 点石成金

### 辉光效果

如何模拟火焰熊熊燃烧时的发光现象？首先新建一个图层，并填充为黑色，设置前景色为#f09804，选择渐变工具，选择“前景色到透明渐变”，并设置渐变为“径向渐变”，画出渐变，并设置混合模式为“变亮”。按下Ctrl+T组合键对图像进行自由变换，将辉光拖曳到车尾。

## 操作指南

### 参考参数

**“曲线”调整图层：**

点1：输入为108，输出为59

点2：输入为178，输出为172

**“旋转模糊”滤镜：**

模糊角度：15°

闪光灯闪光：4

闪光灯闪光持续时间：1°

**“动感模糊”滤镜（火1）：**

角度：0度

距离：138像素

**“动感模糊”滤镜（火2）：**

角度：0度

距离：25像素

**“动感模糊”滤镜（火3）：**

角度：0度

距离：46像素

**“动感模糊”滤镜（火4）：**

角度：0度

距离：46像素

### 动感模糊

20 将图层转换为智能对象，并命名为“火1”。对“火1”图层应用“动感模糊”滤镜，制造出火焰喷射的效果。

### 更多火焰

21 使用同样的方法置入更多火焰，将图层转换为智能对象，并命名为“火2”，应用“动感模糊”滤镜进行一定的调整。

### 更多火焰

22 继续使用同样的方法制作更多火焰，命名为“火3”，适当调整其位置，让新的火焰位于汽车车体下方边缘。

### 滤镜蒙版

23 继续使用同样的方法制作更多火焰，命名为“火4”，让新的火焰包裹住车轮下方，并在滤镜蒙版上擦除和车轮重叠部分的效果。

### 更多火焰

24 置入更多火焰，只需要对这些火焰进行大小和位置的调整，不必再应用滤镜进行模糊。用更多火焰将跑车包围起来。

### 车轮火焰

25 复制“跑车”图层，并将其拖曳到火焰之间，让一部分火焰看起来位于车身下方，可以利用图层蒙版进一步优化车身的显示范围。

### 改变颜色

26 新建一个图层，并设置混合模式为“柔光”。选择一个柔边圆画笔，使用颜色#ef9a22在车身上轻轻涂抹，改变车身颜色。

### 车轮火焰

27 从文件夹中选择“车轮火焰”图像文件置入，设置混合模式为“滤色”，并调整其位置和大小，让火焰的形状和车轮契合。

### 径向模糊

28 分别对两个车轮上的火焰应用“径向模糊”滤镜，制造模糊效果，并选择一个柔边圆画笔，使用黑色在滤镜蒙版上擦除多余的效果。

### 改变颜色

29 新建一个图层，设置混合模式为“颜色减淡”、“不透明度”为40%，选择一个柔边圆画笔，使用颜色#ff0000涂抹车尾部分，提亮一下颜色。

### 设置光轨

30 任意选择一个光轨所在的图层，双击该图层，打开“图层样式”对话框，勾选“内发光”和“外发光”复选框，适当设置其参数，制造出发光的感觉。

### 复制图层样式

31 长按Alt键并拖曳图层样式，将其应用到其他图层上，尽量使相同的效果分隔开。

### 改变发光颜色

32 继续按住Alt键将图层样式应用到其他图层，并适当修改发光效果，在深蓝色的光轨中间夹杂一些红色和浅蓝色的光轨。

### 复制光轨

33 按下Ctrl+J组合键复制图层组，并拖曳到所有图层上方。合并图层组，设置混合模式为“线性光”、“不透明度”为35%，增强光轨的光感。

### Camera Raw滤镜

34 按下Shift+Ctrl+Alt+E组合键盖印图层，并应用Camera Raw滤镜进行修改，设置“色温”为-15、“高光”为+15、“阴影”为+25、“清晰度”为+40。

## 操作指南

### 参考参数

**“径向模糊”滤镜：**

数量：10

模糊方法：旋转

品质：好

**图层样式（深蓝）：**

**内发光：**

混合模式：正常

不透明度：70%

颜色：#171963

方法：柔和

源：边缘

大小：25像素

等高线：半圆

范围：35%

**外发光：**

混合模式：正常

不透明度：30%

颜色：#3041ab

方法：柔和

扩展：14%

范围：50%

**图层样式（红色）：**

内发光颜色：#f72525

外发光颜色：# f72525

**图层样式（浅蓝）：**

内发光颜色：#25dcf7

外发光颜色：#25dcf7

# 使用滤镜让作品脱颖而出

## 使用“滤镜”菜单下各种各样的滤镜，在Photoshop中实现不可思议的图像效果

你需要在图像上增加一些雾或雨吗？有一个滤镜可以实现这点。你需要重新调整你的图像焦距吗？也有一个滤镜可以来实现这点。还有一些滤镜可以制造出逼真的云雾和火焰，一些滤镜可以让图像看起来更像是画出来的……它们可以用于构建各种超现实图像，比如一个在海中跋涉的大象。

滤镜的美妙之处在于，它们可以从头开始根据需求量身制作出想要的效果，虽然用于创建这些效果的原始图像可能会需要花很长的时间收集，但只需要很短的时间就能用滤镜为它们加上不可思议的效果。

在Photoshop中，没有什么效果是不能实现的。翻开下一页，我们将展示可以用滤镜做些什么。

# 创建云雾

**渲染云彩**
“云彩”滤镜能够根据所设置的前景色和背景色，生成色彩介于它们之间的柔和的云雾图案。

“用软边圆笔刷涂抹蒙版区域，从背景中显示细节。”

## 渲染云彩 使用“云彩”滤镜创建逼真的云雾

### 打开图像

01 从文件夹中选择“风景”图像文件并打开，在工具箱中设置前景色为黑色、背景色为白色，这是创造云雾的基础。

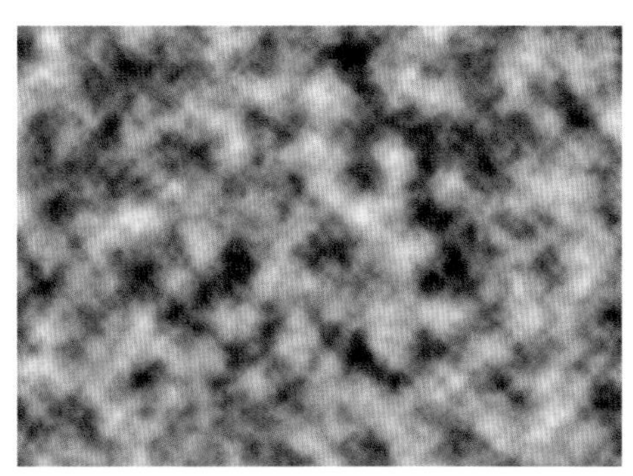

### “云彩”滤镜

02 在菜单栏中执行“滤镜>渲染>云彩”命令，“云彩”滤镜将会根据前景色和背景色随机生成云雾图案。

### 擦除多余图像

03 添加图层蒙版，选择一个软边圆笔刷，设置“流量”为5%，使用黑色在蒙版上遮盖多余的部分，并设置图层的混合模式为“滤色”。

# 制造火焰

### 渲染火焰

在Photoshop中渲染火焰非常简单。首先使用钢笔工具绘制一个简单的路径，然后在菜单栏中执行“滤镜>渲染>火焰”命令，在弹出的“火焰”对话框中对一些参数进行设置，即可制作出逼真的火焰。

### 液化

使用“液化”滤镜需要不断改变画笔的大小，保持较低的压力轻轻涂抹，以改变物体的形状。

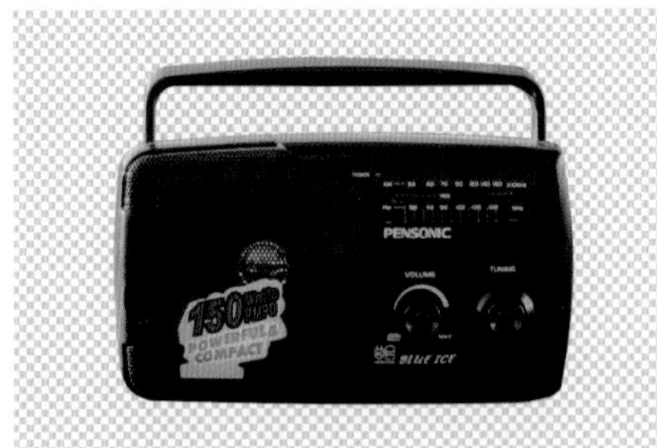


### 抠出收音机

01 使用钢笔工具沿收音机主体绘制路径，并从路径建立选区，按下Ctrl+J组合键将选区内的图像复制为新图层，抠出收音机主体。

### 填充背景

02 再次从路径建立选区，并向外扩展10像素，选择背景图层，在菜单栏中执行“图像>内容识别填充”命令，对收音机所在的部分进行填补。

### 液化

03 选中收音机，在菜单栏中执行“滤镜>液化”命令，在弹出的“液化”对话框中使用向前变形工具对收音机进行变形。

### 火焰

04 使用钢笔工具在需要添加火焰的部分随意绘制一些路径，新建一个图层，使用“火焰”滤镜添加一些火焰。

### 更多火焰

05 再次新建一个图层，并设置混合模式为“强光”，再次使用“火焰”滤镜制造一些火焰，并适当修改参数使火焰表现得更加猛烈。

### 烟雾和投影

06 在收音机下方添加投影和烟雾，设置投影的混合模式为“正片叠底”，使用一个柔边圆笔刷轻轻在图层上刷上一些黑色。

**径向模糊**

当将星星放在背景上后，按下Ctrl+J组合键复制一层，设置混合模式为“滤色”，并使用“径向模糊”滤镜为它添加这个很酷的效果。

# 太空场景

使用“曲线”调整图层进行最后的调整

改变飞船颜色，协调整体色彩

使用镜头闪光灯照亮飞船

将飞船放在天空上

新建一个图层并填充蓝色，设置其混合模式为“柔光”

在背景中加入星空

在图像的底部增加一座雪山

在构图中加入山峰作为背景

“改变照向飞船的光线和颜色。”

# 水下场景

**波纹**

“波纹”滤镜能够在图像上创造出像水面波纹一样起伏的扭曲效果。

## 制造波纹 利用“波纹”滤镜制造水面波纹

### 制作背景

01 在Photoshop中新建一个文档，命名为“波纹”，从文件夹中选择“海”图像文件置入，并大致对其位置和大小进行调整。

### 置入雕塑

02 从文件夹中选择“雕塑”图像文件并打开，抠出雕塑主体，将其拖曳到“波纹”文档窗口中，按下Ctrl+T组合键调整其位置和大小。

### 置入水母

**03** 从文件夹选择“水母”图像文件并打开，抠出水母主体，将其拖曳到“波纹”文档窗口中，按下Ctrl+T组合键调整其位置和大小，将其放置在雕塑上方。

### 擦除多余图像

**04** 添加图层蒙版，选择柔边圆画笔，设置其“硬度”为80%，使用黑色在蒙版上遮盖掉多余的部分，使雕塑的身体看起来像是包裹在水母中。

### 置入蜘蛛

**05** 从文件夹中选择“蜘蛛”图像文件置入，并放置在雕塑身后，为“蜘蛛”图层添加图层蒙版，并设置混合模式为“柔光”，用黑色在蒙版上擦除多余部分。

### “波纹”滤镜

**06** 在菜单栏中执行“滤镜>扭曲>波纹”命令，使用“波纹”滤镜对蜘蛛进行扭曲，让其看起来更像是隐藏在水面下的。

### 改变颜色

**07** 在“雕塑”图层上方新建一个“色彩平衡”调整图层，并设置为“雕塑”图层的剪贴蒙版，适当调整其参数，改变雕塑的颜色。

### 操作指南

参考参数

**“波纹”滤镜（蜘蛛）：**

数量：-453%

大小：小

**“波纹”滤镜（雕塑）：**

数量：40%

大小：大

**“色彩平衡”调整图层：**

青色-红色：-82

洋红-绿色：+35

黄色-蓝色：+53

勾选“保留明度”复选框

### 制造波纹

**08** 按下Alt+Ctrl+F组合键，同样使用“波纹”滤镜为“雕塑”图层制造波纹。适当调整滤镜的参数，让雕塑身上的波纹看起来幅度更小，制造出近大远小的层次感。

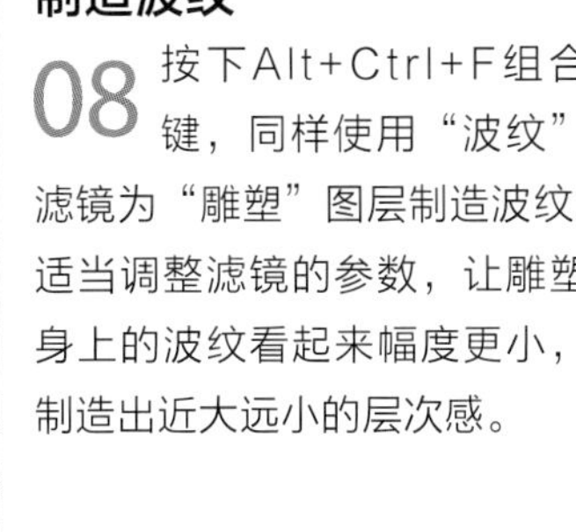

### 小技巧

若需要进一步控制波纹的效果，请使用“波浪”滤镜，调整滤镜的各个参数以制造更好的效果。

### Camera Raw滤镜

09 使用Camera Raw滤镜进一步改变雕塑的对比度，压下亮调和高光，让雕塑看起来更像是沉在海水里。

### 复制图像

10 按下Ctrl+J组合键复制“雕塑”图层和其调整图层，双击“雕塑 拷贝”下的“波纹”智能滤镜，在弹出的“波纹”对话框中适当调整波纹的参数。

### 擦除多余图像

11 为“雕塑 拷贝”图层添加图层蒙版，选择一个柔边圆画笔，设置其“流量”为10%，使用黑色在蒙版上擦除多余的部分。

## 操作指南

**参考参数**

**Camera Raw滤镜的“基本”选项卡：**

对比度：+9

高光：−22

阴影：−15

白色：−73

黑色：−19

**“色调曲线”选项卡：**

高光：−100

亮调：+12

**“波纹”滤镜：**

数量：314%

大小：大

### 改变水母明暗

12 在“水母”图层上方新建一个图层，并设置为“水母”图层的剪贴蒙版，设置其混合模式为“柔光”，选择一个柔边圆画笔，使用黑色在画布上加深水母的颜色。

### 绘制头部波纹

13 在所有图层上方新建一个图层，并设置混合模式为“深色”，按住Alt键就近吸取水面波纹的颜色，适当调整画笔大小，使用柔边圆画笔绘制雕塑头顶的波纹。

**小技巧**

使用“柔光”混合模式可以快速调整图像明暗，白色用来提亮图像，黑色用来加深图像。

# 下雨场景

**添加杂色**

“添加杂色”滤镜能够为图像添加噪点和杂色，根据前景色和背景色将随机像素应用于图像。

## 下雨场景 使用“添加杂色”滤镜和“动感模糊”滤镜制造逼真的雨丝

### 新建文档并置入背景

01 新建一个“宽度”为22厘米、“高度”为16厘米、“分辨率”为300的文档，并命名为“下雨”。从文件夹中选择“背景”图像文件置入，调整其位置和大小。

### 填充颜色

02 新建一个图层，填充颜色为#002221，设置混合模式为“柔光”、“不透明度”为36%，调整图像的色彩。

### 继续填充颜色

03 新建图层，填充颜色为#f9f1f0，设置混合模式为“柔光”、“不透明度”为40%。

### 调整颜色

04 按下Ctrl+G组合键对两个图层进行编组，新建“曲线”调整图层，并设置为组的剪贴蒙版图层，对图像的色彩进一步调整。

### 加深颜色

05 新建一个图层，设置混合模式为“柔光”，选择一个柔边圆画笔，使用黑色在画布上方轻轻涂抹加深颜色。

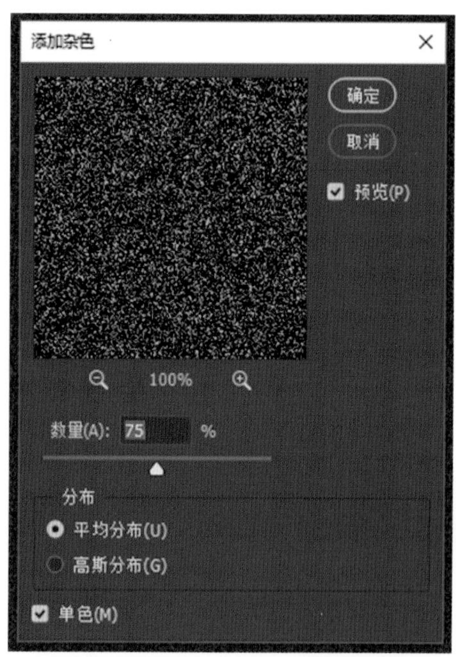


### 添加杂色

06 新建一个图层，填充颜色为#002221，在菜单栏中执行“滤镜>杂色>添加杂色”命令，在弹出的“添加杂色”对话框中设置“数量”为75%，选择“平均分布”单选按钮，并勾选“单色”复选框，单击“确定”按钮。

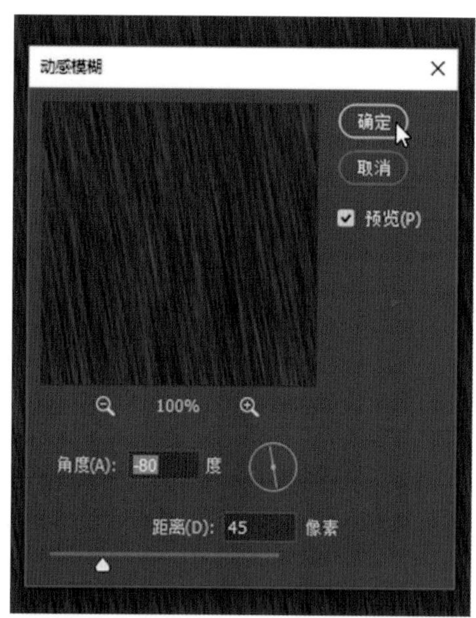


### 动感模糊

07 在菜单栏中执行“滤镜>模糊>动感模糊”命令，在弹出的“动感模糊”对话框中设置“角度”为80度、“距离”为45像素，单击“确定”按钮。

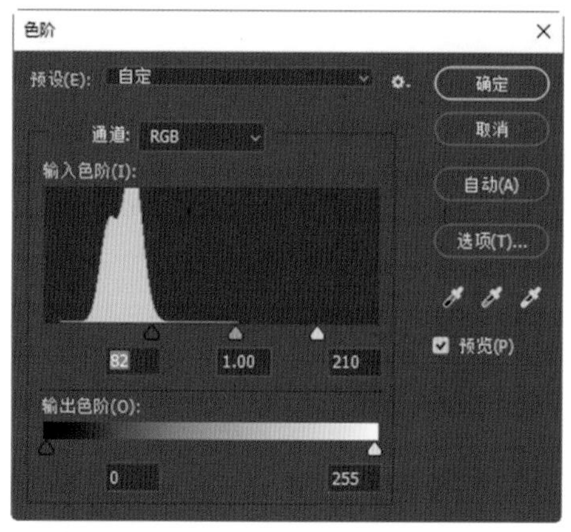


### 调整色阶

08 按下Ctrl+L组合键，在弹出的“色阶”对话框中调整色阶的参数，使图案的纹理对比更加明显。

### 更改混合模式

09 将图层的混合模式更改为“滤色”，并为其添加图层蒙版，使用黑色在蒙版上遮盖多余的部分。

### 更多雨丝

10 按下Ctrl+J组合键复制雨丝图层，并重新调整其位置，在蒙版上擦除多余的部分，制造更多雨丝。

初始图像

# 认真了解模糊滤镜

## 每一个模糊滤镜实际上做了什么？

在使用Photoshop处理图像的时候，为作品和照片设置一个清晰的焦点是很重要的。锐化工具正是出于这样的原因而存在的，它可以突出图像的某些部分以让人们关注到图像的重点，并让图像更加生动。

模糊滤镜的功能与此大同小异，它可以通过对图像进行模糊来帮助观众注意到主题，如上图中的星光轨迹。当然，也可以选择对图像进行锐化处理，以吸引更多的注意，但使用模糊滤镜，可以在突出焦点的同时在图像上创造景深的效果。

模糊滤镜的用处不止于此，还可以用它为图像添加动感或散景效果、对人物进行磨皮等，模糊滤镜能够实现各种可能。

让我们看看不同的模糊滤镜都有哪些用途吧！

# 一些模糊滤镜 关注每一个模糊滤镜都可以做什么

### 平均模糊

01 作为所有模糊滤镜中最基础的一个，“平均模糊”能够找出图像或选区的平均颜色，并使用该颜色填充图像或选区。可以使用平均模糊滤镜获得图像的整体基调。

### 模糊和进一步模糊

02 模糊和进一步模糊滤镜是最简单的选择，只是把像素混合在一起。它们的效果不太明显，但是可以通过重复使用来创造奇妙的效果。

### 镜头模糊

03 “镜头模糊”滤镜能够根据实际的相机拍摄效果为图像添加模糊，以产生景深效果。

### 动感模糊

04 “动感模糊”滤镜能够沿指定方向以指定的强度对图像进行模糊，适合给运动中的物体添加模糊。

### 径向模糊

05 “径向模糊”滤镜与“动感模糊”滤镜相似，但比“动感模糊”拥有更多选择，你可以用径向模糊滤镜制作出更加微妙的效果。

### 特殊模糊

06 “特殊模糊”滤镜能够精确地模糊图像，可以为它指定半径、阈值和模糊品质，也可以为整个选区设置模式、或为颜色转变的边缘设置模式。

### 表面模糊

07 “表面模糊”滤镜能够在保留边缘的同时模糊图像，和“特殊模糊”有些相似，只是不会留下尖锐的地方。可以使用它为人物磨皮，产生平滑的皮肤效果。

# 使用画笔工具进行绘画

## 从绘制草图到最后的修饰，掌握如何使用画笔工具进行绘画

打开Photoshop，找到所下载的那些画笔，我们将帮助你学习如何妥善地使用这些画笔进行绘画。

画画是可以长期维持下去的最简单的爱好之一，只需要有一张纸和一支笔，就可以在日常生活中轻松地进行绘画。但并不是所有人都能有与生俱来的艺术天赋，有些人无法将脑海中想象的画面描绘在纸上。就像大多数技能那样，提高绘画水平需要长期的练习，但你可以借助我们所给予的指南，对使用Photoshop进行绘画的技巧进行最基本的了解。

在接下来的几页中，我们将讲解一些最基本的绘画技巧和知识，教会你如何确定图像的光暗，并充分利用画笔工具绘制图像。

# 如何绘制动物简笔画

绘制动物简笔画时，需要准确地捕捉它们的肢体特点，并尽可能让图像显得可爱和有活力。可以搜索一些图像用作绘画的参考，想象着应该如何将一个真实的形象简化为线条简洁的有趣图像，然后添加合适的色彩。

绘制简笔画的关键在于简化线条、夸大特征，例如当需要绘制一条可爱的小狗时，可以放大小狗的眼睛，绘制圆润流畅的线条，让身体变得更矮胖而四肢更短小，并且为它穿上可爱的服装，填充鲜艳的颜色。

# 绘制螃蟹简笔画 使用最简单的硬边圆画笔绘制螃蟹简笔画

### 绘制草稿

01 新建一个图层，并命名为“草稿”。选择一个最普通的硬边圆画笔，在属性栏中设置“流量”为15%，使用黑色绘制草稿，注意简化螃蟹的线条，并适当夸大螃蟹的特征，让螃蟹的表情拟人化。

### 绘制线稿

02 将草稿图层的“不透明度”设置为20%，新建一个图层，适当调整笔刷的大小，在草稿的基础上绘制线条平滑的线稿，并在线稿下方新建一个图层，使用颜色#d24c2f涂抹填充螃蟹的身体。

### 填充颜色

03 继续新建一个图层，使用颜色#f89d70绘制螃蟹身上的反光，并结合使用橡皮擦工具调整反光的形状。为图像制作一个简单的背景，在所有图层下方新建一个图层，填充颜色为#e7d9ce。

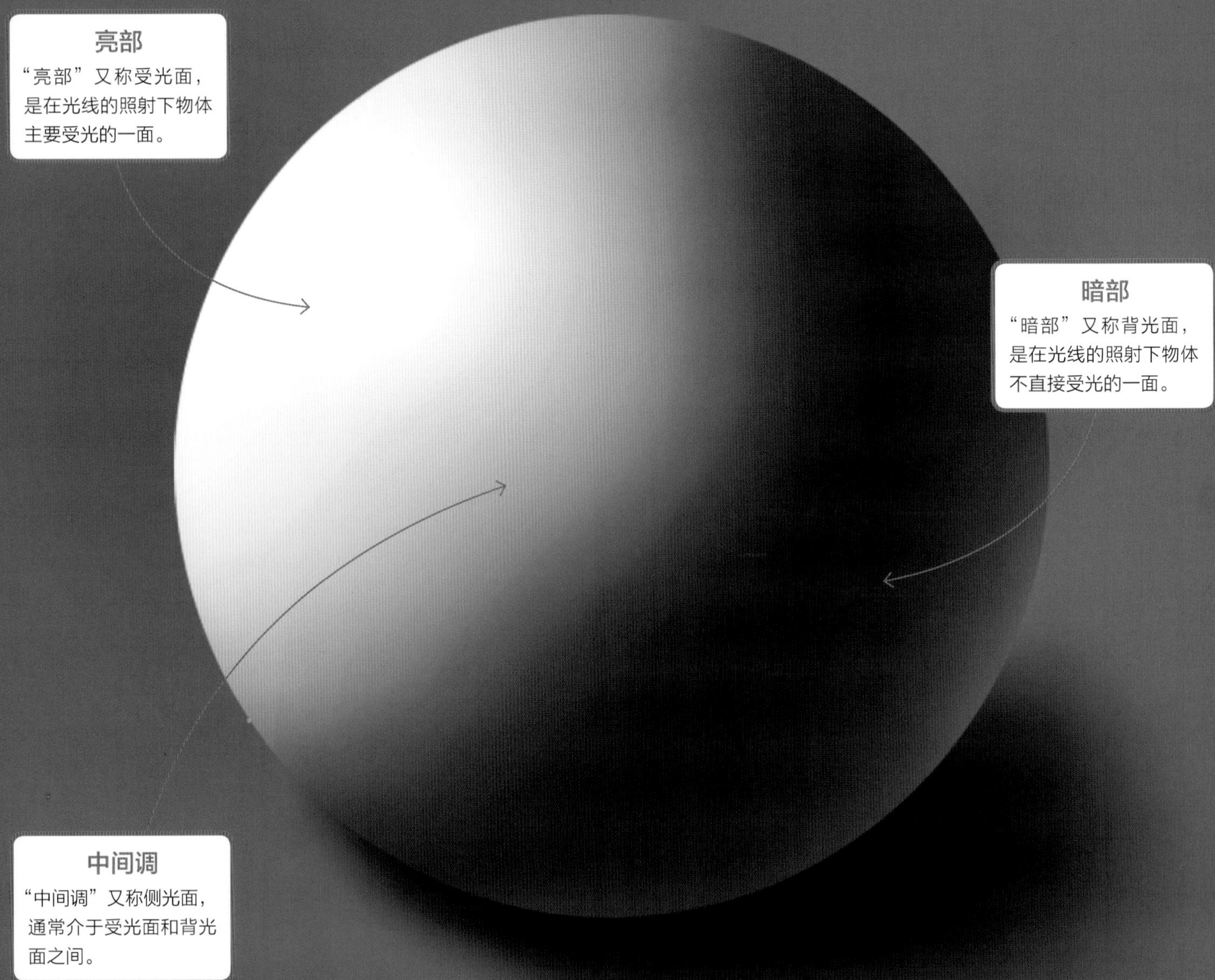


# 如何建立物体的光影关系

为物体建立正确的光影关系，可以使绘画作品摆脱单调的平面感，变得色彩更有层次、画面内容更加丰富和真实。但怎样才能在绘画时正确地建立物体的光影关系？这就需要了解一下关于三大面五大调的知识。

三大面五大调指的是物体受光后的明暗状态，物体在接受光的照射后，会呈现出不同的明暗层次，根据其层次进行划分，大致可以分为亮部、中间调和暗部，或亮面、灰面、明暗交界线、反光和投影。

当物体的表面足够光滑的时候，光源照射在物体上所产生的亮面（亮部）上还将出现受光的焦点，即为高光。物体在接受光的照射后，还会在周围环境上显示投影，投影在接近物体的一侧会表现得更为清晰，颜色也更深，根据物体的形状在环境上投射出由深到浅的阴影，让物体看起来更具立体感。通常情况下，我们会使用软边画笔、并降低其流量绘制物体的投影。

在建立光影关系的时候，别忘了注意物体和其周围环境的材质，材质的不同将影响光影的表现和质感。如果已经理解了这些概念，尝试着从一个最简单的小球画起，建立物体的光影关系吧！

# 使用混合模式对作品进行上色

## 绘制单色图像

01 有些画师发现，在对图像进行上色之前，先用黑白确定图像的光影关系会让绘画效率大大提升。首先确定一个光源，选择一个硬边圆画笔，使用深浅不一的灰色构建肖像的光影关系。

## “叠加”混合模式

02 创建一个新的图层，并设置其混合模式为“叠加”，选择一个柔边圆画笔，降低它的流量和不透明度，使用不同的颜色在这个图层上为肖像叠加一些色彩，描绘皮肤和头发。

**“柔光”混合模式**

03 再次创建一个新的图层，设置其混合模式为“柔光”，选择一个硬边圆画笔，并降低流量，为图像添加更多的颜色。

**“强光”混合模式**

04 复制最开始绘制的单色图层，将它放在所有图像上方，设置混合模式为“强光”，擦除多余的背景并进一步细化图像。

**“浅色”混合模式**

05 新建一个图层，设置混合模式为“浅色”，选择一个柔边画笔，在画布上涂抹一些浅色，增加图像的朦胧感。

# 使用自定义画笔绘制一朵云

在绘制天空中的云团时，使用了“渐变”填充图层为云层铺上天空的底色。不需要让颜色在一开始就显得非常正确，只需要让它和云的色彩看起来和谐，我们有很多方法能让图像的色彩最终完美起来。可以在天空上方新建一个图层，设置混合模式为“色相”或“颜色”，然后填充一个颜色，用以调整天空的色彩。

用一个自定义画笔来完成云的绘制，首先可以使用Photoshop原有的画笔绘制一个合适的形状，然后从它创建新的画笔，也可以直接从文件夹中载入我们所给的笔刷文件。在“画笔预设”面板中对画笔的参数进行设置，然后用它绘制云的基本形状。只需要随便涂抹几笔，云的形状就大致展现出来了，反复使用白色和黑色细化云的结构，让它看上去更富有层次感。

“色相/饱和度”调整图层是个很好地为云进行着色的工具，只需要在“属性”面板中勾选“着色”复选框，再移动“色相”、“饱和度”和“明度”滑块，即可对云的颜色进行调整。然后新建一些图层，设置它们的混合模式为“色相”或“颜色”，丰富云的色彩，最后在菜单栏中执行“滤镜>Camera Raw滤镜”命令，使用Camera Raw滤镜对图像的色彩和风格进行整体调整。

当绘制这样的场景时，首先使用画笔创建一个粗略的轮廓，用较大的画笔描绘出物体的明暗，然后用较小的笔刷反复地细化细节，这样的技巧能够完成大部分图像的前期绘制。

准备好跟随我们的步骤，开始绘画练习吧！

# 绘制云 使用自定义画笔绘制水彩风格的云

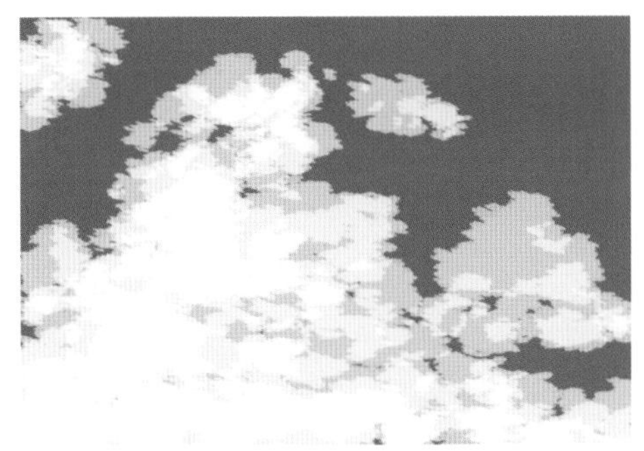

### 绘制基本轮廓

01 新建一个图层，并填充一个灰色。打开“画笔”面板，从文件夹中导入“云”笔刷，适当降低其流量和不透明度，设置“大小”为200，使用白色在画布上绘制出云团的基本轮廓。

### 铺设底色

02 在云层下方新建一个“渐变”填充层，在“渐变编辑器”中设置三个色标，从左到右分别设置颜色为#65a6f8、#4885b5和#063065，并调整渐变的位置。

### 操作指南

**画笔参考参数**

在“画笔设置”面板中选择“云”画笔，设置“间距”为50%，勾选“形状动态”、“散布”和“平滑”复选框，单击“形状动态”选项卡，在右侧打开的区域中设置“大小抖动”为100%、“角度抖动”为5%、“圆度抖动”为20%、“最小圆度”为25%。单击“散布”选项卡，在右侧打开的区域中设置“散布”为100%、“数量”为3、“数量抖动”为50%。在属性栏中设置画笔的“不透明度”为85%、“流量”为80%。

### 绘制阴影

03 新建一个图层，并设置为云图层的剪贴蒙版，仍然选择“云”笔刷，使用黑色绘制出云团的阴影。

### 细化阴影

04 再次新建一个剪贴蒙版图层，使用白色细化云团的阴影，让云的层次感更加分明。

### 绘制明暗交界

05 再次新建剪贴蒙版图层，调低画笔的“不透明度”为20%-30%，继续使用白色绘制云团的明暗交界。

### 丰富云团层次

06 再次新建剪贴蒙版图层，保持画笔参数不变，使用黑色进一步丰富云团的层次。

### 继续丰富云团层次

07 继续新建剪贴蒙版图层，使用白色点缀云团，进一步丰富云团的层次。

### 色相/饱和度

08 新建“色相/饱和度”调整图层，并设置为云的剪贴蒙版。在“属性”面板中勾选“着色”复选框，设置“色相”为213、“饱和度”为100、“明度”为+47，为云团着色。

### 暗部着色

09 再次新建一个剪贴蒙版图层，并降低“不透明度”到60%-70%、混合模式为“色相”，选择一个柔边圆画笔，并适当调低其流量，使用颜色#d1cbc2涂抹云团边缘。

### 丰富颜色

10 新建一个图层，设置混合模式为“颜色”，并降低“不透明度”到50%-60%。仍然使用柔边圆画笔，使用颜色#c4aef6在云层上涂抹，适当地增加一些紫色。

### 增加光源

11 新建一个图层，设置混合模式为“强光”，调整画笔的“大小”为1200-1500像素，使用颜色# f1e9e9涂抹云层下方边缘，让云层感觉更加朦胧。

### 涂抹工具

12 新建一个图层，选择涂抹工具，并设置画笔为“Kyle 的概念画笔 - 所有目的混合”，在属性栏中勾选“对所有图层取样”复选框，涂抹云层边缘，制造云雾的感觉。

### 绘制浮光

13 新建一个图层，选择一个硬边圆画笔，将画笔的“不透明度”设置为80%，使用白色在画布上绘制一些粗细不一的浮光，然后使用橡皮擦工具修饰它们的形状。

### 吸取颜色

14 新建一个图层，按住Alt键在画布上单击鼠标左键吸取颜色，使用天空的颜色在云上绘制一些线条。

### 改变天空颜色

15 在“渐变填充 1”图层上方新建一个图层，并设置混合模式为“色相”，使用颜色#5a7ab6填充图层。

### 绘制更多云

16 继续新建一个图层，选择“云”画笔，设置“流量”为50%-60%，使用白色在云层背后绘制更多分散的云。

### 高斯模糊

17 为了让图像更有层次，使用“高斯模糊”滤镜对新绘制的云进行“半径”为2-3像素的模糊，让它看起来距离更远。

**操作指南**

**参考参数**

**Camera Raw滤镜：**

在Camera Raw对话框中单击“预设”选项卡，选择“创意>蓝绿色和红色”预设，并单击“基本”选项卡，在打开的区域中修改“白色”为+12、“黑色”为-36、“自然饱和度”为+3、“饱和度”为+8。

### Camera Raw滤镜

18 按下Shift+Ctrl+Alt+E组合键盖印图层，在菜单栏中执行“滤镜>Camera Raw滤镜”命令，使用Camera Raw滤镜改变图像的颜色，体现出水彩风格的青蓝感。

### 丰富色彩

19 新建一个图层，并设置混合模式为“色相”，选择一个柔边画笔，设置“流量”为30%，使用颜色#f399f9为云添加一些紫色，丰富云的色彩。

# 绘制一幅数字肖像画

## 使用Adobe Photoshop内置的画笔，绘制一幅引人注目的数字肖像画

在Photoshop中，仅仅使用一些最简单的画笔和绘画技巧，就能画出一幅令人惊叹的肖像。我们为图像赋予了一种温暖的颜色，并使用对比色绘制人物的头发和瞳孔。从绘画的一开始就注意让色彩协调统一，让所有高光和阴影都完全通过画笔呈现，而不需要使用混合模式、图层蒙版或调整图层。假如对自己的绘画技术足够自信，甚至可以在同一个图层上完成所有的绘画步骤，像画家在画布上涂抹颜料一样地在图层上绘制画作。

我们只使用了最简单的柔边圆画笔完成这幅画的绘制，根据不同的需要调整它们的“大小”、“硬度”、“不透明度”和“流量”等参数。在草稿的帮助下使用大面积的色块界定人物的皮肤和头发，然后一步步地细化，让五官和发丝一点点呈现出来。

假如你有一个数位板或平板电脑，完成绘画会变得容易很多，这样能更好控制画笔的走向。假如只能使用鼠标，也不要灰心，结合新建图层和橡皮擦工具，仍然能够控制色彩的范围，让线条看起来尽可能干净流畅。

### 绘制草稿

01 新建一个图层，选择一个柔边圆画笔，适当调整画笔的大小，在画布上大致绘制出人物肖像的轮廓。不必让草稿看起来很细致，只需要使用最简单的线条勾勒出正确的形象。

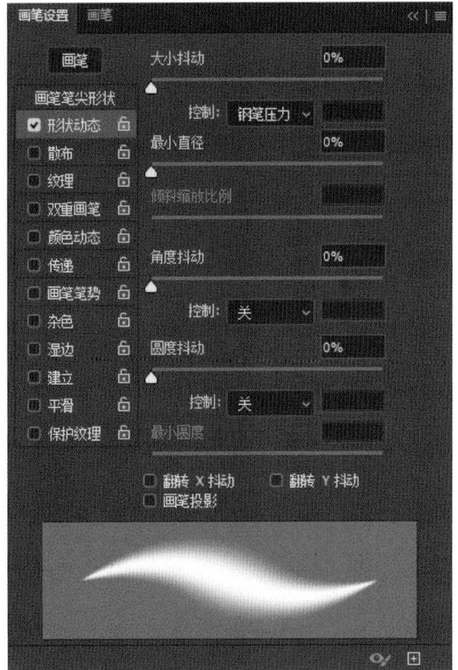


### 设置画笔

02 如果使用数位板或数位屏进行绘画，一定要记得在“画笔设置”面板中勾选“形状动态”复选框，并设置“大小抖动”的“控制”为“钢笔压力”，以便于更加精确地控制画笔的作用范围。

### 背景颜色

03 降低草稿图层的不透明度，按照需要在“图层”面板中将“不透明度”设置为30%-50%，在草稿图层下方新建一个“颜色”填充图层，并填充颜色为#c78674。

### 涂抹头发和皮肤

04 调整画笔的“硬度”为80%-90%，并将“流量”和“不透明度”都设置为100%，在草稿图层新建一个图层，使用颜色#3e2113涂抹人物的头发部分，并使用颜色#f0cbc2涂抹人物的皮肤部分。

### 添加基础阴影

05 设置画笔的“硬度”为0%，并降低“流量”到5%，新建一个图层，使用颜色#ba8773绘制人物皮肤的基础阴影，然后设置前景色为黑色，适当地调整笔刷的大小，轻轻涂抹人物脖子的阴影。

### 绘制眉毛和眼睛

06 调整画笔的大小为20像素，并设置“流量”为5%，新建一个图层，使用颜色#1f1918绘制出人物眼睛和眉毛的轮廓，注意顺着眉毛的走向绘制眉毛，让眉毛的纹理看起来尽可能真实。

### 绘制嘴唇

07 调整画笔的“流量”为100%，新建一个图层，使用打底颜色涂抹出嘴唇的形状，然后调整“流量”为20%-30%，并在“画笔设置”面板中设置“最小直径”为60%，交替使用浅色和深色绘制人物嘴唇的光泽和阴影。

**操作指南**

**唇部配色参考**

底色：#A9584D
唇线：#6e302e、#662626
光泽：#dc7a7d
阴影：#953936、#662626

### 加深轮廓

08 设置画笔的“流量”为10%，新建一个图层，继续给颧骨、鼻子、下颌骨、眼眶等部位添加阴影，并使用颜色#452517加深五官的轮廓。

### 绘制眼睛和细化五官

09 设置画笔的“流量”为20%-30%，进一步加深人物眼睛、鼻子和嘴唇的轮廓，并使用一个浅灰色绘制人物的眼仁，使用绿色和棕色绘制人物的瞳孔。

## 绘制头发纹理

10 设置画笔的“流量”为10%，新建一个图层，适当调整画笔大小，使用颜色#854d34简单地绘制出人物头发的纹理。

## 加深头发阴影

11 在“画笔设置”面板中修改画笔的“最小直径”为40%-50%，适当调整画笔大小，使用颜色#210200绘制头发的阴影，制造头发的体积感。

## 绘制高光发丝

12 适当调整画笔大小，使用颜色#9c7259绘制细小的高光发丝。

**操作指南**

**眼部配色参考**

睫毛：#2d1e19

瞳孔：#221816、#474c45

眼仁：#e1e1e1

## 绘制头发中缝

13 新建一个图层，适当调整画笔大小，使用颜色#e0b2a5绘制头发的中缝，选择橡皮擦工具，设置橡皮擦的“硬度”为0%、“流量”为60%，轻轻擦除发缝边缘过硬的线条，让色彩衔接更加自然。

## 修改皮肤颜色

14 新建一个图层，适当调整画笔大小，并调低“流量”到3%，使用颜色#dd8167为人物的皮肤添加一些粉色，如额头和脸颊，并使用橡皮擦工具擦除多余的部分。

## 绘制皮肤阴影

15 适当缩小画笔，使用颜色#be9281在人物面部绘制和加强阴影，注意刻画五官细节，绘制出人中和嘴唇的阴影。

## 清理皮肤

16 按住Alt键就近吸取皮肤上的颜色，并使用画笔进行涂抹，修饰颜色过于驳杂的部分，让皮肤的颜色变得简单干净。

## 加深眼皮

17 使用颜色#4a2117补充绘制一些头发，并加深人物眼皮的褶皱，让人物的眼睛更加深邃，同时绘制出一些阴影。

**绘制睫毛和眉毛**

18 设置画笔的“流量”为30%-40%，使用颜色#2d1e19绘制人物的睫毛，并加强眉毛的纹理。

**绘制眼睛高光**

19 设置画笔的“流量”为10%，适当调整画笔的大小，使用白色绘制人物眼珠的高光。

**Camera Raw滤镜调整**

20 按下Shift+Ctrl+Alt+E组合键盖印图层，并在菜单栏中执行“滤镜>Camera Raw滤镜”对图像进行最后的调整，加强颜色之间的对比，或者按照喜欢的方式改变图像的配色风格。

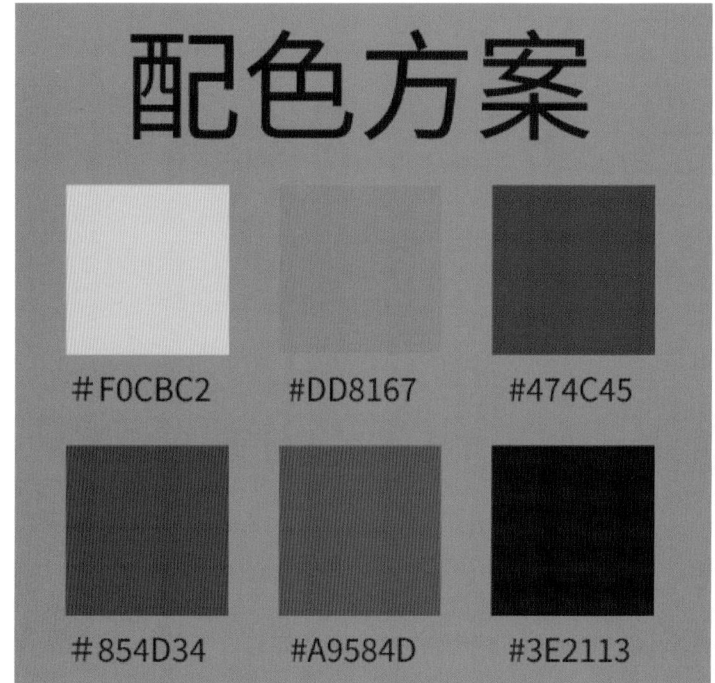


### 操作指南

**Camera Raw滤镜参数参考**

**“基本”选项卡参数：**

高光：+13
阴影：-31
白色：+9
自然饱和度：+24
饱和度：-5

**“色调曲线”选项卡参数：**

亮调：+9
阴影：-43

矢量形状
用规则的矢量形状让画面更加整洁，并使用剪贴蒙版为形状涂上颜色。

初始图像

# 绘制动物的皮毛

## 绘制小动物是件很有趣的事，但怎样才能绘制出逼真的皮毛效果呢？

画动物的好处之一是可以通过自己的笔触来描绘细节，让动物栩栩如生。无论是使用传统的方式绘画还是在电脑上作画，都可以通过不断地改进细节让图像变得更加完美，这将是一种奇妙的体验。

当绘制一个小动物时，会发现大部分时间都在绘制皮毛。虽然听起来这会是个枯燥无味的工作，但动物的皮毛确实是一种有趣的材质。它会根据身体的形态改变颜色和毛发的方向，实际上这很容易画，只需要在画布上排布规律的线条，并间杂以不同的颜色，画出色彩和光泽的层次，即可绘制出一块皮毛。

在本次教程中，我们将临摹参考图像绘制一只富有表现力的小猫。当然，假如你想临摹另外的图像，例如散步时抓拍的宠物狗，我们非常欢迎你使用它来创作属于自己的画作。如果你是个富有经验的艺术家，甚至不需要参考图片就能画得很好。绘制小动物是件很有趣的事，我们将通过它进一步熟悉画笔的基本用法。

## 绘制皮毛 从开始的草图到最后的收尾

### 置入参考图像

01 新建一个文档，并从文件夹中选择“参考”图像文件置入，调整图像的大小和位置，让猫位于整个画布的中央。

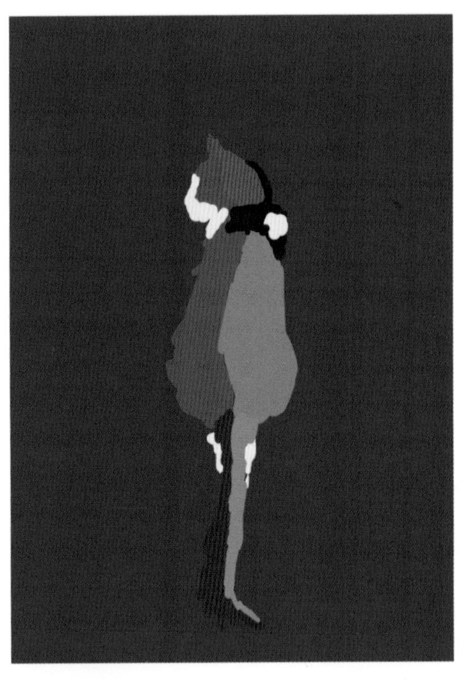

### 色块起稿

02 新建一个“颜色”填充图层，填充颜色为#27453e。按住Alt键在猫身上吸取面积较大的颜色，新建一个图层，选择一个硬边圆画笔，用不同的色块大致涂抹出猫的形状。

### 更多色块

03 继续从参考图像上吸取颜色，调整画笔大小，使用硬边圆画笔大致涂抹出猫身上的花纹，并注意使用深浅不一的颜色塑造出皮毛的光影关系。

## 加强图像色彩

04 新建一个图层，并设置为底稿的剪贴蒙版，设置混合模式为“柔光”，选择一个柔边圆画笔，设置“流量”为10%，按住Alt键从猫身上选择颜色，并在相应的位置进行涂抹，加强图像的色彩。

## 绘制皮毛

05 新建一个图层，开始尝试绘制毛发。按下Ctrl++组合键放大画布，设置画笔的“大小”为15像素、“流量”为15%，按住Alt键在画布上单击选择颜色，在这里，首先使用深棕色进行尝试，挥动画笔，轻轻绘制从深棕色块上延伸出的线条。

## 继续绘制皮毛

06 按住Alt键在画布上单击吸取浅棕色，使用同样的方式从色块上进行延伸排线，使线条彼此交错在一起，形成自然的色彩过渡。

## 添加亮色

07 按住Alt键在画布上单击吸取一个较亮的橙色，继续在画布上进行排线绘制，让整体色彩更加协调，形成毛皮的层次感。

## 继续绘制皮毛

08 使用同样的方法绘制出猫身体和尾巴的皮毛，注意皮毛的走向，并反复在基础色块上间杂颜色。

## 复制皮毛

09 按住Alt键拖曳鼠标左键复制图层，并将所复制的皮毛向左上或右下轻移几个像素，重复这个步骤，让皮毛看起来更加丰富。

## 颈部皮毛

10 新建一个图层，使用和身体同样的方法绘制猫颈部的皮毛，注意毛发的走向，随着猫颈部的扭动，一部分毛发将从肩部翘起。

## 复制颈部皮毛

11 按住Alt键拖曳鼠标左键复制图层，并向左上或右下轻移所复制的图层，让毛发看起来更加丰富。

## 绘制头部皮毛

12 新建一个图层，使用同样的方法绘制头部的皮毛和花纹，并复制图像让毛发更加丰富。可以将原图叠加在图层上方并降低其不透明度，依照原图的纹理描绘猫的头部。

## 图层蒙版

13 为色块起稿图层添加图层蒙版，选择一个柔边圆画笔，设置“流量”为10%，使用黑色在蒙版上轻轻擦除皮毛边缘过硬的轮廓。

## 高斯模糊

14 按下Ctrl+J组合键复制一层，并设置为色块起稿图层的剪贴蒙版，使用“高斯模糊”滤镜对其模糊30-35像素。

## 加强眼神光

15 新建一个图层，选择一个硬边圆画笔，适当调整画笔的大小，使用白色涂抹加强猫的眼神光，让猫的眼睛看起来更炯炯有神。

## 绘制矩形

16 在工具箱中选择矩形工具，设置“填充”为“无颜色”、“描边”颜色为白色、描边宽度为1像素，在画布上绘制一个装饰性的矩形，并使其在画布上垂直居中。

## 绘制三角形

17 在工具箱中选择多边形工具，设置“填充”为“无颜色”、“描边”颜色为白色、描边宽度为60像素，并设置“边”为3，在画布上绘制一个等边三角形。

## 剪贴蒙版

18 新建一个图层，并设置为三角形的剪贴蒙版，选择一个柔边圆画笔，设置画笔大小为1500-2000像素，并设置“流量”为50%，分别使用颜色#2D1709和颜色#C0610F涂抹剪贴蒙版，让三角形上出现完美的渐变色彩。也可以使用“渐变叠加”图层样式完成这一步，但使用画笔会让色彩变得更加灵活。

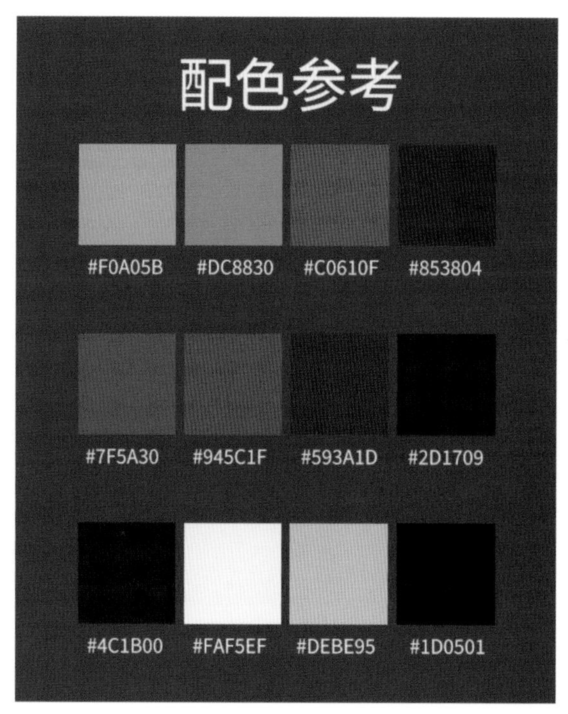


# 把注意力集中在猫的脸上

### 色彩和光线将如何影响画面的中心

这是一个需要不厌其烦地绘制皮毛的项目，有些特别的画笔可以帮助缩短绘画的时间，可以在网络上下载它们，并在Photoshop中对画笔进行正确的设置，但大量的练习有益无害，当用任何最基础的画笔都能画好一幅画的时候，绘制任何图像都会更加驾轻就熟。

和大多数的艺术作品一样，需要通过光线和色彩的变化让观众更容易注意到画面的中心。调整图层会让这点变得更容易做到，但只要对色彩的把握足够准确，无须调整图层也仍然能做到这点——尤其是还有可以用作参考的图像的时候。

在这幅作品中，我们让光线从猫的右侧打过来，但让装饰性的三角形的左上角被照亮，然后增强猫的眼神光，这样就形成了一种微妙的平衡，更容易将欣赏视线集中在猫的脸上。

# 使用滤镜将照片变成一幅画

## 使用滤镜修饰图像的风格和色彩，将普通的照片变成令人惊讶的画作

在Photoshop中，滤镜是一个很有用的功能，可以使用滤镜制作火焰、云彩或树木，也可以用它锐化或模糊图像，或修饰图像的色彩。还可以使用滤镜改变图像原有的艺术风格，为图像添加笔触和纹理，事实上，只要掌握了滤镜的正确使用方式，就能够轻松地将拍摄的照片变成一幅伟大的画作。

不需要学习怎么成为一个画家，也能通过滤镜制作出风格独特的艺术作品。无论油画、漫画还是平面风格的插画，都可以通过不同滤镜的组合制作出来。

在接下来的几页中，我们将讲解一些有关滤镜的应用方法，教会你如何使用滤镜将照片变成一幅画。

眼睛
使用“叠加”混合模式加强眼睛的光芒。
“油画”滤镜
使用“油画”滤镜为画面添加油画的笔触和质感。

# 使用滤镜将照片变成油画

## 将拍摄的照片制作成艺术风格强烈的油画，真是太有趣了！

初始图像

使用颜料和画笔在画布上绘制一幅油画很麻烦，但拍摄一张照片、在Photoshop中将照片变成油画却很简单。“油画”滤镜就是为此而存在的，它可以将照片转换为具有经典油画笔触和纹理的图像，可以通过在“油画”对话框中调整“硬毛刷细节”控制画画笔痕的明显程度，也可以通过调整“闪亮”改变光源的亮度和油画表面的反射强度。

“滤镜库”可以对图像进行更好的处理，“木刻”滤镜可以让图像看上去像是由色块组成的扁平图像，而“纹理化”滤镜可以为图像添加类似画布或画纸的纹理质感。还可以使用Camera Raw滤镜对图像的色彩和对比度进行调整，让图像的色彩和光影变得更符合需求。

掌握了这些滤镜的用法，可以轻松把任何图像变成一幅出色的油画。那么现在，准备好跟随我们的步骤，开始你的艺术创作吧！

## 创作油画 组合多个滤镜将照片制作成油画

### 转换智能对象

01 在Photoshop中打开图像，可以在文件夹中选择我们所提供的“油画”图像文件打开，也可以选择想制作油画效果的任何图像，并将“背景”图层转换为智能对象。

### “木刻”滤镜

02 在菜单栏中执行“滤镜>滤镜库”命令，在弹出的对话框中选择“艺术效果>木刻”滤镜，根据预览效果调整滤镜的参数，在让颜色扁平化的同时尽可能多地保留细节。

### “油画”滤镜

03 在菜单栏中执行“滤镜>风格化>油画”命令，在弹出的“油画”对话框中调整画笔参数和光照参数，为图像添加类似油画的笔触和纹理，这一步是整个创作的关键。

## Camera Raw滤镜

04 在菜单栏中执行“滤镜>Camera Raw滤镜”命令，在弹出的对话框中选择目标调整工具，在预览中长按并拖曳鼠标左键，调整图像的色调曲线。然后单击“预设”选项卡，选择“颜色>鲜艳”预设，让图像的色彩变得更加浓艳。也可以根据图像的实际表现在“基本”选项卡中进行更多处理。

## “纹理化”滤镜

05 再次在菜单栏中执行“滤镜>滤镜库”命令，并在弹出的对话框中选择“纹理>纹理化”滤镜，为图像增加“粗麻布”纹理。需要根据图像的实际表现调整滤镜的参数，让纹理尽可能显得自然，就像图像原本就是画在画布上的一样，并且注意要让它和衣物原有的纹理区分开。

## 操作指南

### 滤镜参考参数

**“木刻”滤镜：**

色阶数：8

边缘简化度：6

边缘逼真度：2

**“油画”滤镜：**

描边样式：10.0

描边清洁度：8.1

缩放：5.8

硬毛刷细节：10.0

角度：90度

闪亮：4.9

勾选“光照”复选框

**Camera Raw滤镜的“色调曲线”选项卡：**

亮调：+37

阴影：-42

**“纹理化”滤镜：**

纹理：粗麻布

缩放：100%

凸现：5

光照：右下

## 滤镜蒙版

06 选择一个柔边圆画笔，设置“流量”为15%，并设置前景色为#868686，使用灰色在滤镜蒙版上涂抹纹理过于突兀的部分，如人物的手掌和袖子等。然后使用黑色涂抹人物的双眼，让人物的眼睛显示清晰。

## 加强眼睛

07 新建一个图层，并设置其混合模式为“叠加”，适当调整画笔的大小，使用颜色#cdecfe涂抹人物的瞳孔部分，加亮人物的眼睛，然后使用橡皮擦工具擦除多余的部分，油画效果就制作完成了。

初始图像

# 使用滤镜
# 制作人物剪影插画

“木刻”滤镜可以有多强大？仅仅使用“木刻”滤镜就可以制作出一幅平面化的人物剪影插画。所需要做的只是不断复制图层，然后调整滤镜的参数，并使用图层蒙版遮盖多余的部分。

使用钢笔工具可以制作人物衣物的纹理，让图像看起来更具层次。不厌其烦地对待每个细节，尽可能保留人物身上的特色，将会通过简单的步骤制作出一张令人惊讶的图像。

# 人物剪影 多次使用“木刻”滤镜制作剪影插画

### 制作背景

01 从文件夹中选择“人物”图像文件并打开，新建一个图层，选择原本图像背景上的两种颜色，使用矩形选框工具框选并填充色彩。

### 抠取人物

02 使用对象选择工具抠取人物主体，按下Ctrl+J组合键复制为新图层，将其拖曳到之前所制作的背景上方，并转换为智能对象。

### “木刻”滤镜

03 在“滤镜库”中选择“艺术效果>木刻”滤镜，根据预览的效果调整滤镜的参数，让人物的面部出现清晰的剪影轮廓。

### 制作袖套

04 按下Ctrl+J组合键复制一层，双击其“滤镜库”智能滤镜，在弹出的对话框中修改“木刻”滤镜的参数，使左侧的袖套显示完全。

### 图层蒙版

05 使用快速选择工具选中人物的袖套，在“图层”面板中单击“添加图层蒙版”按钮，将左侧的袖套抠取出来。

### 制作另一侧袖套

06 按下Ctrl+J组合键再次复制一层，修改其滤镜参数，并修改蒙版范围，使用同样的方法制作出右侧手臂的袖套。

### 绘制路径

07 在工具箱中选择钢笔工具，使用钢笔工具大致描绘出人物衣物的褶皱阴影，注意线条要锋利。

### 制作褶皱

08 将路径转换为选区，新建一个图层，使用颜色#0f1114填充选区，并使用橡皮擦擦出一些渐变的感觉。

### 抠出手掌

09 使用多边形套索工具从“背景”图层上抠选出人物的手掌，并复制为新图层，拖曳到所有图层上方。

### 滤镜效果

10 使用“木刻”滤镜对手掌进行处理，使手掌和当前的图像风格一致，并使用蒙版遮盖多余的部分。

### 身体投影

11 选中最初的人物剪影图层，为其添加“投影”图层样式，适当调节投影的参数，并设置颜色为#003933。

**操作指南**

**“木刻”滤镜参考参数**

身体：“色阶数”为2、“边缘简化度”为4、“边缘逼真度”为1。
左袖：“色阶数”为8、“边缘简化度”为10、“边缘逼真度”为3。
右袖：“色阶数”为8、“边缘简化度”为5、“边缘逼真度”为3。
手掌：“色阶数”为8、“边缘简化度”为5、“边缘逼真度”为3。

**操作指南**

**“投影”样式参考参数**

在“图层样式”对话框中勾选“投影”复选框，设置“混合模式”为“正常”、“不透明度”为100%、“角度”为120度、“距离”为44像素，并勾选“使用全局光”复选框。

# 使用滤镜<br>制作水彩风格插画

一张水彩风格的插画需要有哪些要素？鲜艳的色彩和鲜明的线条总是很重要的。使用一些滤镜可以轻松地将一张风景照打造成水彩风格的插图，让画面一瞬间变得童话起来。

怎样才能制作这样的一张插画呢？首先需要改变图像的配色，使用Camera Raw滤镜加强画面中的黄色、蓝色和绿色，这会创造出童话般的色彩。然后为画面加上一些像是墨水绘制出的黑色线条，“海报边缘”滤镜可以有效地做到这点。还可以使用“木刻”滤镜让色彩的分布变得更加简洁，让画面看起来像是完全使用墨水进行上色的，最后使用“彩色半调”滤镜为图像贴上一些网点，让图像更具漫画的质感。

别忘了使用蒙版区分景物和天空！在这个案例中，我们需要对天空和景物分开处理，因为适合城堡的滤镜参数未必适合天空和白云。在图像彻底完成之后，还需要使用污点修复画笔工具或仿制图章工具对画面上的瑕疵进行一些修补，以使插画看起来更加完美。

现在，从文件夹中找到我们所提供的图像，或从你的库存照片中选择一张合适的图片，跟随我们的步骤开始制作一张水彩风格的插画吧！

# 水彩插画 将风景照制作成水彩风格的插画

### Camera Raw滤镜

01 从文件夹中选择“城堡”图像文件并打开，按下Ctrl+J组合键复制“背景”图层，并转换为智能对象。使用Camera Raw滤镜对图像的色彩进行调整，加强色彩的对比度和饱和度，让颜色更加鲜艳明快。

### “海报边缘”滤镜

02 在菜单栏中执行“滤镜>滤镜库”命令，在弹出的对话框中选择“艺术效果>海报边缘”滤镜，根据预览的情况适当调整滤镜的参数，让图像上出现如同钢笔勾勒的黑色细线。

### “木刻”滤镜

03 按下Ctrl+J组合键复制一层，双击其“滤镜库”智能滤镜，更改滤镜为“木刻”滤镜，并调整滤镜的参数，让色彩变得更加扁平，然后设置图层的混合模式为“柔光”。

### 图层蒙版

04 分别为两个添加了滤镜效果的图层添加图层蒙版，综合使用快速选择工具、对象选择工具和快速蒙版功能选中图像的天空部分，在蒙版上填充选区为黑色，遮盖当前的天空。

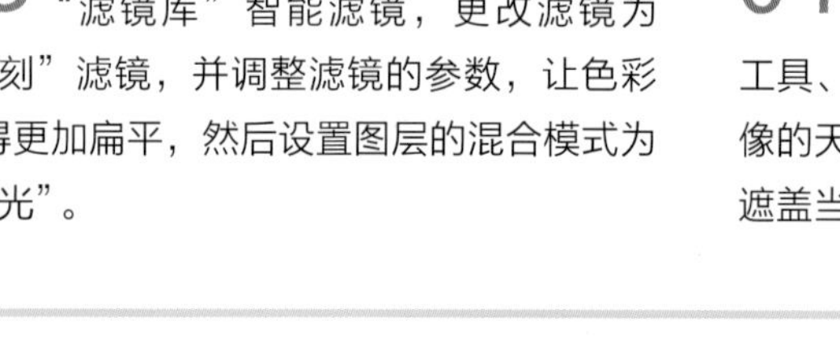

**饱和度**

加强画面上红色、橙色、绿色和蓝色的饱和度，让色彩更加鲜艳。

**天空**

分开处理景物和天空，使用“绘画涂抹”滤镜为白云添加笔触质感。

## 操作指南

### 滤镜参考参数

**Camera Raw滤镜的“基本”选项卡:**

对比度：59
高光：−5
阴影：+53
白色：+4
黑色：+44
清晰度：+56
自然饱和度：+52
饱和度：+16

**“HSL调整>饱和度”选项卡**

红色：+100
橙色：+73
绿色：−44
蓝色：+33

**“海报边缘”滤镜:**

边缘厚度：10
边缘强度：8
海报化：1

**“木刻”滤镜:**

色阶数：8
边缘简化度：5
边缘逼真度：3

## “绘画涂抹”滤镜

05 按下Ctrl+J组合键复制“图层1”图层，并将所复制的图层拖曳到所有图层的最下方，删除其图层蒙版，双击“滤镜库”智能滤镜，在弹出的对话框中修改滤镜为“绘画涂抹”，并适当调整参数。

## “海报边缘”滤镜

06 在“滤镜库”对话框中单击“新建效果图层”按钮，添加一个“海报边缘”滤镜，适当调整滤镜的参数，使云层边界清晰，色彩层次更加分明，制造出云的体积感，然后单击“确定”按钮。

## 修饰色彩

07 在所有图层上方新建一个图层，填充颜色为#00354b，并设置“不透明度”为38%，设置混合模式为“颜色减淡”。

## “彩色半调”滤镜

08 在菜单栏中执行“滤镜>像素化>彩色半调”命令，为图像添加类似漫画的网点效果，并使用黑色在滤镜蒙版上遮盖多余的效果。

## 修复瑕疵

09 按下Shift+Ctrl+Alt+E组合键盖印图层，并使用污点修复画笔工具修复画面上过于明显的斑点瑕疵。

## 操作指南

### 滤镜参考参数

**“绘画涂抹”滤镜：**

画笔大小：22

锐化程度：38

画笔类型：简单

**“海报边缘”滤镜：**

边缘厚度：10

边缘强度：1

海报化：1

**彩色半调滤镜：**

最大半径：15

网角（4个通道）：45

## 钢笔淡彩风格

钢笔淡彩风格看起来比水彩风格更加轻巧灵动，色彩往往较为浅淡。要想让图像变成钢笔淡彩风格，只需要使用Camera Raw滤镜降低色彩的饱和度并提高其明亮度，然后使用“纹理化”滤镜为图像添加“砂岩”纹理，这会让图像看起来更像是画在纸上的。

**“纹理化”滤镜**

“纹理化”滤镜可以为图像添加诸如画布、粗麻布、砖形和砂岩的纹理。

"液化"滤镜
使用"液化"滤镜适当放大人物的双眼，让人物的眼睛更有漫画的感觉。
初始图像

# 使用滤镜制作手绘风格的肖像

使用滤镜可以制作各种各样的图像效果，也可以将图像变成各种风格的画作，但如何使用滤镜制作一张手绘风格的肖像画呢？

手绘肖像和照片都有哪些不同？——手绘肖像往往会有更加夸张的眼睛，更精致的五官，还有着鲜明的轮廓。色彩往往会更加鲜艳，高光也会非常夺人眼球。因此，需要使用“液化”滤镜放大人物的眼睛，使用Camera Raw滤镜改善图像的色彩和对比度，并使用“绘画涂抹”和“海报边缘”滤镜为图像增加艺术效果。需要使用“最小值”滤镜提取图像的线条，并使用画笔工具补充绘制更多的线条，使用“高斯模糊”滤镜让色块的边界变得柔和，使用“正片叠底”混合模式改善嘴唇的颜色，最后通过减淡工具提亮头发上的高光，并使用画笔工具绘制更多的高光，让图像看起来更接近画出来的感觉。

选择一个肖像，或使用我们所提供的图片，跟随我们的步骤开始练习吧！

## 手绘肖像 将普通的肖像照片制作成手绘风格的图像

**“黑白”调整图层**

01 从文件夹中选择“肖像”图像文件并打开，添加“黑白”调整图层，在“属性”面板中适当调整各项参数，压平图像的色彩，加深头发和背景的灰度而提亮皮肤，制作出黑白效果。

**“最小值”滤镜**

02 按下Shift+Ctrl+Alt+E组合键盖印图层，并按下Ctrl+I组合键执行“反向”命令，更改其混合模式为“颜色减淡”，在菜单栏中执行“滤镜>其他>最小值”命令，设置“半径”为2像素。

**小技巧**

在使用“黑白”调整图层对图像的灰度进行调整时，可以在“属性”面板中选择一种合适的预设，以节省参数调整的时间。

**操作指南**

参考参数

**“黑白”调整图层**

红色：64
黄色：57
绿色：20
青色：-200
蓝色：20
洋红：163

### 提取线条

03 再次按下Shift+Ctrl+Alt+E组合键盖印图层，并按下Ctrl+A组合键全选图层，按下Ctrl+C组合键复制图像。为图层添加图层蒙版，按住Alt键单击蒙版缩略图进入蒙版，按下Ctrl+V组合键粘贴图像，按下Ctrl+I组合键执行“反向”命令。

### 颜色叠加

04 为图层添加“颜色叠加”图层样式，叠加颜色为黑色，并使用画笔工具在蒙版上遮盖掉多余的部分，如人物的双眼。

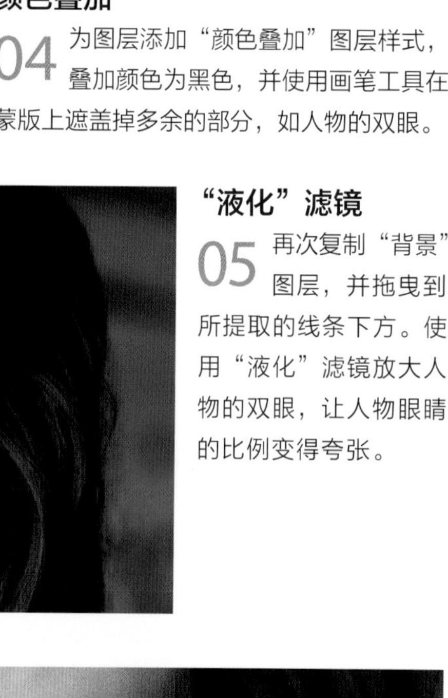

### “液化”滤镜

05 再次复制“背景”图层，并拖曳到所提取的线条下方。使用“液化”滤镜放大人物的双眼，让人物眼睛的比例变得夸张。

### Camera Raw滤镜

06 使用Camera Raw滤镜改善图像的色彩，让颜色变得更加鲜艳，并加强明暗对比。

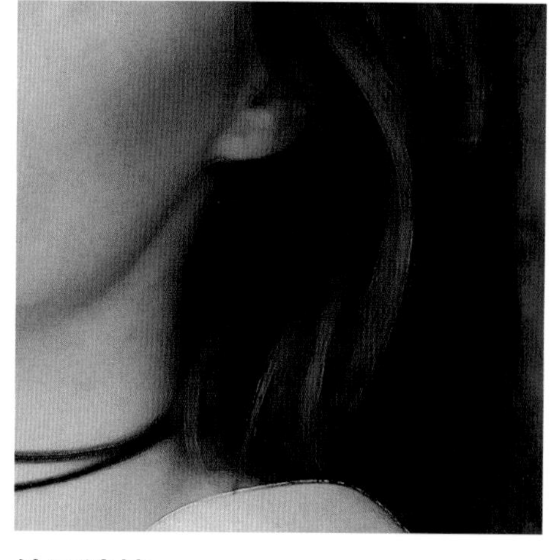

### 绘画涂抹

07 使用“绘画涂抹”滤镜为图像增加艺术风格，适当调整滤镜的参数，让图像上出现清晰的笔触。

## 操作指南

### 滤镜参考参数

**“液化”滤镜的属性>人脸识别液化>眼睛：**

眼睛大小：100
眼睛高度：15
眼睛宽度：13
眼睛斜度：-61
眼睛距离：-37

**Camera Raw滤镜的“基本”选项卡：**

色温：-6
对比度：-3
高光：+49
阴影：-18
白色：+45
黑色：-59
自然饱和度：+44

**“HSL调整”选项卡的色相：**

红色：-13
饱和度：
红色：+62
橙色：-13
明亮度：
红色：-26
紫色：+100
洋红：-30

**“绘画涂抹”滤镜：**

画笔大小：20
锐化程度：40
画笔类型：简单

### 小技巧

“液化”滤镜中的“人脸识别液化”功能可以快捷调整人物面部轮廓和五官的各项参数，也可以通过选择脸部工具，拖曳预览中出现的提示线条对人物的面部轮廓和五官进行调整。

## 海报边缘

08 在“滤镜库”对话框中新建“海报边缘”效果图层，适当调整参数，改善图像的色彩和上色风格，让图像的上色方式更接近手绘的状态。

## “柔光”混合模式

09 在所有图层上方新建一个图层，设置混合模式为“柔光”，选择一个软边圆画笔，使用颜色#f2dfd3涂抹人物的皮肤。

## 高斯模糊

10 按下Shift+Ctrl+Alt+E组合键盖印图层，使用“高斯模糊”滤镜将图像模糊3.3个像素，并为图层添加图层蒙版，使用黑色在蒙版上遮盖人物皮肤之外的部分，注意遮盖眼睛和嘴唇。

### 操作指南

参考参数

**“海报边缘”滤镜**

边缘厚度：10

边缘强度：0

海报化：1

## “正片叠底”混合模式

11 新建一个图层，并设置混合模式为“正片叠底”，选择一个硬边圆画笔，使用颜色#ce484f涂抹人物的嘴唇，并适当调整画笔的大小，设置“流量”为20%-50%，使用颜色#a32229加深人物的唇线和嘴唇阴影。

## 绘制睫毛

12 新建一个图层，选择一个硬边圆画笔，适当调整画笔的大小，使用黑色绘制人物的睫毛，并加深嘴唇的缝隙。

## 绘制线条

13 新建一个图层，选择一个硬边圆画笔，适当调整画笔大小，并设置“流量”为30%，使用黑色依照人物身体的线条绘制出基本轮廓。

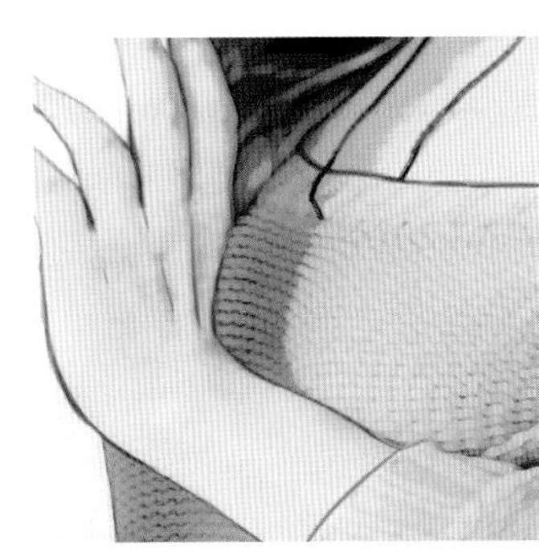

## 改变颜色

14 为线条图层新建一个剪贴蒙版图层，使用颜色#3a121a涂抹人物身体部分，改变一些线条的颜色，让线条的色彩更具层次感。

### 鼻子轮廓

15 新建一个图层，使用颜色#371219绘制人物鼻子的轮廓，并适当降低画笔的硬度，略微延伸眉毛的长度。

### 面部高光

16 新建一个图层，设置混合模式为“颜色减淡”，根据需要适当调整画笔大小，设置“流量”为15%，使用颜色#d0a697绘制人物眼睛、眼周、鼻子和嘴唇的高光。

### 头发高光

17 按下Shift+Ctrl+Alt+E组合键盖印图层，并设置“不透明度”为50%。选择减淡工具，在属性栏中设置“范围”为“中间调”，适当调整画笔大小，增强部分发丝的高光。

### 增强高光

18 复制面部高光图层，并拖曳到所有图层上方，适当调整画笔大小，使用颜色#9c5336涂抹人物的头发，增强头发色彩的层次感。

### 绘制纹理

19 新建一个图层，适当调整画笔大小，并设置“流量”为20%，使用黑色加深颈部项链的轮廓，并绘制一些头发的纹理。继续新建一个图层，描摹衣服的纹理，并注意绘制出衣服阴影边缘的线条。

## 点石成金

### 更多细节

将照片转化为手绘风格总是免不了有需要绘画的部分，假如没有专业的绘图工具，也无法使用鼠标绘制灵活的线条，可以使用钢笔工具绘制路径，再对路径进行模拟压力的画笔描边。

怎么让人物的眼睛变得更卡通呢？需要在合适的位置点缀梦幻的高光，甚至使用卡通的风格重新绘制人物的眼睛，图像的效果就会变得非常出色。

记住，线条和色彩永远是手绘风格图像的重点，只有清晰的线条和鲜明的色彩才能让一幅肖像看起来更具手绘风格。使用自己的肖像照片，尝试着制作这样的一幅图像吧！

“绘图笔”滤镜
使用“绘图笔”滤镜捕捉图像中的细节，重新使用前景色作为油墨、背景色作为纸张喷涂替换图像中原本的颜色。
“成角的线条”滤镜
使用“成角的线条”滤镜制造出溢色的上色效果，让笔触更加接近真实。

# 使用滤镜制作彩铅速写插画

使用滤镜可以实现种种不可思议的图像风格，比如可以将一张风景照片制作成水彩、油画或剪影风格的插画，但为什么不尝试着组合一些不常用的滤镜，使用看起来似乎有些复杂的方式探索更多独特的艺术风格呢?

“滤镜库”中的“素描”滤镜组能够为图像添加各种素描效果，其中的一些滤镜还能够使用前景色和背景色重绘图像。这些滤镜可以用来创建传统美术风格的手绘图像，综合使用这些滤镜，我们可以轻松地让图像转变为素描风格，甚至制作出钢笔淡彩或彩铅速写风格的完美插画。

添加滤镜、改变颜色，利用图层的混合模式打造美丽的色彩混合，并使用矢量形状工具绘制模拟手绘的笔触，最后为图像添加纸张的质感和纹理，图像最终呈现的效果令人惊叹。

现在，从文件夹中找到我们提供的初始图像，开始速写练习吧!

## 彩铅速写 使用滤镜模仿彩铅速写风格

### “影印”滤镜

01 从文件夹中选择“建筑”图像文件打开，按下Ctrl+J组合键复制一层，并转换为智能对象，设置前景色为黑色、背景色为白色，使用“滤镜库”中的“素描>影印”滤镜提取出建筑的线条。

### “色阶”命令

02 按下Ctrl+L组合键执行“色阶”命令，使用黑场取样工具单击画布上色彩最深的部分，使用白场取样工具单击画布上色彩较灰的部分，适当调节参数，让建筑的线条变得更加清晰。

### “高斯模糊”滤镜

03 再次复制“背景”图层，将其转换为智能对象，并拖曳到所有图层上方。使用“高斯模糊”滤镜将图像模糊10像素，然后设置图层的混合模式为“正片叠底”，为图像增添色彩。

**“绘图笔”滤镜**

04 按下Ctrl+J组合键复制一层，并清除其智能滤镜。使用“滤镜库”中的“素描>绘图笔”滤镜为图像添加类似铅笔排线的效果，然后将图层的混合模式更改为“变暗”。

**“成角的线条”滤镜**

05 再次按下Ctrl+J组合键复制一层，并清除其智能滤镜。使用“滤镜库”中的“画笔描边>成角的线条”滤镜制造出类似使用彩铅进行排线的溢色上色效果。

## 操作指南

**滤镜参考参数**

**“影印”滤镜：**

细节：4

暗度：50

**“绘图笔”滤镜：**

描边长度：15

明/暗平衡：25

描边方向：右对角线

**“成角的线条”滤镜：**

方向平衡：100

描边长度：50

锐化程度：10

**色阶**

06 添加一个“色阶”调整图层，使用白场取样工具在墙壁上色彩过于黯淡的部分进行单击，使墙壁变成白色，同时提亮图像的整体颜色。

**叠加颜色**

07 选中除“背景”图层之外的所有图层，并按下Ctrl+G组合键收入到组中，设置组的混合模式为“正片叠底”。在“背景”图层上方添加一个“纯色”填充图层，填充颜色为#e5d6c2。

**绘制形状**

08 新建一个组，在工具箱中选择椭圆工具，按住Shift键在画布上绘制一个正圆。可以将“填充”设置为“无颜色”、“描边”颜色设置为白色，并适当调整描边宽度，以便于观察形状的变化。

**复制形状**

09 长按Alt键并拖曳鼠标左键，多次复制圆形并移动其位置，使用多个圆形在画布上组合成云朵的形状，

### 合并形状

10 选中并合并所有矢量圆形，在属性栏中设置“填充”颜色为白色、“描边”颜色为黑色、描边宽度为20，然后将图层转换为智能对象，重命名为“云”。

### 添加杂色

11 按下Ctrl+J组合键复制一层，重命名为“纹理”，改变云的颜色为黑色。设置前景色为黑色、背景色为白色，使用“添加杂色”滤镜为云朵添加杂色。

### 动感模糊

12 在菜单栏中执行“滤镜>模糊>动感模糊”命令，适当调整滤镜的参数，使云层呈现出清晰的纹理效果，并使纹理的角度和城堡的线条保持一致。

### 色阶调整

13 按下Ctrl+L组合键执行“色阶”命令，使用黑场取样工具在云的任一部分单击，然后使用白场取样工具单击云上较亮的部分，使云的纹理更接近素描排线的效果。

### 形状调整

14 将“纹理”图层设置为“云”图层的剪贴蒙版，并为“纹理”图层添加图层蒙版，选择画笔工具，设置画笔为“Kyle 的喷溅画笔–高级喷溅和纹理”，使用黑色在蒙版上擦出不规则的质感。

### 更多云

15 选中“纹理”和“云”图层，并转换为智能对象，多次复制智能对象，并调整云的大小和位置，然后合并所有的云，重命名为“云1”。

## 操作指南

**滤镜参考参数**

**“添加杂色”滤镜：**

数量：75%

分布：高斯分布

勾选“单色”复选框

**“动感模糊”滤镜：**

角度：50度

距离：41像素

### “影印”滤镜

16 按下Ctrl+J组合键复制一层，重命名为“云2”，并设置其混合模式为“叠加”。在菜单栏中执行“滤镜>滤镜库”命令，在弹出的对话框中选择“素描>影印”滤镜，适当调整滤镜的参数，让云的笔触和纹理更加清晰。

### 改变颜色

17 选中“云1”和“云2”图层，按下Ctrl+G组合键收入到组中，新建两个图层，设置为组的剪贴蒙版，设置第一个图层的混合模式为“深色”，填充颜色为#e5d6c2，设置第二个图层的混合模式为“柔光”、“不透明度”为25%，填充颜色为#c05c25。

### 绘制线条

18 选择直线工具，在属性栏中设置“粗细”为2像素、“填充”为黑色、“描边”为“无颜色”，在画布上顺着建筑物的形状绘制一些规则的直线。

### 制作笔触

19 分别为每个形状图层添加图层蒙版，选择画笔工具，并选择“Kyle的终极粉彩派对”画笔，设置“大小”为100像素，使用黑色在每个形状图层的蒙版上适当擦除部分线条，使线条呈现出类似铅笔的笔触效果。

### 更多线条

20 选择椭圆工具，在画布上绘制一些大小不一的椭圆，并适当加粗其描边宽度。同样为每个椭圆形状添加图层蒙版，使用“Kyle 的终极粉彩派对”画笔在蒙版上擦出仿照铅笔笔触的效果。

### 添加纹理

21 按下Shift+Ctrl+Alt+E组合键盖印图层，在菜单栏中执行“滤镜>滤镜库”命令，在弹出的对话框中选择“纹理>纹理化”滤镜，适当调整滤镜的参数，为图像添加逼真的纹理效果。

### 操作指南

**滤镜参考参数**

**“影印”滤镜：**

细节：24

暗度：50

**“纹理化”滤镜：**

纹理：砂岩

缩放：180%

凸现：5

光照：上

使用钢笔
工具成为
插图专家

# 钢笔工具基础技巧

## 使用钢笔工具进行插图的绘制 查看指南，了解如何更好地绘制插图

钢笔工具为用户提供了令人难以置信的可操控的精度，这使它成为了选择对象和绘制形状的完美工具。但归根结底，它还是为了绘图而设计的，钢笔工具实质上改变了我们如今绘制数字插画的思路。

在接下来的几页中，我们将展示一些专业级的内容，不仅有使用钢笔工具绘制插图的技巧，还有数字插图的各种流行风格。我们将讲解一些技巧，解锁如何使用钢笔工具创造令人惊叹的数字艺术作品，这些案例可以帮助学习和熟悉钢笔工具的使用技巧，也会带来创作插图的灵感。

在这些案例中，使用到的不仅是钢笔工具，还将看到如何将它与画笔、图层样式和混合模式相结合，创造出奇妙的图像效果。当想到钢笔工具的时候，往往会倾向于想到几何形状，但不要忘了，钢笔工具实际上可以创造出比那更多的东西。

## 使用钢笔工具创建简单的形状

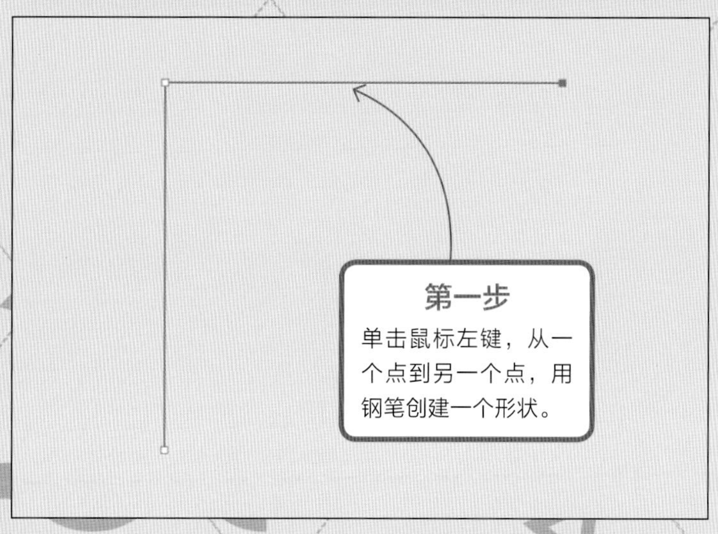


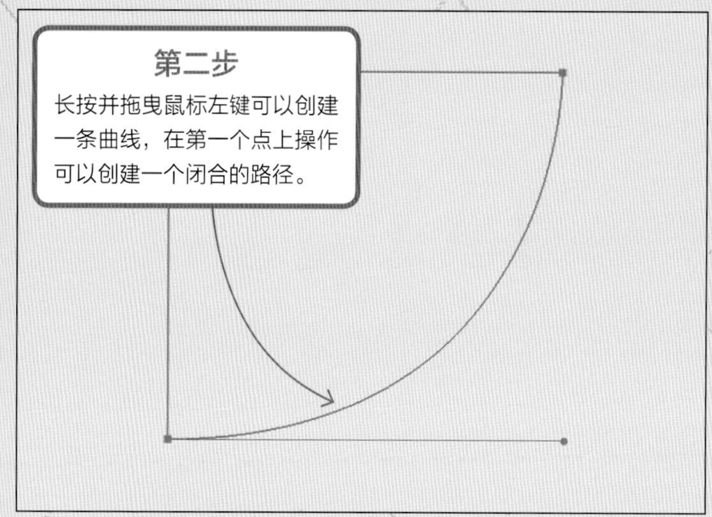


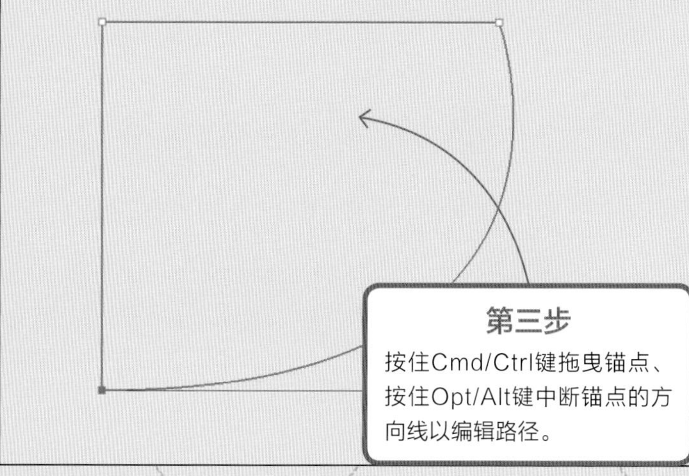


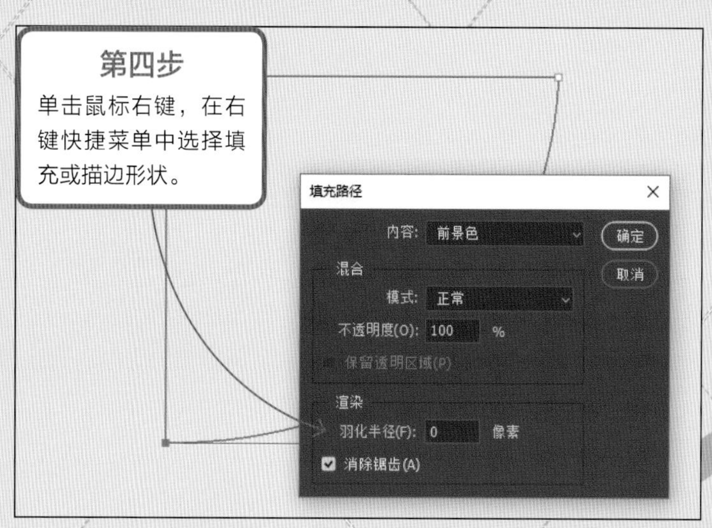

# 图层样式的作用

图层样式能够为插图添加非破坏性的效果，可以在“图层样式”对话框中选择所要添加的样式，并编辑其参数，如颜色、角度或混合模式。

在这个案例中，我们都使用了哪些混合模式呢？“斜面和浮雕”样式让图像变得更加立体，“渐变叠加”样式为图像添加了迷人的渐变色彩，“投影”和“内阴影”图层样式为图像添加了逼真的阴影，结合图层的混合模式，一个漂亮的渐变图标诞生啦！

## 渐变图标 使用图层样式制作仙女棒图标

### 圆角矩形

01 新建一个宽高为20厘米的文档，在工具箱中选择圆角矩形工具，设置“半径”为150像素，按住Shift键在画布上绘制一个边长相等的圆角矩形。

### 渐变叠加和投影

02 在“图层”面板中双击“圆角矩形1”图层，在弹出的“图层样式”对话框中为圆角矩形添加“渐变叠加”和“投影”样式，适当拖曳渐变的位置，制作渐变效果和柔和的投影。

### 斜面和浮雕

03 为圆角矩形添加“斜面和浮雕”样式，适当调节“深度”和“大小”参数，并为“光泽等高线”选择“画圆步骤”预设，调整阴影的“角度”和“高度”，制作出立体的浮雕效果。

## 操作指南

### 图层样式参考参数

**“渐变叠加”图层样式：**

混合模式：正常
不透明度：100%
渐变：预设>橙色>橙色_08
样式：线性
角度：45度

**“投影”图层样式：**

混合模式：正常
投影颜色：#030000
不透明度：50%
距离：42像素
大小：54像素

**“斜面和浮雕”图层样式：**

样式：内斜面
方法：平滑
深度：400%
方向：上
大小：50像素
角度：30度
高度：32度
勾选“使用全局光”复选框
光泽等高线：画圆步骤
高光模式：滤色
不透明度：100%
阴影模式：正片叠底
不透明度：20%

### 绘制星星

04 在工具箱中选择多边形工具，在属性栏中设置“边”为5，在其他形状和路径选项中勾选“平滑拐角”和“星形”复选框，并设置“缩进边依据”为53%，在画布上绘制一个大小合适的星星。

### 绘制手柄

05 使用椭圆工具绘制一个竖着的椭圆，选择钢笔工具，按住Alt键单击最上方的锚点以中断方向线。然后切换直接选择工具，长按并拖曳选中形状左右两侧的锚点，按下↓方向键移动锚点的位置。

### 合并和缩放形状

06 在“图层”面板中同时选中星星和手柄所在的图层，单击鼠标右键，在打开的右键快捷菜单中选择“合并形状”命令，并重命名为“仙女棒”，按下Ctrl+T组合键缩放其大小，并将角度倾斜25度。

### 渐变叠加

07 按下Ctrl+J组合键复制一层，并使用“渐变叠加”图层样式添加一层渐变，选择“橙色_04”渐变预设，设置“角度”为120度，并适当移动渐变的位置。

### 修改渐变

08 再次按下Ctrl+J组合键复制一层，并在“图层样式”对话框的“渐变叠加”区域长按鼠标左键拖曳调整渐变的位置。

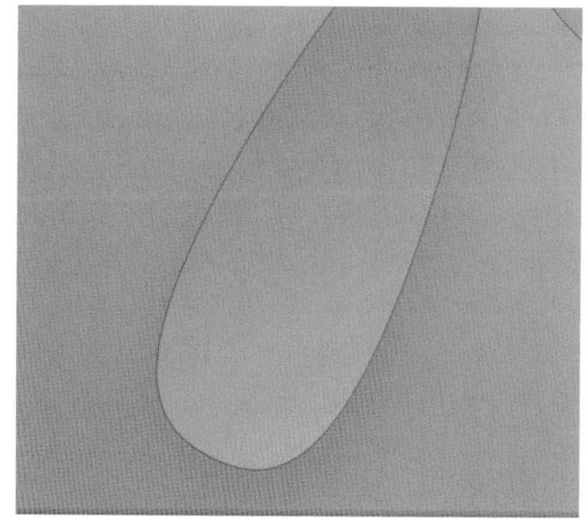

### “投影”样式

09 添加“投影”样式，设置“混合模式”为“正片叠底”、“不透明度”为30%、“角度”为120度、“距离”为35像素、“大小”为128像素，并设置投影颜色为#f3a193。

### 减去顶层形状

10 选择钢笔工具，在属性栏中设置“路径操作”为“减去顶层形状”，使用钢笔工具在画布上绘制路径，路径和仙女棒重合的部分将被减去。

### 渐变填充

11 复制“仙女棒”形状图层，并使其置于所有图层上方，设置混合模式为“线性光”、“不透明度”为40%，选择矩形工具，在属性栏中设置“填充”为“渐变”，叠加一层渐变。

### 斜面和浮雕

12 双击图层，在弹出的“图层样式”对话框中为图层添加“斜面和浮雕”样式，适当调整其“深度”和“大小”等参数，并修改阴影的颜色，使仙女棒上出现自然的浮雕效果。

## 操作指南

### 图层样式参考参数

**“渐变叠加”图层样式：**

混合模式：正常
不透明度：100%
渐变：预设>橙色>橙色_08
样式：线性
角度：45度

**“投影”图层样式：**

混合模式：正常
投影颜色：#030000
不透明度：50%
距离：42像素
大小：54像素

**“斜面和浮雕”图层样式：**

样式：内斜面
方法：平滑
深度：400%
方向：上
大小：50像素
角度：30度
高度：32度
勾选“使用全局光”复选框
光泽等高线：画圆步骤
高光模式：滤色
不透明度：100%
阴影模式：正片叠底
不透明度：20%

### 制作浮雕效果

13 按下Ctrl+J组合键复制一层，修改“不透明度”为100%、“填充”为0%，双击图层，在弹出的“图层样式”对话框中修改“斜面和浮雕”样式的参数，修改“深度”为50%、“大小”为76像素、“阴影模式”的颜色为#f3a193、“不透明度”为30%，并设置“光泽等高线”为“画圆步骤”预设，然后添加“投影”样式，设置一个合适的投影。

### 添加点缀

14 再次选择多边形工具，绘制一些星星作为画面的点缀，并使用“投影”和“内阴影”样式让星星变得更加立体。

### “曲线”调整

15 添加一个“曲线”调整图层，在“属性”面板中单击创建两个点，设置第一个点的“输入”为48、“输出”为40，设置第二个点的“输入”为66、“输出”为74。

# 从路径建立形状

### 形状

使用钢笔工具创建形状图层有助于创建一个矢量插图。可以使用转换点工具来调整锚点，使用弯度钢笔工具调整弧线的弯曲程度。钢笔工具可以自由地创建任何想要的形状。

## 矢量形状 使用可编辑的矢量形状绘制野营插画

### 填充底色

01 新建一个“宽度”为22厘米、“高度”为15厘米的文档，创建一个“纯色”填充图层，并填充颜色为#003d47，这将帮助我们制作一个可自由编辑颜色的背景。

### 绘制星星

02 使用钢笔工具在画布上简单地勾勒出一个星星，只需要几个锚点就可以制作出这样的一个星星，从路径建立形状，并填充颜色为#b6e0ea。

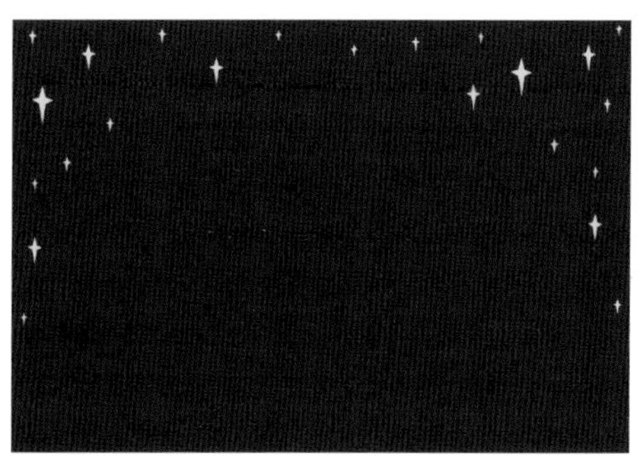

### 更多星星

03 按下Ctrl+J组合键多次复制星星，并调整星星的大小，让星星错落有致地排列在天空上。使用钢笔工具为一些星星添加锚点、修改形状，让星星看起来更加生动。

## 绘制正圆

04 在工具箱中选择椭圆工具，按住Shift键在画布上绘制一个正圆，并填充颜色为#6ba0a5，注意让圆在画布上保持居中。

## 绘制山峰

05 选择钢笔工具，在属性栏中更改工具模式为“形状”，在画布上绘制山峰，并填充颜色为#003d47。

## 绘制山顶

06 继续使用钢笔工具绘制山顶的积雪，填充颜色为#b6e0ea，并将该形状设置为山峰形状的剪贴蒙版。

## 更多山峰

07 按下Ctrl+J组合键复制山峰，按下Ctrl+T组合键调整山峰的大小，并按住Shift键拖曳定界框对山峰进行变形，制作三座高矮不一的山峰，并填充左右两侧山体的颜色为#1e5663。

## 绘制松树

08 使用钢笔工具绘制松树，并填充颜色为#02292b。在绘制水平方向的直线时，按住Shift键可以帮助路径保持水平。也可以将多个三角形进行重叠制作松树形状。

## 更多松树

09 按下Ctrl+J组合键复制松树，按下Ctrl+T组合键调整松树的大小，制作多个大小不一的松树，并依照图像上现有的色彩为其填充深浅不一的颜色。

## 制作地面

10 使用钢笔工具绘制不规则的地面形状，使地平线没过山峰和松树，并填充颜色为#023035。可以使用直线绘制地面，也可以绘制有弧度的曲线。

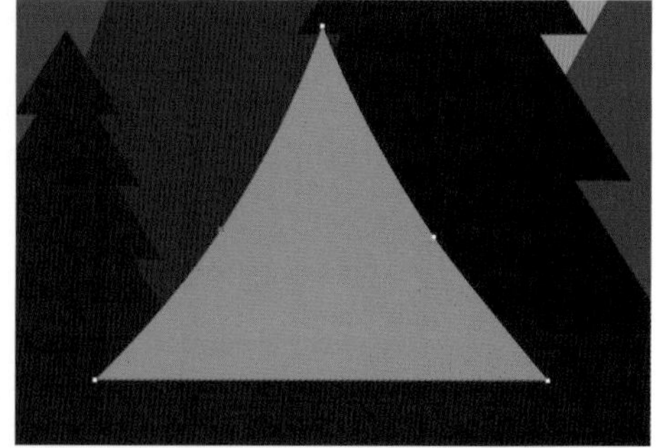

## 绘制帐篷

11 使用钢笔工具绘制帐篷的形状，使用弯度钢笔工具添加并适当压低锚点，让帐篷两侧呈现出自然的下垂弧度，并填充颜色为#e98f23、

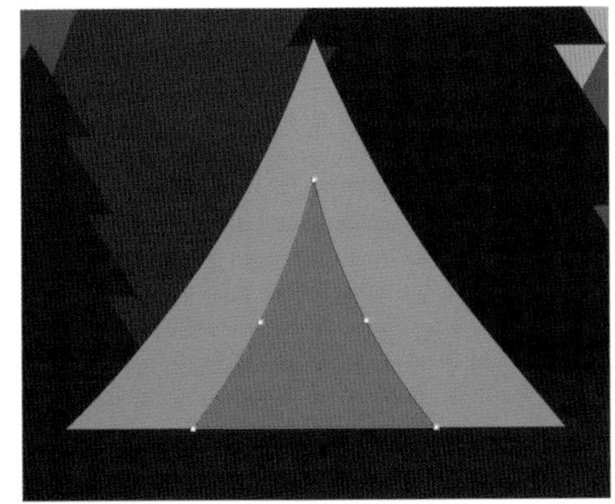

### 绘制门帘

12 继续使用钢笔工具在帐篷内部绘制一个较小的三角，同样使用弯度钢笔工具压低其两侧的弧度，呈现出自然下垂的状态，并填充颜色为#be6f29。

### 绘制门

13 在帐篷中央绘制一个等腰三角形，并填充颜色为#1b1e1e，注意使三角形的顶端和门帘的顶端对齐，制作出打开的帐篷。

### 帐篷钉

14 在工具箱中选择圆角矩形工具，并在属性栏中设置“半径”为10像素，在画布上绘制帐篷钉。填充帐篷钉的颜色为#bcbcbc，并使其位于帐篷图层的下方。

### 绘制防风绳

15 使用直线工具绘制帐篷的防风绳，适当使用钢笔工具添加锚点，使直线的末端和钉子连接在一起。

### 复制防风绳

16 复制钉子形状和防风绳形状，按下Ctrl+T组合键进行自由变换，对图像进行水平方向的翻转，并适当调整位置。

### 绘制草丛

17 使用钢笔工具在帐篷上方大致绘制出草丛的形状，并填充颜色为#023035。

### 更多草丛

18 继续在帐篷上方绘制不规则的草丛形状，并分别填充颜色为#023035和#1e5663。

### 渐变填充

19 新建一个“渐变”填充图层，设置混合模式为“叠加”，并填充一个从白到黑的渐变，设置“样式”为“线性”、“缩放”为120%、“角度”为90度，为图像添加光照。

# 简单的插图

“使用蒙版遮盖部分光线，使其在远处发出辐射效果”

### 弯度钢笔工具

使用弯度钢笔工具可以便捷地绘制出曲线和直线。在放置锚点的时候，单击鼠标左键即可绘制出曲线，双击鼠标左键即可绘制出直线。

# 夜空的辉光 利用图层蒙版制作从远处照来的光线

## 渐变背景

01 新建一个“宽度”为22厘米、“高度”为30厘米、“颜色模式”为CMYK模式的文档，并新建一个“渐变”填充图层，使用“渐变”填充图层制作一个由深到浅的蓝色渐变，作为天空和湖泊的底色。

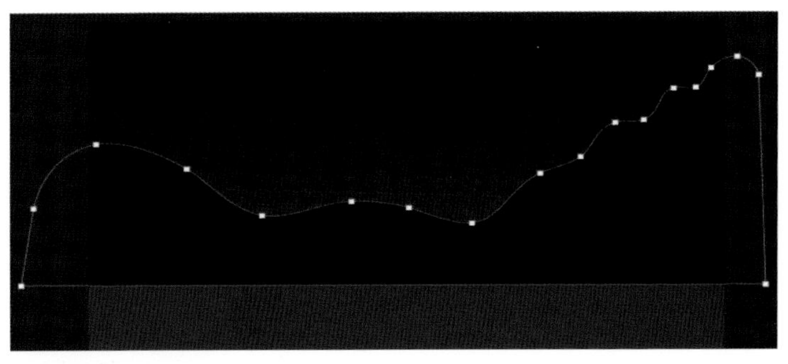

## 绘制群山轮廓

02 在工具箱中选择弯度钢笔工具，设置工具模式为“形状”、填充类型为“渐变”，使用弯度钢笔工具大致绘制出群山的轮廓，并将形状重命名为“山1”。

## 渐变填充

03 双击“山1”形状，在弹出的“渐变填充”对话框中对渐变进行编辑，为山填充一个由上到下从浅到深的蓝色渐变。

## 群山近景

04 使用弯度钢笔工具绘制第二层山的轮廓，使其和第一层山叠加在一起，并重命名形状为“山2”。

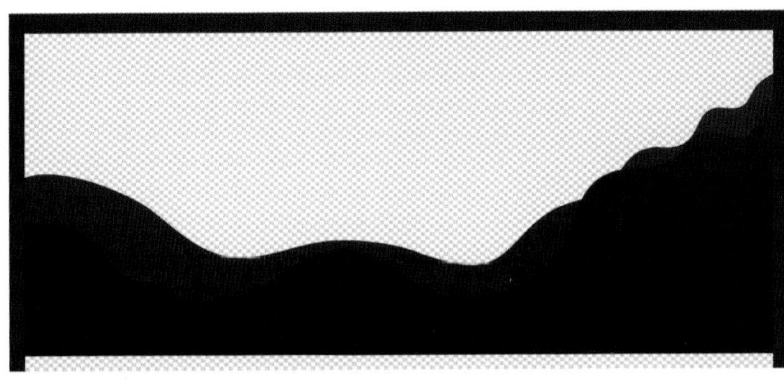

## 渐变填充

05 双击“山2”形状，在弹出的“渐变填充”对话框中对渐变进行编辑，为其填充一个比“山1”形状颜色更深的蓝色渐变。

## 山的倒影

06 新建一个组，将“山1”、“山2”形状图层收入组中，按下Ctrl+J组合键复制图层组，按下Ctrl+T组合键对组中的图像进行垂直方向的翻转，并移动其位置，使山和其倒影边缘对齐。

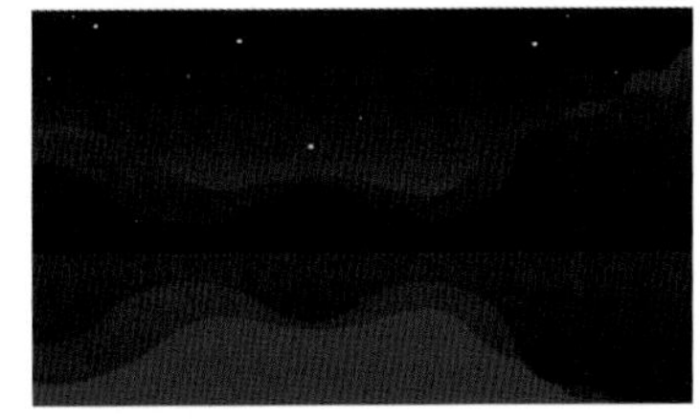

## 制作星星

07 按住Shift键使用椭圆工具绘制白色的圆点，并按住Alt键多次复制，在天空上制造一些星星。

## 操作指南

### 渐变参考参数

**背景：**

样式：线性
角度：90度
缩放：80%
色标1：#030000
色标2：#000b1f
色标3：#0d1e35
色标4：#214458
勾选“反向”复选框

**山1：**

样式：线性
角度：90度
缩放：100%
色标1：#112841
色标2：#1b3a4f

**山2：**

样式：线性
角度：90度
缩放：100%
色标1：#0d1e35
色标2：#1a394f

### 小技巧

为图层组添加图层蒙版控制组内图像的显示范围。

### 星星倒影

08 在“图层”面板中选中所有星星形状，并按下Ctrl+G组合键进行编组。复制图层组，并按下Ctrl+T组合键对星星进行垂直方向的翻转，使其在山的倒影下方形成倒影。

### 制作湖岸

09 在星星倒影的上方使用弯度钢笔工具绘制起伏的湖岸，注意不要让画面显得死板。设置形状的填充类型为“纯色”，并填充颜色为#09182f，重命名形状为“湖岸”。

### 绘制山丘

10 更改形状的填充类型为“渐变”，继续使用弯度钢笔工具在湖岸上方绘制一层起伏的山丘，和远处的群山呼应，并重命名形状为“山3”。

## 操作指南

渐变参考参数

**山3渐变：**

样式：线性

角度：90度

缩放：80%

色标1：#214458

色标2：#112841

勾选“反向”复选框

**山4渐变：**

样式：线性

角度：90度

缩放：150%

色标1：#214458

色标2：#0d1e35

勾选“反向”复选框

### 渐变填充

11 双击“山3”形状，在弹出的“渐变填充”对话框中为山丘设置一个从浅到深的蓝色渐变。

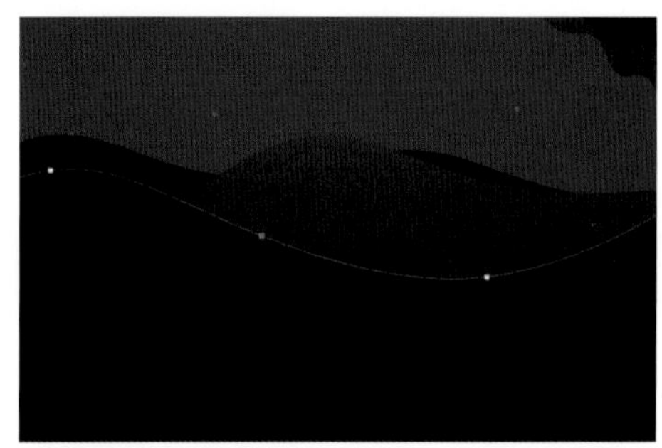

### 更多山丘

12 再次使用弯度钢笔工具在“山3”形状上方绘制一层起伏的山丘，并重命名形状为“山4”。

### 渐变填充

13 为“山4”形状同样设置一个从浅到深的蓝色渐变，并调整渐变的位置和范围，使其比“山3”形状渐变颜色更深，边界出现明显的区分。

### 放置动物形状

14 在“湖岸”形状上方使用钢笔工具绘制一只牡鹿，或选择自定形状工具，在属性栏中选择“野生动物>牡鹿”预设，在湖岸上放置动物。

**小技巧**

选择自定义形状工具，在属性栏的“形状>野生动物”中可以选择多达12种野生动物形状预设。

### 颜色填充

15 更改形状的填充类型为“颜色”，填充鹿的颜色为#09182f，使其和湖岸颜色一致，形成剪影。

### 制作月亮

16 使用弯度钢笔工具在天空上绘制一轮弯月，并填充颜色为#fdfced，添加“外发光”图层样式使其呈现出发光效果。

### 月亮倒影

17 复制月亮，并按下Ctrl+T组合键对其进行垂直方向的翻转，设置“不透明度”为20%，按住Shift键移动到合适的位置，制作月亮的倒影。

### 天空辉光

18 在所有图层上方新建一个图层，设置混合模式为“滤色”、“不透明度”为65%，选择柔边圆画笔，设置“流量”为10%，使用颜色#297790为天空添加蓝色的辉光。

### 更多辉光

19 新建一个图层，设置混合模式为“强光”、“不透明度”为40%，适当调整画笔大小，使用颜色#dfc937在天空上添加一些橙色的辉光。

### 更多辉光

20 新建一个图层，设置混合模式为“强光”、“不透明度”为50%，继续使用颜色#dfc937为天空添加辉光。

### 更多辉光

21 新建一个图层，设置混合模式为“颜色减淡”、“不透明度”为60%，使用颜色#de7b33继续丰富天空的色彩。

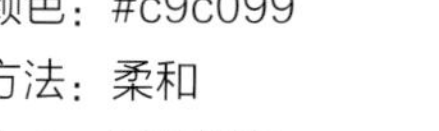

## 操作指南

### 参考参数

**“外发光”图层样式：**

混合模式：线性减淡（添加）
不透明度：33%
颜色：#c9c099
方法：柔和
大小：250像素
范围：70%

**“色彩平衡”调整图层：**

色调：中间调
青色-红色：-16
洋红-绿色：+12
勾选“保留明度”复选框

**“曲线”调整图层：**

点1：输入为37、输出为27
点2：输入为57、输出为51
点3：输入为73、输出为79

### 图层蒙版

22 选中所有辉光图层，按下Ctrl+G组合键进行编组，为图层组添加图层蒙版，选择柔边圆画笔，使用黑色在蒙版上轻轻擦除多余的辉光，使其呈现出从远处辐射的效果。

### 湖面倒影

23 复制图层组，按下Ctrl+T组合键对其进行垂直方向的翻转，设置“不透明度”为20%，并将组拖曳至湖岸和山丘形状的下方，适当移动图像的位置，制造出天空在湖面上的淡淡倒影。

### 修饰图像

24 最后，添加“色彩平衡”和“曲线”调整图层对图像进行整体修饰，使用“色彩平衡”调整图层调整图像的颜色，使用“曲线”调整图层加强图像色彩的鲜艳程度和对比度，改善图像的颜色。

# 矢量插画上色技巧

**着色**

首先创建一个灰度图像，然后使用“色相/饱和度”调整图层为图像进行着色。

**剪贴蒙版图层**

新建一个图层，按住Alt键将其剪切到下面的形状图层上，使用画笔在图层上绘制发光的颜色，并设置适当的混合模式。

# 上色技巧 使用剪贴蒙版和混合模式为矢量插画上色

## 灰度图像

01 首先新建一个“颜色模式”为“灰度”的文档，使用钢笔工具绘制一个灰度图像。也可以从文件夹中选择我们所提供的“初始.psd”文档并打开，然后将其颜色模式更改为CMYK。

## 渐变底色

02 按下U快捷键切换矩形工具，在属性栏中更改“底色”形状的填充类型为“渐变”，双击“底色”形状的缩略图，在弹出的“渐变填充”对话框中适当调整渐变的参数，制作一个简单的橙红渐变底色。

## 正片叠底

03 在“图层”面板中选中除“底色”和“黑色”形状之外的所有形状，并按下Ctrl+G组合键进行编组。再次按下Ctrl+G组合键对组进行编组，并将“组2”图层组的混合模式设置为“正片叠底”。

## 着色

04 在“组1”图层组上方新建“色相/饱和度”调整图层，在“属性”面板中勾选“着色”复选框，拖动“色相”和“饱和度”滑块，对图像进行着色。

## 划分

05 在“组2”图层组上方新建一个剪贴蒙版图层，并设置混合模式为“划分”，选择柔边圆画笔，设置“流量”为15%，使用颜色#063035涂抹提亮图像。

### 操作指南

**参考参数**

**“底色”形状渐变填充：**

样式：线性

角度：75度

缩放：60%

色标1：#e18728

色标2：#e3375d

**“色相/饱和度”调整图层：**

色相：260

饱和度：100

明度：-5

## 叠加

06 新建一个剪贴蒙版图层，并设置混合模式为“叠加”，使用颜色#063035填充图层。

## 叠加

07 再次新建一个剪贴蒙版图层，并设置混合模式为“叠加”，使用颜色#f4d623涂抹提亮帽子的边缘。

## 划分

08 再次新建一个剪贴蒙版图层，并设置混合模式为“划分”，选择硬边圆笔刷，使用颜色#d23d90涂抹卡通图像的眉毛。

### 高光

09 在所有图层上方新建一个图层，选择硬边圆画笔，使用白色绘制眼睛的高光，然后降低流量到10%，为牙齿和鼻子添加高光。

### “曲线”调整

10 新建“曲线”调整图层加强色彩，在“属性”面板中单击添加两个点，设置第一个点的“输入”为60、“输出”为15，设置第二个点的“输入”为75、“输出”为64。

# 透视规则

了解如何利用透视规则
创建一幅有趣的图像

对于业余艺术家而言，学会透视绘画通常是一项挑战。但是，在作品中应用透视可以成为改进插图质量的一种重要方法，所以非常值得学习。在这个教程中，我们将介绍一些简单的应用Photoshop中的工具进行透视绘画的方法。

学习制作透视图像不仅需要学会绘制透视网格，还需要收集和使用一些参考图片。如果在生活中看到了一些有趣的透视图像，记得拍张照片记录下来，或者在网络上看到一些令人惊艳的艺术作品时，随时将它们保存下来，这样就可以在需要的时候用作参考。

下面是一个使用参考线绘制图像的示例。我们将创作一个透视图像作品，你可以自行创作透视线条，也可以准备一幅类似角度的图像作为参考。

## 透视图像 使用矩形工具和参考线创建一幅符合透视视角的图像

### 新建参考线

01 新建一个名称为“霓虹”、“高度”为1200像素、“宽度”为800像素的文档，并分别建立两条垂直方向和水平方向的参考线。

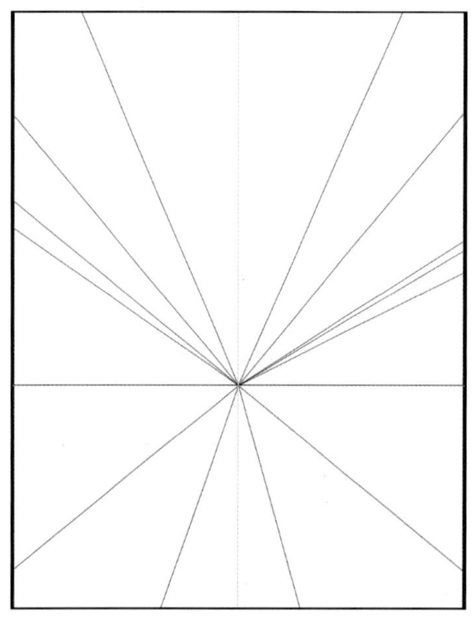

### 透视网格

02 以参考线的交叉点作为原点，使用直线工具向外绘制数条对称的透视线条。可以根据参考照片决定线条的具体方向。

### 矩形工具

03 选择矩形工具，设置“填充”为“无颜色”、“描边”颜色为黑色、描边宽度为1像素，绘制一个四角都在透视线上的矩形。

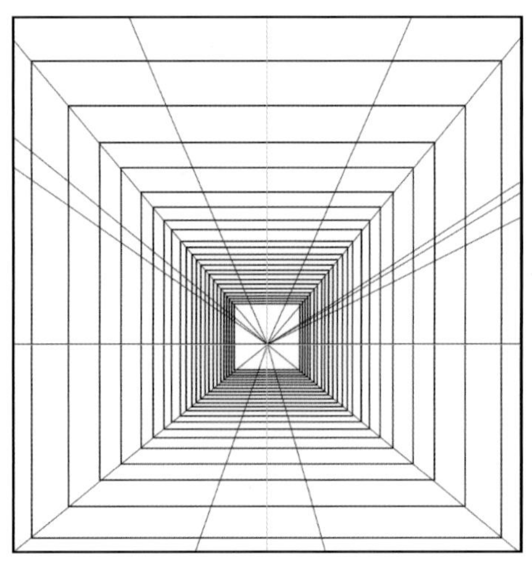

### 更多矩形

04 按住Alt键进行拖曳，多次复制矩形并进行缩放，让所有矩形都排列在透视线上。

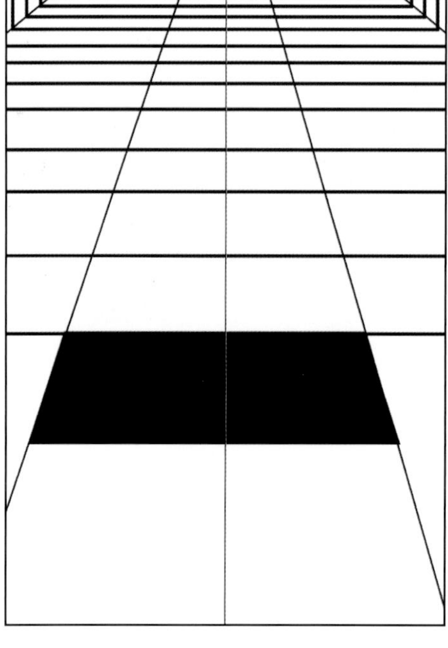

**小技巧**

选择移动工具，在属性栏中单击“水平居中对齐”按钮可以将选中的所有矩形在水平方向上居中对齐。

### 透视变形

05 使用矩形工具绘制一个黑色的矩形，并对其进行透视变形，使其边缘贴合透视线。

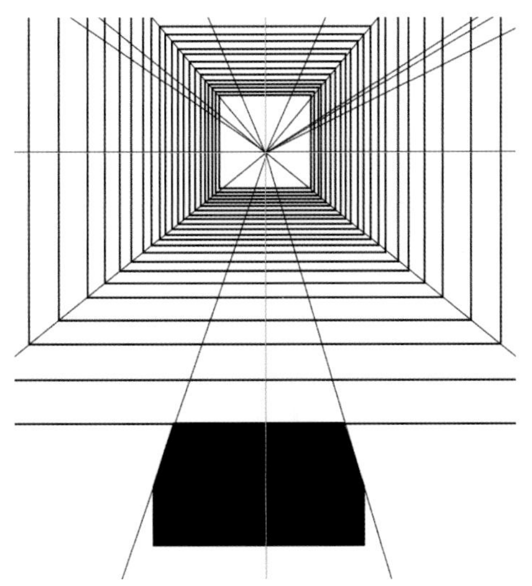

### 绘制台阶

06 再次使用矩形工具绘制一个黑色的矩形，让两个形状的边缘进行贴合，制作成台阶的形状。

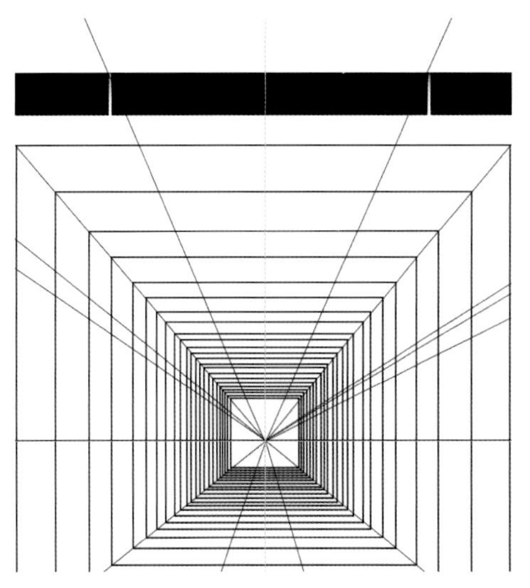

### 绘制横梁

07 使用矩形工具绘制出天花板上的横梁，并添加图层蒙版，使用黑色在蒙版上擦出两个对称的空白线条。

### 绘制人物

08 使用钢笔工具大致勾勒出人物的轮廓，并从路径建立形状，同样填充颜色为黑色，制作一个站在台阶上的人物剪影。

### 填充地面

09 使用多边形套索工具沿透视线条绘制选区，选中部分地面，选中“背景”图层，新建一个“渐变”填充图层，为地面填充一个紫色系的渐变。

### 继续填充地面

10 继续使用多边形套索工具依照透视线绘制选区，并创建一个“渐变”填充图层，为地面填充一个蓝色系的渐变。

### 填充墙壁

11 使用同样的方法利用多边形套索工具和“渐变”填充图层为左侧的墙壁填充一个蓝色系的渐变。

### 复制渐变

12 按下Ctrl+J组合键复制“渐变填充3”图层，并按下Ctrl+T组合键进行水平方向的翻转，调整渐变的位置和角度。

## 操作指南

### 渐变参考参数

**渐变填充1：**

样式：线性

角度：90度

缩放：56%

勾选“反向”复选框

色标1：#5f0179

色标2：#15001f

**渐变填充2：**

样式：线性

角度：90度

缩放：23%

色标1：#0b07b3

色标2：#a0aef7

**渐变填充3：**

样式：线性

角度：0度

缩放：100%

色标1：#0e0036

色标2：#4a63e4

**渐变填充3拷贝：**

更改“角度”为180度

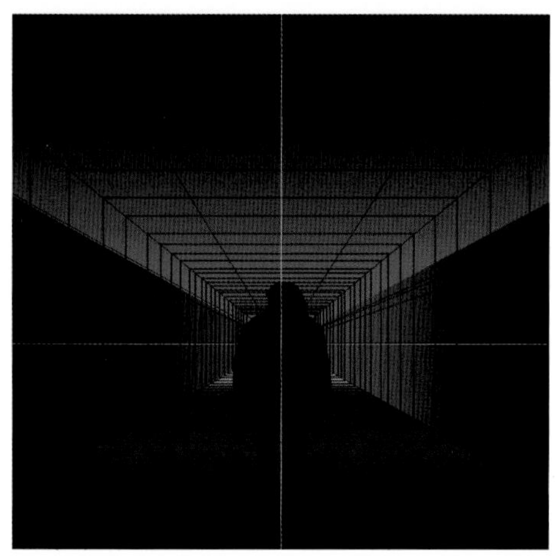

### 填充天花板

**13** 使用多边形套索工具选中天花板的部分，新建“渐变”填充图层，为天花板填充一个由黑到蓝的渐变，注意调整渐变的位置。

### 外发光

**14** 选中除最外层的4个矩形之外的所有矩形，按下Ctrl+G组合键进行编组，并对组添加“外发光”图层样式，适当调整参数，制作发光效果。

### 设置外部矩形

**15** 选中最外面的4个矩形，并在工具箱中选择矩形工具，在属性栏中设置描边宽度为3像素、描边类型为预设2，并在“更多选项”中修改“虚线”为2、“间隙”为0.2。

### 外发光

**16** 按下Ctrl+G组合键对最外层的4个矩形进行编组，设置组的“填充”为0%，并为组添加“外发光”图层样式，适当调整其参数，制作白色的外发光效果。

### 复制图层组

**17** 按下Ctrl+J组合键复制图层组，双击图层组，在弹出的“图层样式”对话框中取消对“外发光”复选框的勾选，并勾选“颜色叠加”和“投影”复选框，设置“颜色叠加”的颜色为#fef4fc，并适当调整投影的参数，制作一个浅紫色的投影。

## 操作指南

### 参考参数

**渐变填充1:**

样式：线性
角度：90度
缩放：100%
勾选“反向”复选框
色标1：#000000
色标2：#5b73ef

**“外发光”图层样式（内部）:**

混合模式：线性减淡（添加）
不透明度：41%
颜色：#5e6cff
方法：柔和
大小：23像素
等高线：线性
范围：100%
抖动：100%

**“外发光”图层样式（外部）:**

混合模式：线性减淡（添加）
不透明度：100%
颜色：#ffffff
方法：柔和
大小：32像素
等高线：线性
范围：100%
抖动：0%

**“投影”图层样式:**

混合模式：浅色
颜色：#e952ef
不透明度：23%
角度：90度
勾选“使用全局光”复选框
距离：8像素
扩展：100%
大小：6像素
杂色：100%

### 小技巧

按下U快捷键可以快速将当前工具切换至矩形工具或其他形状工具。

**叠加颜色**

18 将图层组转换为智能对象，按下Ctrl+T组合键，将智能对象逆时针旋转90度，使用“颜色叠加”图层样式叠加颜色为#e25aec。

**添加滤镜效果**

19 在菜单栏中执行“滤镜>风格化>风”滤镜，设置“方法”为“大风”、“方向”为“从右”，并使用“高斯模糊”滤镜模糊图像，设置“半径”为7.8像素。

**高斯模糊**

20 再次将智能对象图层转换为智能对象，按下Ctrl+T组合键顺时针旋转90度，再次使用“高斯模糊”滤镜模糊5.6像素。

**图层蒙版**

21 添加图层蒙版，选择柔边圆画笔，使用黑色在蒙版上擦除多余的部分，让天花板和地面的光更加自然。

**绘制线条**

22 新建一个图层，选择硬边圆画笔，设置“硬度”为100%、“大小”为2像素，在线框下方绘制一些白色的线条。

**外发光**

23 双击图层，在弹出的“图层样式”对话框中为线条设置“外发光”图层样式，制造一个紫色的发光效果，并将图层转换为智能对象。

**操作指南**

**参考参数**

**“外发光”图层样式：**

混合模式：正常

不透明度：100%

颜色：#cf00ff

扩展：25%

大小：10像素

等高线：线性

范围：100%

**模糊线条**

24 使用多边形选框工具选中线条上溢出的部分，使用“高斯模糊”滤镜将其模糊11.6像素。

**复制图层组**

25 复制最初的外框外发光图层组，在“图层”面板中更改“填充”为100%，并将其拖曳至所有图层上方。

## 修改图层样式

26 双击图层组，在弹出的“图层样式”对话框中勾选“颜色叠加”复选框，叠加颜色为#fef4fc，并适当修改“外发光”图层样式，制造出霓虹灯的发光效果。

## 擦除多余图像

27 选中所有发光的灯管所在的图层，按下Ctrl+G组合键进行编组。添加图层蒙版，选择一个柔边圆画笔，使用黑色在图像上擦出人物的投影，并利用多边形套索工具沿矩形的四角向中心擦出空白。

## 改变横梁颜色

28 双击横梁所在的矩形形状图层，在弹出的“拾色器（纯色）”对话框中更改横梁的颜色为#630079。

## 高斯模糊

29 再次将智能对象图层转换为智能对象，按下Ctrl+T组合键顺时针旋转90度，再次使用“高斯模糊”滤镜模糊5.6像素。

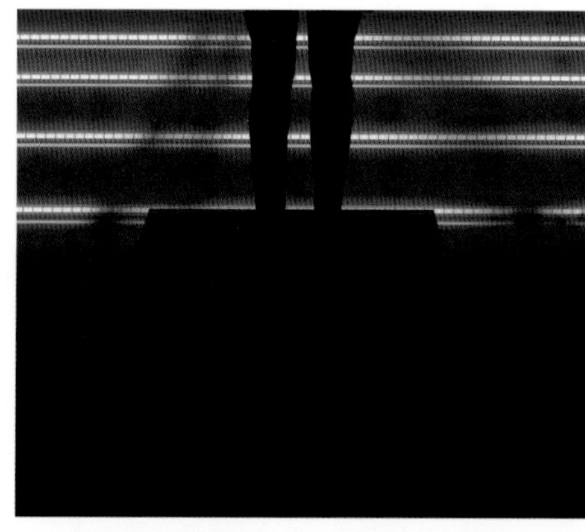

## 高斯模糊

30 再次将智能对象图层转换为智能对象，按下Ctrl+T组合键顺时针旋转90度，再次使用“高斯模糊”滤镜模糊5.6像素。

## 操作指南

### 参考参数

**“外发光”图层样式：**

混合模式：线性减淡（添加）
不透明度：100%
颜色：#af2ac4
方法：精确
扩展：0%
大小：6像素
等高线：环形-双
范围：57%
抖动：100%

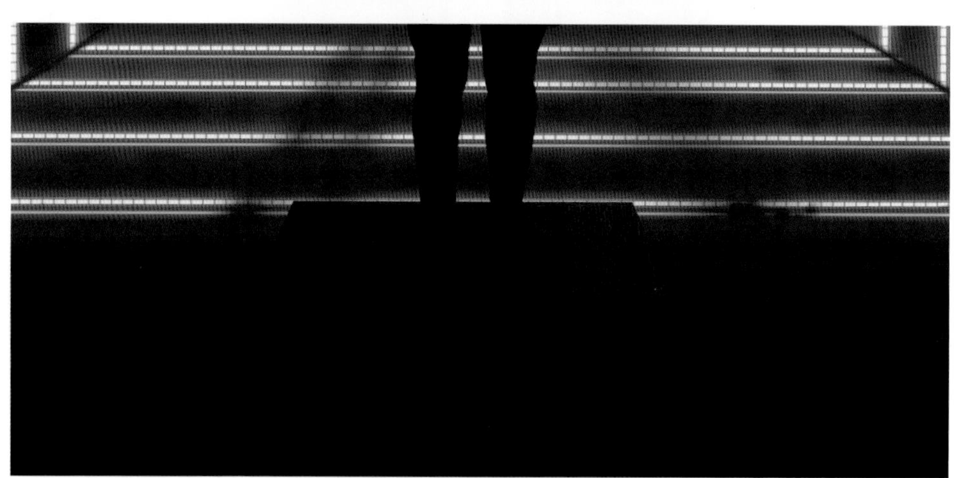

## 调整台阶明暗

31 新建一个图层，并设置为形状的剪贴蒙版，设置混合模式为“柔光”，选择一个柔边圆画笔，使用黑色加深台阶的暗面，使用白色提亮台阶的亮面。

### 绘制台阶投影

32 在台阶下方新建一个图层，设置图层的混合模式为“正片叠底”，选择柔边圆画笔，适当降低画笔的“流量”和“不透明度”，使用黑色绘制出台阶的投影。

### 绘制人物投影

33 在人物剪影下方新建一个图层，设置混合模式为“正片叠底”，适当调高画笔的“流量”和“不透明度”，使用黑色绘制人物双脚在台阶上的投影。

### 调整背景明暗

34 在所有“渐变”填充图层上方新建一个图层，设置混合模式为“柔光”，选择柔边圆画笔，适当变化画笔的“大小”和“流量”，使用黑色增强背景的暗面。

### 丰富地面色彩

35 新建一个图层，适当调整画笔的“流量”、“大小”和“不透明度”，使用颜色#350058和颜色#29007b丰富地面的色彩层次。

### 增加阴影

36 新建一个图层，设置混合模式为“柔光”，设置画笔的“硬度”为80%，适当调整画笔的“流量”，结合使用多边形套索工具，在墙壁和地面上绘制一些投影。

### 丰富墙壁色彩

37 新建一个图层，设置混合模式为“颜色减淡”，适当降低画笔的“硬度”，使用颜色#0f1975为墙壁增加一些色彩的变化，让颜色的层次更加丰富。

### 改变墙壁颜色

38 新建一个图层，并设置混合模式为“颜色”，使用颜色#163f9b改变墙壁的色彩，压下饱和度过高的颜色。

### 丰富墙壁色彩

39 新建一个图层，设置混合模式为“线性减淡（添加）”，继续使用颜色#163f9b为墙壁叠加一层亮色，丰富色彩的变化。

### 增加墙壁投影

40 新建一个图层，设置混合模式为“正片叠底”，提高画笔的“硬度”，适当变化画笔大小，使用黑色绘制出墙壁上的投影。

### 绘制通道出口

41 新建一个图层，设置混合模式为“强光”，使用矩形选框工具在通道出口处绘制选区，并羽化5个像素，填充颜色为#f5ffff。也可以羽化更多像素，以制造更强烈的光照效果。

### 丰富地面色彩

42 在所有图层上方新建一个图层，设置混合模式为“柔光”，选择一个柔边圆画笔，使用颜色#0d0335涂抹通道出口外的地面，增加一些色彩层次的变化。

### 绘制水管

43 根据参考线的定位，使用钢笔工具依照透视绘制出两条对称的路径，注意使路径与横梁上的黑色缺口相交。也可以使用直线工具进行绘制，然后使用转换点工具修改锚点以符合透视。

### 填充颜色

44 在所有图层上方新建一个图层，将钢笔路径转换为选区，填充选区为白色，选择橡皮擦工具，适当降低画笔的“流量”，擦除和人物重叠的部分。

### 擦除多余图像

45 添加图层蒙版，选择一个柔边圆笔刷，适当降低一些“流量”，使用黑色在蒙版上擦除水管和发光的霓虹灯管重叠的部分。

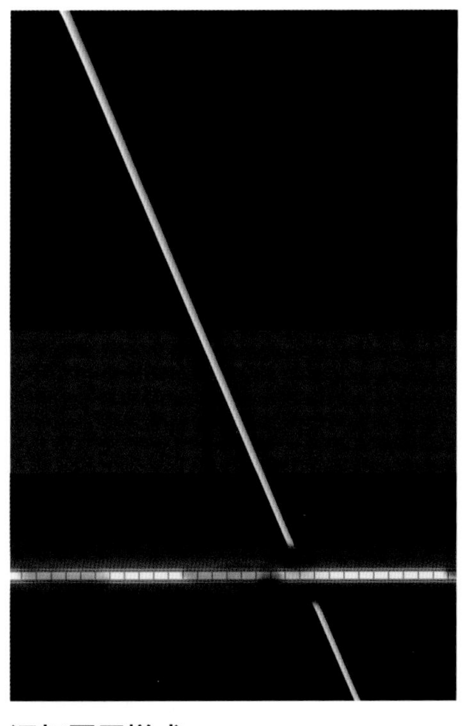

### 添加图层样式

46 为图层添加“斜面和浮雕”图层样式，让水管呈现出立体效果，并使用“投影”样式为水管增加投影，使其看起来像是悬挂在天花板上的。

## 操作指南

参考参数

**“斜面和浮雕”图层样式：**

样式：内斜面
方法：雕刻柔和
深度：355%
方向：下
大小：23像素
软化：13像素
角度：90度
高度：30度
勾选“使用全局光”复选框
勾选“消除锯齿”复选框
光泽等高线：线性
高光模式：颜色减淡
高光颜色：#eef4f9
不透明度：88%
阴影模式：正片叠底
阴影颜色：#040000
不透明度：73%

**“投影”图层样式：**

混合模式：正常
颜色：#000000
不透明度：55%
角度：90度
勾选“使用全局光”复选框
距离：13像素
扩展：34%
大小：52像素
等高线：线性
杂色：0%

### 复制水管

47 按下Ctrl+J组合键复制图层，以加强投影效果，选择画笔工具，使用黑色在蒙版上擦除多余的部分，让水管从近景到远景呈现出自然的过渡。

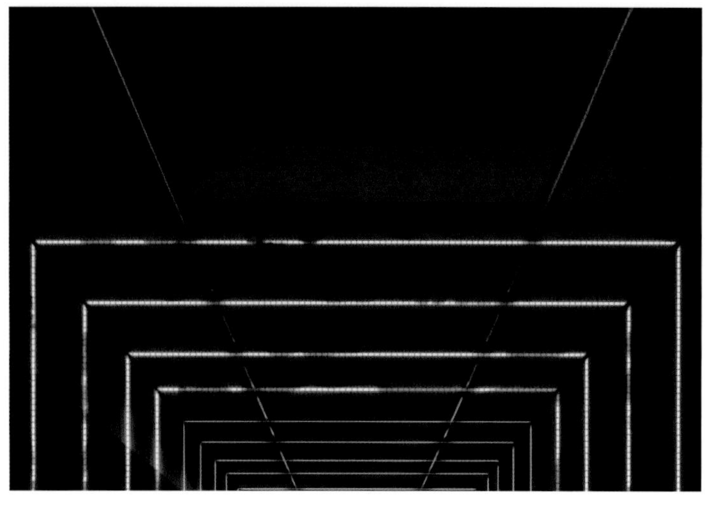

**叠加水管颜色**

48 新建一个图层，并设置为复制的水管的剪贴蒙版，分别使用颜色#945baa和颜色#373382为水管增加一些色彩的变化。

**丰富颜色变化**

49 再次新建一个剪贴蒙版图层，设置混合模式为“线性减淡（添加）”，使用颜色#702586稍微提亮水管的颜色。

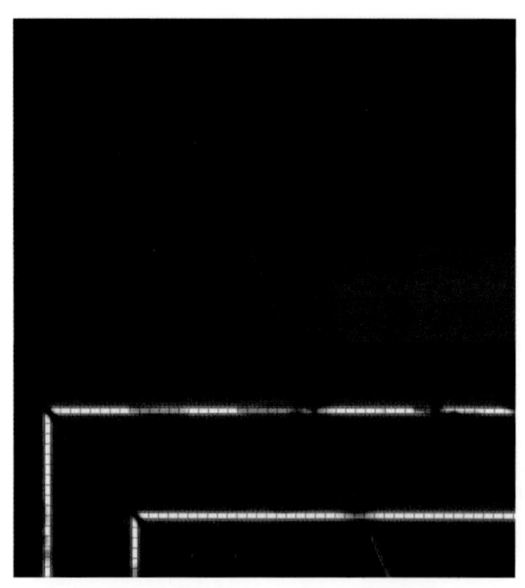

**丰富明暗层次**

50 新建一个图层，设置混合模式为“正片叠底”，使用颜色#650477为左侧的水管叠加一些色彩。

**增加质感**

51 新建一个图层，适当调整画笔的“大小”和“硬度”，使用黑色在管道上绘制一些零件，增强管道的质感。

**增加投影**

52 新建一个图层，使用颜色#0a205d在右侧的墙壁上绘制一些投影线条。

**绘制点缀**

53 在霓虹灯管的下方使用矩形工具绘制一些点缀光源，设置“填充”颜色为#59b4e3、“描边”为“无颜色”。

**更多点缀**

54 新建一个图层，使用多边形套索工具依照透视绘制选区，填充颜色为#59b4e3，并使用橡皮擦工具擦出渐变效果。

## 设置图层样式

55 按下Ctrl+G组合键对点缀光源和光线图层进行编组，双击图层组，为图层组设置“描边”和“外发光”图层样式，制造出发光效果。

## 增加光亮

56 按下Ctrl+G组合键对组进行编组，新建一个图层，设置混合模式为“柔光”，并设置为组的剪贴蒙版，使用白色为点缀光源添加一些色彩变化。

## 加深颜色

57 新建剪贴蒙版图层，设置混合模式为“深色”，使用颜色#0f17a4为点缀光源添加一些深色。

## 调整色相

58 新建一个“色相/饱和度”调整图层，在“属性”面板中设置“色相”为-8，适当调整图像的颜色。也可以对图像的饱和度进行调整，让图像看起来色彩更加鲜艳。

## 调整亮度和对比度

59 添加“亮度/对比度”调整图层，设置“不透明度”为45%，并在“属性”面板中设置“亮度”为26，“对比度”为100。

## 操作指南

### 参考参数

**“描边”图层样式：**

大小：3像素

位置：内部

混合模式：正常

不透明度：100%

填充类型：颜色

颜色：#3f61dc

**“外发光”图层样式：**

混合模式：正常

不透明度：100%

颜色：#c4edff

方法：柔和

扩展：6%

大小：26像素

等高线：线性

范围：100%

抖动：0%

**这是什么原理?**

使用图层蒙版可以快速地融合图像，而不损失图像上原本的像素。对图层设置合适的混合模式可以使混合层上的像素和下层图层的像素进行混合，让色彩的层次显得更加丰富。

**添加文字修饰**

添加一些文字对图像进行说明和修饰，对文字设置不同的颜色和混合模式，让文字和图像融合得更加恰当。

# 创建双重曝光图像

## 结合混合模式和图层蒙版，创造令人惊艳的双重曝光图像

就像青霉素、强力胶和微波炉一样，双重曝光技术的发现始于一个错误。纯粹是出于偶然，摄影师们发现如果使用已经拍摄过的胶卷进行再次拍照，就能在原本图像的基础上进行二次曝光，创造出奇特的照片。

回到照片编辑的世界里，我们也可以使用同样的原理在Photoshop中创建双重曝光图像，将深色和浅色的图片叠加在一起，并改变混合模式以获得丰富多彩的效果。创建双重曝光图像的关键就是使用轮廓清晰的照片作为图像的基底，并将素材放在合适的位置上，保证它们的色彩和风格协调一致，共同组成一幅完美的图像。

可以使用我们所提供的图片练习创建双重曝光图像，也可以使用其他照片。双重曝光效果是一种让一张可能看起来比较单调的照片变得丰富多彩的技术，并不拘泥于固定的流程。

尝试使用混合模式融合图像是一个好想法，可以尽情试验每种混合模式所带来的不同。有些时候，错误的步骤才是创建令人惊叹的艺术作品的关键，在创作中尽情地发挥自己的想象力，大胆去尝试吧！

## 如何混合图像？ 给每个素材分层并设置混合模式来制作双重曝光效果

### 置入人物素材

01 新建一个“宽度”为960像素、“高度”为1200像素、“分辨率”为72的文档，并命名为“双重曝光”，从文件夹中选择“人物素材”文件置入，并调整其位置和大小。

### 选择人物主体

02 选择对象选择工具，设置“模式”为“套索”，沿人物主体绘制选区，并使用快速选择工具修改选区的范围。

### 抠出人物主体

03 在属性栏中单击“选择并遮住”按钮，进入调整边缘模式，使用调整边缘画笔工具调整蒙版的范围，并勾选“净化颜色”复选框，设置“数量”为100%，单击“确定”按钮。

**复制图像**

04 将图层重命名为“底”，按下Ctrl+J组合键复制一层，并重命名为“发”，选择一个柔边圆画笔，使用黑色在蒙版上擦除多余的部分。

**填充背景颜色**

05 在“背景”图层上方新建一个“纯色”填充图层，并填充颜色为#cac9c3。

**设置剪贴蒙版**

06 从文件夹中选择“瀑布1”图像文件置入，调整图像的大小和位置，并将其设置为“发”图层的剪贴蒙版。

**修改瀑布的显示范围**

07 添加图层蒙版，适当降低画笔的“流量”，使用黑色在蒙版上擦除多余的部分。

**置入瀑布素材**

08 从文件夹中选择“瀑布2”图像文件置入，调整其大小和位置，并将其设置为“底”图层的剪贴蒙版。

**修改显示范围**

09 为“瀑布2”图层添加图层蒙版，选择一个柔边圆笔刷，调整画笔大小，使用黑色擦除图像上多余的部分。

**修改显示范围**

10 在“瀑布2”图层上方新建一个“可选颜色”调整图层，对图像的颜色进行修改，在调整完成后将“选取颜色1”调整图层和“瀑布2”图层合并为智能对象，并设置为“底”图层的剪贴蒙版。

## 操作指南

**“可选颜色”参考参数**

**红色：**

洋红：−35%

黄色：+100%

黑色：−30%

**青色：**

青色：+100%

洋红：−26%

黄色：+100%

黑色：−10%

**蓝色：**

黑色：−100%

### 抠取森林图像

11 从文件夹中选择“森林”图像文件并打开，结合使用魔棒工具和“选择并遮住”功能抠取出森林图像。

### 修改飞鸟颜色

12 使用多边形套索工具选中森林上方的飞鸟部分，按下Ctrl+J组合键将选区内的图像复制为新图层，并叠加颜色为#363435。

### 设置剪贴蒙版

13 将两个图层合并为智能对象，并命名为“森林”，复制到“双重曝光”文档窗口中，设置图层的混合模式为“正片叠底”，并按下Ctrl+T组合键调整其大小和位置。

### 擦除多余图像

14 将“森林”图层设置为“底”图层的剪贴蒙版，添加图层蒙版，选择画笔工具，并选择“KYLE额外厚实笔”画笔，使用黑色在蒙版上擦除多余的部分。

### 复制森林图像

15 按下Ctrl+J组合键复制“森林”图层，按下Ctrl+T组合键调整其大小和位置，并在蒙版上修改显示范围。

### 再次复制森林图像

16 再次复制“森林”图层，调整图像的大小和位置，并使用“KYLE额外厚实笔”在蒙版上擦出自然的线条。

### 添加文字修饰

17 添加一些装饰性字符，调整字体和颜色，使其色彩和风格与图像保持一致。

# 使用简单的方式构建超现实场景

## 学习如何使用简单的方式和技巧构建出美丽的超现实场景

在本次教程中将学习到如何使用简单的方式把不同的图像整合在一起，构建出和谐的超现实场景。我们将使用Photoshop的变换选项、蒙版和调整图层来调整各种元素的一致性。

图层蒙版和剪贴蒙版在这样的图像中会发挥很大的作用，图层蒙版只允许在想要的区域添加效果，而擦除图层蒙版上不必要的区域则会重现适当的部分。

在组合构图时，应该着重注意图像的比例、亮度、对比度和光线。如果有需要，调整亮度/对比度、曲线等，或使用减淡和加深工具调整阴影和高光区域。请随意组合不同的图像来构成美丽的超现实场景吧！

### 置入人物素材

01 新建一个“宽度”为960像素、“高度”为1200像素、“分辨率”为72的文档，并命名为“双重曝光”，从文件夹中选择“人物素材”文件置入，并调整其位置和大小。

### 调整颜色

02 新建“色彩平衡”调整图层，在“属性”面板中设置“色调”为“中间调”、“青色-红色”为-100、“洋红-绿色”为-20、“黄色-蓝色”为+15，并勾选“保留明度”复选框。

### 抠出人物素材

03 从文件夹中选择“素材（2）”图像文件并打开，结合使用对象选择工具和快速选择工具选中人物主体。

## 置入人物素材

04 使用移动工具将选区内的图像拖曳到“合成”文档窗口中，并按下Ctrl+T组合键调整人物的大小和位置。

## 抠取大象素材

05 从文件夹中选择“素材（3）”图像文件并打开，结合使用对象选择工具和快速选择工具抠取大象的主体，并按下Ctrl+J组合键将选区内的图像复制为新图层。

## 置入大象素材

06 单击“背景”图层右侧的图标对其进行解锁，将“背景”图层和“图层1”图层拖曳到“合成”文档窗口中，并按下Ctrl+T组合键调整其位置和大小。

## 擦除多余图像

07 使用多边形套索工具在相框内部建立选区，选择大象整体所在的图层，在“图层”面板中单击“添加图层蒙版”按钮，为图层添加蒙版，选区外的内容将被自动遮盖。

## 擦除大象身体

08 按下Ctrl+G组合键对两个图层进行编组，并添加图层蒙版，选择一个硬边圆画笔，使用黑色在蒙版上擦除大象身体上多余的部分，使大象看起来像是正在跨出相框。

## 置入鹦鹉素材

09 从文件夹中选择“素材（4）”图像文件并打开，结合使用对象选择工具和多边形套索工具选中鹦鹉主体，并将选区内的图像拖曳至“合成”文档窗口中，按下Ctrl+T组合键调整其大小和位置。

## 擦除多余图像

10 添加图层蒙板，选择一个硬边圆画笔，使用黑色在蒙版上擦除多余的部分，让鹦鹉蹲在茶杯上方。

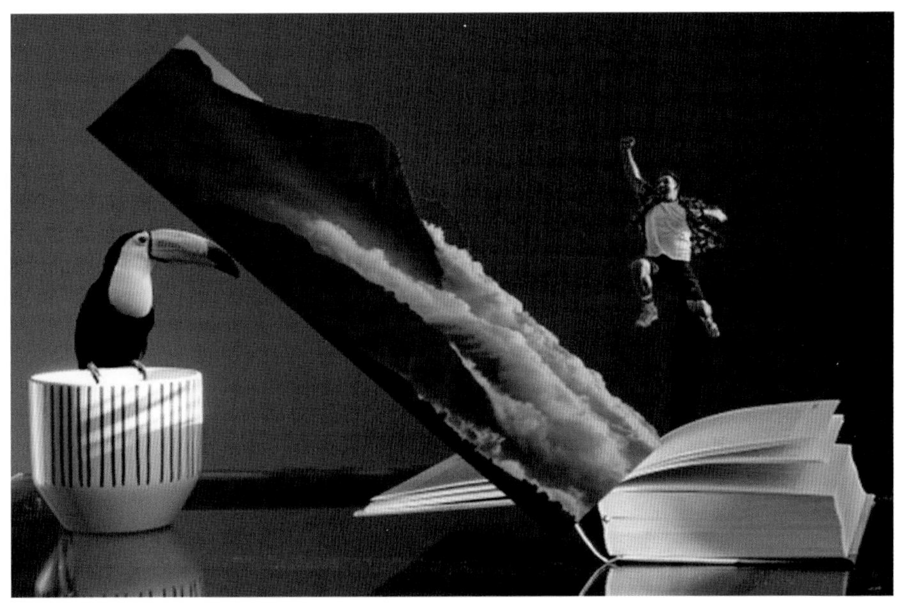

### 抠取山和云雾

11 从文件夹中选择“素材（5）”图像文件并打开，使用快速选择工具抠选出图像的主体，将选区内的图像拖曳至“合成”文档窗口中，并按下Ctrl+T组合键调整图像的位置和大小。

### 擦除多余图像

12 添加图层蒙版，结合使用多边形套索工具使用黑色在蒙版上遮盖多余的图像。

### 复制图层

13 按下Ctrl+J组合键复制一层，并按下Ctrl+T组合键进行大小和位置的调整，让云雾的纹理拼接在一起。

### 擦除多余图像

14 添加图层蒙版，选择一个柔边圆画笔，适当降低“流量”，结合使用多边形套索工具，使用黑色在蒙版上擦除多余的部分。

### 增加阴影

15 合并两个图层，并为其新建一个剪贴蒙版图层，设置混合模式为“柔光”，使用黑色加深书的中缝。

### 增加更多阴影

16 再次新建一个图层，并设置为合并图层的剪贴蒙版，继续使用黑色加深书的中缝。

### 置入图像素材

17 从文件夹中选择“素材（6）”图像文件并置入，并调整其大小、角度和位置。

### 绘制选区

18 使用钢笔工具沿着书页的轮廓绘制路径，并将路径转换为选区。

### 图层蒙版

19 选中沙滩所在的图层，并为其添加图层蒙版，选区外的图像即被遮盖。

### 复制沙滩图像

20 按下Ctrl+J组合键复制一层，按下Ctrl+T组合键调整其大小和位置，使用同样的方法制作右侧的书页。

### 更多素材

21 使用同样的方法将“素材（7）”、“素材（8）”图像贴合到书页上，用钢笔工具绘制路径并转换为选区，然后为图层添加图层蒙版。

### 书页投影

22 再次从文件夹中选择“素材（6）”图像文件置入，并调整其位置和大小，设置其混合模式为“叠加”，添加图层蒙版，使用黑色在蒙版上擦除多余的部分。

### 移动相框位置

23 按下Shift+Ctrl+Alt+E组合键盖印图层，使用矩形选框工具选中相框和大象部分，并使用移动工具对其位置进行调整，使图像在视觉上更加协调。

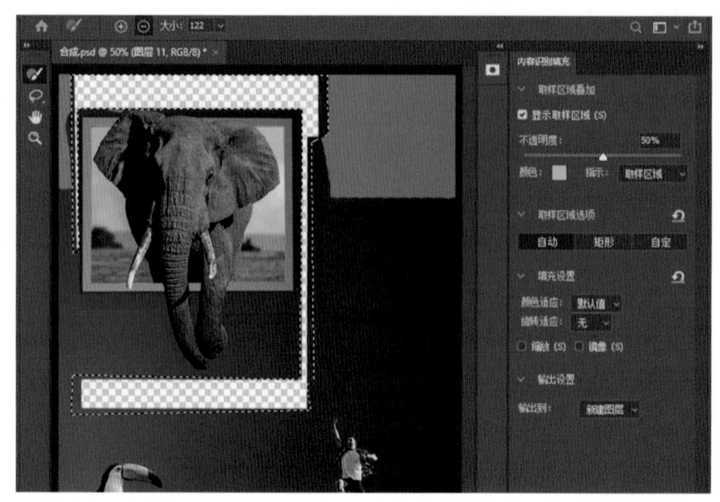


### 内容识别填充

24 选中空白部分，在菜单栏中执行“编辑>内容识别填充”命令，在打开的区域中使用取样画笔工具修改填充取样的范围，并单击“确定”按钮。

### 制作大象投影

25 复制大象抠图所在的图层，将图层拖曳到所有图层的最上方，设置混合模式为“正片叠底”、“不透明度”为28%，按下Ctrl+T组合键对图像进行垂直方向的反转，并进行变形调整。

### 添加飞鸟素材

26 从文件夹中选择“素材（9）”图像文件并打开，使用魔棒工具抠取飞鸟，并复制到“合成”文档窗口中，按下Ctrl+T组合键调整其大小和位置，并叠加颜色为#01070b。

### 透视变形

27 在菜单栏中执行“编辑>透视变形”命令，创建版面并移动变形图钉，遵从近大远小的原则，对飞鸟进行一定程度的变形，让飞鸟看上去更像是从书里飞出来的，打造空间突破的感觉。

### 添加气球素材

28 从文件夹中选择“素材（10）”图像文件并打开，抠取气球素材并复制到“合成”文档窗口中，使用橡皮擦工具擦除气球上多余的部分，使气球的尾端和人物的拳头相连。

### 添加月亮素材

29 从文件夹中选择“素材（11）”图像文件并打开，按住Shift键使用椭圆选框工具抠取月亮主体，并将图像复制到“合成”文档窗口中，按下Ctrl+T组合键调整其大小和位置，使其和气球贴合在一起。

## 修改月亮颜色

30 新建一个“色彩平衡”调整图层，并设置为月亮的剪贴蒙版，适当调整颜色的参数，让月亮的颜色和图像更加协调。

## 添加光晕

31 在气球图层的下方新建一个图层，设置混合模式为“叠加”，降低画笔的“硬度”和“流量”，并调整画笔大小，使画笔的尺寸比月亮稍大一圈，在月亮的中心多次单击，绘制出月亮的光晕。

### 操作指南

**“色彩平衡”参考参数**

**调整图层：**

色调：中间调

“青色-红色”：-39

“洋红-绿色”：+7

“黄色-蓝色”：+23

### 小技巧

选中相应的通道，在“通道”面板中单击“将通道作为选区载入”按钮可以快速载入选区。

## 继续添加光晕

32 在所有图层的上方新建一个图层，设置混合模式为“叠加”、“不透明度”为60%，将画笔调小，迎着光源在月亮上绘制一些光晕。

## 更多月亮

33 选中并按下Ctrl+J组合键复制月亮图层和它的调整图层，调整其位置和大小，并使用同样的方法为月亮添加扩散的光晕。

## 制作月亮投影

34 再次按下Ctrl+J组合键复制图层，按下Ctrl+T组合键对月亮进行垂直翻转，并调整其位置，设置“不透明度”为60%，制造月亮在玻璃桌面上的倒影。

## 模糊月亮投影

35 使用“高斯模糊”滤镜将月亮的倒影模糊0.7个像素，让图像看起来更加朦胧。

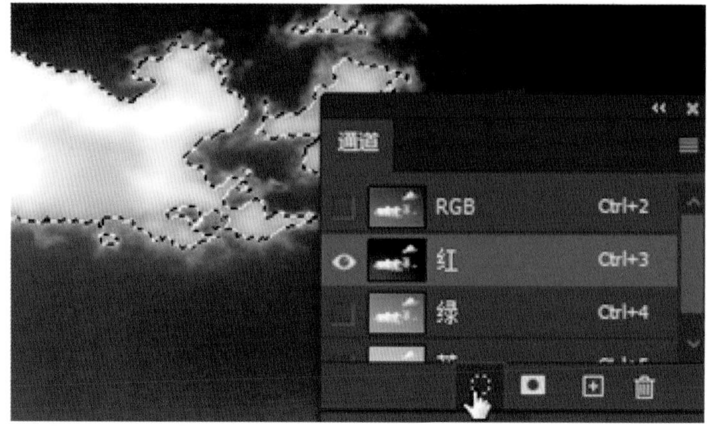


## 抠取白云

36 从文件夹中选择“素材（12）”图像文件并打开，按下Ctrl+Alt+3组合键载入选区。

### 添加白云

37 使用移动工具将选区内的图像移动到“合成”文档窗口中，并按下Ctrl+T组合键调整其位置和大小。

### 更多白云

38 使用同样的方法抠取并置入“素材（13）”图像文件中的白云，并按下Ctrl+T组合键调整其位置和大小，在蒙版上擦除多余的部分。

### 添加倒影

39 按下Ctrl+J组合键复制一层，并按下Ctrl+T组合键对其进行垂直方向的翻转，设置“不透明度”为37%，将其拖曳到合适的位置，制作玻璃上的倒影。

### Camera Raw滤镜

40 按下Shift+Ctrl+Alt+E组合键盖印图层，并转换为智能对象，使用Camera Raw滤镜对图像的色彩和对比度进行整体调整。

### 加深背景

41 按下Ctrl+J组合键复制一层并进行栅格化，在工具箱中选择加深工具，适当调整画笔大小，加深图像背景的颜色。

### 调整光源

42 分别为两个图层添加图层蒙版，选择一个柔边圆画笔，使用黑色在画布左上角进行涂抹，改变光线来源。

**操作指南**

**Camera Raw滤镜参考参数**

对比度：+100
高光：−78
黑色：+100
饱和度：−20

**小技巧**

当画面上的元素过于丰富而显得杂乱的时候，调整光源有助于让观众的注意力保持在正确的位置。也可以简单地对图像进行裁剪，以获得更好的图像比例和视觉效果。

## 这意味着什么?

镜头光晕——使用这个滤镜可以模拟亮光照射在相机的镜头上所产生的折射光线，可以在“镜头光晕”对话框中通过单击图像缩览图的任意位置或拖曳其定位标识指定光晕的方向和具体位置，并选择具体使用的镜头光晕效果。

### 高斯模糊

“高斯模糊”滤镜能够根据所设置的模糊半径快速模糊图层或选区，常用于制作边缘柔和的投影。

# 合成城市街道上的犀牛

## 简单地使用几种滤镜制造动物在城市中游荡的逼真效果

合成图像就是要打破常规——可以任意改变图像原有的大小比例以制造不可思议的超现实图像，也可以让动物离开它原本的栖息地，来到人类的城市街道上。在这个案例中，我们使用简单的几个步骤就合成了一个在夜晚的城市街道上游荡的犀牛，需要用到的只是“高斯模糊”滤镜和“镜头光晕”滤镜，以及一些简单的图层蒙版和混合模式。

在文档中置入背景和犀牛，并使用蒙版隔离图片上多余的部分，使用调整图层对图像的色彩进行适当的修改。当添加一个调整图层的时候，会发现Photoshop会自动为它添加一个图层蒙版，同样的情况也发生在智能对象的滤镜上。在这些蒙版上涂抹颜色，就能控制需要受到调整和滤镜影响的区域。

## 放置犀牛 让原本应该生活在草原上的犀牛出现在城市的街道上

### 置入背景素材

01 新建一个“宽度”为22厘米、“高度”为30厘米、“分辨率”为300的文档，并命名为“合成”。从文件夹中选择“背景”图像文件置入，并适当调整其位置和大小。

### 置入犀牛素材

02 从文件夹中选择“犀牛”图像文件置入，并调整其位置和大小。在菜单栏中执行“选择>主体”命令，选中犀牛的主体，并在“图层”面板中单击“添加蒙版”按钮抠出犀牛。

### 添加腿部投影

03 新建一个图层，设置为“犀牛”图层的剪贴蒙版，设置混合模式为“正片叠底”、“不透明度”为24%，选择一个硬边圆画笔，使用黑色在犀牛腿上添加一些较硬的阴影。

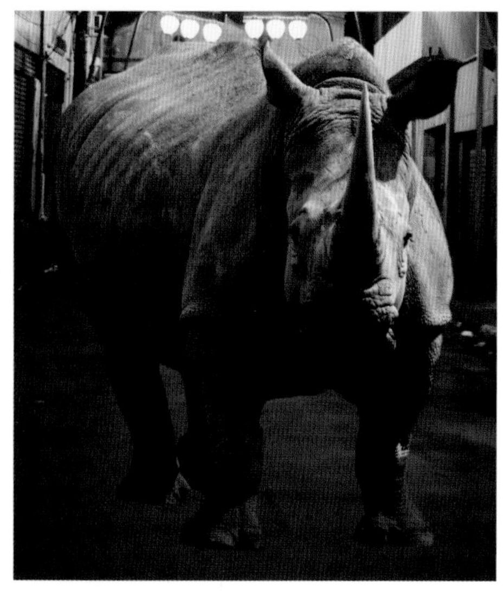

### 色阶调整

04 新建一个“色阶”调整图层，并设置为“犀牛”图层的剪贴蒙版，在“属性”面板中设置中间调输入色阶为0.31。

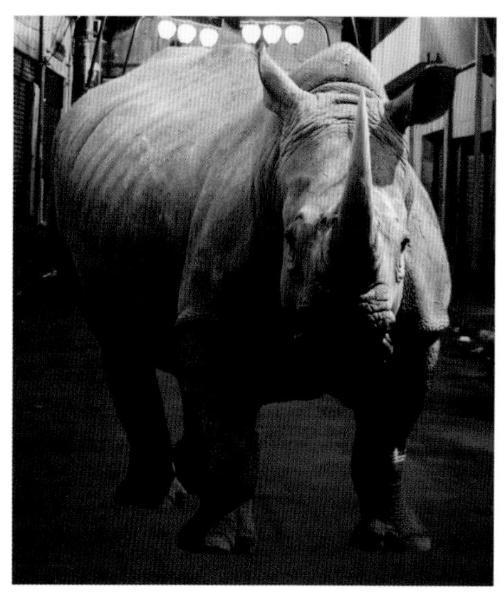

### 增强光线

05 新建一个图层，设置为“犀牛”图层的剪贴蒙版，设置混合模式为“柔光”，选择一个柔边圆画笔，使用白色涂抹犀牛的脊背。

### 绘制投影

06 在“街道”图层上方新建一个图层，设置混合模式为“正片叠底”、“不透明度”为84%，选择一个硬边圆画笔，使用黑色涂抹出阴影的大致范围，并使用“高斯模糊”滤镜将其模糊10像素。

### 继续绘制投影

07 再次新建一个图层，设置混合模式为“正片叠底”，选择一个柔边圆画笔，设置“流量”为40%，使用黑色轻轻涂抹地面，绘制投影。

### 背景光线

08 新建一个图层，设置画笔的“流量”为5%，使用白色轻轻涂抹犀牛背后的街道，制造更多朦胧的光线。

### 绘制反光

09 新建一个图层，设置“不透明度”为4%，选择一个柔边圆画笔，使用白色在犀牛四足下方绘制一些轻微的反光。

### 镜头光晕

10 在“街道”图层上方新建一个图层，设置混合模式为“滤色”、“不透明度”为60%，填充颜色为黑色，并在菜单栏中执行“滤镜>渲染>镜头光晕”命令，在弹出的“镜头光晕”对话框中设置“亮度”为140%、“镜头类型”为“50-300毫米变焦”。

### 继续添加镜头光晕

11 在所有图层上方新建一个图层，设置混合模式为“滤色”，填充颜色为黑色，并应用“镜头光晕”滤镜，设置“亮度”为100%、“镜头类型”为“105毫米聚焦”，适当改变光线的位置。

HUG

# 创造等距投影

## 设计一个等距投影的几何形状海报

等距投影听起来高深得好像你需要拥有一个设计学学位才能理解，但实际上它的规则还是相当简单的。等距投影是一种三维物体在二维背景上的视觉表现，主要通过遵循透视原则创建3D对象。不用担心这么做的难度，只需要跟着透视原则走，就一定能创造出适合构图的东西。

通常在设计中，规则都是用来打破的，但在这个案例中，遵守规则却是正确的。我们将选择一个严格的调色板，在深色的背景上制作明亮的黄色字母。我们将在一些图层上使用软边圆画笔，绘制美丽的渐变颜色。我们要制作一些线条规整的几何效果的树木，事实上只需要使用形状工具和钢笔工具就能做到这点。

这也是在Photoshop中创造艺术的乐趣之一，你不需要精通专业知识就能完成很专业的作品！

## 不同寻常的文字 结合选择、填充、画笔和参考线，获得惊人的文字效果

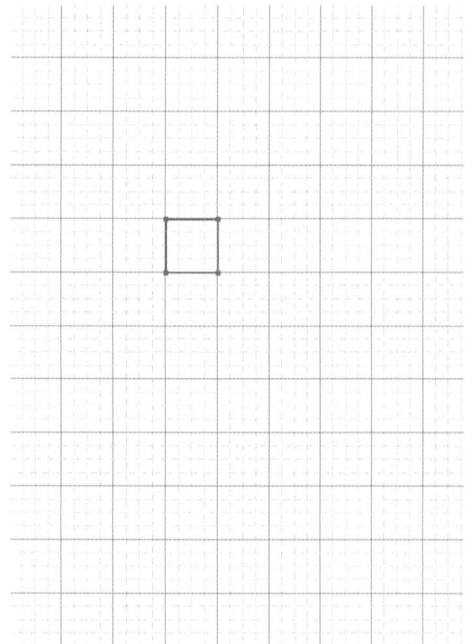

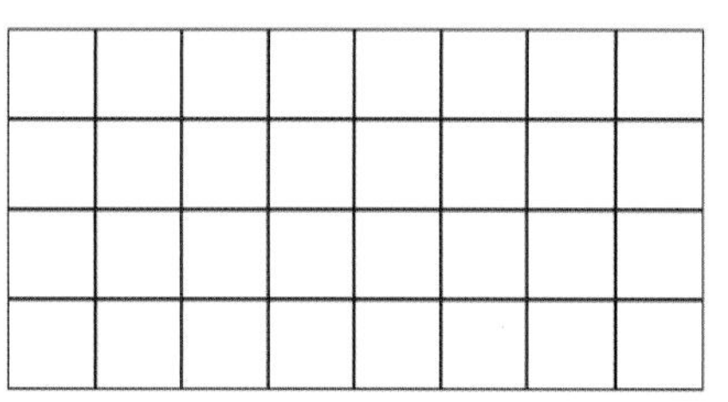

### 开始设计

01 在开始设计之前，需要创造一个参考。按下Ctrl+'组合键显示网格，使用矩形工具绘制一个正方形，设置“填充”为“无颜色”、“描边”颜色为黑色、描边宽度为5像素。

### 复制正方形

02 选择移动工具，按住Alt键在画布上拖曳矩形，即可快速复制这个矩形。在“图层”面板中选中两个矩形，再次在画布上进行拖曳，使用这种方法制作整齐的网格。

### 制作菱形网格

03 合并所有矩形图层，按下Ctrl+T组合键将图像旋转45°，按下Enter键。再次按下Ctrl+T组合键，按住Shift键拖曳定界框，将方形网格改变为菱形网格。

### 锁定图层

04 适当缩放并倾斜菱形网格，使网格铺满整个画布。降低不透明度到20%左右，在“图层”面板中单击“锁定全部”按钮，使透视参考不受之后操作的影响。

### 规划配色和文字

05 使用文字工具输入想要创建的文本，如A HUG（一个拥抱），并同样将不透明度降低到20%。使用颜色#19171e、#882c8b、#ba5e4e、#ef814a和#efc86a。

### 修改字母

06 将每个字母都转换为形状，填充颜色为#efc86a，并使用钢笔工具对其进行调整，改变文字的形状，适当增加或减少锚点。使用转换点工具根据透视原则改变锚点的位置。

### 复制图层

07 选中所有字母，并按下Ctrl+J组合键进行复制，依照透视原则将其向右下方或左上方移动一段距离，然后按下Ctrl+G组合键对每一对字母进行编组，并进行相应的命名。

### 连接字母

08 选择钢笔工具，设置工具模式为“形状”，使用钢笔工具绘制字母的每一个面，将字母连接为立体的形状，并依照透视原则对其进行适当的调整。

### 绘制渐变

09 选择字母A左侧的形状，新建一个图层，并设置为它的剪贴蒙版，选择一个柔边圆画笔，设置“流量”为15%，使用颜色#ef814a轻轻涂抹，绘制柔和的渐变。

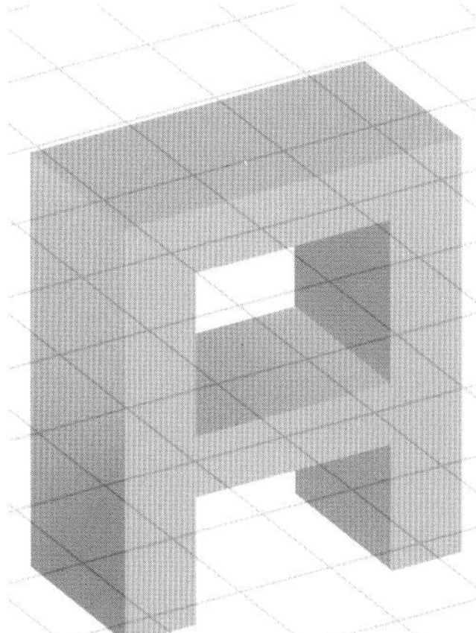

### 绘制渐变

10 使用同样的方法为字母A的每一个面建立剪贴蒙版，并使用颜色#ef814a刷出渐变色彩，注意调整色彩浓淡，让字母看起来更加立体。

### 继续绘制渐变

11 使用同样的方法对每一个字母的每一个面进行调整，绘制更多渐变。注意要依照光的来源使每个字母的渐变保持一致。

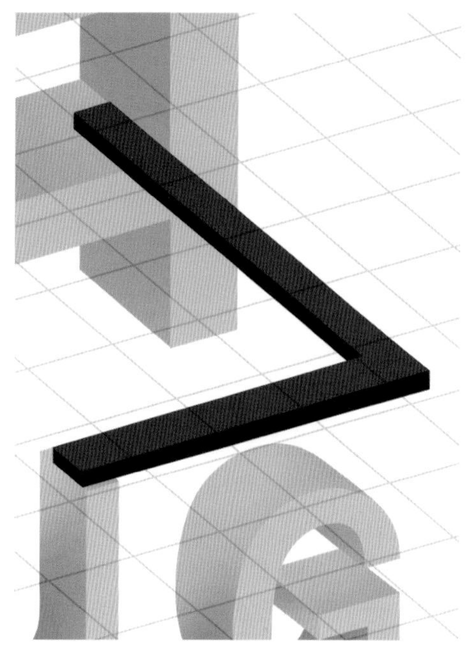

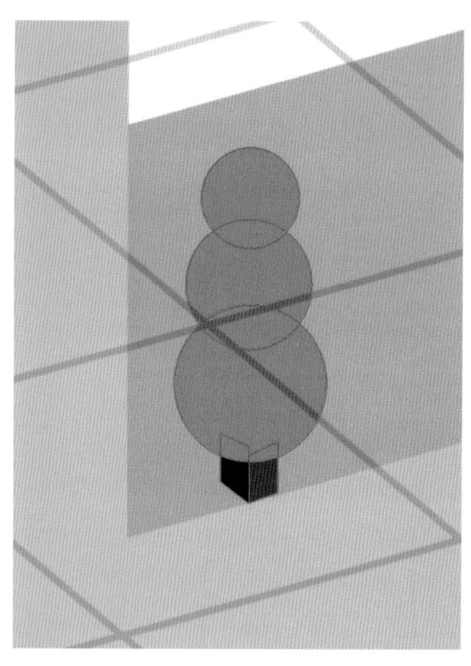

### 连接字母

12 使用矩形工具绘制两个等宽的矩形，设置颜色为#6b428e，按下Ctrl+T组合键进行自由变换，并使用转换点工具对其进行调整，使其更符合透视原则。

### 立体构件

13 复制两个矩形，并置于原本图层的下方，更改颜色为#270747，适当移动一段距离，使用转换点工具对其进行调整，并使用钢笔工具依照透视原则补全构件的面。

### 绘制树

14 新建一个组，命名为“树”，使用椭圆工具绘制三个正圆，设置颜色为#ef814a，并使用钢笔工具绘制树干，设置左侧颜色为#270747、右侧颜色为#5a327d。

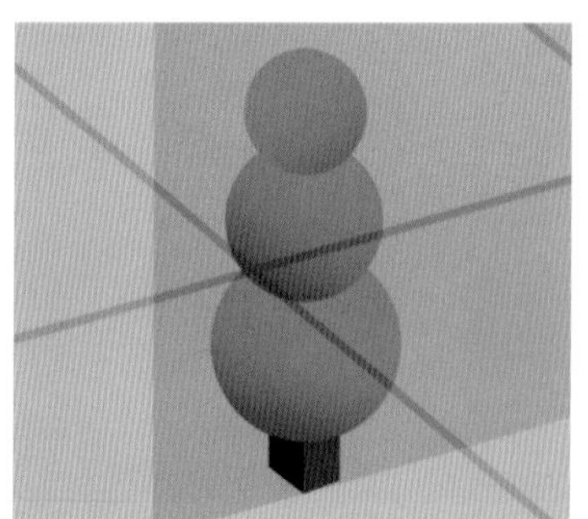

### 绘制渐变

15 为每一个正圆新建剪贴蒙版图层，选择一个柔边圆画笔，设置“流量”为15%，使用颜色#325c7f添加渐变，塑造出树的立体感。

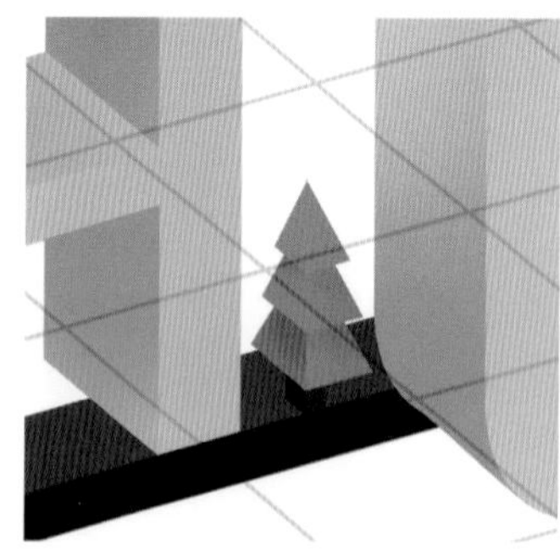

### 另一种形状

16 使用同样的方法用三角形搭建一棵树，使用钢笔工具按照透视原则绘制层叠在一起的三角形，并依次为三角形添加渐变。

### 更多树

17 按住Alt键在画布上拖曳复制所绘制的树，并按下Ctrl+T组合键适当缩放其大小，让每一个字母上都有树的元素。

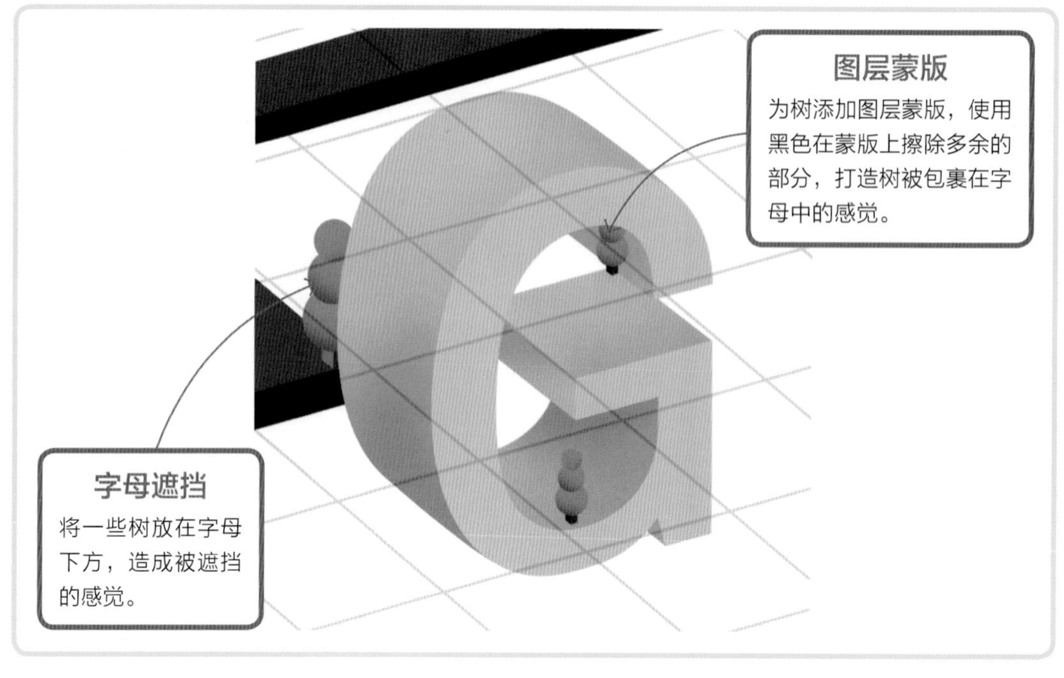

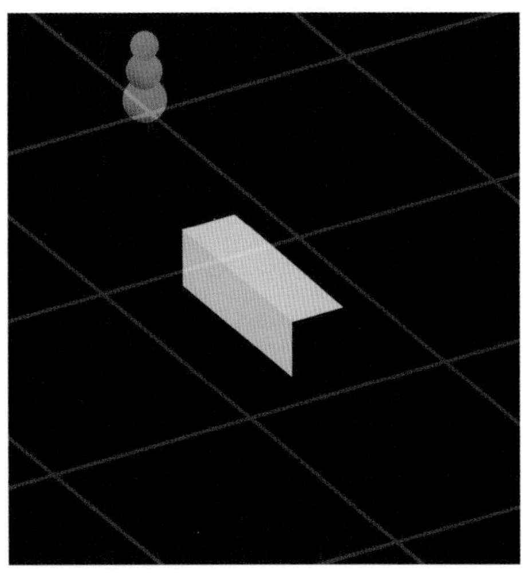

### 设置背景

18 在所有图层下方新建一个“纯色”填充图层，填充颜色为#1b1c21，并将网格的颜色更改为白色。

### 绘制台阶

19 使用钢笔工具依照透视原则绘制两个平行四边形，并将其拼接在一起，制作楼梯的阶梯。设置横面颜色为#e7cf95、竖面颜色为#e1c174。

### 制作楼梯

20 按住Alt键多次拖曳并拼接台阶，制作一个楼梯，并按下Ctrl+G组合键对所有台阶进行编组，更改“不透明度”为63%。

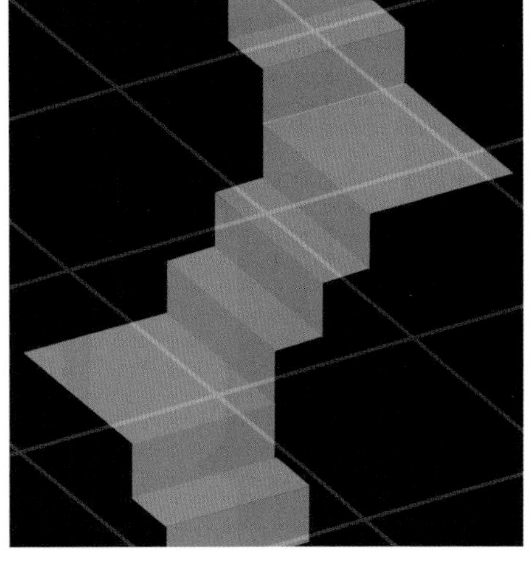

### 另一个方向

21 使用同样的方法绘制朝另一个方向延展的楼梯，注意让楼梯位于连接构件的下方，在空间上保持正确。

### 楼梯转角

22 为什么不试着让楼梯的方向发生改变呢？依照透视原则加宽楼梯的横面，制作一个楼梯转角，并在另一个方向让楼梯继续延展下去。

### 调整位置

23 调整所有这些楼梯的位置，让楼梯的平面和字母的平面贴合，并注意让它们在空间上表现正确，恰当地处理图层的顺序。

### 绘制瀑布

24 新建一个图层组，并命名为“瀑布”，使用钢笔工具绘制瀑布的形状，让瀑布从天空落下，并停止在字母上，然后填充颜色为#ef814a。

### 绘制水流

25 使用形状工具在瀑布边缘绘制不规则的形状，并填充颜色为白色，设置“不透明度”为23%，制造一些水流的质感。

### 流动的感觉

26 使用钢笔工具在瀑布上绘制更多形状，同样填充颜色为白色、设置“不透明度”为23%，制造水流流动和喷溅的质感。

### 绘制箱子

27 使用矩形工具绘制一个正方形，并使用转换点工具依照透视原则对其进行变形。将三个平行四边形拼接在一起，制作一个立方体，设置立方体的迎光面颜色为#f18b57、背光面颜色为#e07942。

### 更多立方体

28 按下Ctrl+J组合键两次复制并移动立方体的位置，制作出层叠在一起的立方体箱子，并新建一个图层，设置为最顶层形状的剪贴蒙版，选择一个软边圆画笔，设置“流量”为15%，使用颜色#e07942轻轻刷出渐变。

### 更多箱子

29 复制更多箱子，并按下Ctrl+T组合键缩放它们的大小，将每个箱子放在合适的位置上。

### 绘制栏杆

30 使用椭圆工具绘制一个椭圆，设置颜色为#ef814a，并按下Ctrl+T组合键适当地对其进行调整。新建一个图层，并设置为椭圆的剪贴蒙版，选择一个柔边圆画笔，使用颜色#4f3e5e为椭圆添加渐变，然后使用圆角矩形工具在椭圆中央绘制栏杆的柱子，同样填充颜色为#ef814a。

### 绘制绳子

31 多次复制栏杆，并将它们排列整齐。使用钢笔工具在画布上绘制下垂的弧形绳子，设置其“填充”为“无颜色”、“描边”颜色为#41529b、描边宽度为3像素。

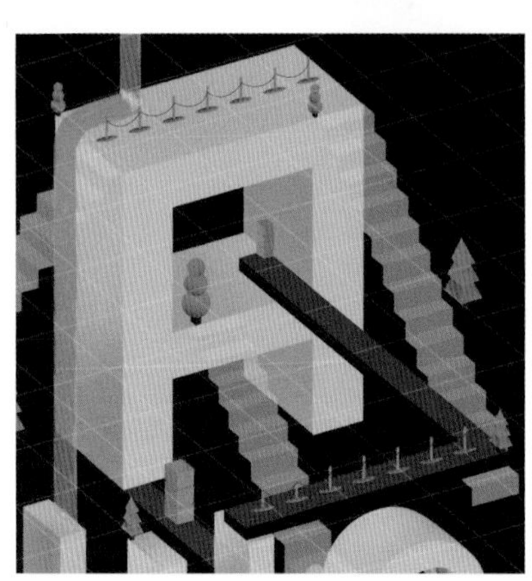

### 更多栏杆

32 按下Ctrl+G组合键对栏杆和绳子进行编组，并按下Ctrl+J组合键复制一层，将其放在字母A上，丰富字母上的元素。

### 绘制星星

33 选择椭圆工具，设置“填充”颜色为白色，按住Shift键在画布上绘制一些大大小小的圆点。

### 置入图像

34 从文件夹中选择“光”图像文件置入，并调整其大小和位置，设置混合模式为“线性减淡（添加）”。

### 擦除多余图像

35 添加图层蒙版，设置前景色为黑色、背景色为白色，使用渐变工具从右上到左下在蒙版上绘制渐变。

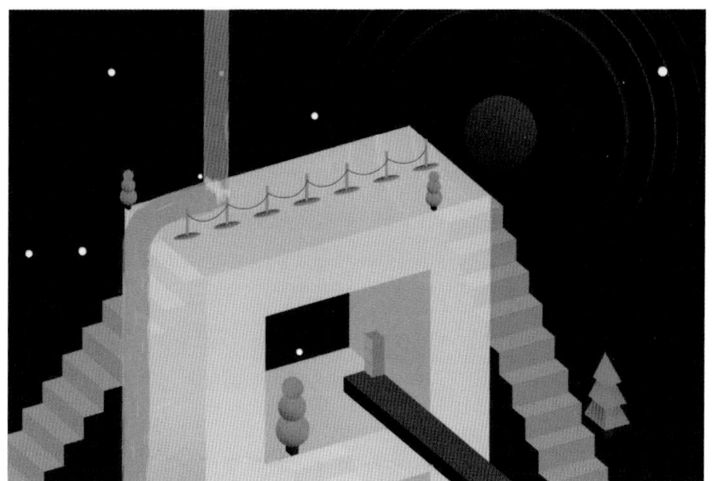

### 改变颜色

36 新建“色相/饱和度”调整图层，并设置为光的剪贴蒙版，适当调整光圈的色相。

### 复制图层

37 按下Ctrl+J组合键复制一层，选中“光 拷贝”图层的图层蒙版，使用渐变工具从右下到左上绘制渐变。

### 渐变填充

38 在所有图层上方新建一个“渐变”填充图层，设置一个“样式”为“线性”、“角度”为60度、“缩放”为150%的黑白渐变，并设置混合模式为“柔光”，增强图像的光感。

## 操作指南

### 装饰元素

除了在这些3D字母上添加树、栏杆和箱子之外，制造一些指示牌也是个不错的做法，这可以让画面变得更加规律和有指向性。

近些年来设计领域流行热带元素，可以在字母上缠绕一些热带植物的叶子，也可以让粉红色的火烈鸟在通道上漫步。更加丰富的装饰元素总是更夺人眼球，不过也要注意不要让它们喧宾夺主。

# 模仿大师的风格

# 将水平提升到一个新的高度

一些艺术家认为没有什么真正新鲜的事物，我们注定要一遍又一遍地创造同样的艺术作品，像在一个名为创意的仓鼠轮子里旋转。诚然，有时候很难创造出真正具有独特性的东西，但不可否认的是，我们往往可以从一些伟大的艺术家身上找到灵感。

使用Photoshop、Element等软件创作艺术的数字艺术家们很可能相信他们是千禧年以来的潮流引领者和开拓者，他们为未来的艺术家们创造了全新的艺术和风格，供后来者学习。不管怎么说，所有的艺术家事实上都应该感谢他们的前辈，如果没有毕加索和达利，谁知道超现实主义会是什么样子？如果没有梵高和莫奈，也许油画的色调和笔触会和现在大相径庭。

事实上，有些艺术家已经定义了一些风格，虽然拥有自己的创作风格很重要，但也可以从模仿别人的风格中学到很多东西。这与J.K.罗琳在写《哈利·波特》时受到的启发相似。

在接下来的几页中，我们将研究一些最有影响力的艺术家的风格特征，并揭示如何使用Photoshop在自己的作品中尝试他们的风格。谁知道呢，也许你会赋予作品全新的面貌！

# 伦勃朗

首先确定光源，使用渐变工具为背景创建对比强烈的光影关系，设定光源以指导图像的光影关系。

伦勃朗的画作总是会格外注重光线的作用，摄影中的“伦勃朗式用光”的技术就来自伦勃朗的绘画用光风格。伦勃朗擅长采用强烈的明暗对比画法，使用光线塑造形体，制造丰富的画面层次。他所使用的“光暗”画法通常会采用深色作为背景，而将光线集中在画的主要部分，如人物的面部上。

使用混合器画笔工具将色彩混合成色块，并使用滤镜对其中的一些细节进行细化，使用加深工具和减淡工具进一步强调光影，最后为图像添加一些细微的画布纹理和油画笔触以提升质感。

“伦勃朗擅长使用光线塑造形体，制造丰富的画面层次”

# 康定斯基

在一些画作中，康定斯基采用了三角形、圆形和斜线来构建图像，然后使用杂色色块与规则的几何线条形成对比。半透明的圆形色块赋予了画作一种宁静的感觉，它的核心仍然是浪漫主义。

使用钢笔工具和形状工具这样的矢量工具绘制形状，有助于创造出规则的几何形状。

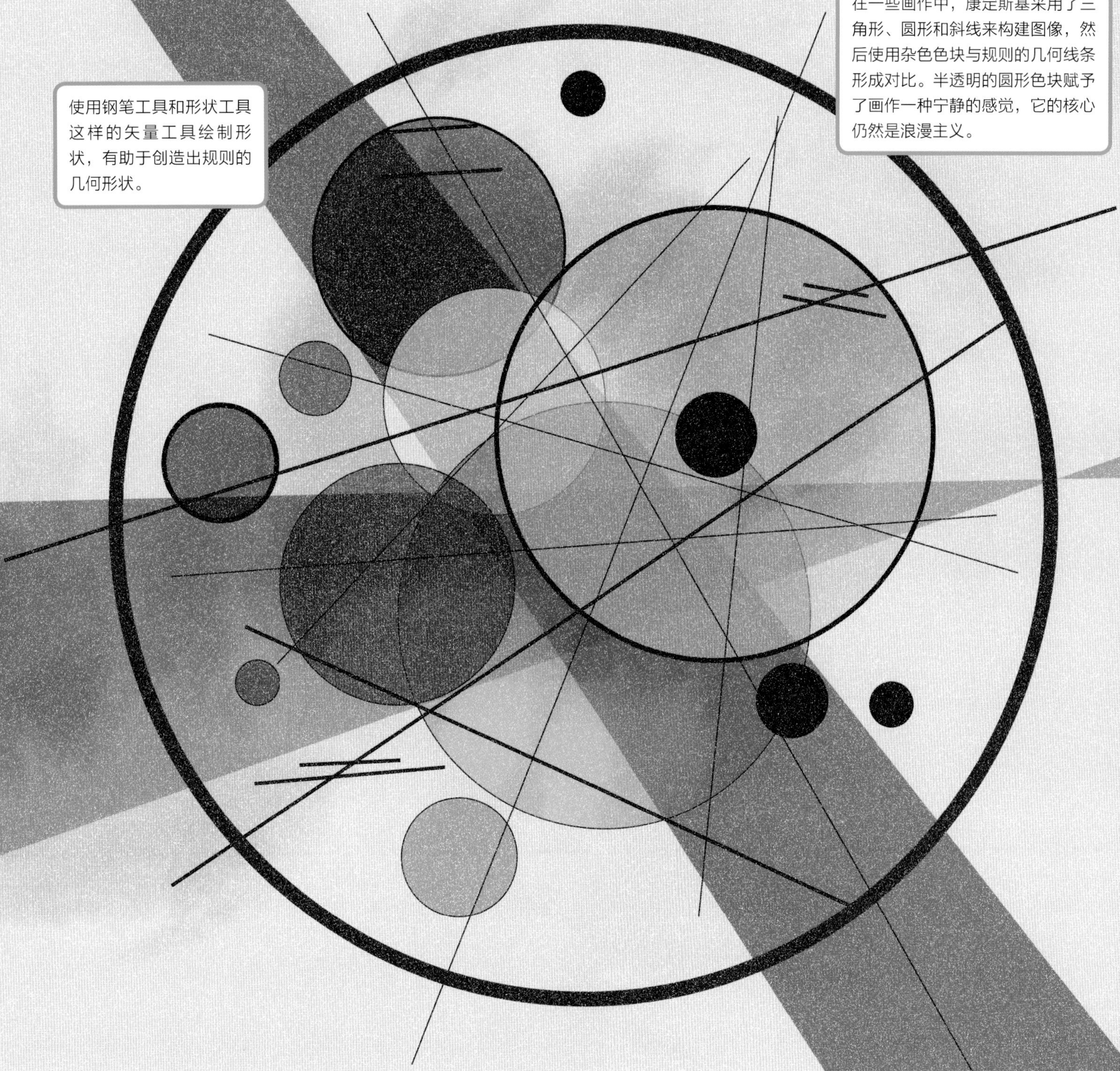

“采用三角形、圆形和斜线构建图像，并使用杂色色块与之形成对比”

在需要添加笔触的图层上方新建一个图层，然后设置为该图层的剪贴蒙版，使用一个具有水彩纹理的画笔进行绘制。

# 梵高

使用轮廓较硬的画笔涂抹绘制图像，按住Alt键在画布上单击以选择颜色。

按下Shift+Ctrl+Alt+E组合键盖印图层，并将其混合模式设置为“叠加”，调整图层的不透明度以改变图像的色彩。

“梵高追求画面色彩的明亮活泼，并且常常使用大块的对比色”

在画面上制造纹理，增加陈旧的感觉。

# 高更

保罗·高更的作品主要集中在朴实的色块上，如橙色、黄色和天然绿色。首先绘制一个剪影，并选择一个具有水彩笔触的画笔为其刷上一些大的色块，使用橙色绘制背景，使用绿色和黄色绘制树。也可以使用图层的混合模式加强色彩的叠加和对比，或使用不同的素材共同融合成这样一张图片，调制出合适的色彩。尝试一下，看看都能用手边的图片创造出什么样的效果。

为材质纹理添加图层蒙版，并填充蒙版为黑色，选择一个具有油漆质感的画笔，使用白色在蒙版上刷出所需呈现的纹理效果。

使用“动感模糊”滤镜为画面增加朦胧的质感，使色彩变化更加柔和。

# 特纳

特纳是著名的浪漫主义风景画家，其作品对后期的印象派绘画发展有着很大影响。他的画作有着非常富有表现力的色彩和简化的画面，善于描绘光与空气的微妙关系，绘制绚烂的色彩变化。降低色彩之间的对比度，并在暖色中添加冷色以增加色彩的表现力，使用滤镜和调整图层为图像添加笔触，并置入纹理素材为图像叠加纹理，使用图层蒙版擦除多余的部分。

“特纳擅长描绘光与空气的微妙关系”

### 变形门

09 将门素材所在的图层转换为智能对象，并按下Ctrl+T组合键对门素材进行变形，让图像更符合透视原则。

### 降低亮度

10 新建一个图层，并设置为门图层的剪贴蒙版，设置混合模式为“柔光”，使用黑色对门进行涂抹，降低门的亮度。

### 添加亮光

11 再次新建一个剪贴蒙版图层，设置混合模式为“叠加”，使用白色为门添加亮光，注意让光源从右上角射入。

### 抠取梯子素材

12 打开梯子素材，使用钢笔工具绘制梯子的轮廓。

### 置入梯子素材

13 将路径转换为选区，抠取出梯子图像，并使用移动工具移动到“合成”文档窗口中，按下Ctrl+T组合键调整其大小和位置，对梯子进行变形。

## 点石成金

### 调整图层

在使用多个素材合成图像时，必须对每个素材的亮度、色调和对比度等进行处理，用以平衡图像的整体颜色。可以使用“色阶”命令或“曲线”、“色调/饱和度”等调整图层调整图像，这样将有助于保留调整的可编辑性。别忘了将调整剪切到所需调整的图层上，这将隔离对下面图层的修改，保护其他图层不受修改的影响。

### 添加梯子投影

14 在梯子下方新建一个图层，设置混合模式为“正片叠底”，使用多边形套索工具绘制出梯子的投影轮廓，并羽化5个像素，使用黑色填充选区，制造梯子的投影。

### 细化投影

15 将投影图层的“不透明度”设置为57%，选择橡皮擦工具，选择一个柔边圆画笔，适当降低画笔的“流量”，擦除一部分阴影，让影子看起来更加自然。

### 加深梯子颜色

16 新建一个图层，并设置为梯子的剪贴蒙版，设置混合模式为“柔光”，使用黑色依照光源加深梯子的颜色。

## 点石成金

### 创建投影

投影是依附于物体而存在的，要使投影看起来更加自然，需要注意根据光线的来源调整投影的方向，让透视看起来更加科学。使用“高斯模糊”滤镜可以快速让羽化不够的投影变得模糊，另外也可以使用“消失点”滤镜让投影依附在墙壁或其他物体上。

### 抠取人物

17 打开人物素材，使用对象选择工具抠取人像的主体，并使用移动工具将图像移动到“合成”文档窗口中，按下Ctrl+T组合键调整人物的大小和位置。

### 添加人物投影

18 在人物下方新建一个图层，设置混合模式为“正片叠底”，使用和梯子同样的方法绘制人物的投影，注意使投影的方向和花盆的影子保持一致。

### 改变衣服颜色

19 新建一个图层，并设置为人物图层的剪贴蒙版，设置混合模式为“颜色加深”，使用颜色#8a060c涂抹衣服，改变大衣的颜色。

### 加深衣服颜色

20 再一次为人物图层新建一个剪贴蒙版图层，设置混合模式为“柔光”，使用黑色加深衣服的颜色，注意避开光源。

### 继续加深衣服颜色

21 继续为人物图层新建剪贴蒙版图层，设置混合模式为“色相”，调低画笔的流量，使用颜色#423429更改衣服的颜色。

### 添加蛋糕素材

22 打开蛋糕素材，使用对象选择工具抠取出蛋糕的主体，并将其移动到“合成”窗口中，按下Ctrl+T组合键调整其位置和大小。

### 擦除多余图像

23 添加图层蒙版，选择画笔工具，适当降低“硬度”和“流量”，使用黑色在蒙版上擦除多余的部分，让图像边界融合自然。

### 修改树莓颜色

24 新建一个图层，并设置为蛋糕图层的剪贴蒙版，设置图层的混合模式为“色相”，使用颜色#bc150d涂抹树莓部分。

### 加深纹理

25 按下Ctrl+J组合键复制蛋糕图层，并更改混合模式为“线性加深”，在蒙版上擦除多余的部分，只保留包装纸的褶皱和纹理。

### 置入天空图像

26 从文件夹中选择“天空”素材文件置入，并调整图像的位置和大小，使其位于所有图层上方。设置混合模式为“正片叠底”，并对其混合选项进行适当修改，让下面的图像显示出来。

### 擦除多余图像

27 为天空图层添加图层蒙版，使用黑色在蒙版上擦除多余的图像。可以按住Ctrl键单击盆栽图层和蛋糕图层的图层缩略图载入选区，并在天空图层的蒙版上填充选区为黑色。

### 置入气球素材

28 置入气球素材，并调整其大小和位置。按下Ctrl+J组合键复制一层或几层，并依次调整其大小和位置，按照近大远小的原则制造出远近关系，让图像看起来更具层次感。

# 巧妙的分层合成技术

## 学习重塑吉他弦，使用基本的分层技术创造一个超现实的图像

Photoshop能用生活中最常见的东西创造出令人惊奇的东西，我们可以使用全部的图层、蒙版和滤镜功能来创造一个扭曲现实的作品，让你想要看了又看。

在这个案例中将学习如何使用“液化”滤镜弯曲吉他弦，把它们变成攀登的绳索，供这些富有冒险精神的登山者使用。我们也尝试了仿制图章工具，从指板上进行采样以去除木头上的瑕疵和阴影，这可能会是整个过程中最耗时间的部分。即使是在最微小的部分，也需要确保阴影的位置是正确的，这将有助于提高图像的可信度。

现在，使用我们所提供的文件，开始合成练习吧！

### 选择一根琴弦

01 从文件夹中选择“吉他”图像文件并打开，使用多边形套索工具（L）选择第一根琴弦，确保尽可能多地包含琴弦，并按下Ctrl+J组合键将选区内的图像复制为新图层。

### 仿制图章工具

02 隐藏复制的琴弦，并在该层和背景层之间创建一个新图层。选择仿制图章工具，设置“不透明度”为100%、“样本”为“当下和下方图层”，并选择一个柔边圆画笔，适当调整大小。

### 隐藏第一根琴弦

03 为仿制图章工具指定仿制源，使用仿制图章工具隐藏第一根琴弦，注意不要破坏指板上的影子和木头原有的纹路。

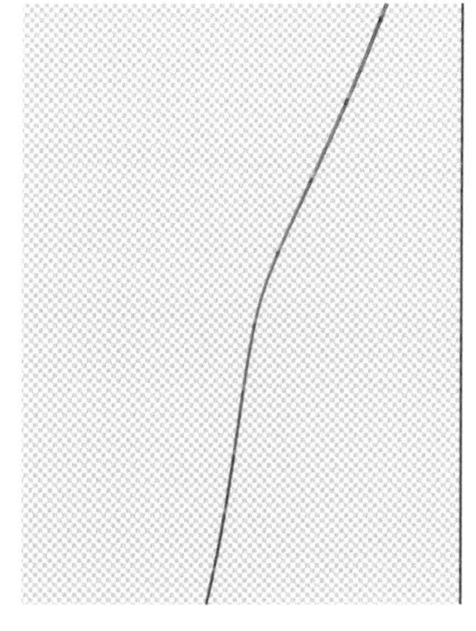

### 液化琴弦

04 显示琴弦图层，并对其应用“液化”滤镜，使用向前扭曲工具将琴弦向上弯曲。

### 置入一个攀登者

05 从文件夹中选择“登山1”图像文件置入，调整其位置和大小，使其置于第一根琴弦上，并为其添加图层蒙版，选择画笔工具，设置“硬度”为80%、“不透明度”为100%。

### 删除背景

06 使用黑色在人物周围擦除背景和与绳子重叠的部分，并栅格化图层，应用图层蒙版，这样可以简化图层。

### 自由变换

07 按下Ctrl+T组合键对图像进行自由变换，缩放人物的大小并适当倾斜一定的角度，以适应弯曲的绳子，让人物的双脚站在指板上，身体向后倾斜。

### 擦除重叠部分

08 再次为图层添加图层蒙版，并按住Ctrl键单击蒙版缩略图，使用黑色进一步细化蒙版，使人物的右手覆盖在绳子上，而左手位于绳子下方。

### 画琴弦阴影

09 在琴弦下方新建一个图层，设置前景色为#a87656，选择画笔工具，设置画笔“大小”为60像素、“硬度”为0%，在琴弦下方绘制一条直线。

### 扭曲阴影

10 应用“高斯模糊”滤镜，设置“半径”为27像素，使阴影看起来更柔和，并按下Ctrl+T组合键，使用“变形”选项对阴影进行适当的变形，使其适应琴弦的扭曲。

## 去除模糊

12 单击智能滤镜的图层蒙版，选择一个柔边圆画笔，使用黑色在蒙版上涂抹琴弦中心，让琴弦上只有两端呈现出模糊效果。

## 模糊琴弦

11 将琴弦图层转换为智能对象，使用“高斯模糊”滤镜对其进行“半径”为4像素的模糊。

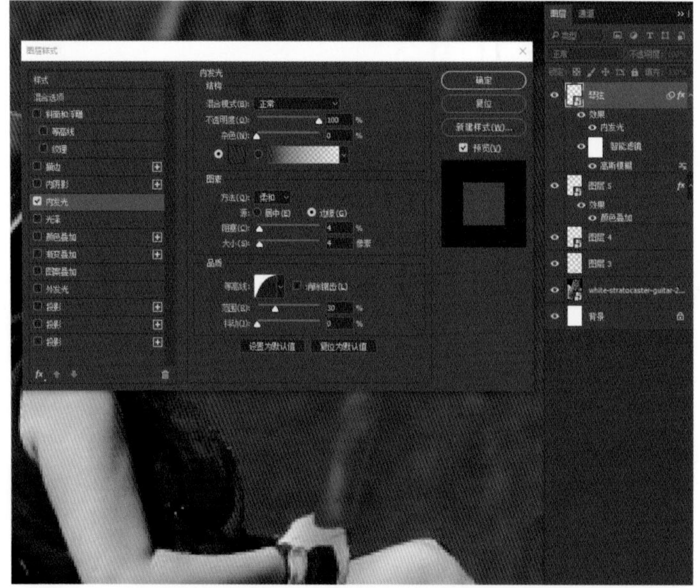

## 内发光样式

13 双击琴弦图层，在弹出的“图层样式”对话框中勾选“内发光”复选框，设置“内发光”的“不透明度”为100%、“混合模式”为“颜色”、颜色为#6b534f，并设置“方法”为“柔和”、“源”为“边缘”、“阻塞”为14%、“大小”为8像素、“范围”为34%。

## 色阶调整

14 在人物和琴弦的阴影上方新建“色阶”调整图层，并设置为这两个图层的剪贴蒙版，适当调整图像的对比度和明度。

## 去掉部分投影

15 为琴弦的投影添加图层蒙版，设置画笔的“不透明度”为30%，使用黑色涂抹落在金属上的阴影。

## 点石成金

### 微小的金属反射

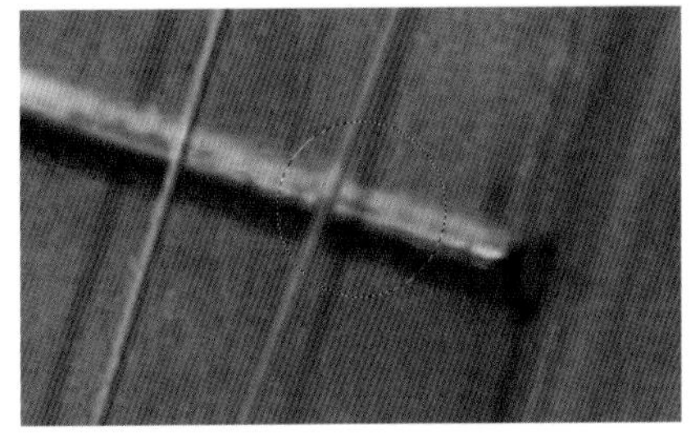

**选择一个反射**

01 从文件夹中选择“吉他”图像文件并打开，使用椭圆选框工具在第一根琴弦下的金属上围绕投影创建一个选区。

**复制到图像**

02 使用移动工具将选区内的图像拖移到之前的文档窗口中，并移动到合适的位置。

**混合和调整大小**

03 选择橡皮擦工具，并设置一个柔边圆画笔，将阴影混合在金属上，并按下Ctrl+T组合键调整其大小。

### 添加投影

16 在人物下面新建一个图层，设置“不透明度”为75%，选择画笔工具，使用颜色#4f2805在人物双脚下绘制椭圆，并使用“高斯模糊”滤镜对其进行“半径”为30像素的模糊。

### 重塑投影

17 按下Ctrl+T组合键对图像进行自由变换，调整投影的形状，使阴影更适合人物的双脚。添加图层蒙版，选择一个柔边圆画笔，使用黑色轻轻在蒙版上涂抹，使投影尽可能看起来自然。

### 添加更多攀登者

18 按下Ctrl+G组合键对除“吉他”图层外的所有图层进行编组，并命名为“弦1”，从文件夹中选择其他登山者图片置入，并依次使用蒙版对人物进行抠选调整。

### 仿制图章工具

19 像前面一样用多边形套索工具选择琴弦，按下Ctrl+J组合键复制为新图层。让该琴弦位于第二个人的下方，并使用仿制图章工具消除原有的琴弦。

### 中性灰图层

20 为平衡画面色彩，可以在所有图层上方新建一个图层，设置混合模式为“叠加”，并在上面填充一个灰色，如#787878。

### 平衡光线

21 使用加深工具加深人物的投影，创造更高的对比度。将“吉他”图像的光线作为参考，适当加深图像上的阴影。

### 编辑景深

22 为“吉他”图层应用“高斯模糊”滤镜，并设置“半径”为4像素，选择一个柔边圆画笔，设置“流量”为10%，使用黑色在背景上涂抹不需要模糊的部分。

**制造天气**

如果觉得场景不够丰富，为什么不为它制作一场风暴，或添加一道彩虹呢?

# 在茶杯里制造一道彩虹

## 使用蒙版、滤镜和图像构建微型场景

任何形式的超现实主义图像背后的主要原理就是把元素放置在令人意想不到的地方，包括把动物放在它原本的生存环境之外、让人身处于不同寻常的场景或让物体的大小变得不同。

事实上，更改物体的大小对比看起来会非常有趣。这样的作品看起来可能会很奇特，但实际上只是在缩小所有的元素，创造出符合特定尺寸的真实场景。可以让一些很大的东西包含在一些较小的东西里，这就是这个案例中需要制造出的超现实主义效果。请尽情发挥想象力，运用各种超现实主义的方式探索这个主题吧!

## 新建文档并置入背景

01 新建一个宽高均为30厘米、分辨率为300的文档，并命名为“茶杯风暴”，置入“素材（1）”图像文件，并调整其位置和大小。

## 内容识别填充

02 栅格化图层，选中画布上方的空白部分，在菜单栏中执行“编辑>内容识别填充”命令，使用取样画笔工具擦除多余的图像内容，只保留希望取样的内容，单击“确定”按钮。

## 填充标签

03 使用同样的方法填充标签，修补掉标签上的文字，并使用污点修复画笔工具修复人物手指上的倒刺等瑕疵。

## 添加文字

04 使用横排文字工具，在标签上添加文字“建议冲泡时间：3-5min”，设置颜色为#e0e5cf，并添加一个“外发光”图层样式，让文字效果更加真实。

### 操作指南

**“外发光”图层样式**

混合模式：正常
不透明度：100%
颜色：#237988
方法：柔和
扩展：20%
大小：13像素
等高线：线性
范围：100

### 小技巧

相比起“描边”图层样式，“外发光”图层样式可以提供更自然的色彩过渡。

### 抠出建筑物

05 打开“素材（2）”图像文件，使用对象选择工具和快速选择工具抠出城堡的主体，并单击“图层”面板中的“添加图层蒙版”按钮遮盖选区外的图像。

### 擦除多余图像

06 将城堡图像拖曳到“茶杯风暴”文档窗口中，调整其位置和大小，让城堡置于茶杯之内，选择一个柔边画笔，使用黑色在蒙版上擦除多余的图像。

### 改变颜色

07 新建一个图层，并设置为城堡的剪贴蒙版，填充颜色为#363930，设置图层的混合模式为“柔光”，并设置“不透明度”为82%。

### 继续改变颜色

08 再次新建一个图层，并设置为城堡的剪贴蒙版，设置混合模式为“柔光”、“不透明度”为75%，填充颜色为#d09766。

### 加深暗面

09 再次新建剪贴蒙版，设置混合模式为“柔光”、“不透明度”为72%，选择柔边圆画笔，使用黑色加深城堡的暗面。

### 抠选人物图像

10 从文件夹中选择“素材（3）”图像文件并打开，结合使用对象选择工具和快速选择工具大致创建选区。

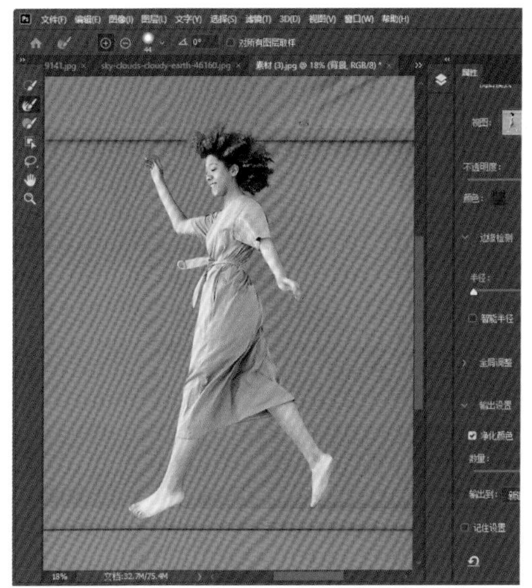

### 修改选区范围

11 在属性栏中单击“选择并遮住”按钮，使用调整边缘画笔工具擦出人物头发的边缘和一些抠选不完整的地方，勾选“净化颜色”复选框，设置“输出到”为“新建带有图层蒙版的图层”，并单击“确定”按钮。

**添加人物素材**

12 将所输出的图层转换为智能对象，使用移动工具将图层拖曳到“茶杯城市.psd”文档窗口中，并调整人物的大小和位置。

**改变人物颜色**

13 新建一个图层，并设置为人物的剪贴蒙版，设置混合模式为“柔光”、“不透明度”为36%，设置填充颜色为#363930。

**继续改变人物颜色**

14 再次新建一个图层，并设置为人物的剪贴蒙版，设置混合模式为“柔光”、“不透明度”为53%，填充颜色为#d09766。

**改变人物明暗**

15 新建“亮度/对比度”调整图层，在“属性”面板中设置“亮度”为-20、“对比度”为48，并单击“此调整剪切到此图层”按钮。

**加深皮肤颜色**

16 新建一个图层，并设置为人物的剪贴蒙版，设置混合模式为“柔光”，使用黑色加深人物双腿皮肤的颜色。

## 点石成金

**如何加强光线**

怎样才能突出图像上的高光和阴影？可以新建一个图层，设置混合模式为“柔光”，分别使用白色和黑色对图像进行高光和阴影部分的处理，适当降低画笔的“流量”和“不透明度”来创造想要的效果。

另一个技巧是按下Shift+Ctrl+Alt+E组合键盖印当前图像，并将图层的混合模式设置为“滤色”或“叠加”，为所盖印的图层添加图层蒙版，将当前图像复制到蒙版中，按下Ctrl+I组合键对图像执行“反相”命令。当混合模式为“叠加”时，当前图像上的颜色将被加深，当混合模式为“滤色”时，当前图像上的颜色将被提亮。

**绘制投影**

17 新建一个图层，设置图层的混合模式为“正片叠底”、“不透明度”为42%，调低画笔的硬度和流量，在饼干上绘制出人物身体的投影，并使用橡皮擦工具擦除投影上多余的部分，制造出自然的渐变效果，也可以使用“高斯模糊”滤镜进一步扩散投影。

### 继续添加投影

18 新建一个图层，设置混合模式为“正片叠底”、“不透明度”为72%，继续使用黑色加深人物双脚之间的身体投影。

### 绘制矩形

19 使用矩形工具，在画布上绘制一个矩形作为彩虹的雏形。

### 渐变色彩

20 使用“渐变叠加”图层样式为矩形叠加彩虹色，从图像上选取已有或相近的色彩制作彩虹。

### 操控变形

21 将矩形形状转换为智能对象，在菜单栏中执行“编辑>操控变形”命令，在彩虹上打下多个图钉，长按图钉弯曲矩形。

### 擦除多余图像

22 为彩虹图层添加图层蒙版，选择一个柔边画笔，设置画笔的“流量”为5%，使用黑色在蒙版上擦除图像上多余的部分，并将图像移动到合适的位置。

## 操作指南

### 参考参数

**“渐变叠加”图层样式：**

混合模式：正常

不透明度：100%

样式：线性

角度：180度

缩放：84%

色标1：#384d44

色标2：#3a8982

色标3：#aac8b9

色标4：#dc9b5c

色标5：#b55440

### 设置彩虹效果

23 设置图层的混合模式为“线性光”，使用“高斯模糊”滤镜将其模糊25-30像素，让彩虹呈现出半透明的发光效果。

### 抠取白云图像

24 从文件夹中选择“素材（4）”图像文件并打开，按下Ctrl+Alt+3组合键将“红”通道载入为选区，将图像复制到“茶杯风暴”文档窗口中。

### 擦除多余图像

25 按下Ctrl+T组合键将图像进行水平方向的翻转，添加图层蒙版，降低画笔的硬度，在蒙版上使用黑色遮盖掉不需要的部分。

### 更多白云

26 按下Ctrl+J组合键复制一层，并按下Ctrl+T组合键调整其大小和位置，在蒙版上修改图像的显示范围。

### 高斯模糊

27 使用“高斯模糊”滤镜分别对城堡、人物和白云进行模糊，并在滤镜蒙版上适当修改模糊的范围，让图像的远近关系更加合理。

### 置入图像

28 从文件夹中选择“素材（5）”图像文件置入，调整其位置和大小，设置为城堡图层的剪贴蒙版，并使其置于所有剪贴蒙版图层的最上方。添加图层蒙版，选择一个柔边圆画笔，使用黑色将边缘擦出柔和的过渡。

### 模糊水面

29 使用“高斯模糊”滤镜将图像模糊2.5个像素，并在滤镜蒙版上适当修改滤镜作用的范围，让水面的远近关系更加合理。

### 叠加颜色

30 新建一个剪贴蒙版图层，设置混合模式为“颜色”，并使用颜色#cb9380涂抹水面，让水面变成类似茶水的红色。

### 加深颜色

31 再次新建一个剪贴蒙版图层，设置混合模式为“柔光”，选择一个柔边圆画笔，适当调整画笔大小，使用黑色加深城堡和水面的连接处。

### Camera Raw滤镜

32 最后，按下Shift+Ctrl+Alt+E组合键盖印图层，使用Camera Raw滤镜对图像进行整体的色彩修饰，改变颜色和对比度，增强图像的自然饱和度。

### 操作指南

**Camera Raw滤镜参考参数**

色温：−18
色调：+10
对比度：+18
白色：+18
黑色：−30
自然饱和度：+40

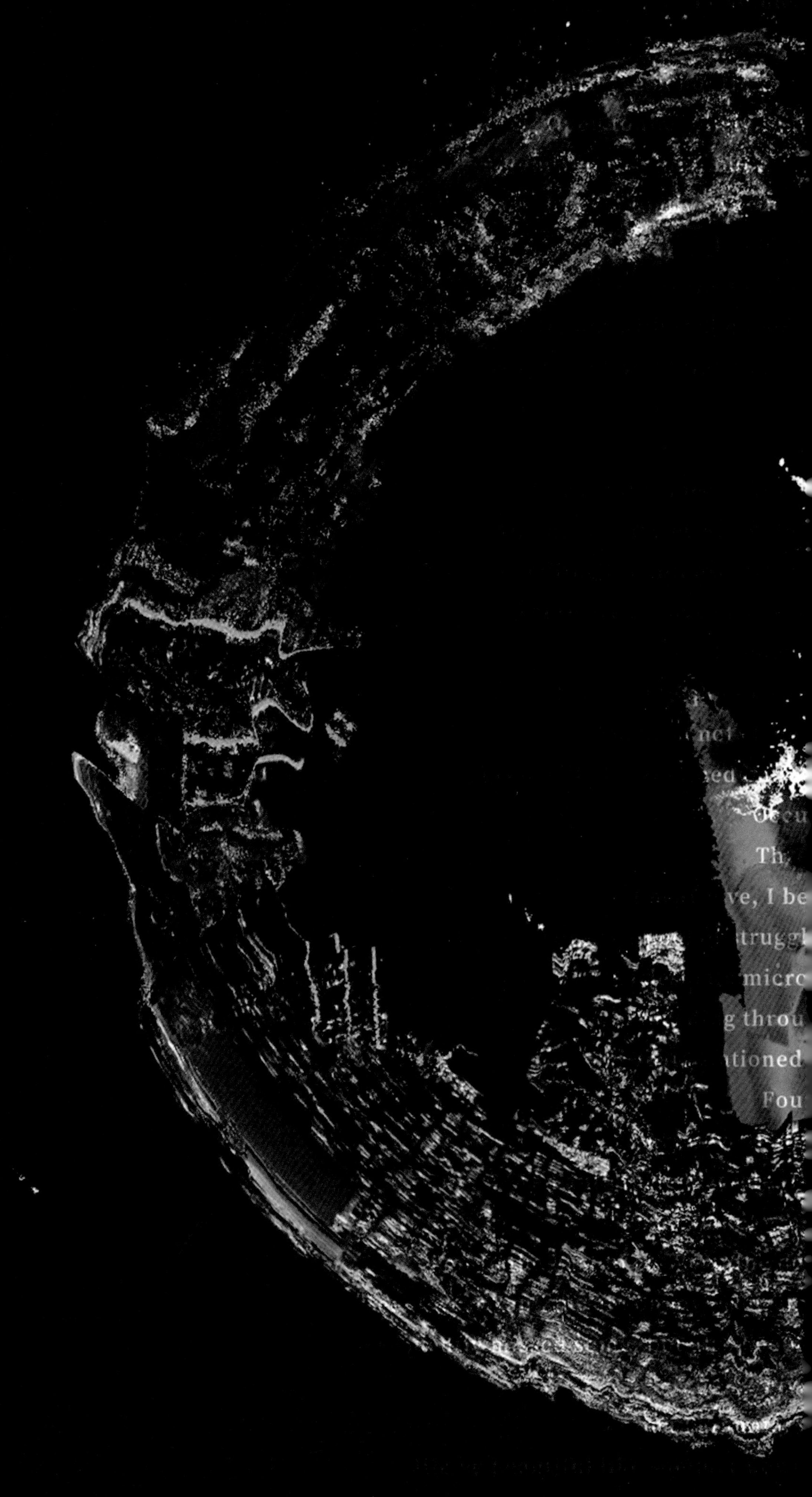

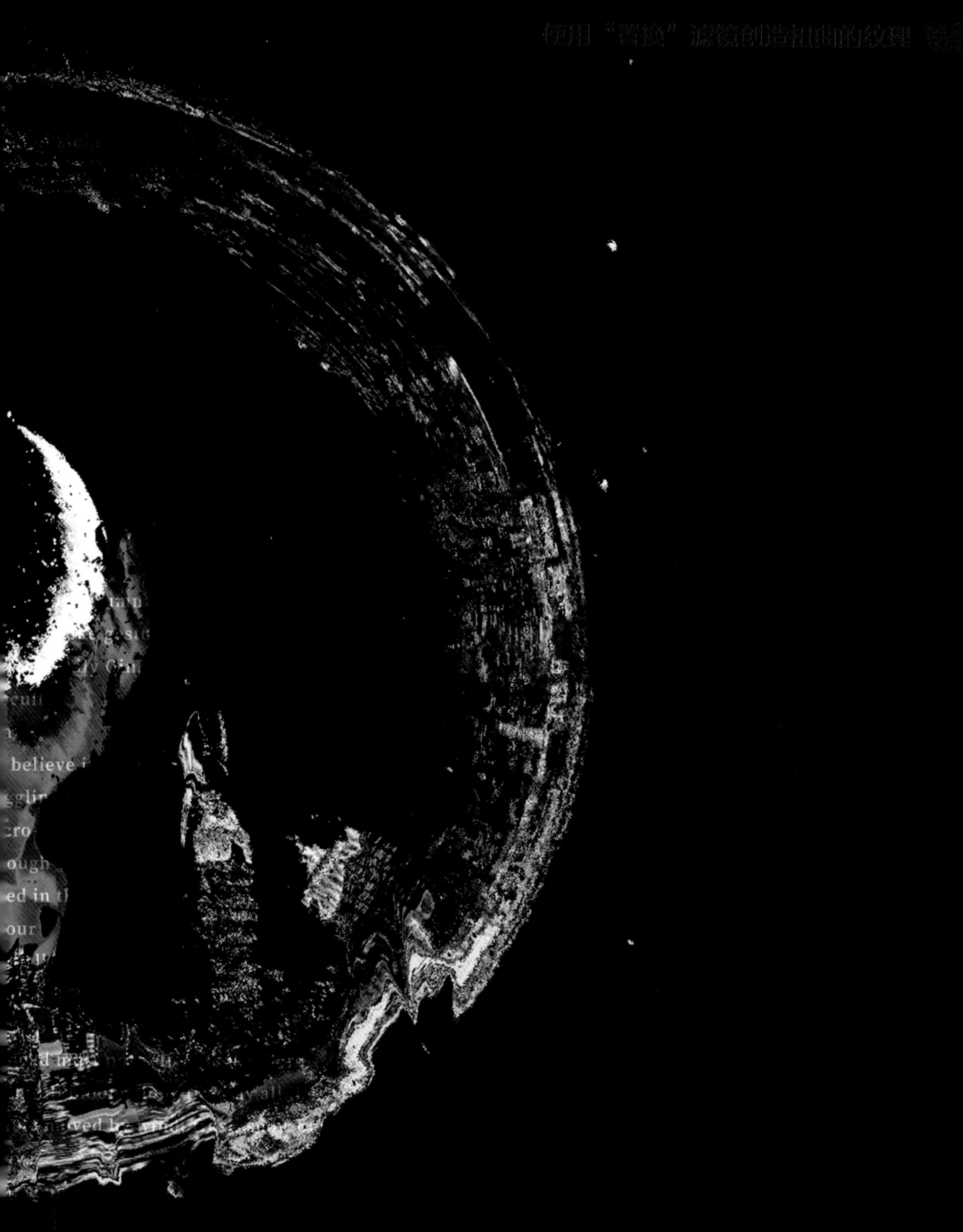

# 使用“置换”滤镜创造扭曲的纹理

## 使用“置换”滤镜和“极坐标”滤镜，创造令人惊艳的图像效果

“置换”滤镜可以根据置换文件的形状对图像进行扭曲变形，通常用于在物体或材质上叠加纹理，这样会让它们看起来更加逼真。但为什么不尝试着用它创造更加神奇的图像效果呢？如果使用熊熊燃烧的火焰制作置换文件，所进行置换的图像就会根据火焰的形状进行扭曲，并向外飞溅出火星，这会让图像瞬间出现一种神秘气质，呈现出一种令人惊讶的艺术感。

“极坐标”滤镜可以使图像进行另一种形式的扭曲，帮助创造充满未来感的图像效果。当“极坐标”滤镜与“置换”滤镜相结合的时候，图像上的色彩将会变得像是层叠流动的颜料。

在这个案例中，我们将使用“置换”滤镜和“极坐标”滤镜创建一张拥有特殊质感和纹理的图片，帮助你学会如何根据这种思路创建出一幅艺术品。请记住，扭曲的纹理不仅可以让一个图像更好地附着在另一个图像上，也可以制造出强大的艺术效果。

**置入“城市”图像**

01 新建一个文件名为“城市”、“宽度”为1500像素、“高度”为1500像素、“分辨率”为72的文档，并从文件夹中选择“城市”图像文件置入，大致调整其位置和大小。

**缩放图像**

02 栅格化“城市”图层，在菜单栏中执行“编辑>内容识别缩放”命令，长按Shift键并拖曳定界框的两边，使图像和画布的边界吻合。

### 绘制路径

03 使用钢笔工具大致绘制出城市建筑的轮廓，并从路径建立选区，按下Ctrl+J组合键将选区内的图像复制为新图层。

### 抠选图像

04 再次按下Ctrl+J组合键复制一层，在菜单栏中执行“滤镜>扭曲>极坐标”命令，选择“平面坐标到极坐标”单选按钮，并单击“确定”按钮。

### 拼贴建筑

05 将之前保留的城市建筑抠图移动到圆环内部，大致贴合两个图像，并添加图层蒙版，使用黑色在蒙版上擦除多余的图像内容。

### 添加背景

06 再一次从文件夹中选择“城市”图像文件置入，调整其位置和大小，让月亮位于圆形中央。

### 抠取月亮

07 使用对象选择工具选中月亮，并使用“选择并遮住”功能抠出月亮的边缘纹理。

### 抠取手臂

08 从文件夹中选择“手”图像文件并打开，结合使用快速选择工具和钢笔工具绘制选区，抠出手臂图像。

### 移动图像

09 使用移动工具将选区内的图像拖移到“城市”文档窗口中，按下Ctrl+T组合键调整其位置和大小，并使该图层位于月亮下方。

### 补充轮廓

10 使用钢笔工具绘制出拇指缺失的轮廓，并从路径建立选区，在菜单栏中执行“编辑>内容识别填充”命令，将拇指的轮廓补充完整。

### “黑白”调整图层

11 新建一个“黑白”调整图层，设置其混合模式为“排除”，并设置为手图层的剪贴蒙版，适当调节其参数，使手呈现出丝绸般的质感。

### 置入火焰

12 从文件夹中选择“火焰”图像文件置入，让图层位于所有图层的最上方，并调整其位置和大小。

### 更改混合模式

13 设置火焰的混合模式为“明度”，按下Shift+Ctrl+S组合键将当前图像存储为“纹理.psd”。

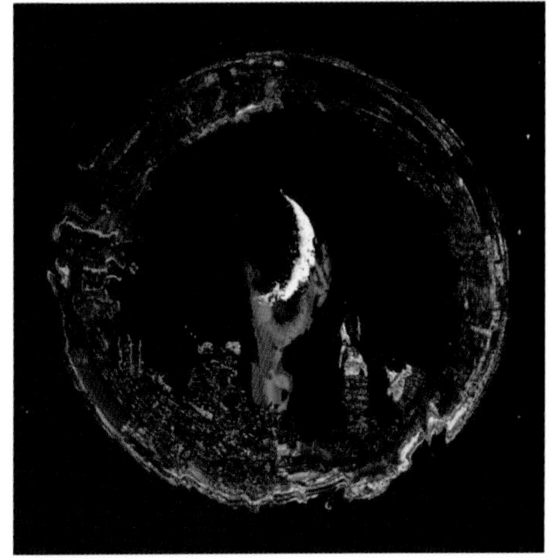

### 置换纹理

14 在菜单栏中执行“滤镜>扭曲>置换”命令，在弹出的“置换”对话框中设置合适的参数，使用刚才保存的“置换.psd”文件对图像进行置换。

### 旋转图像

15 按下Ctrl+T组合键对图像进行一定幅度的旋转，使图像在视觉上保持平衡。

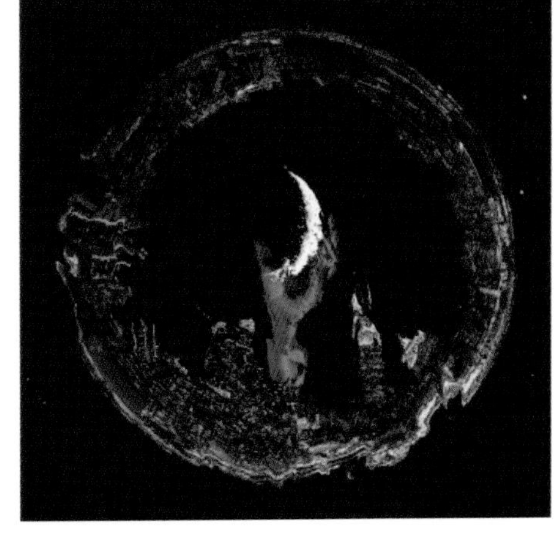

### 更改混合模式

16 将火焰图层的混合模式更改为“色相”。

## 操作指南

参考参数

**“黑白”调整图层：**

红色：-54

黄色：210

绿色：169

青色：9

蓝色：20

洋红：80

**“置换”滤镜：**

水平比例：20

垂直比例：20

选择“伸展以适合”和“重复边缘像素”单选按钮

### 叠加颜色

17 在所有图层上方新建一个图层，设置混合模式为“色相”，选择一个柔边圆画笔，使用颜色# f0592a涂抹画面右上角绿色过多的部分。

### 改变颜色

18 新建一个“色彩平衡”调整图层，适当调整其参数，改变图像的整体颜色，让图像从红棕配色变成蓝紫配色。

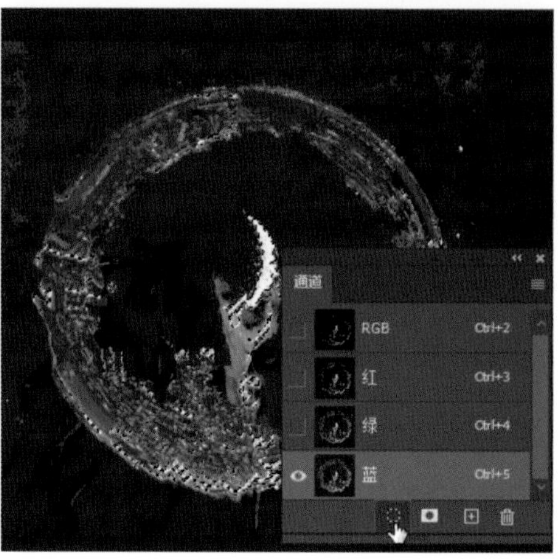


### 创建选区

19 按下Ctrl+J组合键复制“火焰”图层，更改混合模式为“正常”，在“通道”面板中单击“蓝”通道，并单击“将通道作为选区载入”按钮。

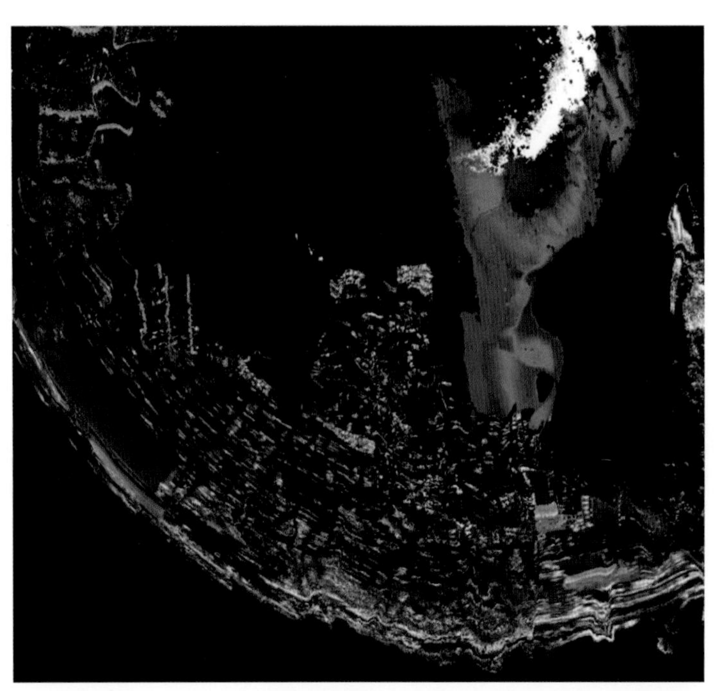

### 改变颜色

20 取消图层的可见性，新建一个“色相/饱和度”调整图层，适当调整其参数，压下图像上饱和度过高的绿色。

## 操作指南

### 参考参数

**“色彩平衡”调整图层：**

洋红-绿色：+40

黄色-蓝色：+70

勾选“保留明度”复选框

**“色相/饱和度”调整图层：**

饱和度：-100

明度：-3

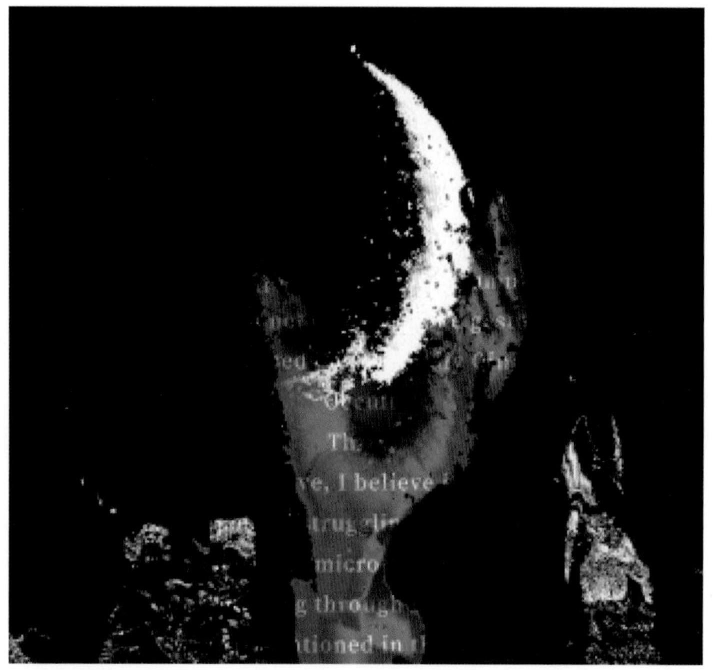

### 添加文字

21 最后在图像上添加文字，可以从文件夹中的“诗歌.txt”中复制文字，也可以在图像上添加任意想添加的文字，设置颜色为白色，并设置混合模式为“叠加”。

## 点石成金

### 更多调整

可以对图像进行更多的优化处理，以使图像更符合使用需求。当这幅图像需要出现在屏幕上的时候，过低的饱和度会让它显得太暗，这时需要使用“亮度/对比度”调整图层提高图像的对比度，并适当提高其亮度。

假如只需要对图像上的某种颜色进行调整呢？添加一个“可选颜色”调整图层，或在“色相/饱和度”里找到想调整的那种颜色，都可以便捷地对某种特定的色彩进行调整。

镜头光晕
"镜头光晕"滤镜能够模拟亮光照射到相机镜头上所产生的光线折射。新建一个图层并填充为黑色，将混合模式更改为"滤色"，并为其应用"镜头光晕"滤镜，即可得到一个美丽的光晕效果。
球面化
"球面化"滤镜能够通过扭曲图像让图像具有3D效果。
"使用'镜头光晕'滤镜创造美丽的光线折射效果"

# 在沙漏中构建美丽的超现实场景

## 结合使用滤镜和蒙版创建一个美丽的超现实场景

在这个教程中，将介绍如何通过改变物体原有的大小对比制造出美丽的超现实场景。和沙漠相比，沙漏的尺寸原本是非常小的，改变这种大小关系，让沙漏变大、而沙漠缩小，就能得到打破常规的超现实场景。在这基础上加入和沙漏尺寸相符的手，就能强化沙漏的“大”，在沙漏中加入比沙漠更小的城市，就能强化沙漠的“小”。使用这样的方法可以轻松重构图像的大小层次，也让超现实的感觉更加强烈。

“球面化”滤镜可以让沙漏内的图像更适应沙漏凸面的形状，“镜头光晕”滤镜可以为图像添加像相机镜头上产生的光线折射一样的光晕。充分利用滤镜、图层蒙版和剪贴蒙版，将多个图像组合在一起，调整它们的色彩和大小，以制造和谐的图像。

### 新建文档并置入图像

01 新建一个“宽度”为22厘米、“高度”为30厘米、分辨率为300的文档，并命名为“合成”。从文件夹中选择“沙漠”图像文件置入，并适当调整其大小和位置。

### 内容识别缩放

02 栅格化“沙漠”图层，在菜单栏中执行“编辑>内容识别缩放”命令，按住Shift键拖曳图像四周的定界框，使图像的边缘适应画布，并按下Enter键确定。

### 抠取并置入图像

03 从文件夹中选择“沙漏”图像文件并打开，使用钢笔工具依照沙漏的形状绘制路径，并从路径建立选区，使用移动工具将选区内的图像拖曳到“合成”图像文档中，重命名为“沙漏”。

### 提取透明质地

04 取消除“沙漏”图层外所有图层的可见性，按下Ctrl+Alt+4组合键提取高光，按下Ctrl+C组合键复制，新建一个图层，重命名为“透明”，按下Ctrl+V组合键粘贴。

### 擦除多余图像

05 将“沙漏”图层拖曳到透明质地上方，并为其添加图层蒙版，选择一个柔边圆画笔，使用黑色在蒙版上擦除多余的部分，只留下沙漏的沙子。

### 露出岩石

06 再次显示其他图层，为透明质地图层添加图层蒙版，选择柔边圆画笔，使用黑色涂抹蒙版，露出图像背后的岩石。按下Ctrl+G组合键对两个图层进行编组，并命名为“沙漏”。

### 置入城市

07 从文件夹中选择“城市”图像文件置入，适当调整其大小和位置，并设置为“沙漏”图层组的剪贴蒙版。添加图层蒙版，选择一个柔边圆画笔，使用黑色在蒙版上涂抹修改图像过硬的边缘。

### 改变颜色

08 新建一个“色彩平衡”调整图层，并设置为组的剪贴蒙版，适当调整其参数，使图像的色彩更加鲜艳。再新建一个“曲线”调整图层，同样设置为组的剪贴蒙版，适当提高颜色的亮度。

## 操作指南

### 参考参数

**“色彩平衡”调整图层：**

色调：中间调

青色-红色：-75

洋红-绿色：+20

黄色-蓝色：+33

勾选“保留明度”复选框

**“曲线”调整图层：**

点1：输入为64、输出为91

点2：输入为148、输出为209

### 置入山峰

09 从文件夹中选择“山峰”图像文件置入，适当调整其大小和位置，并设置为组的剪贴蒙版。添加图层蒙版，选择柔边圆画笔，使用黑色在蒙版上擦除多余的图像。

### 球面化

10 使用“球面化”滤镜对图像进行一定的扭曲，并调整其位置。在“球面化”滤镜对话框中设置“数量”为100%、“模式”为“正常”，并单击“确定”按钮。

### 改变颜色

11 新建一个图层，并设置为组的剪贴蒙版，设置其混合模式为“色相”，选择一个柔边圆画笔，使用颜色#37332d涂抹山峰，改变山峰的色相。

### 涂抹沙子

12 新建一个图层，并设置为组的剪贴蒙版，结合使用硬边圆画笔和软边圆画笔，绘制出沙漏底部沙子的形状。使用颜色#063852绘制较深的部分，使用颜色#0f79a0绘制较浅的部分。

### 绘制流沙

13 新建一个图层，选择一个软边圆画笔，使用颜色#3c8daf在沙漏中央轻轻涂抹，绘制向下滑落的沙子。可以不必将形状控制得很准确，绘制出大致的形状即可。

### 复制图层

14 按下Ctrl+J组合键复制“透明”图层，并拖曳到所有图层的最上方，使沙漏的形状重新显示。

### 色阶调整

15 新建“色阶”调整图层，并设置为“透明 拷贝”图层的剪贴蒙版，适当调整其参数，使沙漏变暗。

### 置入人物

16 从文件夹中选择“人”图像文件并打开，使用钢笔工具抠出人物主体，并置入“合成”文档窗口中。

### 流淌的沙子

17 新建一个图层，并设置为人物图层的剪贴蒙版，设置混合模式为“叠加”，选择一个柔边圆画笔，使用颜色#1b678a涂抹人物的身体边缘和婚纱，制造出沙子流淌的感觉。

## 操作指南

**“色阶”调整图层参考参数**

**直方图：**

暗调滑块：22

中间调滑块：0.58

亮调滑块：255

## 绘制投影

18 在“沙漠 拷贝”图层下方新建一个图层，并设置混合模式为“正片叠底”，选择一个柔边圆画笔，设置“流量”为50%，使用黑色涂抹沙漏下方，绘制沙漏投影。

## 细化投影

19 添加图层蒙版，更改画笔的“流量”为100%，使用黑色在蒙版上细化投影的范围，根据沙丘的形状，擦除多余的部分，并尽可能使投影显得自然。

## 置入手

20 从文件夹中选择“手”图像文件并打开，使用钢笔工具沿手的形状绘制路径，并从路径建立选区，使用选择工具将选区内的图像拖移到“合成”文档窗口中。

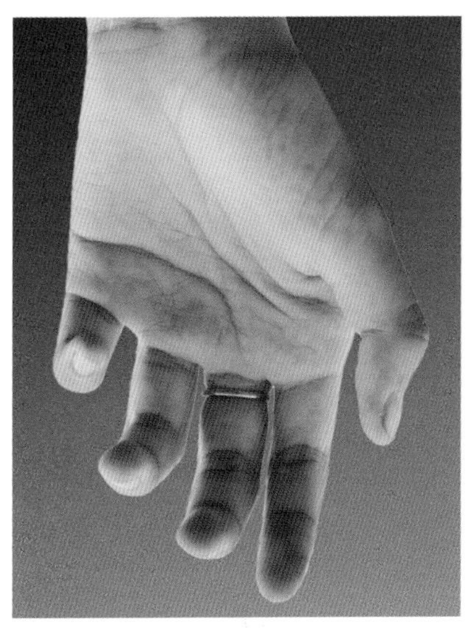

## 改变颜色

21 新建一个“色相/饱和度”调整图层，并设置为手的剪贴蒙版，在“全图”下拉菜单中选择“红色”，在打开的区域中对参数进行适当调整，压低手上红色像素的饱和度。

## 调整亮度

22 在所有图层上方新建一个“亮度/对比度”调整图层，适当提高图像整体的亮度，并稍微压低对比度。

## 镜头光晕

23 新建一个图层，并填充颜色为黑色，在菜单栏中执行“滤镜>渲染>镜头光晕”命令，在弹出的对话框中设置“亮度”为100%、“镜头类型”为“105毫米聚焦”，并单击“确定”按钮。

## 操作指南

**参考参数**

**“色相/饱和度”调整图层：**

红色：

色相：+5

饱和度：-23

**“亮度/对比度”调整图层：**

亮度：36

对比度：-10

**改变颜色**

24 设置图层的混合模式为“柔光”，新建一个“渐变”填充图层，填充一个橙色系的线性渐变，设置渐变的混合模式为“滤色”，改变图像的整体色彩。

## 操作指南

参考参数

**“渐变”填充图层：**

样式：线性

角度：90度

缩放：100%

色标1：#766e4f

色标2：#5d2a07

色标3：#f83600

## 操作指南

抠出透明婚纱

**绘制路径**

01 使用钢笔工具绘制出人物的轮廓，并从路径建立选区。

**选择并遮住**

02 按下Alt+Ctrl+R组合键执行“选择并遮住”命令，在打开的区域中使用调整边缘画笔工具涂抹人物的头发，并设置“输出到”为“新建带有图层蒙版的图层”。

**提取高光**

03 选中“背景”图层，按下Ctrl+Alt+3组合键提取“红”通道中的高光部分，并按下Ctrl+J组合键进行复制。

**擦除多余图像**

04 长按Alt键将人物抠图的图层蒙版复制到高光图层上，选择一个柔边圆画笔，使用黑色在人物抠图的图层蒙版上涂抹需要展现透明质地的部分。

### 掌握视角

如果使用自己拍摄的照片，请确保拍摄的图像和选择的城市素材视角相符。

### 自己拍照

可以使用自己家的宠物进行拍照，在逗它玩耍时拍下有意思的一幕，这会成为非常好的合成素材。

### 这意味着什么？

高斯模糊——这个滤镜可以为图像添加许多效果，但最适合的还是制造距离感和运动感。在直升机桨叶上应用高斯模糊可以增强旋转的感觉，在投影上应用高斯模糊可以使影子更加自然。

# 合成一个破坏城市的猫斯拉

## 使用库存图像合成一个超现实的破坏场景

几十年来，电影节一直都对巨型动物占领城市的想法很感兴趣，无论是《金刚》（King Kong）还是《哥斯拉》（Godzilla），无疑都是这种想法的体现。但这座城市的居民可从没想过有一天会看到一只毛茸茸的猫对着城市肆意破坏，被直升机和坦克围剿，点燃了整座摩天大楼。

这就是使用Photoshop合成图片的美妙之处——使用已有的照片创建超现实的图像，甚至是随手拍下的一张照片。这幅图像的神奇之处就在于你能将一只捕捉玩具的猫融入到一片狼藉的城市场景中，大量地使用蒙版技术，并学习一些简单的技巧，以确保最终的图像尽可能看起来真实。

和之前的例子一样，关键在于细节，无论是增加或减小清晰度，还是确保图像的色彩保持一致。做好一切准备，让我们开始这个超现实的图像合成吧！

## 释放凶兽 将一只可爱的猫咪变成城市的凶恶毁灭者

### 新建文档并置入图像

01 新建一个“宽度”为22厘米、“高度”为30厘米、分辨率为300的文档，并命名为“合成”。从文件夹中选择“城市”图像文件置入，并适当调整其大小和位置。

### 改变图像大小

02 现在所使用的猫咪图片看起来太小，在文件夹中选择“猫”图像文件并打开，在菜单栏中执行“图像>图像大小”命令，使用其中的“重新采样”选项改变图像的大小。

### 将猫置入城市

03 保存并关闭修改完成的“猫”图像文件，并将其置入“合成”图像文档中，适当调整其角度、大小和位置，添加图层蒙版，选择柔边圆画笔，使用黑色涂抹不需要的部分。

### Camera Raw滤镜

04 使用Camera Raw滤镜增加猫的“纹理”和“清晰度”，增强猫咪毛发的清晰感。

### 加深阴影

05 新建一个图层，并设置为“猫”图层的图层蒙版，设置混合模式为“柔光”，选择一个柔边圆画笔，使用颜色#1f1514加深猫身上的阴影。

### 降低亮度

06 在“城市”图层上方新建一个“亮度/对比度”调整图层，在“属性”面板中设置“亮度”为-20，让背景和猫的明暗更加相符。

### 高斯模糊

07 使用“高斯模糊”滤镜对“城市”图层进行处理，模糊3个像素，并选择一个柔边圆画笔，设置“流量”为30%，使用黑色在滤镜蒙版上涂抹近景的部分，让近景显得清晰、远处和高处显得模糊，和猫更加协调。

## 操作指南

### 参考参数

**图像大小：**

勾选“重新采样”复选框，在下拉菜单中选择“保留细节2.0”选项

减少杂色：0%

分辨率：300像素/英寸

宽度：20厘米

高度：20厘米

**Camera Raw滤镜：**

纹理：+38

清晰度：+30

### 街垒

08 从文件夹中选择“石头”图像文件置入，并调整其大小和位置，添加图层蒙版，选择一个柔边圆画笔，使用黑色在蒙版上遮盖多余的部分。然后按下Ctrl+J组合键复制一层，丰富石头的体积。

### 降低亮度

09 按下Ctrl+G组合键对两个石头图层进行编组，新建“亮度/对比度”调整图层，并设置为组的剪贴蒙版，在“属性”面板中设置“亮度”为-92。

### 制造投影

10 在组下方新建一个图层，设置混合模式为“正片叠底”，选择一个柔边圆画笔，设置“流量”为10%，使用黑色在石头下方轻轻涂抹，制造柔和的阴影。

### 燃烧的车

11 从文件夹中选择“车”图像文件置入，并调整其大小和位置，设置混合模式为“柔光”，添加图层蒙版，选择一个柔边圆画笔，使用黑色在蒙版上遮盖多余的部分。

### 加强车辆

12 按下Ctrl+J组合键复制一层，并更改混合模式为“滤色”，加强车的形状和颜色。这一步是为了让火焰在车中燃烧的光感更加强烈。

### 制造投影

13 在“车”图层下方新建一个图层，并设置混合模式为“正片叠底”，选择一个柔边圆画笔，使用黑色在车下方涂抹柔和的阴影，注意使投影的方向和其他物体的影子保持一致。

### 置入坦克

14 从文件夹中选择“坦克”图像文件置入，并调整其大小和位置。新建一个图层，设置混合模式为“叠加”，并设置为“坦克”图层的剪贴蒙版，选择一个柔边圆画笔，使用黑色涂抹需要加深的部分。

### 制造投影

15 在“坦克”图层下方新建一个图层，并设置混合模式为“正片叠底”，选择一个柔边圆画笔，设置“流量”为20%，使用黑色涂抹坦克下方，制造柔和的阴影。也可以使用“高斯模糊”滤镜进一步扩散阴影。

### 置入飞机

16 从文件夹中选择“飞机1”图像文件置入，并调整其大小和位置。应用“高斯模糊”滤镜对“飞机”图层进行“半径”为2.2像素的模糊，让飞机和处于同一高度的猫清晰度保持一致。

### 降低亮度

17 新建“亮度/对比度”调整图层，并设置为“飞机1”图层的剪贴蒙版。在“属性”面板中设置“亮度”为-112、“对比度”为17，让飞机的明暗和周围的大厦保持一致。

### 渲染雾气

18 在“飞机1”图层下方新建一个图层，填充颜色为黑色，设置前景色为黑色、背景色为白色，应用“云彩”滤镜，设置图层的混合模式为“滤色”、“不透明度”为30%，并使用蒙版遮盖不需要的部分。

### 改变颜色

19 从文件夹中选择“夕阳”图像文件置入，调整其位置和大小，并设置混合模式为“叠加”、“不透明度”为40%。

### 改变颜色

20 从文件夹中选择“飞机2”图像文件置入，调整其位置和大小，并对其应用“高斯模糊”滤镜，设置“半径”为1.7像素。

### 旋转的螺旋桨

21 选中直升机的螺旋桨，按下Ctrl+J组合键复制一层，并使用“径向模糊”滤镜对其进行处理，制造出旋转的感觉。

### 燃烧的大厦

22 从文件夹中选择“火1”图像文件置入，并调整其位置和大小。设置混合模式为“滤色”，添加图层蒙版，使用黑色在蒙版上遮盖多余的部分，并按下Ctrl+J组合键复制一层。

### 更多火焰

23 从文件夹中选择“火2”图像文件并打开，按下Ctrl+Alt+2组合键提取高光，并使用移动工具将选区内的图像拖曳到“合成”文档窗口中，设置混合模式为“滤色”。

### 改变颜色

24 从文件夹中选择“火3”图像文件并打开，使用同样的方法创建选区，并将选区内的图像拖曳到“合成”文档窗口中，适当调整位置和大小，设置混合模式为“滤色”。

### 更多云雾

25 复制之前所制作的云雾图层，并将其拖曳到所有图层的最上方。填充蒙版为黑色，选择一个柔边圆画笔，设置“流量”为10%，使用白色在蒙版上涂抹需要显示云雾的部分。

### 更多云雾

26 按下Ctrl+J组合键复制一层，再次填充蒙版为黑色，并使用白色在需要加强云雾的部分涂抹，制作更多的云雾。假如需要云雾有更多的变化，按下Ctrl+T组合键对其进行适当的缩放即可。

### 整体调整

27 按下Shift+Ctrl+Alt+E组合键盖印图层，并将其转换为智能对象。使用Camera Raw滤镜对图像进行最后的整体调整，加强图像的对比度，提高猫的亮度，让图像更加明亮。

## 更多效果

### 应用“油画”滤镜和“海报边缘”滤镜，改善图像模糊

对于任何模糊的图像，都可以用一个简单的方式改变它——使用一些滤镜将它变成一幅画。首先应用“油画”滤镜，将“描边样式”、“描边清洁度”和“缩放”都调到最高，并将“硬毛刷细节”和“闪亮”调到最低，然后应用“滤镜库”中的“海报边缘”滤镜，设置“边缘厚度”为2、“边缘强度”为1、“海报化”为6，即可得到一张清晰的图画。

### 操作指南

**Camera Raw滤镜参考参数**

**“基本”选项卡：**

色温：+8

色调：+13

自然饱和度：+30

饱和度：−5

**“色调曲线”选项卡：**

高光：−11

亮调：+40

暗调：−7

**应用滤镜**

“油画”滤镜让图像的色彩变得平均而柔和，而“海报边缘”滤镜为图像增加了更像手绘一样的黑色线条，并强化了图像的颜色。可以在滤镜蒙版上擦除不需要的效果，比如眼睛区域。

COME
建议冲泡时间:
3-5min